왜·소행성 미스터리

THE MYSTERY OF DWARF PLANETS AND ASTEROIDS

왜·소행성 미스터리

THE MYSTERY OF DWARF PLANETS AND ASTEROIDS

김종태 지음

랫츠북

INTRO

지난 몇 년에 걸쳐, 태양계 천체의 미스터리를 모아서 《달의 미스터리》, 《화성의 미스터리》, 《지구의 미스터리》, 《외행성계 미스터리》 순으로 출간하였는데, 다음 주인공을 찾기가 마땅하지 않다. 다른 행성이나 위성, 혹은 그 시스템을 분석해서 그 속에 감추어진 미스터리를 서술하는 게 가장 적합한 것은 확실한데, 필자의 지식이 부족한 탓인지, 자료를 찾지 못한 것인지 아무리 살펴보아도 한 권의 책으로 묶을 만큼 풍부한 미스터리를 가진 천체나 시스템이 없는 것 같다.

그래서 고심 끝에 왜행성, 소행성, 혜성 등, 태양계에서 차지하는 비중이 작지 않으나, 조연이나 엑스트라 취급받는 천체들의 미스터리를 모아보기로 했다. 그런데 여느 때보다 전문성이 높은 내용을 담을 수밖에 없는 상황이어서, 독자들이 본문을 읽기 전에 약간의 지식을 사전에 습득해 둘 필요가 있을 것 같다.

무엇보다 행성, 왜행성, 소행성, 혜성의 정의와 그 차이에 관한 지식은 반드시 습득해 두어야 할 것 같다. 그래야 이러한 천체 구분에 관한 천문학자들의 장구한 고민에 대해서 이해할 수 있고, 이 천체들에 관한 미스터리도 제대로 이해할 수 있을 것으로 보인다.

우선, 행성과 그 유사 천체에 대해서 간단히 정리해 보자. 행성(行星,

Planet)은 항성이나 항성 잔유물을 공전하는 천체로, 핵융합을 일으키지 않아야 하고, 스스로 구형을 유지할 만큼의 충분한 중력이 있어야 하며, 독립적이고 지배적인 공전 궤도를 가지고 있어야 한다.

그리고 명왕성 때문에 새롭게 생겨난 분류인 왜행성(Dwarf planet)은, 행성의 조건은 충족하지 못하나 소행성보다는 행성에 가까운 천체다. 행성과의 결정적인 차이는 공전 궤도에서의 지배력이 완전하지 않은 것인데, 이것의 기준을 가리는 데 약간 모호한 면이 있다.

한편, 소행성(小行星, Asteroid)은 태양 주위를 공전하는 태양계 천체 중 목성 궤도 안쪽을 도는, 행성보다 작은 천체를 지칭했던 말인데, 왜행성이라는 분류가 생긴 후로, 이 중에서도 왜행성보다 작고 타원형을 갖추지 못한 천체로 범위가 축소되었다. 하지만 지름이 $10\mu m \sim 1m$인 유성체여서는 안 되고, 혜성의 성질(핵 주위의 대기층 코마 형성, 태양 접근 시 꼬리 발생)을 띠어서도 안 된다.

그리고 혜성은 얼음으로 된 작은 천체로, 태양 근처를 지날 때 가스를 방출하기 시작하는데, 이때 핵을 둘러싼 확장된 대기 또는 코마 상태가 되며, 때로는 가스와 먼지의 꼬리를 생성한다. 물론 이러한 현상은 태양 복사와 혜성의 핵에 작용하는 태양풍 플라스마의 영향 때문에 발생한다.

혜성의 핵은 수백 미터에서 수십 킬로미터에 이르며, 얼음, 먼지 및 작은 암석 입자의 느슨한 집합체다. 코마는 지구 지름의 15배까지 커질 수 있고, 꼬리는 1AU 넘게 뻗을 수 있다. 지구에서 멀지 않은 궤도에 있고 밝다면, 혜성을 망원경의 도움 없이 볼 수 있는데, 하늘을 가로질러 최대 $30°$의 호를 그릴 수 있다.

혜성 중에 단주기 혜성은 카이퍼 벨트 또는 그와 관련된 흩어진 원반에서 발생하며, 해왕성의 궤도 너머에 있고, 장주기 혜성은 오르트 구름(Oort cloud)에서 비롯된 것으로 보이는데, 오르트 구름은 카이퍼대

(Kuiper belt) 바깥쪽에 있는, 얼음 천체로 구성된 구형 구름이다.

이제, 왜행성과 소행성, 혜성에 대한 구분법을 알아보았으니, 이외에 사소한 지식은 필요시마다 배워가면서, 엑스트라 천체들의 미스터리를 살펴보도록 하자.

C O N T E N T S

▌ INTRO • 004

제1장 왜행성

1. 소행성대의 왜행성, 세레스　　　　　　　　　　016
2. 풍요와 출산의 여신, 히우메아　　　　　　　　　032
3. 부활절 토끼, 마케마케　　　　　　　　　　　　038
4. 가장 멀리 있는 왜행성, 에리스　　　　　　　　　043
5. 반 명왕성, 오르쿠스　　　　　　　　　　　　　046
6. 위험한 왜행성 후보, 살라시아　　　　　　　　　049
7. 로슈 한계를 넘어선 콰오아　　　　　　　　　　051
8. 붉은 백설공주, 공공　　　　　　　　　　　　　058
9. 명왕성을 강등시킨 세드나　　　　　　　　　　065
10. 카론　　　　　　　　　　　　　　　　　　　074
11. 태양계 지평선의 디디　　　　　　　　　　　　084

제2장 명왕성

1. 기원의 미스터리　　　　　　　　　　　　　　094
2. 태양풍과 자기장　　　　　　　　　　　　　　096
3. 뜨거운 시작　　　　　　　　　　　　　　　　098

4. 명왕성과 혜성	099
5. 대기와 위성	101
6. 구름	103
7. 질소 빙하	105
8. 사구	108
9. 구덩이	110
10. 눈 덮인 산과 얼음 화산	112
11. 트왈라이트 존	115
12. 뱀 비늘 지형	119
13. 호수	121
14. 바다가 있을까?	122
15. 메테인	127
16. 물 얼음 위성, 히드라	129
17. 자유로운 위성, 스틱스	131
18. 위성들의 독특한 자전	132

제3장 소행성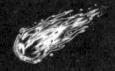

1. 유기물이 풍부한 류구(RYUGU)	137
2. 잠재적 위험, 2011 AG$_5$	147
3. 혜성 같은 파에톤	150
4. 사중성계, 엘렉트라	154
5. 못생긴 클레오파트라	156
6. 공전 주기가 가장 짧은 2021 PH$_{27}$	158
7. 세상 너머의 아로코스	160
8. 특별한 꼬리를 가진 Gault	165
9. 외곽으로 추방된 2004 EW$_{95}$	168
10. 역주행 소행성, 니쿠	172
11. 궤도 변경 실험을 거친 디디모스	174
12. 두 개의 위성을 가진 87 실비아	178
13. 아기처럼 온순한 Beast	181

14. 멀고 먼 소행성, Biden   183
15. 해체되던 중에 발견된 P/2013 R3   187
16. Contact binary 2006 DP$_{14}$ 194
17. 트로이의 왕자, 헥토르   197
18. 잡석 더미 이토카와   199
19. 끝나지 않은 공포, 아포피스   203
20. 무섭고도 사랑스러운 에로스   205
21. 원시 행성, 4 베스타   208
22. 우주의 Paris, 루테티아   216
23. 야르콥스키 효과가 관찰된 골레브카   221
24. 태양계 신비를 밝힐 베누   224
25. 공룡을 멸절시킨 밥티스티나   233
26. 태양계의 보물섬, 프시케   236
27. 꼬마 소행성   240
28. 역주행 소행성   243
29. 소행성 충돌과 그에 대한 방어   246

제4장 혜성

1. 혜성의 상징, 핼리 혜성   261
2. 딥 임팩트 실험 목표, 템펠 1   264
3. 최장주기 핼리 타입, 허셜-리골렛   267
4. 고리계를 거느린 키론   269
5. 수성보다 태양에 더 가까운 마홀츠 1   272
6. 가장 긴 꼬리를 가진 이케야-장   274
7. 활동성이 강한 에케클러스   275
8. 혜성 물리학의 이정표, 이케야-세키   277
9. 위대한 혜성, 웨스트   281
10. 20세기 최고의 인기 스타, 헤일-밥   283
11. 긴 꼬리를 가진 햐쿠타케   290
12. 비주기적 대혜성, 맥노트   295

13. 근일점에서 붕괴된 엘레닌 … 298
14. 처음이자 마지막 만남, 판스타스 … 300
15. 대혜성의 파편, 러브조이 … 302
16. 해체되어 가는 ATLAS … 305
17. 역행 혜성, NEOWISE … 307
18. 녹색 혜성 ZTF … 310
19. 8만 년 만에 다시 온 쯔진산-아틀라스 … 312
20. 진화하는 대혜성, Great September … 315
21. 나폴레옹 혜성, Messier … 318
22. 부채꼴 꼬리를 가진 1744 대혜성 … 321
23. 서천의 녹색 혜성, Nishimura … 323
24. 지구에 가장 근접했던 Lexell's comet … 325
25. 절명한 혜성, 322P/SOHO … 328
26. 거대 혜성, 버나디넬리-번스타인 … 330
27. 태양계 비밀을 알려준 C/2012 K1 … 332
28. 가장 멀리 있는 활동 혜성 C/2017 K2 … 333
29. 태양에 녹아버린 아이손 … 336
30. 숨어있는 위협, Encke … 340
31. 크로이츠 썬그레이저 … 343
32. 혜성의 광물과 유기물 … 347
33. 혜성의 무덤 … 351

제5장 67P

1. 67P는 로제타석 … 358
2. 로제타호 … 361
3. 밝혀진 미스터리 … 364
4. 이중 로브 … 368
5. 표면의 특이한 변화 … 371
6. 싱크홀 … 374
7. 폭발 … 376

8. 표면의 물 얼음	379
9. 눈보라	381
10. 아미노산과 황	383
11. 인(燐)	388
12. 외계 미생물	389
13. 산소에 관한 미스터리	391
14. 전리층	397
15. 일시적 위성	403
16. 풀지 못한 미스터리	404
17. 인공구조물	406

제6장 Strangers

1. 오우무아무아	430
2. 2I/Borisov	436
3. 3I/ATLAS	442
4. 켄타우로스	449

▌ OUTRO • 458
▌ REFERENCE • 465

제 1 장

왜행성
Dwarf planets

1930년에 명왕성이 발견된 후로 꽤 긴 시간 동안 큰 천체가 발견되지 않자, 천문학자 대부분은 태양계에 9개의 주요 행성과 이보다 훨씬 작은 수천 개의 천체(소행성 및 혜성)가 있을 거로 여겼다. 그로부터 60여 년이 지난 1992년부터 해왕성 궤도 바깥에서 작은 천체들이 발견되기 시작하여 1,000개가 넘는 천체들이 발견되었다.

주류 천문학자들의 예상대로 이것들은 대부분 작은 천체였다. 하지만 2003년에 명왕성보다 더 큰 천체인 에리스(Eris)가 발견되자, 평온하던 학계에 지진이 일어났다. 진앙은 행성 분류 기준이었다. 그에 관한 논란이 지속되면서 끝날 기색이 보이지 않자, 국제천문연맹(IAU)은 2006년 8월 24일에 행성의 분류 기준을 다음과 같이 정의했다.

❶ 태양 주위를 공전하는 궤도를 갖는다.
❷ 구형 모양을 유지할 수 있는, 충분한 질량을 가진다.
❸ 다른 행성의 위성이 아니어야 한다.
❹ 궤도 주변에 다른 천체가 없어야 한다.

그리고 여기에서 ①~③번 조건은 만족하나 ④번 조건을 만족하지 못하는 천체를 왜행성(矮行星, Dwarf planet)으로 정의하였다. 이에 따라 명왕성과 에리스는 소행성 세레스(Ceres)와 더불어 즉시 왜행성으로 분류되었으며, 마케마케는 2008년 7월 11일에, 하우메아는 2008년 9월 17일에 왜행성으로 분류되었다.

그렇게 행성의 분류 기준이 다시 정해지던 날에 왜행성의 분류 기준도 자연스럽게 정해졌는데, 그 기준을 다시 정리해 보면 다음과 같다.

❶ 태양을 도는 궤도를 갖는다.
❷ 구형에 가까운 모양을 유지할, 중력을 유지할 수 있을 만한 질량을 가진다.
❸ 궤도 주변의 다른 천체를 배제하지는 못한다.
❹ 다른 행성의 위성은 아니다.

이러한 분류 기준에 모든 학자가 동의하는 것은 아니나 현재 국제천문연맹(IAU)에 공인받은 왜행성과 그 스펙은 다음과 같다.

이름	궤도 장반경	지름	질량	분류
세레스	2.768AU	952.4±3.4km	9.5×10^{20}kg	소행성대
명왕성	39.264AU	2,368±20km	$\sim 1.305 \times 10^{22}$kg	명왕성족
하우메아	43.218AU	1,930×1,529×993km	$(4.006 \pm 0.04) \times 10^{21}$kg	공명 해왕성 바깥 천체
마케마케	45.715AU	(1,502±45)×(1,430±9)km	알 수 없음	큐비원족
에리스	67.781AU	2,326±12km	$(1.67 \pm 0.02) \times 10^{22}$kg	산란원반 천체

그리고 이러한 왜행성의 새로운 정의에 따르면, 아래 기술된 천체들도 머지않아 왜행성으로 공인해야 할 것으로 보인다.

이름	궤도 장반경	지름	질량	분류
오르쿠스	39.173AU	917±25km	$(6.22 \sim 6.6) \times 10^{20}$kg	명왕성족
살라시아	41.907AU	854±45km	4.5×10^{20}kg	큐비원족
2002 MS4	41.931AU	934±47km	알 수 없음	큐비원족
콰오아	43.405AU	1,074±38km	$(1.3 \sim 1.5) \times 10^{21}$kg	큐비원족

공공	66.85AU	1,280±210km	(~1.3~6)×10^{21}kg	산란원반 천체
세드나	524.4±1.0AU	995±80km	(1.7~6.1)×10^{21}kg	내부 오르트 구름 천체
카론	39.264AU	1,207±3km	~1.305×10^{22}kg	명왕성의 위성

1. 소행성대의 왜행성, 세레스

세레스(Ceres)는 소행성대에 있는 유일한 왜행성으로, 공식 명칭은 '1 세레스(1 Ceres)'다.

이탈리아의 천문학자인 주세페 피아치(Giuseppe Piazzi)가 발견한 후, 반세기가 넘게 행성으로 분류되어 있었다.

지름이 970km로, 소행성대에서 가장 크고 무거운 천체이다. 다른 소행성은 불규칙한 모양이고, 중력도 약한데, 세레스는 행성과 같은 구(球)형이다. 표면은 물 얼음과 다양한 수화물이 혼합되어 있고, 내부는 암석질의 핵과 얼음 맨틀로 구성되어 있으며, 표면 아래에는 물로 이루어진 바다가 존재하는 것으로 보인다.

세레스의 지위는 여러 번 바뀌었다. 발견되고 반세기가 넘도록 행성의 지위에 있다가, 1845년 이후에 비슷한 천체들이 무더기로 발견되면서 소행성으로 분류되기도 했다.

그러다가 2006년 8월 24일에 열린 국제천문연맹(IAU) 총회에서, 행성의 지위에 있던 명왕성에 대해 논쟁이 벌어졌을 때, 세레스도 자연스럽게 그 대상에 포함되었다. 주지하다시피 이때 행성의 조건이 새롭게 정

궤도 특성	
궤도 긴 반지름	2.765926424AU
근일점	2.545AU
원일점	2.987AU
공전 주기	1681.631일
궤도 경사각	10.594067195°
궤도 이심률	0.07976017
물리적 특성	
분광형	C
지름	974.6km
평균 밀도	2.077±0.036g/cm³
질량	(9.43±0.07)×10²⁰kg
탈출 속도	0.51km/s
반사율	0.090±0.0033
자전 주기	9.074170시간
겉보기 등급	+6.7~+9.32
절대 등급	+3.36±0.02
각지름	0.854″~0.339″
평균 온도	168K
최고 온도	235K
자전축 기울기	4.028(±0.01)°
대기압	≥2.09×10⁻⁸ Pa

리되었다.

행성 분류 기준에 대부분 부합했으나, 자신의 궤도 인근의 다른 천체를 배제해야 한다는 마지막 조건을 갖추지 못했기에, 세레스는 행성으로 분류될 수 없었다. 세레스는 소행성대의 수많은 소행성과 궤도를 공유하고 있었다.

세레스는 화성과 목성 사이에 있는 소행성대에서 가장 큰 천체로, 측정자에 따라서 결과가 조금씩 다르지만, 가장 믿을만한 질량 값은 대략 $9.4 \times 10^{20} kg$으로, 소행성대 총질량인 $(3.0 \pm 0.2) \times 10^{21} kg$의 대략 1/3에 해당하는 질량이다. 물론 이런 크기와 질량은 구형 형태를 유지하는 데 충분한 수치다. 즉, 유체 정역학적 평형(Hydrostatic Equilibrium, 연속체 역학에서 유체가 움직이지 않거나, 또는 각 지점의 흐름 속도가 시간이 지나도 일정한 상태)에 가깝다는 뜻이다.

한편 코넬 대학의 피터 토마스(Peter Thomas)는 세레스의 내부 구조가 암석질 핵과 얼음 맨틀로 구성되어 있을 거라고 주장했는데, 그 근거로 매우 작은 세레스의 편평도를 제시했다. 또한 $100 km$ 두께의 맨틀에 200만km^3의 물이 존재할 거로 보았는데, 이는 지구상의 전체 담수의 양보다 많은 것이다. 그리고 표면의 특징과 과거에 일어난 일로 미루어 볼 때, 내부에 휘발성 물질도 있을 것으로 추정했다. 이러한 결론은 2002년에 실시한 켁 망원경의 관측과 천체의 진화 모델의 토대에서 얻은 것이었다.

다른 주장으로, 세레스의 모양과 크기는, 내부에 구멍이 많아 그 구조의 분화 여부로 설명할 수 있다는 견해가 있다. 얼음층 위에 암석층이 존재한다는 사실은 중력적으로 불안정하다는 의미이다. 만약 암석 침전물이 얼음층 아래로 유입됐다면, 염류가 생성되었을 것이나 아직 발견되지 않았다.

한편, 세레스의 표면은 C형 소행성의 구성물과 매우 유사하지만, 약간의 차이점은 존재한다. 적외선 스펙트럼으로 미루어 볼 때 수화(Hydrate)된 물질이 많다. 이는 내부에 많은 양의 물이 있음을 의미한다. 이외에 탄소질 콘드라이트 운석에서 흔히 볼 수 있는 철이 풍부한 흙이 존재할 가능성이 있으며, 스펙트럼에 C형 소행성과는 달리, 탄산염이 존재한다는 신호가 없어서, 때때로 G형 소행성으로 분류하기도 한다.

한편, 세레스는 과거에 지질학적 활동이 있었던 것치고는 큰 충돌구가 많지 않다. 세레스에서 가장 높은 산인 아후나산(Ahuna Mons)은 얼음 화산으로, 형성된 지는 수억에서 십억 년이 되었고, 약 2억 년 전에 활동을 멈춘 것으로 여겨진다. 그리고 과거의 세레스에는 얼음 화산이 여러 개 있었지만, 그 후에 일어난 지질 활동으로 모두 사라진 것으로 추측된다.

그런데 세레스에 대기가 있을까? 희박하지만 대기가 있는 것 같고, 표면에 물이 얼어 생긴 서리도 있는 것으로 보인다. 표면의 얼음은 불안정한 상태이고, 만약 태양광에 직접 노출된다면 승화할 것으로 보인다. 혹여 내부의 물 얼음이 표면으로 드러날 수도 있지만, 매우 짧은 시간 안에 표면에서 탈출할 것이다. 그렇기에 수분 증발 현상은 감지하기 어려울 것으로 보인다.

극 지역에서 수분이 탈출하는 현상이 1990년대에 관측되었다는 리포트가 남아있지만 확인된 것은 아니다. 다만, 새로 생긴 분화구 주위나 표면 아래층의 틈에서 수분이 탈출하는 현상이 감지될 가능성은 존재한다. IUE(International Ultraviolet Explorer)의 자외선 관측 결과, 많은 양의 수산화물 이온이 북극점 근처에서 발견되었기 때문이다. 수산화물 이온은 태양의 자외선 복사로 수분이 증기로 변하는 과정에서 생성된 결과물이다.

한편, 화성이나 유로파만큼은 생명체 존재에 대해 논의되지 않았지만, 과학자들은 물 얼음의 존재를 세레스에서 확인했기에, 생명체 존재 가능성을 열어두고 있다.

세레스는 약 45.7억 년 전에 소행성대에서 형성된 원시 행성에서 진화되었을 것으로 보인다. 내행성계 대부분은 원시 행성과 다른 원시 행성이 합쳐져 지구형 행성을 이루거나, 원시 행성이 목성에 의해 바깥쪽으로 튕겨 나가기도 했지만, 세레스는 상대적으로 그런 심한 변화를 겪지 않은 것으로 보인다. 일부 학자들은 세레스가 카이퍼대에서 형성된 후 소행성대로 옮겨져 왔을 것이라고 주장하기도 한다.

세레스의 지질의 발달 과정은 열적 작용과 연관이 있다. 그 작용 직후에 내부가 암석질의 핵과 얼음 맨틀로 분화되었을 거로 추측된다. 열적 과정은 화산 활동에 의한 물이 표면을 다시 덮어 오래된 지형을 지운 것으로 보인다. 세레스는 형성되자마자 식어서 포장 과정이 중지된 것으로 추정되며, 표면의 얼음은 승화하여, 수화된 무기물만 남게 되었을 것으로 보인다.

오늘날 세레스는 지질학적으로 비활동 천체여서, 외부 천체의 충돌에 의해서만 표면이 변할 수 있다. 세레스에서 발견되는 많은 양의 얼음은 내부에 물이 존재할 것이라는 가능성을 높여주는데, 내부에 액체 물이 존재한다면, 암석질 핵과 얼음 맨틀 사이에 있을 것으로 추측되며, 그 물에는 소금, 암모니아, 황산, 혹은 다른 부동 물질이 용해되어 있을 것이다.

2007년에 NASA는 던(Dawn) 탐사선을 발사하여, 2011년에 4 베스타를 탐사하게 한 후에, 2015년에 세레스로 보냈다. 던 탐사선에는 영상 분리형 카메라, 가시광, 적외선 분광계, 감마선과 중성자 감지기 등이 실려 있었다. 이런 장비들은 왜행성의 형태와 구성된 물질을 연구하는 데 유용하기에, 탐사선은 세레스를 깊숙이 들여다볼 수 있었다.

던이 밝혀낸 내부 구조

세레스는 다른 왜행성과는 달리, 소행성대에 자리 잡고 있어서 특이한 경우라고 할 수 있으나, 왜행성과 소행성을 분리하는 기준을 인간이 임의로 만들었다는 사실을 상기하면, '소행성대에 있는 가장 큰 천체' 정도로 인식하는 것도 괜찮아 보인다.

하지만 소행성대 천체 중에서 유일하게 지름 1,000km가 넘기에 특별한 천체임은 분명하다. 그 때문에 관심을 기울인 학자들이 많이 있어서 지형과 표면 구성에 관한 연구가 상당히 진척되어 있다. 그러나 주로 지상 관측에 기반을 둔 연구이다 보니, 내부 구조에 대한 정보는 여전히 부족한 상태였다. 그러다가 던 탐사선이 세레스의 궤도에 들어가게 되면서 학자들이 많은 데이터를 얻을 수 있게 되었다.

던 탐사선은 오랫동안 세레스 주변을 공전하고 있는데, 중력의 차이에 따라 궤도가 미세하게 변하고 있다. 이러한 중력의 차이는 내부 물질의 밀도에서 비롯된 것이다. 밀도가 큰 물질이 있는 지역을 지날 때는 고도가 낮아지고, 밀도가 낮은 물질이 있는 지역을 지날 때면 고도가 높아진다. 물론 이 차이는 미세하다. 하지만 던 탐사선은 불과 0.1mm 차이도 감지할 수 있어서, 그 미세한 변화를 잘 느끼며, 세레스의 중력 지도를 작성하는 데 유용하게 적용하고 있다.

학자들의 연구 결과, 세레스의 내부가 정역학적 평형 상태일 거라는 가설이 사실임이 확인되었다. 이 용어는 지구에서는 대기의 정적 상태를 설명하는 데 사용된다. 공기 흐름은 압력이 낮은 곳으로 진행된다. 그런데 지구 대기는 높은 고도로 올라갈수록 희박해져도 공기가 무조건 상승만을 하지 않는다. 그 이유는 압력 차에 의한 힘과 중력이 균형을 이루려고 하기 때문이다.

세레스의 경우는 정역학적 평형이 지각 내부에 적용된다. 암석의 핵 주변에는 얼음의 맨틀이 존재하는데, 완전 액체 상태는 아니나, 자전 운동과 지각의 물체에 의해 형태가 변할 만큼의 유동성은 지니고 있다. 그래서 지구의 지각과 맨틀처럼, 산이 있으면 아래쪽으로 지각이 더 들어가 있는 모습을 보인다. 물론 적정선에서 균형을 이루지만 말이다.

이 외에도 던 탐사선이 작성한 중력 분포 지도를 통해, 세레스의 내부 구조에 관한 여러 가지 사실들이 밝혀질 것으로 보인다. 비록 작은 천체지만, 세레스는 암석의 핵과 얼음 맨틀로 구성된, 단순하지 않은 내부 구조를 지니고 있어서, 과학자들이 많은 관심을 보이고 있다.

⚛ 밝은 점

아래 이미지는 던 탐사선이 촬영한 것인데, 주변보다 밝은 영역이 많이 나타나 있다. 학자들은 이러한 영역이 나타나게 된 원인에 관해 오랫동안 연구해 왔다.

그러던 중 최근에 밝은 점(Bright spot)의 정체가 헥사하이드레이트(Hexahydrite)라는 사실을 알게 되었다. 독일 막스 플랑크 연구소의 안드레아스 나튜스(Andreas Nathues)가 이끄는 연구팀은 던 탐사선이 보내온 자료를 분석하여, 이와 같은 결론을 내려서 《Nature》에 발표했다.

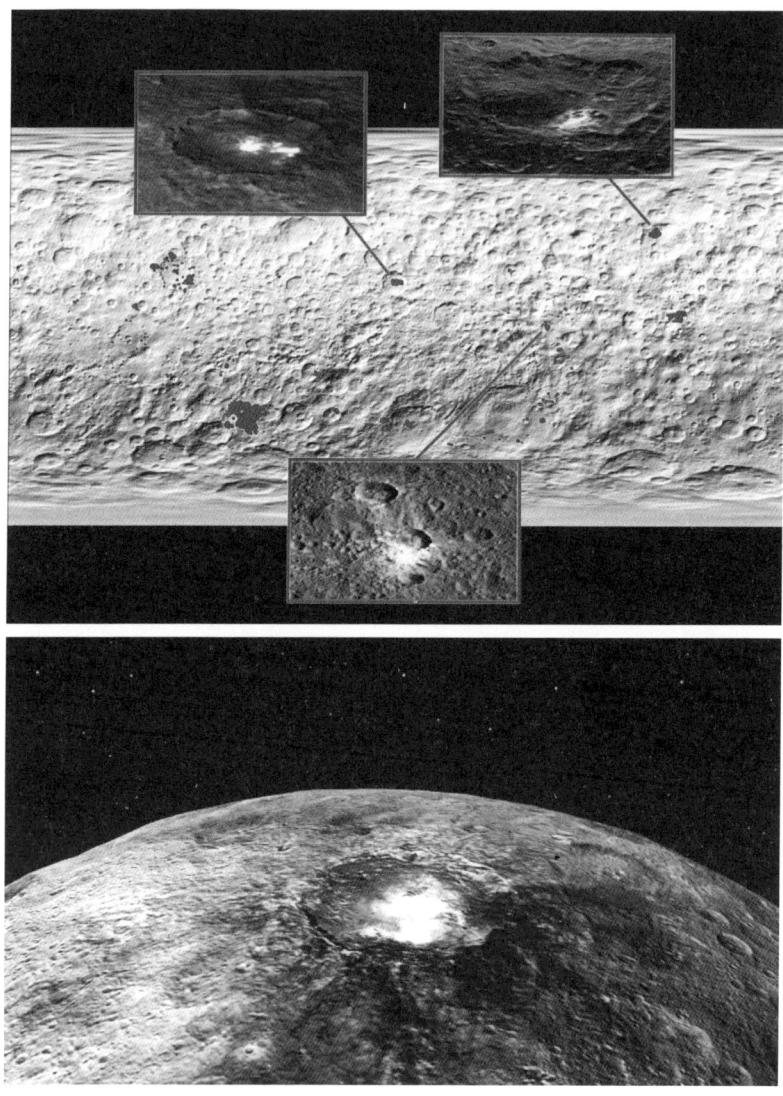

세레스는 지름 940km의 비교적 작은 천체이지만, 표면 곳곳에 밝은 점들이 분포되어 있다. 지금까지 찾아낸 것이 130여 개에 이르고, 그중에

가장 큰 것은 지름 90km의 오카터 크레이터(Occator crater) 내부에 존재한다. 오카터 크레이터 안에는 지름이 10km이고 깊이가 0.5km인 밝은 지점이 있다.

한편, Dawn의 가시광선 및 적외선 매핑 분광기(Visible and infrared mapping spectrometer) 담당 수석 연구자인 마리아 크리스티나 데 상티스(Maria Cristina de Sanctis)는 오카터 크레이터의 밝은 점에 탄산염 광물이 풍부하다는 사실을 밝혀냈다.

탄산염 광물은 지구에서는 흔하게 발견할 수 있으나, 태양계의 다른 천체에서는 고농도 상태로 발견된 적이 드물어서, 세레스에서 발견된 탄산염 광물의 농도는 지구 밖에서 발견된 것 중에 가장 높다. 더구나 그 물질은 우리에게 매우 친숙한 탄산 나트륨(Sodium carbonate)이다.

지구에서 탄산 나트륨은 보통 열수 환경(Hydrothermal environments)에서 형성된다. 그리고 세레스의 탄산 나트륨 역시 충돌한 소행성에는 물과 탄산염이 풍부하지는 않을 것이기에, 세레스 내부에서 기원했을 가능성이 크다. 이것은 세레스 내부에 물이 존재한다는 사실을 시사한다. 과학자들은 이것이 세레스 내부에 존재하는 바다의 잔존물이거나 국소적으로 존재하는 물에 의한 것이라고 보고 있다.

물 얼음은 낮은 온도와 대기가 없는 환경에서, 승화 과정을 통해서 조금씩 날아가게 되고, 그 물에 있었던 화합물들만 남게 된다. 그래서 시간이 흐르면, 그것이 결국 그 화합물이 밝은 점을 형성하게 된다.

오카터 크레이터는 생성된 지 7,800만 년 정도 된, 상대적으로 젊은 크레이터다. 그래서 노출된 얼음층의 면적이 매우 크고, 여기서 가벼운 물질이 쉽게 승화되어, 지금처럼 거대한 밝은 점이 형성된 것이다. 이와 같은 의견이 학계의 주류이지만, 이에 대해 다른 의견도 있다.

세레스 표면에 흩어진 밝은 점은 그런 성질을 가진 천체와의 충돌 결과일 수도 있다는 견해가 그것이다. 밝은 부분이 지금보다 더 많았으나, 시간이 지나면서 또 다른 충돌에서 나온 레골리스 등으로 가려졌을 수 있다는 것이다. 하지만 잔잔한 점까지 포함하면 밝은 점이 산재해 있기에, 우연성에 너무 의존한다는 이유로, 이 의견은 학자들의 동조를 얻지 못하고 있다.

한편, NASA 연구팀은 세레스의 표면 근처에 암모니아가 풍부한 층이 있는 것 같다는 사실을 발표했다. 사실 암모니아 자체는 물 얼음보다 더 쉽게 승화되나, 다른 광물 사이에서는 안정적으로 존재하는 경향이 있다.

그래서 이러한 사실을 고려해 보면, 세레스는 아마도 현재보다 훨씬 외곽에서 형성되었다가 태양계 안쪽으로 들어온 천체일 개연성이 작지 않다. 끓는 점이 낮은 휘발성이 강한 물질들은 태양 근처에서 뭉치기 어렵기 때문이다.

그렇다면 세레스는 어디서 형성되어 어떤 힘으로 현재의 위치까지 이주해온 것일까?

⊗ 물과 얼음

세레스는 다른 천체에 비해 지구에서 그리 멀지 않은 곳에 있긴 해도, 탐사선들의 발사 시점과 시기적으로 맞지 않아 외롭게 살고 있다가

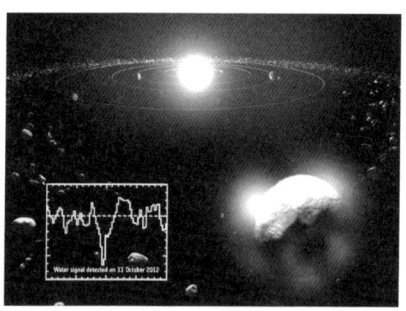

2015년에야 Dawn의 방문을 맞이하게 되었다.

그런데 Dawn이 도착하기 전, 지구의 L_2 라그랑주점에서 세레스를 관측하던 허셜 우주 망원경이 특별한 것을 발견했다. 그

것은 바로 수증기의 존재로, 소행성대에서는 처음 발견된 것이었다.

2011년에서 2013년 사이에 ESA의 허셜 우주 관측소에서 살펴본 결과, 세레스가 얇은 수증기 대기를 가지고 있음이 밝혀졌는데, 그림에 삽입된 그래프는 2012년 10월 11일에 허셜 망원경이 감지한 수분 흡수 신호를 보여주는 것이다.

과학자들은 예전부터 세레스에 얼음이 존재할 가능성이 크다는 사실을 알고 있었다. 전체적인 밀도로 볼 때, 세레스의 중심은 암석 핵이지만, 주변에는 얼음-물 층의 맨틀이 존재할 가능성이 크다고 여겼다. 그리고 이런 믿음은 Dawn을 발사한 후에, 연구를 통해 더욱 견고해져 갔다.

그러다가 최근에 Dawn의 직접적인 탐사로, 그에 관한 연구가 획기적으로 진전되었다. 세레스의 중심 근처뿐 아니라 지표면 바로 아래에도 생각보다 많은 얼음이 존재한다는 사실을 알아낸 것이다. Dawn에 탑재된 감마선 및 중성자 탐지기(Gamma ray and neutron detector)가 세레스 지표 바로 아래에서 수 미터 두께의 얼음을 탐지해냈다.

우주에서 날아오는 고에너지 방사선인 우주선(Cosmic ray)이 지표에 도달하면 일부는 지표면을 투과하는데, 이때 일부 수소 원자와 반응해서 중성자의 속도가 느려지게 된다. 이를 감지할 수 있으면, 지표를 뚫지 않아도 수소 원자의 분포를 파악할 수 있고, 수소는 대부분 물 분자의 원소여서, 이를 통해 물의 분포도 동시에 감지할 수 있다. 물론 세레스의 물은 얼음 형태이다.

세레스의 레골리스 표면 아래에는 얼음과 암석이 섞여 있는 층이 존재하는 것으로 보인다. 감마선 및 중성자 탐지기의 데이터를 보면, 전체 중량의 10% 정도가 얼음이라는 사실을 추측할 수 있다. 연구팀은 이 얼음이 세레스 역사 초기에 형성되어 수십억 년 동안 유지된 것으로 보고 있다.

그런데 세레스의 얼음 분포는 지역에 따라 차이가 난다. 얼음이 많은 지역과 그렇지 않은 지역이 있는데, 일부 크레이터 내부의 영구 음영 지역에 특히 많은 얼음이 존재한다. 이곳은 온도가 110K 정도여서, 본래 존재했던 얼음이 승화되어 우주로 빠져나가지 못하고, 영구 보존된 것으로 보인다. 연구팀은 여기에 콜트 트랩(Cold trap)이라는 이름을 붙였다.

콜드 트랩의 형성 과정에 대해 충분히 이해하고 있는 것은 아니지만, 혜성처럼 물이 풍부한 천체가 충돌한 결과일 가능성이 큰데, 콜드 트랩의 얼음은 미래의 우주여행에 소중한 자원으로 사용될 것이 분명하다.

이제 세레스가 물이 풍부한 천체라는 사실을 알게 되었다. 그리고 표면 근처의 물은 얼음 상태지만, 깊숙한 곳의 물은 액체 상태일 가능성이 크다는 사실도 알게 되었다.

그런데 이 작은 천체가 어떻게 이런 구조를 띠게 되었을까? 세레스는 크기가 작은데다 내부에 방사성 동위원소도 별로 없어서 지구처럼 온도가 높지 않은 것으로 보인다. 또 유로파나 이오처럼 큰 행성 주위를 공전하는 위성도 아니어서, 조석력의 차이로 내부에 열이 생길 가능성도 적다. 다만 타원 궤도를 도는 소행성이어서 태양에 가까운 지점까지 가면 일시적으로 얼음 표면이 녹을 수 있고, 태양 빛이 비치는 지역의 온도가 꽤 올라갈 수 있다.

그런데 세레스에는 대기가 없어서, 액체 상태의 물이 생기더라도, 표면을 흐르는 대신 바로 증발하게 된다. 수증기가 숨을 만한 대기가 없어서 빠르게 증발하지만, 이것이 순간적으로 표면에 수증기 기둥을 만들 수는 있다. 물론 항상 이런 일이 일어나는 게 아니라 주기적으로 잠시만 발생할 것이다.

이와 같은 현상이 일어날 개연성은 Dawn이 세레스 표면에서 찾아야 하는 목표를 더욱 확실하게 설정해준다. 지금까지의 저해상도 사진에선 알 수 없었던, 놀라운 현상이 세레스에 존재할 가능성이 높고, 얼음으로 된 표면이 노출되어 있을 수도 있을 뿐 아니라, 세레스가 미래의 우주 탐사에 중요한 교두보가 될 수 있기에, Dawn의 직접 탐사는 정말 필요한 일이다.

⊗ 암모니아와 유기물

세레스가 지질학적으로 복잡하다는 것은 이미 알려진 사실인데, 여기엔 특이하게도 얼어붙은 암모니아도 존재한다. 암모니아는 태양 복사에서 멀리 떨어진, 태양계 외곽에만 안정한 형태로 존재하는 물질이고, 세레스 궤도의 거리에는 존재할 수 없기에 특이하다고 생각하는 것이다. 그렇기에 이곳의 암모니아 존재는 세레스가 현재 위치에서 멀리 떨어진 곳에서 형성된 후에 현재의 위치로 이동해 왔을 개연성을 떠올리게 했다.

그런데 Dawn에 의해 콘수스(Consus) 분화구에서 수집된 데이터는, 이러한 이주 이론을 거부하며, 이 왜행성이 주요 소행성대에서 형성되었음을 시사한다. 막스 플랑크 연구소 연구원이자 팀원인 란자 사카는 다음과 같이 말했다.

> "4억 5천만 년 된 콘수스 분화구는 지질학적 기준으로는 특별히 오래되진 않았지만, 세레스에서 가장 오래된 구조물 중 하나다. 깊은 분화구 덕분에 우리는 세레스 내부에서 수십억 년에 걸쳐 일어났던 과정에 접근할 수 있었다. 이 분화구는 왜행성의 과거를 들여다볼 수 있는 일종의 창문이다."

남반구의 충돌 분화구 중 하나인 콘수스 분화구를 살펴본 결과, 수십억 년에 걸쳐 왜행성의 내부에서 표면으로 올라온, 염수의 잔해가 드러났는데, 여기엔 암모늄이 포함되어 있다.

세레스의 흩어진 충돌 분화구에서 발견된 대부분의 퇴적물은 소금 퇴적물을 보여주었지만, 콘수스 분화구의 특정 지점에는 수소 이온이 하나 더 있는 암모늄이 풍부했다.

과학자들은 암모늄을 만드는 과정이 태양 가까이에서는 작동하지 않을 것으로 생각해 왔다. 암모늄이 너무 빨리 증발하기 때문이다. 그런데 이제는 이 아이디어에 의심을 품어봐야 할 것 같다. 이 새로운 발견은 암모늄을 세레스 내부의 소금물과 연관 짓게 한 계기가 되었고, 세레스가 소행성대 토착 행성일 수도 있다는 아이디어를 떠올리게 했다.

암모늄을 품고 있는 콘수스 크레이터

한편, Dawn 탐사선은 세레스에서 유기물의 증거도 찾아냈다. 이탈리아 국립 천체물리학 연구소의 마리아 크리스티나 데 상티스(Maria Cristina de Sanctis)와 동료들은 탐사선의 가시광 및 적외선 매핑 분광기(VIR) 데이터를 이용해서 유기물 분자를 찾아내어, 이를 《Science》에 발표했다.

세레스의 유기물은 에르누테트 크레이터(Ernutet crater)를 중심으로 대략 $1,000km^2$ 정도의 영역에 집중되어 있다. 그리고 그 중심에서 $400km$ 떨어진 이나마하리 크레이터(Inamahari crater)에서도 확인되었다.

이미 세레스에 관한 연구에서, 물 얼음과 암모니아가 풍부한 지층, 탄산염 광물 등이 드러난 바 있기에, 세레스는 작은 크기와는 달리, 다양한 물질을 품고 있는, 다소 복잡한 역사를 가진 천체임을 알아낸 바 있다. 그런데 유기물 분포의 경우, 특정 지역에 집중되어 있는 것으로 보아, 그곳에 천체가 충돌했을 가능성이 크다.

사실 유기물은 그다지 드문 물질이 아니어서, 유기물이 존재한다는 사실 자체가 놀라운 것은 아니다. 그러나 세레스에는 상당한 양의 물도 함께 존재하기에, 생명체 존재 가능성과 더불어 흥미로운 주제로 주목받고 있다.

⊗ 우르바라 크레이터

과거에는 천체 망원경을 통해, 세레스가 균일하지 않은 표면을 지녔다는 정도까지만 알았지만, 이제는 복잡한 표면 지형에 대해서 상세히 알고 있고, 유기물의 존재와 얼음 화산의 존재, 지질 활동의 증거 등도 확인했다.

한편, 독일 막스 플랑크 연구소, 뮌스터 대학, 인도 국립 과학 교육 및 연구소의 과학자들은 Dawn 탐사선 데이터를 분석해, 세레스에서 3번째로 큰 우르바라 크레이터(Urvara crater)의 복잡한 지형을 조사한 바 있다.

우르바라 크레이터는 세레스 남반구에 있는 크레이터로 지름 $170km$ 정도다. 세레스의 지름이 $960km$ 정도인 점을 생각하면 얼마나 큰지 짐작할 수 있다. 이 크레이터는 대략 2억 5,000만 년 전 다른 소행성과 충돌한 후 생성된 것으로 보이는데, 최근에 크레이터의 연령대와 상태가 균일하지 않다는 사실을 알게 됐다.

　이 크레이터 가장자리를 살펴보면, 북서쪽은 잘 보존되어 있으나 반대 방향은 침식이 심한 상태다. 그리고 지역별로 대략 1억 년까지 연령 차이가 있는 것으로 보인다. 이렇게 지형의 연령대가 다양한 것은, 복잡한 지질학적 과정이 있었음을 시사한다.

　더 흥미로운 사실은 뭔가가 흘러내린 듯한 지형의 존재다. 액체 상태의 물질이 흘러내린 후 증발했고 이후 남은 미네랄이 침착된 것 같은데, 화성 같은 행성이 아니라 왜행성에 이런 지형이 있다는 사실이 정말 놀랍다.

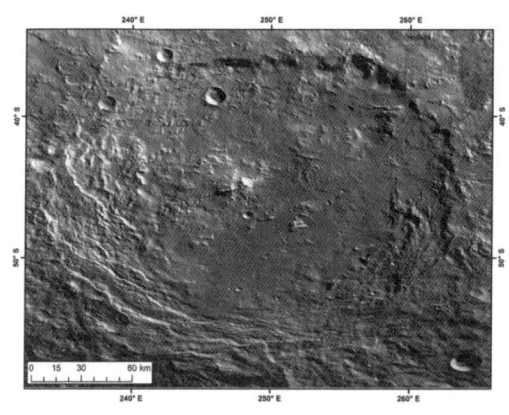

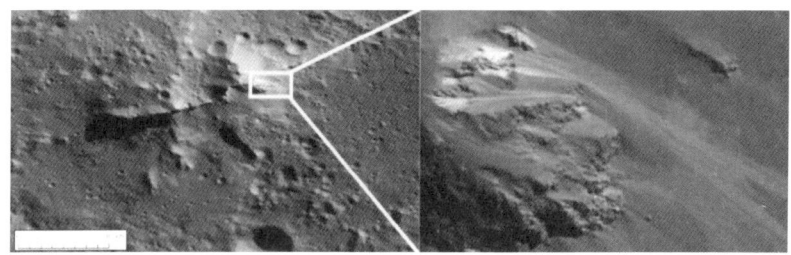

　연구팀은 오카터(Occator) 크레이터 같은 북반구의 크레이터의 침전물과 남반구의 침전물이 서로 다르다는 사실도 알아냈다. 북반구의 크레

이터가 유기물이 더 풍부한데, 그 이유는 아직 알아내지 못했으나, 세레스의 지각 구성이 생각보다 복잡하고 다양하다는 사실은 분명하고, 액체 상태로 분출될 수 있는 얼음이 내부에 존재할 가능성도 시사한다. 그래서 미래에 세레스 표면에 로버를 보내게 되면, 착륙 후보지로 우르바라 크레이터가 가장 먼저 거론될 것 같다.

⊗ 세레스에 식민지 건설

현재 NASA는 아르테미스 계획(Artemis program)을 주도하고 있다. 이 계획은 2017년에 시작된 NASA, 유럽 우주국, JAXA, 한국, 오스트레일리아, 캐나다, 이탈리아, 룩셈부르크, 영국, 아랍에미리트, 우크라이나, 뉴질랜드 등이 참여하는 유인 우주 탐사 계획으로, 2024년까지 우주인을 달에 보내고, 2026년 이후 5차~8차 또는 그 이상 순차적으로 달에 장기 거주가 가능한 유인기지를 건설하려는 계획이다.

여기서 성공적인 결과를 거둔다면 다음 목표는 화성 유인 탐사가 될 것이다. 민간 기관에서도 화성 유인 탐사 및 우주 식민지 건설에 큰 관심

을 보이면서 여러 가지 제안들이 나오고 있는데, 이 제안 중에 가장 독특한 것은 핀란드 기상 연구소의 물리학자인 페카 얀후넨(Pekka Janhunen)의 제안이다. 그는 화성과 목성 사이에 있는 천체에 우주 식민지를 건설하자고 주장하는데, 그 후보지로 가장 이상적인 곳이 세레스라고 한다.

이런 주장의 근거는 세레스에 우주 엘리베이터를 건설하기가 쉽다는 데 있다. 우주 엘리베이터는 정지 궤도에 있는 우주 정거장과 지상을 연결하는 케이블 혹은 엘리베이터로, 로켓 없이 우주로 물건을 수송하거나 지상으로 내릴 수 있어, 이상적인 우주 운송 수단으로 여겨지고 있다. 문제는 지금 있는 어떤 소재보다 가볍고 강한 신소재가 필요하다는 기술적인 문제와 막대한 건설 비용이다.

세레스는 중력이 약하고 지름도 작아서, 지구처럼 36,000km 높이가 아니라 대략 1,000km의 높이에 우주 엘리베이터를 건설할 수 있다. 그래서 큰 에너지 없이 우주 공간에 화물을 수송할 수 있다.

또한 세레스 표면에는 여러 가지 물질이 풍부하고 물도 쉽게 구할 수 있어서, 현지에서 채취하여 직접 사용하거나 우주의 다른 장소로 공급할 수 있다. 그러나 이론적으로는 불가능하지는 않을 것 같은데, 현재 기술 수준과 건설 비용을 고려해 보면, 당장에는 실현이 어려울 것 같다.

하지만 미래에 인류가 심우주로 진출하게 되면, 세레스가 새로운 전진 기지가 될 가능성은 충분하다. 세레스의 적도 위 정지 궤도에 건설된, 거대한 엘리베이터 시스템이 눈앞에 그려진다.

2. 풍요와 출산의 여신, 하우메아

태양계의 외곽에는 명왕성 말고도 많은 왜행성(Dwarf planet)과 그 후보들이 존재하며, 이들 중에는 하우메아(Haumea)도 있다.

하우메아가 발견된 것은 2004년으로 거슬러 올라갈 수 있다. 천문학자 마이크 브라운(Mike Brown)이 이끄는 연구팀이 하와이의 켁 망원경 이미지에 촬영됐던 사실을 나중에 발견했기 때문인데, 그런 이유로 이 왜행성에 하와이 신화의 여신인 하우메아의 이름도 붙이게 되었다.

그런데 엄밀하게 말하면, 이 천체의 발견을 주장할 수 있는 연구팀이 적어도 하나 더 있다. 스페인의 시에라 네바다(Sierra Nevada) 관측소의 호세 루이스 오르티즈 모네로(José Luis Ortiz Moreno) 팀이 2003년에 하우메아의 이미지를 촬영한 것을 뒤늦게 알아챘기 때문이다. 그런데 브라운 팀은 발견 사실을 2005년 7월 20일에 보고했고, 오르티즈 팀은 7일 후에 보고했기 때문에, 먼저 촬영했음에도 이름을 정할 우선권을 얻을 수 없었다.

더 흥미로운 사실은, 1955년에 촬영한 팔로마산 망원경 이미지 중에도 하우메아가 있었다는 사실이다. 그러나 당시에는 누구도 그런 위치에 왜행성이 있을 것이라는 생각을 하지 못했다.

그런데 우리가 진정으로 관심을 기울여야 할 부분은 발견 순서가 아니라, 하우메아의 특징일 것이다. 이 천체는 왜행성 중에서 가장 빠른 속도인 3.9시간을 주기로 자전하고 있다. 지름 1,000km 넘는 데도 원형이 아니라 길쭉한 타원형으로 생긴 것은 아마도 이 빠른 자전 주기 때문으로 보인다. 그리고 특이하게도 밀도도 아주 높아서 2.6-3.3g/cm^3에 달하는데, 카이퍼대에 있는 어느 천체보다도 높다.

이 모든 특징을 고려하면, 하우메아의 역사에 대해서는 한 가지 결론

궤도 특성	
근일점	34.721AU
원일점	51.544AU
공전 주기	103,774DLF
평균 공전 속도	4,484km/s
궤도 경사	28.19°
궤도 이심율	0.19501
승교점 경도	121.10°
근일점 편각	239.18°
평균 근점 이각	209.07°

물리적 특성	
표면적	$8.13712 \times 10^6 km^2$
평균 밀도	$2.6~3.3g/cm^3$
질량	$(4.2\pm0.1)\times10^{21}kg$
표면 중력	$0.44m/s^2$
탈출 속도	0.84km/s
반사율	0.7±0.1
겉보기 등급	+17.3
절대 등급	0.2
최저 온도	30k
평균 온도	40k
최고 온도	50k

밖에 내릴 수 없다. 그것은 이 천체가 과거에 큰 충돌을 겪었을 거라는 사실이다. 하우메아는 명왕성보다 태양에서 약간 더 큰 타원 궤도를 그리고 있고, 근일점이 35AU, 원일점이 51.5AU 정도인데, 이 궤도에는 많은 카이퍼대 천체가 있어서 대규모 충돌이 일어날 가능성이 매우 높다.

아마도 하우메아는 거대한 천체가 대충돌을 겪은 후에 남겨진 조각으로 보인다. 사실 명왕성 역시 큰 충돌을 겪은 후에, 현재의 명왕성과 그 위성인 카론이 남게 된 것으로 보이는데, 하우메아는 더 심각한 충돌을 겪으면서, 파편들이 사방으로 흩어지고 남은 조각으로 보인다. 실제로 하우메아의 궤도에는 하우메아 패밀리라고 불리는 수백 km 지름의 소행성들이 있는데, 이들 모두가 당시에 생긴 파편으로 보이고, 하우메아의 두 위성 역시 그때 생긴 것으로 보인다.

하우메아는 2개의 위성, 히이아카(Hi'iaka)와 나마카(Namaka)를 거느리고 있다. 둘 중 바깥쪽에 있는 히이아카는 하우메아와 거의 같은 궤도 평면에 놓여있으며, 표면도 하우메아와 비슷하게 물 얼음으로 덮여 있을 것으로 보인다.

하우메아는 명왕성의 1/3 정도 되는 질량을 지녔다. 크기에 비해 질량이 이렇게 무거운 것은, 아마도 가벼운 얼음 부분이 충돌 시 상당량 떨어져 나가고, 암석질 중심 부분이 많이 남게 되었기 때문으로 보인다. 그런데도 알베도가 매우 높은데(대략 0.71), 이는 표면이 얼음으로 덮여 있기 때문일 것이다.

하우메아는 공전 궤도도 조금 유별나다. 해왕성과 12:7 궤도 공명을 하면서 284년을 주기로 태양 주변을 공전한다. 즉 해왕성이 12번 태양 주위를 돌 때 하우메아는 7번 돈다. 이런 공명은 두 천체의 상호 중력 작용으로 형성된 것이다.

하우메아는 자체 중력으로 거의 구(球)형을 유지할 수 있는 질량을 가지고 있지만, 공전 궤도를 독점하지 못하고 있다. 자전 주기는 3.9시간으로, 태양계에서 크기 100km 이상인 천체 가운데 가장 짧은데, 수십억 년 전에 일어난 강력한 충돌로 이렇게 빠른 자전 속도를 갖게 된 것으로 보이며, 모양이 길쭉한 이유도 이 때문일 것이다.

대규모 충돌로 깨진 뒤 흩어진 물질은 하우메아 주변을 도는 고리가 됐고, 멀리 떨어진 곳에서는 위성이 만들어졌을 것으로 보인다. 충돌 규모가 크지 않았다고 하더라도, 하우메아가 매우 빨리 돌기 때문에, 표면에 있던 물질이 원심력에 의해 떨어져 나가 고리와 위성을 만들었을 수 있다.

이에 관한 명백한 진실을 알아내기 위해서는 탐사선을 보내는 수밖에 없어 보이는데 이게 그리 간단한 일이 아니다. 만약 우리가 하우메아로 탐사선을 보낸다면, 뉴허라이즌스호가 발사된 후에 명왕성을 탐사하기 시작한 시간보다 더 기다려야 한다. 가장 가까운 발사 기회는 2025년에 왔는데, 이때 발사했으면 14.25년 후에 도착했겠지만, 아쉽게도 탐사선 발사 계획 자체가 없었다.

⊗ 중요한 의미를 지닌 고리

하우메아는 아주 독특한 천체다. 길쭉하게 생긴 외형으로, 행성과 왜행성의 경계에 있어서, 아직도 그 분류에 대해서 과학자들 사이에 논쟁이 종종 일어난다. 긴 쪽의 지름은 거의 2,000km에 가깝고, 짧은 쪽의 지름은 1,000km 정도로 알려져 있는데, 지름 500km 넘는 태양계 천체 가운데 구형이 아닌 모습을 가진 것은 하우메아가 유일하다.

그다음으로 큰 불규칙 천체인 베스타는 하우메아에 비해 질량이 매우 작다. 하우메아는 명왕성 질량의 1/3이나 되고 카론보다도 더 무겁다. 그리고 4시간 미만의 매우 빠른 자전 주기여서, 표면 밝기가 매우 빠르고 다양하게 변하며, 궤도가 태양에서 50AU가 넘는 먼 거리에 있어서 정밀한 관측이 어렵다.

이렇게 관측하기가 어려워서, 유럽 6개국 10개의 관측소에서 총 12개의 망원경을 동원해서 하우메아를 관측하여, 그 결과를 50개 국제 과학자팀이 공유했다. 이들의 합동연구 결과에 따르면, 하우메아의 긴 지름은 2,322km에 달해 이전 예측보다 더 크다는 점이 밝혀졌다. 다른 축의 지름 역시 1,138km와 1,704km로 생각보다 더 컸다. 따라서 밀도는 이전 추정치인 2.6g/cm³보다 다소 낮은 1.885g/cm³ 수준으로 봐야 한다.

주지하다시피 왜행성 하우메아는 고리를 가지고 있는데, 폭이 70km이고 반지름 2,837km이다. 스페인 국립과학연구위원회(CSIC) 산하의 안달루시아 천체물리연구소(IAA)가 주축이 된 국제공동연구팀이 하우메아를 관찰한 결과, 고리가 있다는 사실을 발견하여 국제학술지《Nature》에 발표했는데, 이 발견은 아주 중요한 의미를 지닌다. 그 이유는 지금껏 태양계에서는 목성, 토성, 천왕성, 해왕성 등 거대 행성만 고리를 가지고 있는 것으로 생각해 왔기 때문이다. 2014년에 '커리클로(Curryclaw)'에 고리가 발견된 바 있으나 너무 희미해서 아주 특별한 경우로 취급되었는데, 다시 소행성대 밖에 있는 왜행성인 하우메아에서 고리가 발견되면서, 기존 지식이 잘못됐음을 인정할 수밖에 없게 되었다.

고리는 하우메아의 적도와 거의 같은 궤도 평면에 놓여있으며 하우메아가 세 번 자전할 때 한 바퀴 도는데, 별이 고리 뒤로 지나는 엄폐 현상을 관측하여, 고리의 불투명도가 0.5가량인 것을 밝혀냈다. 하우메아의 고리가 발견됨으로써, 태양계의 거대 행성뿐 아니라 작은 천체들도 고리를 가질 수 있다는 사실이 다시 확인되었기에, 태양계에 생각보다 고리 시스템이 그리 드물지 않다는 사실을 알게 되었다.

하우메아는 아직 충분히 관측된 상태가 아니다. 정확한 크기, 표면 구조, 위성, 고리 시스템의 관측을 위해서는 더 진보된 관측 장비가 필요한 상황이다.

3. 부활절 토끼, 마케마케

마케마케는 태양계의 왜행성 중 세 번째로 크다. 지름은 대략 명왕성의 2/3 수준이다. 현재 마케마케는 태양에서 52AU 떨어져 있는데, 카이퍼 벨트 외곽지대보다 약간 더 먼 거리다.

이 천체는 2005년 3월 31일에 마이클 브라운 팀에 의해 발견되어, 2005년 7월 29일에 발견 사실이 공표되었다.

궤도 특성	
근일점	38.509AU
원일점	53.074AU
공전 주기	309.88년
평균 공전 속도	4.419km/s
궤도 경사	29.00685°
궤도 이심률	0.159
승교점 경도	79.382°
근일점 편각	298.41°
평균 근점 이각	15°
물리적 특성	
표면적	$6.42 \times 10^6 km^2$
부피	$1.8 \times 10^9 km^3$
평균 밀도	$1.4 \sim 3.2 g/cm^3$
반사율	0.81
겉보기 등급	17.0
절대 등급	-0.3
최저 온도	30k
평균 온도	32.5k
최고 온도	35k

2008년 6월 11일에 국제천문연맹은 마케마케를 잠재적 플루토이드(Plutoid, 해왕성 바깥쪽에서 태양을 공전하며, 스스로를 둥글게 변화시킬 정도의 질량이 있는 천체) 목록에 포함했으며, 2008년 7월 11일에 공식적으로 명왕성 타입 천체의 지위를 부여했다.

마케마케는 상대적으로 밝은(명왕성의 15등급보다 약간 어두운 16.7등급 정도) 밝기에도 불구하고, 다른 카이퍼대 천체들이 다수 발견될 때까지 그 존재를 알아채지 못했다. 이는 상대적으로 궤도 경사각이 큰 데다, 당시 황도에서 가장 멀리 떨어진 지점에 있었기 때문인데(머리털자리에 있었다), 이미 발견된 왜행성들은 대체로 황도 근처에 자리 잡고 있었다.

클라이드 톰보가 1930년 명왕성을 발견했을 당시에는 마케마케가 황

허블망원경이 촬영한 마케마케와 위성

도 근처에(황소자리와 마차부자리의 경계선) 있었으나, 불운하게도 배경에 은하수가 있어서, 이 어두운 천체를 발견하기가 힘든 상태였다. 톰보는 명왕성 발견 후에도 여러 해에 걸쳐 미지의 천체를 계속 찾았으나 마케마케를 발견하지 못했다.

마케마케라는 이름을 붙이기 전에 소행성 번호 136472가 붙어있었으나 '부활절 토끼(Easterbunny)'라는 코드명이 더 애용되었다(이 코드명이 붙은 이유는 부활절 직후 발견되었기 때문이다). 마케마케는 이스터섬의 신화에 등장하는, 세상을 창조한 신의 이름이며, 이것을 선택한 이유는, 부활절의 의미를 기리기 위해서였다.

마케마케는 현재 카이퍼대 천체 중에는 명왕성 다음으로 밝으며, 크기는 정확히 밝혀지지 않았으나, 스피처 우주 망원경이 적외선 영역으로 관측한 결과, 명왕성의 스펙트럼과 유사하다는 점에 착안하여 약 $1,500km$ 반지름을 지녔을 거라고 여기고 있다. 이는 하우메아보다 약간 더 큰 수준으로, 카이퍼대 천체 중 에리스와 명왕성 다음으로 세 번째 큰 왜행성이라는 지위를 얻을 수 있게 되었다.

한편, 리칸드로(Ricandro) 연구팀은 윌리엄 허셜 망원경과 TNG 망원경을 이용한 가시광 및 근적외선 영역 관측을 통해, 마케마케 표면이 명왕성과 닮았음을 알아냈다. 가시광선으로 보았을 때 마케마케는 붉게 보였는데 이는 에리스가 중성 스펙트럼을 보여준 것과는 상당히 달랐다. 적외선 영역으로 관찰한 결과, 명왕성과 에리스처럼 메테인(CH_4)이 검출되었는데(명왕성보다도 많은 양이었다), 이는 마케마케 표면에 (일시적일 수 있지만) 대기가 존재함을 의미하는 것일 수 있다.

이 연구팀은 마케마케 표면을 분광학적으로 분석한 결과, 지름 $1cm$ 정도인, 상당량의 에테인이 섞인, 메테인 얼음 조각들이 있다는 증거도 포착했다. 이 얼음 조각들은 대부분이 태양 복사로 인한 메테인의 광해리(Photodissociation, 화합물이 광자에 의해 분해되는 화학 반응)로 생겨난 것으로 보인다.

그런데 에리스나 명왕성과는 달리, 마케마케 표면에는 질소 얼음이 없다. 이는 긴 시간을 지나오는 동안 표면에 있던 질소가 어떠한 이유로 고갈되었음을 의미한다.

마케마케의 궤도는 경사각이 크고(29°) 공전 궤도 이심률도 어느 정도 크다는(0.15) 점에서 하우메아와 매우 비슷하다. 그렇지만 마케마케의 궤도는 이보다 좀 더 먼 곳에 형성되어 있으며, 공전 주기가 310년 정도로 명왕성의 248년보다 크다. 공전하는 동안 태양에 가장 가까울 때는 38AU이고, 가장 멀 때는 53AU이며, 자전 주기는 22시간 반으로 지구의 자전 주기와 비슷하나, 다른 왜행성에 비해 상대적으로 길다. 그 이유 중 하나는 위성에서 나오는 조수 가속도 때문일 수 있는데, 일부 학자들은 아직 발견되지 않은 두 번째 대형 위성이 있기 때문일 수도 있다고 생각하고 있다.

아래 그림은 명왕성과 대비하여 하우메아와 마케마케의 공전 궤도를 그려놓은 것이다. 이 그림에서는 근일점이 소문자(q)로 표시되어 있으며, 원일점은 대문자(Q)로 표시되어 있다. 그리고 근일점과 원일점에는 각각 해당 일자가 표시되어 있다.

두 왜행성 모두 황도보다 훨씬 위에 자리 잡고 있는데, 마케마케는 2034년 원일점을 통과할 것이다. 반면 하우메아는 1991년 이미 원일점을 통과했다.

한편 2016년 4월 26일에 미국 사우스웨스트연구소가 마케마케에서 최소 21,000㎞ 떨어진 곳에서 12일 주기로 공전하는 것으로 보이는 위성을 발견했다. 임시이름은 MK2인데, 마케마케의 지름이 1천400㎞인데 비해 MK2의 지름은 약 161㎞밖에 안 되며, 밝기도 마케마케보다 1천300배나 더 희미하다. MK2의 궤도가 원형인지 타원형인지는 좀 더 관측해야 알 수 있을 것 같다.

과학자들은 MK2 발견과 관련하여, 카이퍼대에 자리한 왜행성들이 위성을 갖고 있다는 추가적 증거로 평가했으며, 콜로라도주 소재 사우스웨스트연구소의 알렉스 파커(Alex Parker)는 MK2를 통해 마케마케를 더 자세히 파악할 수 있을 것이라고 MK2에 존재감을 부여했다.

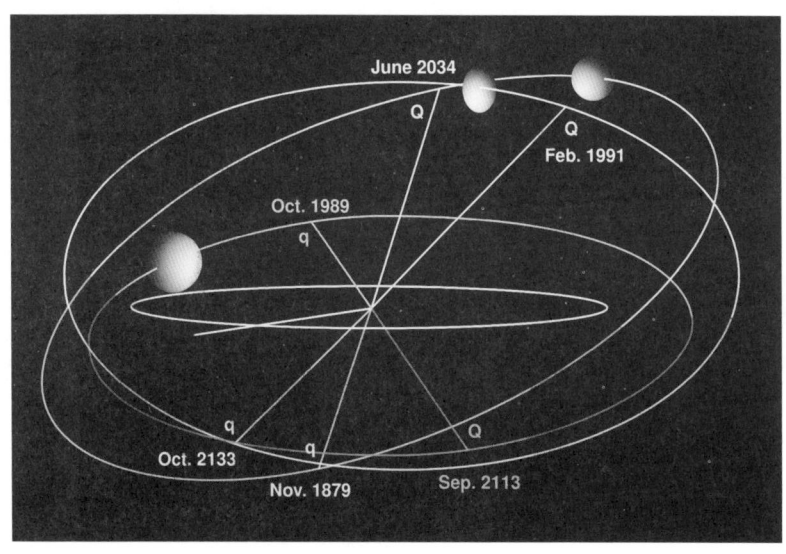

큐비원족 천체들의 궤도를 보여주는 그림.
각각의 궤도는 마케마케(파랑색), 하우메아(초록색), 명왕성(붉은색)이다.

마케마케 궤도

이렇게 위성을 품고 있는 마케마케는 큐비원족(QB1族/ Cubewano, 고전적 카이퍼대 천체)에 속한다. 따라서 궤도도 큐비원족 영역 내에 있기에 중력적으로 해왕성의 영향을 받지 않는다. 해왕성과 3:2 궤도 공명을 보이는 명왕성족과는 달리, 큐비원족 천체들은 해왕성의 중력 섭동과 관계없이, 보다 먼 곳에 근일점을 형성하고 있다. 큐비원족의 궤도는 이심률이 작고 행성들과 비슷한 모양으로 태양을 공전하고 있으나, 마케마케는 다른 큐비원족들과는 달리 궤도 경사각이 크다.

주지하다시피 2006년 8월 24일에 국제천문연맹은 공식적으로 행성의 새로운 정의를 발표하였다. 이 정의에 의하면, 태양계 소행성은 '자신의 중력으로 둥근 구체를 형성할 수 없는 천체'들을 말한다. 여기에 반해 왜행성은 '중력으로 구체를 형성할 수는 있으나, 궤도 위에 있던 물질들을 말끔히 청소하지는 못한 천체'이고, 행성은 '자체 중력으로 둥근 모양을 형성하며 궤도 위에 있던 물질들을 청소한 천체'이다. 이러한 분류에 의하면, 명왕성, 에리스, 세레스는 왜행성이 된다.

한편 2008년 6월 11일에 국제천문연맹은 플루토이드(Plutoid / Ice dwarf)를 만들어 2006년에 설정한 분류 체계를 좀 더 세밀히 다듬었다. 주지하다시피 플루토이드는 해왕성 궤도 너머에 있는 왜행성들을 가리킨다. 따라서 에리스와 명왕성은 플루토이드이지만, 세레스는 아니다. 플루토이드로 인정받기 위해서는 절대 등급이 1보다 낮아야 한다. 이 기준에 의하면, 플루토이드의 자격이 있는 것은 마케마케와 하우메아뿐이다. 2008년 7월 11일에 국제천문연맹은 공식적으로 마케마케를 명왕성과 에리스 다음으로 왜행성이자 플루토이드로 분류하였다.

4. 가장 멀리 있는 왜행성, 에리스

뉴허라이즌스 탐사선은 왜행성으로 강등된 명왕성의 모습을 처음으로 근거리에서 촬영했다. 인류가 해왕성 너머에 있던 얼음 천체를 가까운 거리에서 관측한 건 처음이었다. 그러나 아직 멀었다. 명왕성 너머에 있는 많은 왜행성이 아직 인간의 방문을 기다리고 있다. 그중에는 명왕성을 행성의 지위에서 끌어내리는 데 결정적인 역할을 한 에리스(Eris)도 있다.

에리스가 명왕성보다 더 크다는 사실이 알려진 후로, 명왕성의 행성 지위가 확연히 흔들리기 시작했다. 그러다가 에리스 같은 천체가 여럿 있다는 증거가 추가로 발견되면서, 천문학자들은 그 천체들을 모두 행성으로 인정하든가, 아니면 명왕성을 행성의 지위에서 끌어내리든가 하는, 두 가지 중 하나를 선택해야 하는 상황에 직면하게 되었다.

사실 외부에서 보기에는 깊은 고심을 하는 듯했으나, 결론은 이미 나와있는 거나 마찬가지였다. 이미 발견된, 에리스와 유사한 수많은 천체와 앞으로 발견될 그러한 천체들을 모두 행성으로 인정할 수는 없기 때문이다. 그래서 천문학자들은 시간을 조금 끌다가 명왕

궤도 특성	
궤도 긴 반지름	10.166×10^9km
근일점	37.911AU
원일점	97.651AU
공전 주기	203,830일
평균 공전 속도	3.4338km/s
궤도 경사	44.0445°
궤도 이심률	0.44068
승교점 경도	35.9531
근일점 편각	150.977
물리적 특성	
분광형	B-V=0.78, V-R=0.45
지름	2,326±12km
평균 밀도	2.52±0.05g/cm³
질량	$(1.67±0.02) \times 10^{22}$
탈출 속도	1.384km/s
반사율	0.92~1.05
자전 주기	25.9±8시간
자전축 기울기	78°(궤도면 기준)
겉보기 등급	+18.7
절대 등급	-1.2±0.3
평균 온도	30~55k

성을 왜행성으로 격하시켰다.

에리스의 발견은 2005년 1월로 거슬러 올라간다. 천문학자 마이크 브라운(Mike Brown)과 그의 동료들은 그해 1월 29일에 2003년에 얻은 데이터들을 다시 분석하다가 에리스를 발견하여 2003 UB313이라는 명칭을 붙였다. 그러니까 2003년 10월에 이미 에리스가 촬영되어 있었으나, 당시 프로그램에서는 시간당 1.5각초(Arcsecond / 각의 단위, 1초(″)는 1분(′)의 1/60, 1도(°)의 1/3600인 각) 이하로 움직이는 천체를 제외해 버리는 바람에 찾지 못했고, 나중에 시간당 1.75각초로 움직이는 세드나가 발견되고 나서야, 재분석해서 에리스를 찾게 된 것이다.

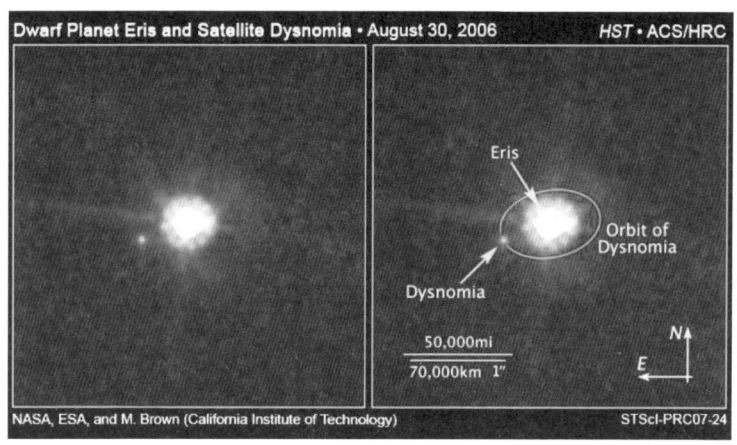

에리스와 위성 디스노미아

그리고 그해 10월에는 에리스가 '디스노미아(Dysnomia)'라는 위성을 거느리고 있다는 사실도 알게 되었다. 학자들은 이를 이용해서 에리스의 질량을 알아냈다.

그런데 에리스의 질량을 측정해 보니 명왕성의 질량보다 27%나 더 무거웠다. 이것으로 에리스의 크기가 명왕성보다 더 크다고 말할 수는 없지만, 명왕성보다 무거운 것은 확실했다.

발견한 지 얼마 후에 허블 우주 망원경으로 에리스의 지름을 측정해보니 2,397km였다. 이는 명왕성보다 약간 큰 정도였으나, 큰 것도 확실했기에, 명왕성의 자격을 박탈하든지, 에리스를 새로운 행성으로 인정할 수밖에 없게 되었고, 긴 논의 끝에 명왕성의 자격을 박탈하는 것으로 결론을 내리게 되었다.

그 후에 에리스에 대한 정밀 관측이 꾸준히 이어졌고 최종 도출된 수치는 처음 관측보다 조금 작은 거로 판명됐다. 그리고 뉴허라이즌스호가 탐사한 결과, 명왕성은 알고 있던 것보다 80km 정도 더 컸다. 그래서 현재의 결론은 이 둘은 거의 비슷한 크기거나 명왕성이 약간 큰 것으로 정리되었다.

이렇게 되면 왜행성으로 강등된 명왕성이 억울할 것 같지만, 이 둘은 크기는 비슷하나, 질량은 에리스가 더 클 뿐 아니라, 명왕성에는 치명적인 약점이 있다. 사실 명왕성은 태양계의 다른 행성과 비교해보면, 궤도가 지나치게 길쭉한 타원형이다. 이것 역시 행성에서 강등된 이유 중 하나다. 물론 에리스의 궤도는 그보다 더 길쭉한 타원형이지만, 에리스는 애초에 행성의 지위를 꿈꿔본 적조차 없다.

에리스는 근일점이 37.91AU이고, 원일점이 97.65AU에 달한다. 공전주기도 무려 558년으로 명왕성의 2배. 1977년에 원일점을 돌았기에 근일점은 2256년~2258년에 이르게 된다. 이렇게 먼 거리를 공전하고 있기에 관측이 어렵고 탐사선을 보내는 일도 쉽지 않다.

하지만 천문학자들은 강력한 망원경을 동원해 이 천체를 연구하여, 에리스가 명왕성과 표면색이 다르다는 사실을 알게 되었다. 명왕성의 옅은 대기는 태양에너지와 반응해서 톨린(Tholin)이라는 분자를 만드는데, 이 때문에 표면이 적갈색을 띠지만, 에리스는 명왕성, 마케마케, 트리톤 같은 대다수의 해왕성 바깥 천체가 붉은색인 것과 달리, 편심이 심하고 557년이라는 긴 주기로 인해, 메테인이 쉽게 응축되어 하얀색에 가까운 표면을 가지고 있다.

그리고 주지하다시피 이 어두운 얼음 천체에는 가족이 있다. 디스노미아라는 위성을 가지고 있는데, 이 위성은 에리스의 1/5 정도 크기로 지름이 340km이다. 3만 7천km 떨어진 거리에서 에리스를 16일 정도 주기로 공전한다. 이외에 다른 위성을 더 거느리고 있을 가능성은 충분히 있으나 거리가 너무 멀어 확인하기 쉽지 않다.

뉴허라이즌스호가 명왕성까지 가는 데 9년이 걸렸다. 같은 속도로 에리스까지 가려면 대략 25년 정도의 시간이 필요하다. 이런 현실적인 이유로 인해 에리스 탐사선 발사는 논의조차 힘든 상황이다.

이미 과학자들은 에리스 이외에 비교적 큰 천체들을 명왕성 궤도 너머에서 다수 발견했으나, 이들 가운데 에리스와 명왕성보다 더 큰 것은 없다. 하지만 아직 발견되지 않은 천체가 더 많을 것이기에 더 큰 천체가 어딘가 숨어있을 가능성은 크다.

5. 반 명왕성, 오르쿠스

오르쿠스(90482 Orcus)는 강력한 왜행성 후보 중 하나이며, 평균 공전 거리, 근일점, 원일점이 명왕성과 매우 비슷하다. 명왕성족(冥王星族 / Plutino, 해왕성과의 공전 주기가 2:3으로 공명하는 해왕성 바깥 천체) 가운데에서 명왕성 다음으로 밝다. 표면에 얼음 화산이 존재할 가능성이 있고, 내부에 방사성 원소가 있다면, 유로파처럼 지하에 바다를 가지고 있을 가능성도 있다.

자전 주기는 측정 때마다 달리 나타나는데, 현재 오르쿠스는 축이 지

구분	명왕성족 천체
지름	917±25km
궤도 장반경	39.173AU
원일점	48.07AU
근일점	30.27AU
궤도 경사각	20.573°
이심률	0.22718
공전 주기	245.18년
자전 주기	알 수 없음
온도	44K 미만
겉보기 등급	19.1

구 방향을 향하고 있어서 밝기 변화를 측정하기도 어렵다. 조석 고정된 상태가 아니라면, 10.5시간의 자전 주기를 가지지만, 만약 위성과 서로 조석 고정 상태라면, 위성인 반트(Vanth)와 같은 9.7일로 추정된다.

오르쿠스는 명왕성족이기에 평균 거리가 명왕성과 비슷해서 공전 주기도 거의 같으나, 서로 반대의 위치에 있어 만나지 않기에, 반 명왕성(Anti-Pluto)이라고도 부른다. 이처럼 명왕성의 반대쪽에 있고 지구에서 멀리 떨어져 있어서 찾기 어려웠을 텐데, 운 좋게 2004년에 제미니 천문대의 마이클 브라운(Michael Brown of Caltech)과 채드 트루히요 (Chad Trujillo), 예일 대학의 데이비드 라비노비츠(David Rabinowitz)가 함께 찾아냈다.

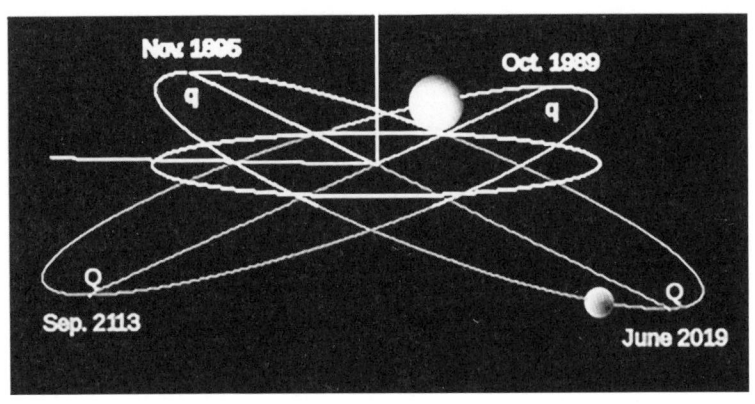

노란색의 해왕성 궤도와 붉은색의 명왕성 궤도, 그리고 푸른색의 오르쿠스의 궤도.
글자 그대로 명왕성과 오르쿠스는 반대의 위치에 있음

오르쿠스 궤도

이 천체는 명왕성과 비교되는 여러 특징들을 가지고 있어서, 로마와 이탈리아 신화에서 맹세를 저버린 자를 심판하는 신이자, 로마 신화의 명왕 신인 플루토와 같게 여겨지는 신의 이름을 따서, 오르쿠스라는 명칭을 붙였다.

오르쿠스는 명왕성처럼 집중적인 관측의 대상이 되지 못했고, 그 크기도 명왕성보다 작아서 아직도 모르는 부분이 많다. 근일점은 30.27AU, 원일점은 48.07AU인 궤도를 그리며, 이심률은 0.227 정도이고, 궤도가 황도에 대해 20.6도 기울어져 있다. 근일점이 29.657AU이고 원일점이 48.871AU인 명왕성과 아주 비슷하다.

명왕성의 이심률도 0.244~0.248 정도이고, 궤도의 기울기 역시 17도 수준으로 크며, 공전 궤도 역시 245.18년인 오르쿠스와 비슷한 247.68년이다.

그래서 서로 궤도가 겹치는 만큼 충돌 위험성이 있을 것으로 생각할 수 있지만, 앞에서 말한 바와 같이, 명왕성이 근일점에 있을 때 오르쿠스는 원일점에 위치하고, 오르쿠스가 근일점에 있을 때 명왕성이 원일점에 위치하며, 궤도의 기울어진 방향도 서로 반대여서 충돌 위험은 없다.

이와 같은 독특한 궤도는 태양계 외곽에 있으면서 명왕성과 오르쿠스 모두에 큰 영향력을 행사하는 해왕성과 관련이 있을 거로 보인다. 명왕성과 오르쿠스 모두 해왕성과 2:3 궤도 공명(Orbital resonance)을 하는데, 이는 해왕성이 태양 주위를 3번 공전할 때 명왕성과 오르쿠스는 2번 공전하는 것을 의미한다. 이런 천체를 가리켜 플루티노(Plutino)라고 부르는데, 이 궤도 주기는 대략 247.3년 정도가 된다. 그렇게 해왕성 때문에 공전 주기가 고정되었다고 할 수 있다(해왕성의 공전 주기는 164.79년).

그런데 이런 궤도의 특징만으로 오르쿠스를 반 명왕성이라고 부르는 것은 아니다. 오르쿠스도 명왕성처럼 거대한 위성을 가지고 있다. 오르쿠스의 지름은 761~807km 정도 된다고 여겨지는데, 위성인 반트는 442.5~475km에 이른다. 명왕성-카론의 경우와는 다소 차이가 나지만 쌍성계의 향기가 나는 시스템이다.

주지하다시피 반트는 모성에서 9,030km가량 떨어진 곳에서 이심률이 0에 가까운 궤도로 9.54일을 주기로 공전하는데, 반사율과 스펙트럼이 오르쿠스와 많이 다르다. 스펙트럼이 오르쿠스와 다른 것으로 보아, 명왕성-카론과는 달리, 카이퍼대 천체였던 반트가 오르쿠스에게 포획된 듯하며, 반트 역시 카론처럼 모성과 조석 고정 상태일 가능성이 크다.

6. 위험한 왜행성 후보, 살라시아

이 천체의 정식 명칭은 '120347 살라시아(Salacia)'이며, 이 명칭은 로마 신화의 바다의 여신 살라시아(그리스 신화에서는 암피트리테)에서 따왔다. 살라시아는 적당한 이심률(0.11)과 큰 기울기(23.9°)를 가진 비공명 천체(Non-resonant object)로, 심층 황도 조사(Deep ecliptic survey)의 분류에서는 산란-확장 천체(Scattered-extended object)이고, Gladman의 분류 체계에서는 전통적인 카이퍼대 천체다.

살라시아의 궤도는 하우메아 충돌군(Haumea collisional family)의 Parameter 공간 내에 있지만, 강력한 물-얼음 흡수 대역이 없다는 점에서 알 수 있듯이 그 일부는 아니다.

살라시아-악타이아(위성) 시스템의 총질량은 $(4.922 \pm 0.071) \times 10^{20} kg$으로 추정되며, 평균 밀도는 1.51$g/cm^3$이다. 살라시아 자체의 지름은 약 846$km$로 추정되고, 해왕성 횡단 천체(Trans-Neptunian object) 중 가장

구분	큐비원족
지름	846(±23)km
질량	4.922(±0.071)×10^{20}kg
궤도 장반경	42.29784109AI
원일점	46.68889911AU
근일점	37.90678306AU
궤도 경사각	23.9223804°
이심률	0.1038128167
공전 주기	275.09678년
자전 주기	6.09시간
절대 등급	+4.476

알베도가 낮다.

예전에는 약 $(4.38 \pm 0.16) \times 10^{20} kg$의 질량을 가지고 있는 것으로 믿어왔으며, 이 경우에 알려진 큰 TNO 중 가장 낮은 밀도(약 $1.29 g/cm^3$)를 가졌을 것이기에, 윌리엄 그런디(William Grundy)와 동료들은 살라시아가 결코 고체로 구성되어 있지 않고, 유체 정역학적 평형 상태에 있지도 않을 것이라고 주장했다. 만약 그들의 말이 옳다면, 살라시아는 왜행성의 후보가 될 수 없다.

살라시아의 적외선 스펙트럼은 거의 특징이 없으며, 이는 표면에 물 얼음이 5% 미만이라는 뜻이 된다. 메테인과 같은 휘발성 얼음의 징후는 JWST의 살라시아 스펙트럼에서 감지되지 않았고, 광 곡선 진폭이 3%에 불과했다.

살라시아의 근일점은 37.4AU, 원일점은 46.4AU이다. 표면 반사율은 0.042~0.044로 극도로 낮으며, 이는 왜행성 후보 천체 중 가장 낮은 반사율이다.

공전 주기는 275년이고 자전 주기는 6.09시간이며, 위성과 동주기 자전을 하지는 않는다. 현재까지 발견된 위성은 1개이며, 그것의 이름은 악타이아(Actaea)로, 네레이데스(물의 신 네레우스와 도리스 사이에서 태어난 바다의 요정) 중 하나의 이름을 빌려온 것이다.

이 위성은 5.49380 ± 0.00016일마다 $5619 \pm 89 km$의 거리와 0.0084 ± 0.0076의 이심률로 주 궤도를 돌고 있는데, 2006년 7월 21일 Keith Noll, Harold Levison, Denise Stephens 및 William Grundy가 허블 우주 망원경

으로 발견했다.

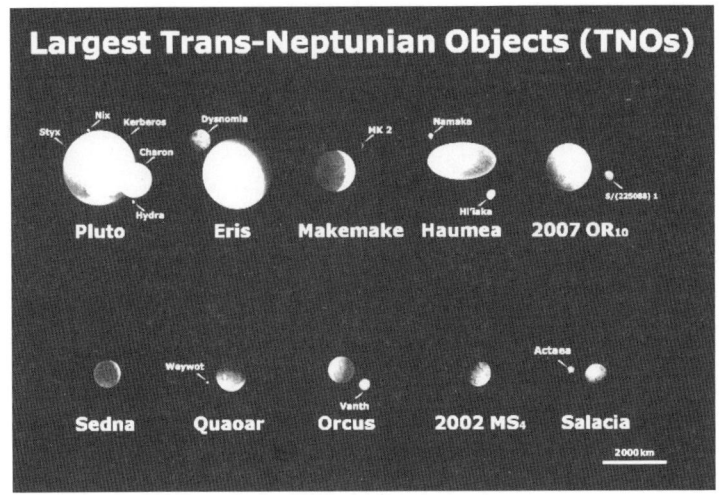

살라시아와 다른 천체의 크기 비교

악타이아는 살라시아보다 2.372±0.060등급 더 어둡다. 이는 동일한 반사도에 대한 지름 비율이 2.98임을 의미하기에, 반사도가 같다고 가정하면 지름은 286±24km이다. 악타이아는 살라시아와 색상이 같다. 이는 반사도가 같다는 이론을 뒷받침한다.

살라시아 시스템은 준장축과 기본 힐 반경의 비율이 0.0023으로, 가장 타이트한 해왕성 횡단 쌍성이다.

7. 로슈 한계를 넘어선 콰오아

콰오아(Quaoar)는 해왕성 바깥 천체로 카이퍼대에 있다. 2002년에 캘리포니아 공과대학교의 채드 트루히요(Chad Trujillo)와 마이클 브라운(Michael Brown)이 팔로마 천문대에 있는 망원경을 사용해 발견하였다.

궤도 특성		물리적 특성	
궤도 긴 반지름	43.405AU	분광형	B-V=0.94, V-R=0.65
근일점	41.945AU	지름	1,074±38km
원일점	44.896AU	평균 밀도	2.2g/cm^3
공전 주기	285.97년	질량	$(1.4±0.1)×10^2$
평균 공전 속도	4.52km/sec	탈출 속도	0.523~0.712km/s
궤도 경사	7.983	반사율	0.0199
승교점 경도	188.791	자전 주기	17.6788시간
근일점 편각	154.850	평균 온도	~43k

지름이 약 1,250km로 현재까지 발견된 카이퍼대 천체 중에서는 명왕성 다음으로 크다. 이 천체가 발견된 당시에는 명왕성이 행성의 범주로 분류되어 있었으므로, 발견된 소행성 중에서 가장 크다고 인정받았다. 임시 명칭은 2002 LM60였으며, 콰오아라는 공식 명칭은 미국 내 아메리카 원주민 통바족의 신화에서 유래했다.

콰오아는 평균 43.7AU의 거리에서 태양을 공전하며 한 바퀴 도는 데 288.8년이 걸린다. 궤도 이심률이 0.04인 콰오아는 근일점이 42AU이고, 원일점이 45AU로, 거의 원형 궤도이다. 콰오아는 1932년 말에 마지막으로 원일점을 통과했고 현재 연간 0.035AU의 속도로 태양에 접근하고 있으며, 2075년 2월경에 근일점에 도달할 것이다.

콰오아는 거의 원형 궤도를 가지고 있어서 해왕성에 가깝게 접근하지 않는다. 해왕성으로부터의 최소 궤도 교차 거리가 12.3AU에 불과하며, 심층 황도 조사(Deep ecliptic survey)의 시뮬레이션에 따르면, 콰오아 궤도의 근일점과 원일점 거리는 향후 천만년 동안 크게 변하지 않는다.

콰오아는 해왕성 너머의 천체이고, 해왕성과 평균 운동 공명에 있지 않기 때문에, MCP(Minor planet center and deep ecliptic survey / 소행성 중심 및 심층 황도 조사)에 의해 고전적인 카이퍼대 천체(Cubewano / 큐비원족)로 분류되었다. 콰오아의 궤도는 황도면에 대해 8도 정도 적당히 기울어져 있으며, 이는 동적으로 차가운 개체군 내의 카이퍼대 천체 기울기와 비교했을 때 상대적으로 높다. 궤도 기울기가 4도보다 크기 때문에, 높은 기울기를 가진 큐비원족의 동적으로 뜨거운 개체군에 속한다. 이와 같은 높은 기울기는 초기 태양계에서 해왕성이 외향 이동하는 동안에 중력 산란으로 인해 유발된 것으로 생각된다.

2024년에 회전 광도곡선과 별 엄폐(Stellar occultations)를 통해 콰오아의 모양을 조사한 결과, 평균 지름이 1,090km인 3축 타원체인 것으로 나타났다. 콰오아의 지름은 명왕성의 약 절반이며 명왕성의 위성 카론보다도 약간 작다. 2002년에 발견했는데 당시는 명왕성이 발견된 이래 태양계에서 발견된 가장 큰 천체였고, 허블 우주 망원경 이미지에서 직접 확인한 최초의 해왕성 너머 천체였다.

콰오아의 원적외선 열 방출과 가시광선의 밝기는, 콰오아가 17.68의 주기로 회전할 때마다 상당히 다르게 나타난다. 이는 콰오아가 적도를 따라 길쭉하게 뻗어있음을 나타내는 것일 가능성이 크다. 차바 키스(Csaba Kiss)와 동료들이 2024년에 콰오아의 가시광선 및 원적외선 회전 광도곡선을 분석한 결과, 적도축의 길이가 19%(a/b = 1.19) 다르고, 극축과 가장 짧은 적도축의 길이가 16%(b/c = 1.16) 다르게 나타났다고 한다. 그렇다면 타원체의 크기가 1,286km×1,080km×932km 정도일 것이다. 이러한 모양은 이전의 별 엄폐에서 측정한 크기 및 모양과 일치하며, 엄폐에서 콰오아의 크기와 모양이 변한 것처럼 보이는 이유도 설명된다.

콰오아의 길쭉한 모양은, 크기가 크고 회전 속도가 느리기에 정수압 평형 상태에 있어야 한다는, 이론적 기대와 대치된다. 마이클 브라운(Michael Brown)에 따르면, 지름이 약 900km인 암석체는 정수압 평형 상태로 이완되어야 하지만, 얼음체는 지름이 200km에서 400km 사이 어딘가에서 정수압 평형(Hydrostatic equilibrium) 상태로 이완된다. 정수압 평형 상태에서 느리게 회전하는 물체는 납작한 타원체(Maclaurin 타원체)가 될 것으로 예상되지만, 거의 4시간 만에 회전하는 하우메아와 같이, 정수압 평형 상태에서 빠르게 회전하는 물체는 납작하고 길쭉한 타원체(Jacobi 타원체)가 될 것이다.

키스와 공동연구자들은 콰오아의 비평형 모양을 설명하기 위해, 콰오아가 원래 빠른 자전을 하고 유체 정역학적 평형 상태에 있었지만, 콰오아가 웨이워트(Weywot) 위성의 조력으로 인해 회전하면서 모양이 '얼어버렸다'고 가정했다. 이는 현재 자전 속도에 비해 너무 평평한 토성의 위성 이아페투스(Iapetus)의 상황과 비슷하다.

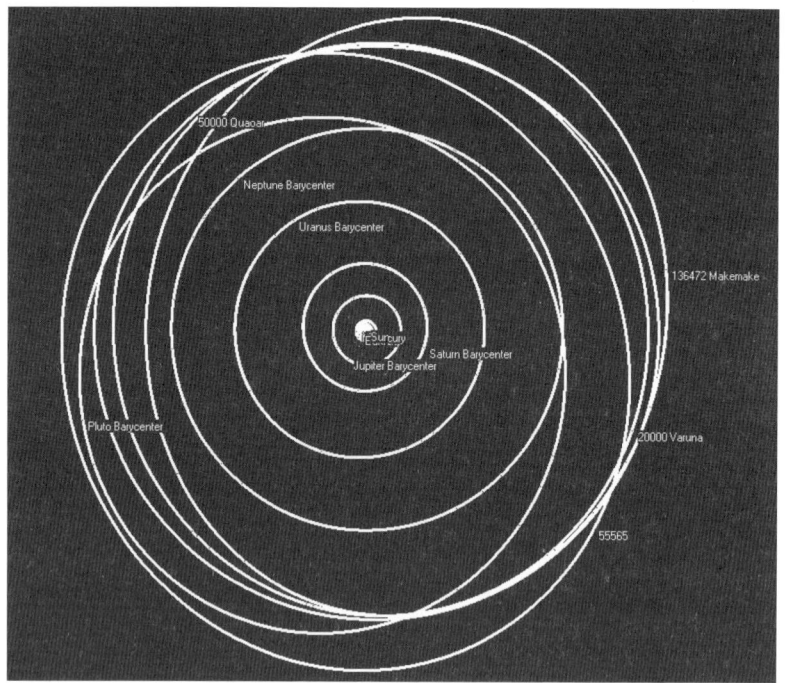

2024년 기준 콰오아의 질량을 측정한 결과, $1.2 \times 10^{21} kg$이고, 밀도는 $1.66 \sim 1.77 g/cm^3$로, 내부의 약 70%가 암석, 30%가 낮은 다공성의 얼음으로 구성된 것으로 추정된다. 예전에는 콰오아의 밀도가 $2 \sim 4 g/cm^3$로 훨씬 높을 것으로 생각되었다. 이는 초기 측정에서 콰오아의 지름이 더 작고 질량이 더 크다고 부정확하게 제시되었기 때문이다.

콰오아에 대한 이러한 초기 고밀도 추정치로 인해, 연구자들은 이 물체가 대규모 충돌 사건으로 노출된 암석 행성의 핵일 수 있다는 가설을 세웠지만, 새로운 측정에서 콰오아의 밀도가 낮게 나오면서 이러한 가설은 더 이상 유효하지 않게 되었다.

한편, 콰오아는 태양에서 받는 가시광선의 약 12%만 반사하는 어두운 표면을 가지고 있다. 이는 표면에서 신선한 얼음이 사라졌음을 의미할 수 있다. 표면은 약간 붉은색인데, 이는 짧은(파란) 파장보다 긴(빨간) 파장의 빛을 더 많이 반사한다는 것을 의미한다.

2004년에 데이비드 주위트(David Jewitt)과 제인 루(Jane Luu)가 분광학적으로 관찰한 결과, 콰오아 표면에 결정질 물 얼음과 암모니아 수화물이 존재하는 것으로 나타났다. 이러한 물질은 태양 및 우주 복사로 인해 점차 분해될 것으로 예상되며, 결정질 물 얼음은 최소 110K의 따뜻한 온도에서만 형성될 수 있으므로, 콰오아 표면에 결정질 물 얼음이 존재한다는 것은, 이 온도까지 가열되었던 역사가 있음을 의미한다. 현재 콰오아의 표면 온도는 50K 미만이다.

주위트와 루는 콰오아의 가열에 대해 충돌 사건과 방사성 가열이라는 두 가지 가설을 제안했다. 후자의 가설은, 콰오아의 표면에 암모니아 수화물이 존재한다는 사실로 뒷받침되는, 콰오아에서 극저온 화산 작용이 있었을 가능성을 나타낸다. 암모니아 수화물은 극저온 화산 작용으로 표면에 퇴적되었을 것으로 여겨진다.

Hauke Hussmann과 공동연구자들이 2006년에 실시한 연구에 따르면, 방사성 가열만으로는 콰오아의 맨틀-핵 경계에 액체 물의 내부 바다를 유지할 수 없을 거라고 본다.

2007년에 콰오아의 근적외선 스펙트럼을 관찰한 결과, 소량(5%)의 고체 메테인과 에테인이 존재했다. 메테인의 끓는점이 112K인 것을 고려할 때, 물 얼음이나 에테인과 달리, 콰오아의 평균 표면 온도에서 휘발성을 띤다. 소수의 더 큰 천체(명왕성, 에리스, 마케마케)만이 휘발성 얼음을 유지할 수 있기에, 해왕성 너머의 작은 천체들의 대부분은 이를 잃었을 것이고, 소량의 메테인만 있는 콰오아는 중간 범주에 속하는 것으로 보인다.

2022년에 제임스 웹 우주 망원경(JWST)의 저해상도 근적외선(0.7~5μm) 분광 관측 결과, 콰오아 표면에 이산화탄소 얼음, 복잡한 유기물, 상당한 양의 에테인 얼음이 존재하는 것으로 나타났다. 또한 중간 해상도 근적외선 스펙트럼을 촬영하여 콰오아 표면에 소량의 메테인이 있다는 증거를 다시 발견했다. 그러나 JWST의 콰오아에 대한 저해상도 및 중간 해상도 스펙트럼 모두 암모니아 수화물 존재의 징후는 나타내지 않았다.

콰오아 표면에 메테인과 기타 휘발성 물질이 존재한다는 것은, 휘발성 물질의 승화로 생성된 희박한 대기를 지탱할 수 있음을 시사한다. 측정된 평균 온도가 약 44K인 콰오아 대기압의 상한은 수 마이크로바 범위에 있을 것으로 예상된다.

콰오아의 크기와 질량이 작기에 콰오아에 질소와 일산화탄소 대기가 있을 가능성은 배제되었다. 이러한 가스는 콰오아에서 모두 빠져나갔을 것이기 때문이다.

2013년까지 콰오아가 15.8등급 별을 엄폐했을 때, 풍부한 대기의 흔적이 발견되지 않아, 콰오아의 평균 온도가 42K이고 대기가 대부분 메테인으로 구성되어 있다는 가정하에, 상한이 20나노바인 대기의 가능성이 고려되었으며, 2019년에 또 다른 별 엄폐가 발생했을 때는 대기압의 상한이 10나노바로 줄어들었다.

이처럼 태양계 외곽 천체의 크기와 모양을 정확하게 결정하는 것 외에도, 그러한 천체들 주변의 고리와 대기를 찾기 위해, 장기적인 별 엄폐 캠페인이 실시된 적이 있다. 이 캠페인은 프랑스, 스페인, 브라질의 다양한 팀이 참여하여, 유럽 연구 위원회 프로젝트 Lucky Star의 산하에서 수행되었다. 이때 콰오아의 첫 번째 알려진 고리인 Q1R을 발견했는데, 여기에는 2018년과 2021년의 별 엄폐 동안 다양한 기구가 사용되었다.

나미비아의 고에너지 입체 망원경(HESS) 시스템의 로봇 ATOM 망원경, 10.4m Gran Telescopio Canarias(스페인 라 팔마 섬), ESA CHEOPS 우주 망원경이 중요한 역할을 했고, Q1R의 고밀도 호를 처음 관찰한 호주의 스테이션들 참여가 큰 도움이 되었다. 이러한 노력의 결과, 콰오아 주변에서는 부분적으로 밀도가 높으나, 대부분은 밀도가 낮은 고리가 존재한다는 사실이 드러났고, 이러한 사실이 2023년 2월에 발표되었다.

한편, 2023년 4월에 Lucky Star 프로젝트의 천문학자들은 콰오아의 또 다른 고리인 Q2R을 발견했다고 발표했다. Q2R 고리는 2022년 8월 9일의 별 엄폐 동안 Q1R 고리를 확인하기 위한 관측 캠페인 중에, 하와이 마우나케아에 있는 고감도 8.2m Gemini North와 4.0m Canada-France-Hawaii Telescope에서 감지되었다.

콰오아는 Q1R과 Q2R로 명명된 두 개의 고리를 지닌 것으로 인정받게 되었는데, 이 고리는 궤도 주기가 콰오아의 회전 주기의 정수 비율인 거리에 있다. 즉, 고리는 콰오아와 스핀-궤도 공명 상태에 있다.

바깥쪽 고리인 Q1R은 콰오아를 $4{,}057 \pm 6 km$ 거리에서 공전하는데, 이는 콰오아 반경의 7배가 넘고, Roche 한계의 이론적 최대 거리의 두 배 이상이다. Q1R 고리는 균일하지 않고 원주 주변이 매우 불규칙하며 좁은 곳은 조밀하고 넓은 곳은 밀도가 낮다. Q1R 링의 반경 폭은 5~300km이고 광학적 깊이는 0.004~0.7이다. Q1R 링의 불규칙한 폭은 자주 교란되는 토성의 F 링이나 해왕성의 링 아크와 유사하며, 이는 Q1R 링 내부에 중력적으로 물질을 교란하는, 수 킬로미터 크기의 작은 위성이 존재함을 의미할 수 있고, 링이 서로 탄성적으로 충돌하는 얼음 입자로 구성되어 있을 가능성이 크다.

내부 링인 Q2R은 콰오아를 2,520±20km 거리에서 공전하는데, 이는 콰오아 반경의 약 4.5배이며 콰오아의 Roche 한계 밖에 있다. Q2R 링은 2,525±58km에서 콰오아의 5:7 스핀-궤도 공명에 묶여있다. Q2R 링은 반경 너비가 10km이고 Q1R에 비해 비교적 균일해 보인다. 광학적 깊이가 0.004인 Q2R 링은 매우 얇고, 불투명도는 Q1R 링의 밀도가 낮은 부분과 비슷하다.

한편, 주지하다시피 콰오아에는 2006년에 발견되어, 콰오아의 아들인 하늘의 신 웨이워트(Weywot)의 이름을 따서 명명된 위성이 있다. 이 위성은 약 13,300km 거리에서 콰오아를 공전하고 있으며 지름은 약 170km인 것으로 추정된다.

8. 붉은 백설공주, 공공

225088 공공(Gong gong)은 해왕성 바깥에 있는 산란 원반(Scattered disc)의 천체로, 궤도의 경사뿐 아니라 이심률도 커서, 34~101AU 사이를 오간다. 심층 황도 탐사(Deep ecliptic survey)에 따르면, 공공은 해왕성과 3:10 궤도 공명 상태여서, 해왕성이 10번 태양을 도는 동안 3번 태

궤도 특성	
궤도 긴 반지름	67.485AU
근일점	33.781AU
원일점	101.190AU
공전 주기	554.37년
궤도 경사	30.6273°
궤도 이심률	0.49943
승교점 경도	336.8573
근일점 편각	207.6675
평균 근점 이각	106.496
물리적 특성	
분광형	B-V=1.38±0.03
지름	1,230±50km
반지름	615±25km
편평도	0.03
평균 밀도	1.74±0.61g/cm³
질량	$(1.75±0.07)×10^{21}$kg
표면 중력	≈0.31m/sec²
탈출 속도	≈0.62m/s
반사율	0.14±0.01
자전 주기	22.40±0.18시간
겉보기 등급	21.4
절대 등급	2.34

양을 돈다.

공공의 지름은 약 1,230km로, 명왕성의 위성 카론과 비슷한 크기이며, 해왕성 바깥 천체 중에서는 다섯 번째로 크다. 자체적 중력으로 정역학적 평형을 이루고 있을 가능성이 있기에, 왜행성으로 분류될 가능성이 크다. 공공의 질량으로 보아 메테인으로 이루어진 옅은 대기가 존재할 가능성이 있으나, 현재 대기가 있다고 하여도 우주 공간으로 천천히 사라지고 있을 것으로 여겨진다.

공공은 붉은색을 띠는데, 이는 표면에 유기 화합물의 일종인 톨린이 존재하기 때문으로 추정되며, 표면에 얼음이 있는 것으로 보아, 과거에 얼음 화산 활동이 있었던 것 같다. 자전 주기는 약 22시간으로, 통상 해왕성 바깥 천체의 자전 주기가 12시간 이하인 데 비해 느리게 자전하는데, 이는 위성의 조석력 때문일 것이다.

공공은 2007년 7월 17일에 미국 천문학자 메간 슈왐(Megan Schwamb), 마이클 브라운(Michael Brown), 데이비드 라비노비츠(David Rabinowitz)가 함께 발견하였다. 발견 당시 팔로마 천문대는 새뮤얼 오스친 망원경(Samuel oschin telescope, 팔로마 천문대에 소재한 구경 48인치의 슈미트식 망원경)을 이용해 세드나 주변, 거리 50AU 이상 지역에 존재하는 천체를 찾는 탐사를 진행 중이었으며, 1,000AU 이상 떨어진 천체의 움직임까지도 포착할 수 있는 상황이었다.

발견 직후 브라운은 하우메아 가족에 속할 것이고, 표면 색상은 하얀색일 것으로 추정해 '백설공주'라는 별명을 붙였는데, 이는 당시 브라운 팀이 일곱 난쟁이라고 불린 천체 7개, 콰오아(2002년), 세드나(2003년), 하우메아, 살라시아, 오르쿠스(2004년), 마케마케, 에리스(2005년)를 발견했던 사실과도 관련이 있다. 하지만 공공이 콰오아와 달리, 붉은색을 띤다는 사실이 확실하게 밝혀진 후에는 그 별명이 사라졌다.

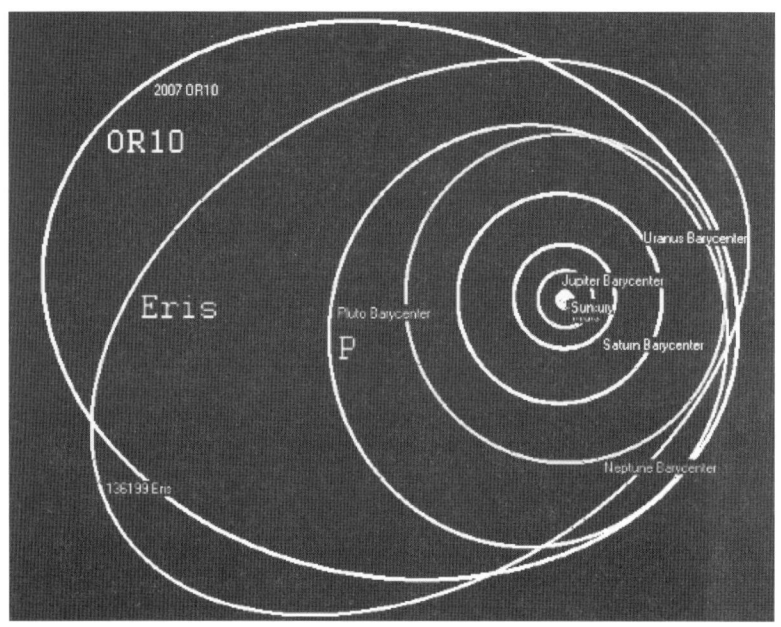

공공(2007 OR$_{10}$)의 궤도

발견 2년 후인 2009년 11월 2일에 소행성체 센터(Minor planet center)는 공공에 소행성체 번호 225088을 부여했다. 공공과 태양의 평균 거리는 67.5AU이며, 태양 주위를 한 바퀴 도는 데 554년이 걸린다. 공공의 궤도면은 황도에 대해 크게 기울어져 있어서, 궤도 경사는 30.7도이고, 궤도 이심률이 0.50로 크기 때문에, 궤도를 도는 도중에 태양과의 거리가 크게 변하며, 원일점은 101.2AU, 근일점은 33.7AU이다. 공공은 1857년에 근일점을 통과하였으며, 현재 태양에서 멀어지는 중이다.

공공은 왜행성 후보 천체 중 세드나(11,400년)와 에리스(558년)에 이어 세 번째로 공전 주기가 길고, 궤도 경사는 에리스(44°)에 이어 두 번째로 크며, 궤도 이심률도 세드나(0.84)에 이어 두 번째로 크다.

소행성체 센터에서는 공공의 궤도가 크고 찌그러져 있다는 점에서 산란 원반 천체로 분류하며, 심층 황도 탐사에서는 해왕성과 3:10 궤도 공명을 이루는 공명 해왕성 바깥 천체로 분류했다.

현재 공공은 발견된 천체 중 태양에서 8번째로 멀며, 태양과 85AU 떨어져 있는 세드나보다도 멀리 있다. 공공은 2013년부터 세드나보다도 멀어지게 되었고, 2045년에는 에리스보다도 태양에서 멀리 떨어지게 되며, 원일점 도달 시기는 2134년이다.

공공의 절대 등급(H)은 2.34로, 해왕성 바깥 천체 중 7번째로 밝다. 오르쿠스(H=2.31, D=917km)보다는 어둡지만, 콰오아(H=2.82, D=1,110km)보다는 밝다. 소행성체 센터와 JPL 소천체 데이터베이스에서는 절대 등급을 각각 1.6과 1.8로 보는데, 이러면 공공은 해왕성 바깥 천체 중 5번째로 밝은 천체가 된다.

공공과 태양 사이의 평균 거리가 88AU이기 때문에, 겉보기 등급은 21.5밖에 되지 않아 지구에서 관측하기가 어렵다. 공공은 에리스보다 태양에 더 가깝지만, 에리스의 반사율이 더 높기에, 에리스가 공공보다 더 밝게 보인다.

공공 표면의 반사율이 0.14이고, 표면이 붉은색이며, 얼음 및 메테인의 존재 가능성이 있다는 점에서, 콰오아와 표면 구성 성분 및 분광형이 비숯할 것으로 추정하고 있다.

공공의 반사 스펙트럼은 2011년에 칠레 라스 캄파나스(Las Campanas) 천문대의 마젤란 망원경을 이용해, 근적외선 대역에서 최초로 측정했는데, 적색 부근에서 강한 스펙트럼 기울기가 나타나고, 1.5~2μm 사이에서는 넓은 흡수선이 나타나, 빨간색을 더 많이 반사한다는 사실이 밝혀졌다. 량이 큰 해왕성 바깥 천체로, 질량허블 우주 망원경의 후속 측광 결과에서는 1.5 μm에서 비슷한 흡수선이 나타났는데, 이는 카이퍼대 천체에서 흔히 나타나는 얼음의 특징이다. 표면에 얼음이 있다는 것은 공공에서 과거에 얼음 화산 활동이 있어 얼음을 표면에 뿌렸다는 사실을 시사한다.

공공은 가시광선과 근적외선 모두에서 가장 붉은 해왕성 바깥 천체에 속하는데, 표면에 색이 없는 얼음이 많은 점을 고려하면 상당히 특이한 현상으로, 이 때문에 색상이 밝혀지지 않았던 당시의 별칭이 '백설공주'였다. 색상으로 보아 공공의 표면에는 메테인이 있을 것이라고 추정하고 있으나, S/N비(신호 대 잡음비)가 낮아 스펙트럼의 직접 관측이 이루어지지는 못했다.

메테인은 태양풍과 우주선의 영향으로 광분해가 일어나 유기 화합물인 톨린을 형성하는데, 이 톨린으로 인해 표면이 붉게 보인다. 2015년 분광 관측 결과에서는 2.27μm 대역에서 흡수선이 관측되었는데, 이는 메테인이 분해되어 생긴 화합물의 존재를 나타낸다. 메테인이 있으면 공공의 표면 밝기는 증가하게 되지만, 현재 관측되는 어두운 표면은 얼음으로 인한 것으로 추측하고 있다.

공공은 충분히 크기 때문에 근일점 근처에서도 메테인이 표면에 남아 있는데, 여기에 암모니아, 일산화탄소, 질소 등 해왕성 바깥 천체 다수가 잃는 휘발성 물질이 남아 있을 가능성도 있다. 표면에 휘발성 물질이 지킬 수 있는 질량을 충족하는 것으로 보인다는 뜻이다.

복사 측정법, 질량 값, 밀도로 추산한 공공의 지름은 1,230km로, 50km 가량의 오차를 감안해도, 명왕성, 에리스, 하우메아, 마케마케에 이어 다섯 번째로 큰 해왕성 바깥 천체로, 명왕성의 위성인 카론과 비슷하다.

국제천문연맹은 2008년에 하우메아와 마케마케를 왜행성으로 지정한 후에, 추가 지정할 가능성에 대해 언급한 적은 없다. 그러나 공공은 국제천문연맹이 제시한 기준인 절대 등급 +1 이하를 만족시키지는 못하지만, 천문학자 일부는 공공이 왜행성으로 보기에 충분하게 크다고 여긴다.

브라운은 2013년에 측정한 지름 1,290km를 근거로, 주성분이 암석이라면 왜행성이어야 한다고 주장하였으며, 스콧 S. 셰퍼드는 반사율이 1이라고 가정했을 때의 공공의 이론적 지름 최저치가 580km인데, 얼음질 천체의 정역학적 평형이 200km에서 발생하므로, 왜행성으로 봐야 한다고 주장했다. 하지만 이아페투스의 경우, 지름이 1,470km에 달하지만, 정역학적 평형을 이루지 않고 있어서, 이러한 주장을 강력하게 밀어붙이지 못하고 있다.

공공은 에리스, 명왕성, 하우메아, 마케마케에 이어 다섯 번째로 질량이 큰 해왕성 바깥 천체로, 질량 $1.586 \times 10^{21} kg$, 밀도 $1.702 g/cm^3$인 카론보다 조금 더 무겁다. 공공은 자전으로 약간 편평해진 매클로린 타원체(MacLaurin Spheroid, 획일한 조밀도의 각자 끌어당기는 유동성 몸이 일정한 각속도로 자전할 때 일어나는 편평한 회전 타원체) 형태일 것으로 추정하고 있다.

공공의 자전 주기는 2016년 3월에 케플러 우주 망원경을 이용한 밝기 변화를 통해 처음 측정하였는데, 밝기 변화가 0.09등급밖에 되지 않을 정도로 광도곡선의 변화가 작아, 지구에서 보기에 거의 극 부분을 바라보고 있다는 사실을 나타냈다. 이는 위성의 궤도 경사가 큰 사실과 일치한다.

케플러의 관측 결과에서는 자전 주기가 44.81±0.37 또는 22.4±0.18시간으로 산출되었는데, 자전축의 기울기를 설명하는 모형과의 일치성을 근거로, 22.4±0.18시간일 가능성이 더 크다고 보고 있다. 보통 해왕성 바깥 천체의 자전 주기는 6시간에서 12시간 사이라는 점에서, 공공은 상대적으로 느리게 자전하는데, 이 때문에 공공의 편평률은 0.03(22.4시간)이나 0.007(44.81시간)로, 상대적으로 낮다.

2016년 3월 공공이 비정상적으로 느린 회전체라는 사실이 밝혀지면서, 위성의 조석력이 속도를 늦췄을 가능성이 제기되었다. 공공에게 위성이 있을 수 있다는 징후가 나타나자 차바 키스(Csaba Kiss)와 그의 팀은 공공에 대한 허블 관측 자료를 분석하기 시작했다.

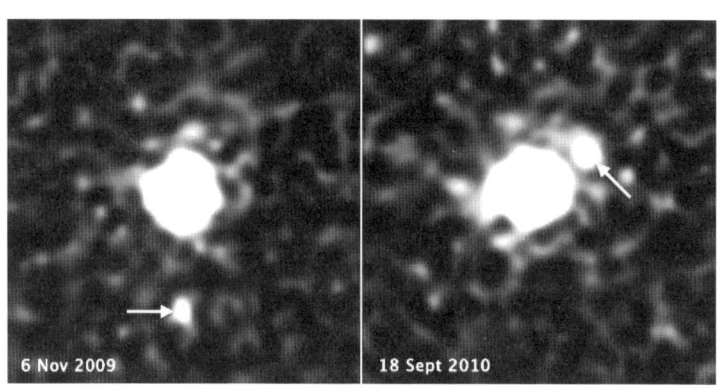

2010년 9월 18일에 촬영된 허블의 이미지를 분석한 결과, 적어도 15,000km가량 떨어진 곳에서 희미한 위성이 발견되었다. 이 발견은 2016년 10월 17일의 행성 과학 분과(Division for planetary sciences) 회의에서 발표되었다.

위성의 지름은 약 100km이며 궤도 주기는 25일이다. 2020년 2월 5일에 이 위성은 중국 신화에서 공공과 함께 등장한 머리가 아홉 개 달린 독사 괴물의 이름을 따서 샹류(Xiangliu)로 명명되었다.

9. 명왕성을 강등시킨 세드나

90377 세드나(Sedna)는 그 궤도가 태양계 외곽까지 이르며, 강력한 왜행성 후보다.

분광 분석 결과, 세드나의 표면은 물, 메테인, 질소, 얼음, 톨린 등이 혼합되어 있어, 다른 해왕성 바깥 천체와 크게 다르지 않다.

세드나의 궤도 대부분은 현재 거리보다도 태양에서 멀리 떨어져 있는데, 원일점 거리는 937AU에 달할 것으로 추측되며, 장주기 혜성을 제외하면, 태양계에서 발견된 천체 중 가장 멀리 있는 천체다.

세드나는 유별나게 길고 짜부라진 궤도를 가지고 있다. 궤도를 1바퀴 완주하려면 11,400여 년이 걸리고, 태양에 가장 가까울 때 거리가 76AU이다. 이러한 사실 때문에 세드나의 기원에 대해서 다양한 추측이 생겨났다.

소행성 센터는 현재 세드나를 산란 원반(해왕성의 중력 때문에 이심률이 높은 궤도를 돌게 되는 천체들의 집단) 천체로 분류하고 있다. 그러나 세드나는 해왕성의 중력에 산란을 받을 정도

궤도 특성	
궤도 긴 반지름	506.2AU
근일점	76.156AU
원일점	937AU
공전 주기	11,400년
평균 공전 속도	1.04km/s
궤도 경사	11.92872°
궤도 이심률	0.85491±0.00029
승교점 경도	144.542
근일점 편각	311.29
물리적 특성	
분광형	B-V=1.24 V-R=0.78
지름	995±80km
평균 밀도	2.0g/cm³
질량	$(1.7\sim6.1)\times10^2$
반사율	>0.2
자전 주기	10.3h±30%
겉보기 등급	21.1
절대 등급	1.83±0.05
평균 온도	33k 이하

로 해왕성에 가까이 와 본 적이 없기에, 이러한 분류에 대해서는 회의적인 시각이 적지 않다.

일부 천문학자들은 최초로 발견된 내부 오르트 구름 천체라는 결론을 내린다. 또 어떤 학자들은 세드나가 지나가는 항성에 의해 현재의 궤도처럼 찌그러졌고 그 항성은 아마 태양과 함께 태어났을 것(산개성단)이라고 한다.

심지어 세드나가 아예 다른 항성계로부터 태양에 붙잡힌 것이라 보는 학자도 있고, 혹자는 세드나의 특이한 궤도가 해왕성 너머에 있는 아직 발견되지 않은 제9 행성 존재의 증거라고도 한다.

세드나와 여러 왜행성(에리스, 하우메아, 마케마케)의 공동발견자 중 한 명인 마이클 E. 브라운은 세드나가 과학적으로 가장 중요한 해왕성 바깥 천체라고 주장한다. 세드나의 특이한 궤도를 이해하면, 태양계의 기원과 초기 진화에 대한 가치 있는 정보를 얻게 될 가능성이 크다는 것이다.

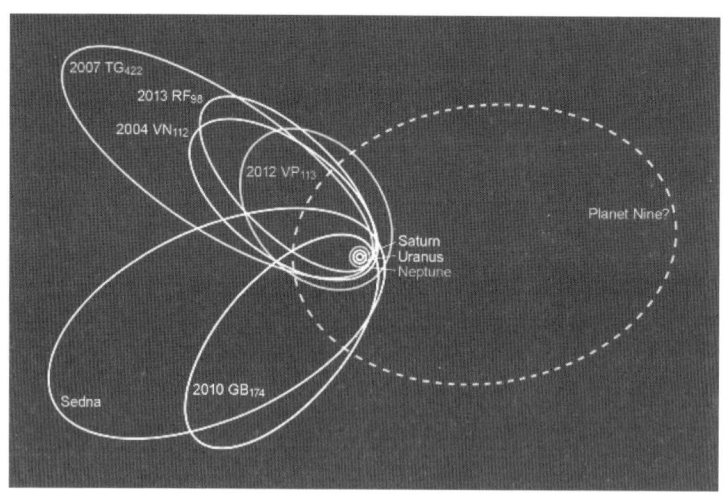

세드나의 궤도

한편, 세드나는 2003년 11월 14일에 마이클 E. 브라운(Caltech), 채드 트루히요(Gemini Observatory), 데이비드 L. 라비노비츠(Yale University)가 함께 발견했다. 2001년부터 캘리포니아주 샌디에이고 근교의 팔로마(Palomar) 천문대의 새뮤얼 오스친 망원경과 160메가픽셀 팔로마 Quest 카메라를 사용해 전천 탐사를 수행하던 중에 발견했다.

그날, 한 물체가 3.1시간 동안 4.6각초(arcseconds)씩 이동하는 것이 관찰되었는데, 이는 그 거리가 약 100AU임을 나타내는 것이다. 후속 관측은 2003년 11월~12월에 칠레의 세로 톨로로 미주 간 천문대(Cerro Tololo Inter-American Observatory)의 SMARTS(Small and Medium Research Telescope System), 애리조나주 노갈레스의 테나그라 IV 망원경, 하와이 마우나케아의 케크 천문대를 통해 이루어졌는데, 이 천체가 이심률이 매우 큰 궤도를 따라 움직인다는 것이 확인되었다.

이후에 새뮤얼 오스친 망원경과 근지구 소행성 추적 협력단에 의해 예전에 촬영한 사진들에서 세드나가 재발견되었다. 과거의 정확한 위치가 밝혀지자, 이를 통해 궤도를 더욱 정밀하게 그려낼 수 있게 되었다.

세드나는 공전 궤도의 이심률이 극도로 커서, 원일점 거리가 2012 VP_{113}이 발견되기 전까지, 가장 먼 궤도를 가진 태양계 천체였으며, 발견되었을 당시 89.6AU 거리에서 근일점을 향해 움직이고 있었다.

세드나보다 궤도가 더 먼 천체는 일부 장주기 혜성들밖에 없는데, 혜성들은 너무 어두워서 내부 태양계로 들어와 근일점을 향할 때가 아니면 보이지 않는다. 세드나도 2076년에 근일점에 다다르겠지만, 너무 멀어서 맨눈으로는 볼 수 없을 것이다.

처음 발견되었을 당시 세드나는 자전 주기가 이상할 정도로 길게 나왔다(20~50일). 처음에는 대형 동반 천체가 있어서 세드나의 자전을 늦추는 것으로 추측했다. 그래서 2004년 3월에 허블 우주 망원경으로 그러한 동반 천체 또는 위성을 찾아보았으나 아무것도 없었다. 이후 MMT 천문대의 망원경으로 다시 측정한 결과, 자전 주기가 초기 측정값보다 훨씬 짧은 10시간(이 정도면 세드나 정도 크기의 천체의 자전 주기로 보다 전형적이다)으로 나왔다.

세드나의 V 대역 절대 등급(H)은 약 1.8등급이며, 알베도는 약 0.32, 지름은 약 1,000km다. 2004년에 발견자들은 세드나의 지름 상한을 1,800km로 잡았는데, 2007년에 스피처 우주 망원경으로 관측한 후에는 조금 낮추어 1,600km를 상한으로 잡았다. 하지만 2012년에 허셜 우주 망원경과 부속 장비로 관측한 결과는 지름이 995±80km로, 이는 명왕성의 위성 카론보다 작은 크기이다.

한편, SMARTS 망원경을 통한 관측 결과, 세드나는 가시광선 대역에서 태양계의 천체 중 가장 붉은 측에 속한다는 것이 밝혀졌다. 거의 화성만큼 붉다. 채드 트루히요와 그 동료들은 세드나의 암적색이 표면이 탄화수소 슬러지(Hydrocarbon sludge)나 톨린으로 덮여있기 때문이라고 주장했는데, 이것들은 유기 화합물이 자외선 복사에 오래 노출됨으로써 만들어진다.

표면은 색깔 면에서나 분광 면에서나 균질하다. 이는 세드나가 태양에 가까운 천체들과 달리, 다른 천체와 충돌한 적이 거의 없기 때문일 것이다. 8405 아스볼루스(8405 Asbolus)의 사례처럼 그런 충돌이 일어나야 지표 아래의 밝은 얼음 물질이 드러나서 밝기의 차이가 생기게 된다.

트루히요와 그 동료들은 세드나의 표면 성분에서 메테인 얼음이 차지할 수 있는 비율 상한을 60%, 물 얼음이 차지할 수 있는 비율 상한을 70%로 잡았다. 메테인의 존재는 세드나 표면에 톨린(메테인에 빛이 조사되어 만들어질 수 있다)이 존재한다는 설을 뒷받침해 준다.

바루치(Barucci)는 세드나의 분광을 트리톤의 분광과 비교하여, 메테인과 고체 질소에 해당하는 미약한 흡수선을 발견했고, 이 관측을 토대로 세드나의 표면 조성이 트리톤 타입 톨린(Triton-type tholins) 24%, 비결정형 탄소(Amorphous carbon) 7%, 질소 얼음 10%, 메테인올(Methanol) 26%, 메테인(Methane) 33%일 것으로 추측했다.

얼음 형태의 메테인과 물의 존재는 2006년에 스피처 우주 망원경의 중적외선 측광으로 확인되었다. 표면에 질소가 존재한다면, 그것은 아주 짧은 시간일지언정 세드나에 미약한 대기가 존재했을 가능성을 시사한다. 근일점 근처에서 200여 년을 지내면서 세드나의 최대 온도가 35.6K를 초과했을 것이다. 알파 단계 고체 질소와 베타 단계 고체 질소 사이의 천이온도는 38K 정도이고, 38K에서 N_2의 증기압은 14μb(1.4 Pa)이다.

한편, 붉은 대역에서 나타나는, 깊은 분광 기울기는 세드나의 표면에 유기물질이 집중되어 있음을 보여주며, 미약한 메테인 흡수선은 세드나 표면의 메테인이 새로이 누적된 것이기보다는 오래된 것임을 시사한다. 이는 곧 세드나는 너무 추워서 메테인이 증발한 뒤 눈으로 다시 내리는 과정(현재 트리톤에서 일어나고 있고 아마 명왕성에서도 일어나는 과정으로 추측된다)이 일어날 수 없음을 의미한다.

마이클 브라운과 그 동료들은 세드나 발견에 관한 논문에서, 세드나가 최초로 발견된 오르트 구름 천체라고 주장했다. 오르트 구름은 태양으로부터 거의 1광년 거리에 존재하는 혜성으로 이루어진 가설상의 구름이다. 연구진은 세드나는 근일점이 76AU로 해왕성의 중력에 영향을 받기에는 너무 멀기에, 에리스 같은 산란 원반 천체(Scattered disc objects)와는 다르다고 보았다. 세드나가 오르트 구름의 예상 거리보다 태양에 상당히 가까운 편이고, 궤도 경사가 행성들 및 카이퍼대와 거의 일직선상에 있기에, 연구진은 세드나를 '내부 오르트 구름 천체'라고 했다. 내부 오르트 구름이란, 오르트 구름의 바깥쪽 구형 부분과 태양계 안쪽 카이퍼대 사이를 연결하는 원반형 구조를 상정한 것이다.

만약 세드나가 현재의 위치에서 형성되었다면, 태양의 원시 행성계 원반 크기는 75AU 이상이었고, 세드나의 초기 궤도는 원형에 가까웠다고 주장할 수밖에 없게 된다. 그렇지 않으면 미행성들 사이의 큰 상대 속도로 인한 방해가 극심할 것이기에, 작은 천체의 강착을 통한 큰 천체의 형성이 불가능하다. 그러므로 세드나는 다른 천체와의 중력적 상호작용을 통해, 현재의 짜부라진 궤도를 가지게 되었다고 보아야 할 것이다.

브라운과 라비노비츠, 그리고 그 동료들은 최초 논문에서 세드나에게 섭동을 일으킨 천체의 후보를 세 가지로 제시했다. 첫째는 카이퍼대 너머의 보이지 않는 행성이고, 둘째는 태양계 옆을 지나가던 항성이며, 셋째는 태양과 함께 형성되어 산개성단이 다 흩어지기 전에 같이 있던 젊은 항성이다.

브라운이 이끄는 연구진은 세드나가 태양의 탄생 성단의 항성으로 인해 세드나가 현재의 궤도를 가지게 되었다는 가설을 선호했다. 세드나의 원일점은 1,000AU에서 살짝 모자라는데 이는 장주기 혜성보다는 상대적으로 가까운 거리로, 지나가는 항성의 영향을 받을 수 있는 거리다.

연구진은 이러한 세드나의 궤도를 설명하는 가장 그럴듯한 가설로, 태양이 탄생할 때 여러 항성과 함께 태어나 산개성단(Open cluster)을 이루었고, 시간이 지나면서 항성들이 흩어졌다는 가설을 제안했다. 브라운 연구진뿐 아니라 알레산드로 모르비델리(Alessandro Morbidelli)와 스콧 제이 케니언(Scott Jay Kenyon)도 이 가설에 동조했다. 그리고 줄리오 A. 페르난데스(Julio A. Fernandez)와 에이드리언 브루니니(Adrian Brunini)가 수행한 컴퓨터 시뮬레이션에서는, 그러한 산개성단 환경에서 다수의 젊은 항성들이 옆을 지나가면, 세드나와 같은 궤도를 가진 천체가 여럿 만들어진다는 결과를 내놓았다.

또한 모르비델리(Morbidelli)와 레비슨(Levison)은 세드나가 매우 가까운 거리(약 800AU)를 지나간 다른 항성에 의한 섭동을 받았고, 그 일이 태양계가 존재하기 시작하고 첫 1억 년 이내에 벌어져야, 세드나의 궤도가 지금처럼 형성될 가능성이 가장 크다고 주장했다.

한편, 해왕성 너머 천체가설(Trans-Neptunian planet hypothesis)은 로드니 고메즈(Rodney Gomes)와 패트릭 리카우카(Patryk Lykawka)를 비롯한 다수의 천문학자에 의해 여러 형태로 제시된 바 있다. 세드나의 궤도 섭동에 관한 한 시나리오에서는 힐스 구름(내부 오르트 구름)에 가설상의 행성급 천체가 존재하며 그것이 섭동의 원인이라고 했다.

최근의 시뮬레이션에서는, 세드나의 궤도가 거리 2,000AU 이하의 해왕성급 천체, 또는 거리 5,000AU의 목성급 천체, 심지어는 지구급 천체도 거리 1,000AU에 있으면 섭동을 발생시킬 수 있다는 결과를 보여줬다.

또한 패트릭 리카우카가 수행한 컴퓨터 시뮬레이션에서는, 지구 정도 크기의 천체가 태양계 형성 초기에 해왕성 너머로 튕겨 나가면, 현재는 태양으로부터 80AU에서 170AU 사이의 짜부라진 궤도를 돌게 된다는 결과가 나왔다. 그런데 마이클 브라운의 여러 차례의 전천 탐사에서는 거리 100AU 정도에 있는 지구 체급 이상의 천체는 찾을 수 없었기에, 이러한 천체는 내부 오르트 구름이 형성된 후 태양계에서 흩어졌을 가능성이 크다.

한편, Caltech 연구원 콘스탄틴 바티긴(Konstantin Batygin)과 마이크 브라운(Mike Brown)은 이심률이 큰 거대 행성이 태양계 외부를 공전한다는 증거를 찾았다. 연구원들이 제9 행성이라는 별명을 붙여준 이 천체의 질량은 지구의 약 10배이고, 태양으로부터의 거리는 해왕성의 평균 거리(30.1AU)보다 20배 더 멀다. 이 새로운 행성이 태양을 한 바퀴 다돌려면 10,000~20,000년이 걸릴 것이다. 연구원들은 수학적 모형화와 컴퓨터 시뮬레이션을 통해, 이러한 행성이 존재한다는 가설을 세웠지만, 그 천체를 직접 관측을 통해 발견하지는 못하고 있다.

한편, 세드나의 특이한 궤도 형성이 태양으로부터 수천 AU 떨어져 있는 태양의 동반성 때문이라는 설도 있다. 이러한 가설상의 동반성 중 하나가 네메시스이다. 네메시스는 지구의 주기적 대량절멸, 달의 충돌 기록, 장주기 혜성의 공통적 궤도 특징 등의 원인으로 상정되어 제안된 바 있다. 그러나 현재까지도 네메시스가 존재한다는 직접적 증거는 발견된 바 없다.

존 J. 마테세(John J. Matesse)와 대니얼 P. 휘트마이어(Daniel P. Whitmyer)는 태양의 쌍성계 동반성 가설을 오랫동안 설파해 왔다. 이들은 태양으로부터 거리 7,850AU 지점에 목성 질량의 5배 체급의 천체가 존재한다면, 세드나의 극단적으로 짜부라진 궤도를 만들 수 있다고 주장했다.

모르비델리(Morbidelli)와 케니언(Kenyon)은 세드나가 태양계에서 만들어진 천체가 아니고, 태양계 외부의 다른 행성계, 구체적으로 말하면 태양 질량의 1/20배 체급의 갈색 왜성의 행성계로부터 태양의 중력에 포획된 것이라는 설을 제기했다.

세드나의 극단적인 궤도를 설명하기 위해, 다양한 가설이 제기되었고, 이들 모형 각각에는 다른 종족과 분명히 구분되는 구조적 특징이 나타났다. 만일 해왕성 너머의 제9 행성이 원인이라면, 세드나 유사 천체들은 모두 같은 근일점(약 80AU)을 공유해야 한다. 그리고 세드나가 태양계와 같은 방향으로 자전하는 다른 항성계 출신으로 태양에 붙잡힌 천체라면, 세드나 유사 천체들은 모두 궤도 경사가 상대적으로 작고 장반경 길이가 100~500AU 사이여야 한다.

또한 태양과 반대 방향으로 자전하는 항성계 출신이라면, 궤도 경사가 크고 작은 두 개의 집단이 각각 형성되어야 할 것이고, 지나가는 항성의 섭동 결과라면, 그러한 항성 조우의 회수와 조우 각도가 모두 변인으로 작용하므로, 다소 폭넓은 근일점과 원일점 값이 가능할 것이다.

그런데 어느 시나리오가 가장 진실에 가까운지 결정하려면, 세드나와 유사한 천체의 표본이 더 많아야 한다. 브라운은 2006년에 "나는 세드나를 극초기 태양계의 화석이라고 부른다, 향후 다른 화석들이 발견된다면, 세드나는 우리에게 태양이 어떻게 형성되고 태양 가까이에서 함께 태어난 항성의 수가 얼마나 되는지 밝혀내는 데 도움이 될 것이다"라고 말했다.

실제로 브라운(Brown), 라비노비츠(Rabinovitz), 메건 스웜(Meghan Swarm)이 2007년에서 2008년 사이에 수행한 탐사에서는, 세드나와 유사한 종족에 속하는 다른 천체를 찾으려는 시도가 이루어졌다. 1,000AU 밖의 움직임도 잡아낼 정도로 철저한 탐사였고, 그 과정에서 왜행성 후보 2007 OR_{10}이 발견되기는 했지만, 찾고자 했던 새로운 세드나족 천체는 발견되지 않았다.

2014년에 천문학자들은 세드나의 절반 크기에, 세드나와 유사한 4,200년짜리 궤도를 돌며, 세드나와 비슷한 80AU 전후의 근일점을 가진 천체 2012 VP_{113}을 발견했다고 발표했다. 그래서 일각에서는 이 발견에서 제9 행성 존재의 증거를 찾을 수 있을지 연구하고 있다.

태양계 천체들을 공식 분류하는 소행성체 센터는 세드나를 산란 원반 천체로 분류하고 있다. 그러나 이러한 분류에 대해서는 의문이 제기되고 있고, 많은 천문학자가 세드나와 몇몇 다른 천체들을 묶어 새로운 범주로 분류하는 것이 논쟁을 줄이는 방법이라고 보고 있다. 제안되는 이름은 확장 산란 원반 천체(Extended scattered disc objects), 분리 천체

(Detached objects), 원거리 분리 천체(Distant detached objects), 또는 심원 황도 탐사(DES)에서 쓰는 분류대로 산란 확장(Scattered-extended) 천체 등이 있다.

세드나의 발견은 행성의 정의에 관한, 해묵은 문제를 부활시켰다. 2004년 3월 15일에 여러 언론 매체에서는 세드나의 발견을 두고 태양계 제10 행성이 발견되었다고 보도한 적도 있는데, 2006년 8월 24일에 결정된 국제천문연맹의 행성 정의를 따르자면, 행성은 궤도 주변에 대한 지배권이 있어서 자신을 제외한 천체들을 치워버려야 한다. 그런데 세드나의 스턴-레비슨 변수(Stern-Levison variable, 행성체가 궤도 영역에서 더 작은 질량을 흩뜨릴 수 있는 능력)는 1 미만일 것으로 추산되기에, 궤도 주변을 청소할 수 없다. 그 궤도 주변에서 발견된 천체가 있는 것은 아니지만, 세드나는 그 궤도를 독점한 능력이 없다.

하지만 세드나가 행성은 될 수 없으나, 정역학적 평형 상태를 유지할 수 있을 만큼 충분히 크기에, 왜행성의 조건은 만족시킬 수 있을 것으로 예상된다.

10. 카론

카론(Charon)은 명왕성의 위성 중에서 가장 크다. 지름이 명왕성의 절반이 넘고, 질량도 명왕성의 11% 정도여서, 명왕성 시스템의 질량 중심이 카론과 명왕성 사이에 있다.

카론은 미국 해군성 천문대의 천문학자인 제임스 크리스티에 의해 1978년 6월 22일에 발견되었고, 그 이름은 그리스 신화에 나오는 지옥의 뱃사공 '카론'에서 따온 것으로, 명계의 신인 하데스의 영어 이름 플루토(Pluto)를 명왕성의 영어 이름으로 한 것과 연관성을 높이기 위해서 그렇게 지었다.

카론과 명왕성은 서로 중력적으로 고정되어 있으므로 서로를 향해 같은 얼굴 면을 유지한다. 2005년에 로빈 캐넙(Robin Canup)이 발표한 시뮬레이션 결과에 따르면, 카론은 지구나 달과 마찬가지로 다른 천체와의 충돌로 형성되었을 수 있다고 한다. 이 모델에서는 대형 카이퍼대 물체가 명왕성을 빠른 속도로 강타하여, 명왕성의 외부 맨틀 대부분을 날려버리고, 카론은 그 파편들이 합쳐져 형성된다. 하지만 이런 일이 실제로 일어났다면, 과학자들이 발견한 것보다 더 얼음이 많은 카론과 더 단단한 물질로 구성된 명왕성이 탄생했을 것이다.

그래서 현재의 과학자들은 명왕성과 카론이 서로 궤도에 진입하기 전에 충돌 사건을 거친 천체일 것으로 추정하고 있다. 당시의 충돌은 메테인과 같은 휘발성 얼음을 끓일 수 있을 만큼은 강했겠지만, 두 물체를 모두 파괴할 만큼 폭력적이지는 않았을 것이다. 명왕성과 카론의 밀도가 매우 비슷하다는 사실은, 충돌이 발생했을 때 모체가 완전히 분화하지 않았음을 의미한다.

카론의 느린 회전은, 카론이 유체정역학적 평형 상태에 있을 만큼 충분히 질량이 크다면, 평탄화나 조석 왜곡이 거의 없어야 한다는 것을 뜻한다. 실제로 카론은 완벽한 구와의

궤도 성질	
궤도 긴 반지름	질량 기준 17,536km 명왕성 기준 19,571km
공전 주기	약 6일 9시간 17분
평균 공전 속도	0.21km/s
궤도 경사	0.001°(명왕성 적도 기준)
승교점 경도	223.046°±0.014°
모행성	명왕성
물리적 성질	
평균 반지름	606±3km
표면적	400만km²
부피	$(9.32±0.14)×10^8$km³
질량	$(1.586±0.015)×10^{21}$km³
평균 밀도	1.702 0.021g/cm³
표면 중력	0.288m/s²
탈출 속도	0.59km/s
자전 주기	명왕성과 동주기 자전
반사율	0.2~0.5
표면 온도	53k

편차가 너무 작아서, 근접했던 뉴허라이즌스호의 관측으로도 감지할 수 없을 정도였다. 이는 카론과 크기가 비슷하나 뚜렷한 편평성을 가진, 토성 위성인 이아페투스와는 대조적이다. 카론에 그러한 편평성이 없다는 것은 현재 정수압 평형 상태(Hydrostatic equilibrium)에 있거나, 역사 초기의 아직 따뜻했을 때, 현재 궤도에 접근했음을 의미할 수 있다.

뉴허라이즌스호에서 관측한 데이터를 기준으로 하면 카론과 명왕성의 질량 비율은 0.1218:1이다. 이는 달과 지구의 질량 비율인 0.0123:1보다 훨씬 크다. 카론의 질량 비율이 높기에 시스템의 중심이 명왕성 반경 밖에 있다. 그래서 명왕성-카론 시스템은 왜소 이중 행성이라고 불리기도 하는데, 명왕성-카론 시스템은 이중 행성의 궤도 안정성 연구 분야에서 주목하고 있다.

카론의 부피와 질량을 통해 $1.702 \pm 0.017 g/cm^3$의 밀도를 계산해 낼 수 있는데, 카론은 명왕성보다 밀도가 낮아서 암석 55%, 얼음 45%($\pm$5%) 정도의 구성일 것으로 보인다.

카론 표면에서 발견된 특징들은 카론이 분화되어 있으며, 심지어 역사 초기에 지하 바다가 있었을 수도 있음을 강력히 시사한다. 카론 표면에서 관찰된 과거 표면 재부상은, 카론의 고대 지하 바다가 표면에 극저온 분출을 일으켜, 많은 과거의 특징들을 지웠을 수 있음을 시사한다.

그런 이유로, 카론 내부의 본질에 대해 두 견해가 대립하게 되었다. 카론의 형성이 명왕성과의 격렬한 충돌을 수반했다는 소위 핫 스타트 모델, 그리고 명왕성과의 점진적 저속 충돌을 수반하는 콜드 스타트 모델이 그것이다.

핫 스타트 모델에 따르면, 카론은 행성 원반에서 빠르게(약 10^4년 이내) 집적되었으며, 이는 매우 파괴적인 충돌 시나리오의 결과다. 이 빠른 시간 척도는 집적에서 발생한 열이 형성 과정에서 방사되는 것을 막아서 카론의 외층을 부분적으로 녹게 한다. 그러나 카론의 지각은 완전한 분화가 발생하는 용융 분율(Melt fraction)에 도달하지 못하여, 지각이 얼면서 규산염 함량의 일부를 유지하게 된다. 카론이 집적되는 동안이거나 직후에, 액체 지하 바다가 형성되어, 얼기 전까지 약 20억 년 동안 유지되어, 불칸 평원의 극저온 화산 표면화를 촉진했을 가능성이 있다.

카론의 핵에서 나오는 방사성 열은 공융 수-암모니아(Eutectic water-ammonia) 혼합물로 구성된 두 번째 지하 바다를 녹인 다음에, 쿠브릭 몬(Kubrick Mons, 카론의 가장 큰 산봉우리)과 유사한 특징이 형성되었을 가능성이 있다. 그리고 이러한 과정은 카론의 크기를 $20km$ 이상 증가시켜 Serenity Chasma와 Oz Terra에서 관찰되는 복잡한 지각 구조적 특징을 형성시켰을 것이다.

반면, 콜드 스타트 모델은, 카론 역사 초기에 큰 지하 바다가 있었다는 것인데, 이 모델은 카론의 표면 특징을 설명하는 데 인용되지 않으며, 그 대신에 카론이 형성 당시에 균질하고 다공성이 더 높았을 수 있다고 제안한다.

콜드 스타트 모델에 따르면, 카론의 내부가 방사성 가열과 사문석화(Serpentinization)로 인한 가열로 따뜻해지기 시작하면서, 카론 내부의 압축으로 주로 발생하는 수축 단계가 시작된다. 그리고 형성된 후 약 1억~2억 년이 지나면, 지하 바다가 녹을 정도로 충분한 열이 축적되어, 빠른 분화, 추가 수축, 코어 암석의 수화로 이어진다. 이러한 용융에도 불구하고 카론에는 무정형 물 얼음의 깨끗한 껍질이 남아있다.

이 기간 이후에도 분화는 계속되지만, 코어는 더 이상 물을 흡수할 수 없으므로 맨틀 바닥에서 얼기 시작한다. 이러한 얼기는 카론의 코어가 압축을 시작할 만큼 충분히 따뜻해질 때까지 확장 기간을 주도하였고, 그 후에 최종 수축이 일어났다. 세레니티 카스마(Serenity Chasma)는 팽창 단계에서 형성되었겠으나, 모르도르 마쿨라(Mordor Macula)에서 관찰되는 아치형 능선은 마지막 수축 단계에서 생겨났을 것이다.

한편, 질소와 메테인 얼음으로 구성된 명왕성의 표면과 달리 카론의 표면은 변동성이 적은 물 얼음이 지배적인 것으로 보인다. 2007년 제미니 천문대의 관측 결과, 카론 표면에 암모니아 수화물과 물 결정이 발견되어, 활성 크라이오게이저(Cryogeysers, 먼지와 얼음 입자가 섞인 휘발성 물질의 제트기류와 같은 분출.)와 크라이오 화산(Cryovolcanoes)이 존재할 수 있음을 시사했다.

얼음이 여전히 결정 형태라는 사실은, 태양 복사가 생성 초기의 얼음을 비정질 상태로 분해했을 것이기에, 최근에 퇴적되었을 수 있음을 시사한다. 그런데 뉴허라이즌스호의 새로운 데이터에 따르면, 이상하게도 활성 크라이오 화산이나 간헐천은 감지되지 않았다. 그래서 이후 연구에서도 결정질 물 얼음과 암모니아 크라이오 화산 기원에 의문이 제기될 수밖에 없게 되자, 일부 연구자들은 암모니아가 지하 물질에서 수동적으로 보충될 수 있다는 아이디어를 내놓았다.

한편, 카론 표면의 광도 측정 매핑은 밝은 적도 띠와 어두운 극지방을 가진 위도별 반사율 변화를 보여주는데, 북극 지역은 뉴허라이즌스 연구팀이 비공식적으로 '모르도르(Mordor)'라고 명명한, 어두운 영역이 지배적이다. 이 특징에 대한 유력한 설명은 명왕성 대기에서 빠져나온 가스가 응축되어 형성되었다는 것이다.

카론의 겨울은 온도가 −258°C에 이르기에, 질소, 일산화탄소, 메테인을 포함한 가스는 고체 형태로 응축된다. 이러한 얼음이 태양 복사선에 노출되면 화학 반응을 일으켜 다양한 붉은색 톨린을 생성한다. 나중에 카론의 계절이 바뀌면서 해당 지역이 다시 태양에 의해 가열되어 극지방 온도가 −213°C로 상승하여, 휘발성 물질이 승화되어 카론에서 빠져나가고 톨린만 남게 된다. 이렇게 남게 된 톨린은 두꺼운 층을 형성하여 얼음 껍질을 가리게 된다.

뉴허라이즌스호는 모르도르(Mordor) 외에도 카론이 분화되었을 것임을 시사하는 광범위한 지질학적 증거를 발견했다. 특히 남반구는 북반구보다 크레이터 크기가 작고 덜 험준한 것으로 보아, 과거 어느 시점에 내부 해양의 부분적 또는 완전한 동결로 발생한, 대규모 표면 재형성 사건이 일어나, 이전의 크레이터 중 많은 부분을 지워버린 것으로 보인다.

카론은 세레니티 카스마(Serenity Chasma)와 같은, 적어도 1,000km에 걸쳐 적도 벨트를 감싸는, 광범위한 그래벤(Grabens, 가늘고 긴 폭이 있는 계곡 형태의 지형으로, 침식에 의해 생긴 계곡과는 달리 단층 활동에 의해 생성된 것)과 벼랑들을 가지고 있다. 아르고 카스마(Argo Chasma)는 최대 9km 깊이에 도달할 수 있기에, 태양계에서 가장 높은 절벽이라는 타이틀을 놓고 미란다의 베로나 루페스(Verona Rupes)와 경쟁을 벌일 수 있다.

명왕성과 달리 카론은 대기가 거의 없다고 봐야 한다. 다만 모성인 명왕성이 얇은 대기를 지니고 있어, 카론의 중력이 명왕성의 상층 대기나 얼음 형성물의 질소를 카론의 표면으로 끌어당길 수 있다. 질소는 대부분 카론에 도달하기 전에 두 천체 사이의 중력 중심에 잡히지만, 일부는 카론에 도달하여 표면에 밀착된다. 가스는 대부분 질소 이온으로 구성되어 있고, 그 양은 명왕성 대기량에서 차지하는 비율을 보면 무시해도 될 만큼 적다.

카론 표면에 있는 얼음 형성물의 스펙트럼 시그니처는 얼음 형성물이 대기를 공급할 수 있다고 믿게 했지만, 대기를 공급하는 형성물은 아직 확인되지 않았다.

한편, 카론은 또한 명왕성 대기의 보호자 역할을 하여, 명왕성과 충돌하여 대기를 손상시킬 태양풍을 차단한다. 카론은 이렇게 태양풍을 차단하느라, 그 대가로 자신의 대기를 잃는다. 이러한 현상은 카론의 대기 감소에 대한 잠재적 설명이 될 수 있다.

앞서 언급했듯이, 명왕성이 일부 대기를 카론에 전달해도, 카론이 그걸 제대로 지킬 수 없는 환경이다. 카론의 밀도가 현재 우리가 대략적으로 추정하고 있는 $1.71g/cm^3$이라고 가정하면, 카론의 표면 중력은 명왕성의 0.6배 정도가 된다.

카론 표면에는 CO_2 가스와 H_2O 증기도 있다는 상당한 증거가 있지만, 증기압이 낮아 대기를 형성하기에 충분하지 않다. 명왕성의 경우, 표면에 풍부한 얼음 형성물이 메테인과 같은 휘발성 물질로 구성되어 있고, 이러한 휘발성 얼음 구조는 지질 활동을 일으켜, 대기를 일정하게 유지하게 해준다.

2015년 6월에 뉴허라이즌스호는 명왕성-카론 시스템에 접근하면서 연속적으로 선명한 이미지를 촬영하는 데 성공했다. 그리고 같은 해 7월에 뉴허라이즌스호는 명왕성 시스템에 가장 가까이 접근했는데, 그것으로 카론을 방문한 유일한 우주선이 되었다.

명왕성-카론 시스템의 질량 중심은 두 천체 모두의 바깥쪽에 있다. 어느 천체도 서로를 공전하지 않고, 카론의 질량이 명왕성의 12.2%나 되기에, 카론은 명왕성과 함께 이중 행성의 일부로 간주해야 한다는 주장이 강력히 제기되고 있다. 현재 IAU는 카론이 명왕성의 위성이라고 말하지만, 카론이 왜소 행성으로 분류될 날이 그리 멀지 않은 것으로 보인다.

⊗ 빨간 모자

지구의 밤하늘을 환하게 밝히는 달은 울퉁불퉁한 회색 천체다. 반면에 명왕성의 달인 카론은 마치 모자를 쓴 것처럼 북극이 암적색인데, 최근

카론의 빨간 모자

에 이 '빨간 모자'를 만든 성분이 명왕성에서 왔다는 연구 결과가 발표됐다.

NASA의 에임스 연구소, 매사추세츠공대(MIT)와 프랑스 그르노블알프스대 등 국제 공동연구진은 이 같은 내용을 국제학술지《Nature》에 발표했다.

명왕성은 카론, 닉스, 히드라, 케르베로스 등의 위성을 가지고 있는데, 이중 카론이 명왕성의 대기에 있는 메테인을 끌어온다고 한다.

연구진은 명왕성과 카론의 궤도를 기반으로 표면 환경을 모델링한 결과, 카론이 명왕성에서 메테인을 가져와 북극 주변에 잡아둘 수 있다고 결론 내렸다. 카론 북극의 온도가 100년이 넘게 아주 낮은 온도로 유지되어 기체인 메테인을 얼려둘 수 있다는 것이다.

북극에 쌓인 메테인은 빛과 반응해 탄소와 수소로 이뤄진 물질인 톨린이 될 수 있어서, 이 때문에 카론의 북극이 붉게 보인다는 것이 연구진의 설명이다.

⊗ 균열 지형

카론 표면에는 독특하게 생긴 균열이 다수 존재한다. 이 균열의 생성 원인에 대한 정확한 이론이 정립되어 있지는 않으나, 카론 내부의 지질 활동보다는 명왕성의 중력에 의한 조석력(Tidal force)의 변화로 유발되었을 거라는 주장이 힘을 얻고 있다.

로체스터 대학의 앨리스 퀼렌(Alice Quillen)이 이끄는 연구팀은 시뮬레이션을 보여주면서, 명왕성의 중력이 균열을 일으키는 원인이라고 주장했다.

카론은 지름이 1,200km나 되지만, 암석의 핵과 물 얼음으로 된 천체여서, 지구처럼 내부의 방사성 동위원소 붕괴로 지질 활동을 일으킬 만큼의 열을 확보하기는 어렵다.

그렇지만 명왕성과 매우 가까운 위치에서 공전하고 있어서 그 중력에 깊게 영향을 받고 있다. 연구팀은 컴퓨터 시뮬레이션을 통해, 명왕성의 중력에 의한 조석력이 카론의 표면에 어떤 영향을 미치는지 연구했다. 달의 조석력은 지구의 바다에 밀물과 썰물을 만들지만, 지구의 딱딱한 표면에 균열을 일으키기에는 힘이 약하다. 반면에 카론과 명왕성은 거리가 매우 가깝고 얼음으로 된 약한 지각을 지니고 있어서 서로에게 상처를 내기 쉬운 상태다. 그래서 카론에는 거대한 균열이 있고, 명왕성에는 다양한 얼음 화산 및 지질 활동의 증거가 있다.

물론 이 천체들의 영향력은 두 천체 사이의 조석력을 통해서 나타나기에, 지구-달 시스템처럼 조금씩 에너지를 잃어가게 되고, 거리도 점차 멀어지게 된다. 그렇기에 아주 옛날에는 명왕성 카론이 지금보다도 훨씬 더 가까웠고 조석력도 더 강하게 작용했을 것이다.

카론의 얼굴에 나 있는 깊은 상처는 특별한 미스터리가 아니라, 가까운 천체들 사이에 흔히 일어나는 기조력에서 유발된 것이긴 하지만, 뉴허라이즌스호가 카론을 방문하지 않았다면, 그 얼굴에 상처가 있는지 몰랐을 것이다.

⊗ 케즘

카론은 매우 흥미로운 천체다. 일단 모성인 명왕성과의 크기 차이가 별로 나지 않고, 지름이 1,200km 정도이나 표면 지형이 아주 복잡한데, 이러한 지형은 한때 지질 활동이 왕성했음을 암시한다.

과학자들을 특히 놀라게 한 지형은 케즘(Chasm, 땅·바위·얼음 속 등에 난, 아주 깊은 틈)이다. 이 작은 얼음 천체에 거대한 케즘이 있다는 사실은 정말 놀랍다.

아래 사진은 뉴허라이즌스호가 카론을 지나갈 때 촬영한 것 중에 하나다. 사진에서 확대된 세레니티 협곡(Serenity Chasma)은 길이가 1,800km에 이르러 카론 둘레의 절반 수준이고, 고도 차이도 무려 7.5km가 될 정도로 깊다. 이 규모는 지구의 그랜드 캐니언(Grand Canyon)이 무색해질 만큼 거대한 것이다.

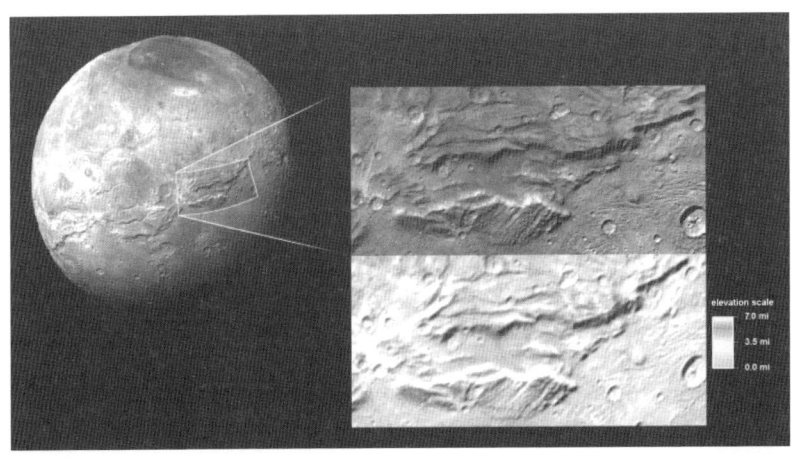

지형을 봐서는 마치 거대한 홍수가 있었던 것처럼 보이지만, 카론의 위치와 크기를 생각해 보면, 지구에서의 홍수와 같은 사태가 일어났을 가능성은 없다. 그 대신 카론의 지각 아래에 액체 상태의 물이 있었다가 그것이 어떤 형태로든 거대한 협곡을 만드는 원인이 되었을 거로 보인다.

카론에는 암석 핵이 있고 그 주변에는 얼음층이 있다. 그러나 형성 직후에는 이 얼음층 대신에 물이 있었을 가능성이 있다. 그러니까 얼음 맨틀 대신에 물 맨틀이 있었을 거라는 뜻이다.

그러다가 시간이 지나면서 내부가 식었고 그 과정에서 물이 얼음이 되면서 부피가 팽창하여 현재와 같은 협곡 지형의 탄생을 유발했을 가능성이 크다.

정말 아득한 과거에 지옥의 뱃사공이 살던 거대한 바다가 카론의 지하에 있었을까?

11. 태양계 지평선의 디디

해왕성 궤도 너머에는 희미하게 보이는 태양계 천체들이 존재한다. 주로 카이퍼 벨트와 오르트 구름에 속해있는데, 그 가운데는 디디(DeeDee)도 있다. 이 천체가 발견된 때는 2014년으로 공식 명칭은 2014 UZ_{224}이다.

이 천체는 2024년을 기준으로 태양에서 92AU 떨어져 있다. 이 거리는 명왕성-태양 거리의 거의 3배에 가까운데, 2142년에 38AU의 근일점에 도달할 때까지 거리가 서서히 줄어들 것이다.

이 천체는 공전 주기가 1,100년에 이를 만큼 아득히 멀리 있으며, 확인된 태양계 천체 가운데 두 번째로 태양에서 멀리 있다. 가장 멀리 있는 천체는 에리스이고, V774104라는 천체가 103AU 거리에 있다는 보고가 있으나 아직 검증되지 않은 상태이다.

디디는 너무 멀리 있어서 가장 강력한 망원경으로도 관측하기가 매우 어려운데, 최근에 가장 강력한 전파 망원경인 알마(ALMA, Atacama Large Millimeter/submillimeter Array)로 밀리미터 파장에서 관측하는 데 성공했다.

밀리미터파 파장은 낮은 온도의 물체에서도 방출되기에 어둡고 차가

궤도 특성	
Observation arc	12.08yr
원일점	176.988±0.453AU
근일점	38.295±0.029AU
Semi-major axis	107.642±0.275AU
이심률	0.64423
공전 주기	1116.81±4.28yr
Mean anomaly	320.482±0.210°
Mean motion	0° 0m 3.177s/d
Inclination	26.790°
Longitude of ascending node	130.699±0.004°
근일점 시간	≈2142년 5월 27일±67일
Argument of perihelion	29.989±0.063°
물리적 특성	
Mean diameter	635(+65,-72)km
Geometric albedo	0.131(+0.038,-0.028)
스펙트럼 유형	G-R=0.77±0.11
겉보기 크기	23.38±0.05
절대 등급	3.5

운 천체를 관측하는 데 유리하다. 물론 해상도가 낮아서 천체가 마치 얼룩과 같은 모습으로 희미하게 포착된다.

디디의 지름은 $630\,km$ 정도로 세레스의 2/3 정도이기 때문에, 에리스보다 더 가까이 있으나 관측이 훨씬 어렵다. 그래서 아주 최근에야 표면 온도와 알베도를 추정할 수 있게 되었다. ALMA의 밀리미터 파장으로 디디의 밝기를 측정한 결과, 이 물체가 부딪히는 햇빛의 13%만 반사한다는 사실을 알게 됐다. 이는 디디가 야구장 내야의 흙만큼 어둡다는 것을 의미한다.

한편, ALMA 데이터와 이전 블랑코 관측을 결합하여, 디디의 지름이 약 $640\,km$ 정도라는 사실도 알게 되었는데, 그 결과가 최근 천체물리학 저널《레터스》에 발표됐다. 연구자들은 아직 공식적으로 왜행성이라는 이름을 달지 못했으나, 디디를 통해 외부 태양계의 특성을 탐사할 수 있다고 주장했다. 또한 암흑 에너지 조사 행위 자체가 태양계 멀리 떨어진 곳에서 발견할 수 있는 강력한 도구임은 다시 한번 확인했다.

완전히 다른 목적으로 수집된 데이터에서, 2014 UZ$_{224}$와 같은 객체의 존재를 알게 되었다는 사실은, DES 데이터의 힘을 보여준다. 이와 같은 물체가 더 있다면 이러한 데이터 분석을 통해 그 물체들을 찾을 수 있다.

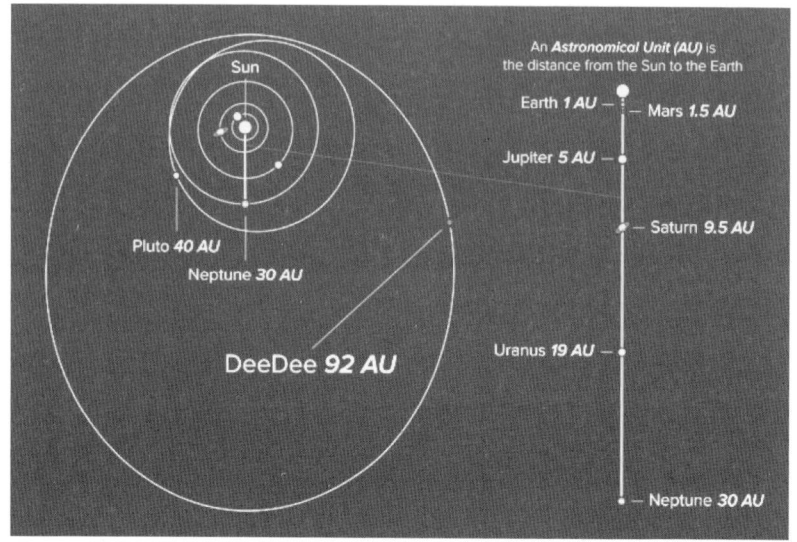

디디의 궤도

사실 태양계를 탄생시킨 원시 원반에서 나온, '우주적 잔재물'인 이처럼 멀리 있는 천체는 그 존재 자체가 관심거리다. 이들의 분포, 궤도 특성, 크기 및 표면 특성에 대해 자세히 연구함으로써, 태양계가 탄생한 과정에 대한 비밀을 알아낼 수 있기 때문이다.

제 2 장

명왕성
Pluto

궤도 성질(역기점 J2000)	
궤도 긴 반지름	39.48168677AU
근일점	29.65834067AU
원일점	49.30503287AU
공전 주기	90,560일
회합 주기	366.73일
최소 공전 속도	3.71km/s
평균 공전 속도	4.666km/s
최대 공전 속도	6.10km/s
궤도 경사	17.16°
궤도 이심률	0.24880766
승교점 경도	110.30347°
근일점 편각	113.76329°
위성 수	5
물리적 성질	
평균 지름	2,372km
표면적	$1.795 \times 10^7 km^2$
부피	$6.97 \times 10^9 km^3$
평균 밀도	$1.869g/cm^3$
질량	$1.303 \times 10^{22}kg$
표면 중력	$0.62m/s^2$
반사율	0.49~0.66
자전 주기	6.405일
자전 속도	47.18km/h
자전축 기울기	122.53°
북극점의 적경	132.993°
겉보기 등급	+13.65~+16.3
평균 온도	40k
대기권	
대기압	0.30~1.0Pa
구성 성분	질소, 메테인, 일산화탄소

명왕성(Pluto)은 카이퍼 벨트에 있는 천체로서, 얼마 전까지만 해도 행성의 지위에 있던 천체였으나 현재는 왜행성으로 강등된 상태다.

명왕성이 왜행성 중 하나임에도 1장에 넣지 않고 챕터를 분리한 이유는, 오랫동안 행성의 지위를 유지해왔기에 다른 왜행성과는 격이 다르기도 하고, 과학자들이 그간 수집한 데이터가 방대하여, 그 데이터에 숨어 있는 미스터리 역시 많기 때문이다.

명왕성이 발견된 1930년대에는 지구 정도의 크기로 알려져, 별 이견 없이 행성으로 분류되었으나, 그 후에 추가로 관찰한 결과, 질량과 중력이 행성이라 보기엔 너무 작고, 공전 궤도 또한 심하게 찌그러져 있는 데다가, 명왕성과 비슷한 타원 궤도를 도는 유사한 천체들이 잇따라 발견되면서, 행성으로 분류한 게 적합한가에 관한 논란이 발생하게 되었다.

그리고 2005년에 발견된 에리스가 당시 명왕성보다 질량이 27% 정도 더 큰 것으로 파악되면서, 명왕성이 태양계 외곽의 여러 얼음 천체 중 하

나에 불과하다는 것이 확실해졌다. 그래서 유사한 천체들 중에 명왕성 하나만 행성으로 분류할 수는 없다는 의견이 걷잡을 수 없이 늘어나, 카론, 명왕성, 세레스 등을 모두 행성으로 분류할지, 아니면 모두 제외할지에 대해 선택이 필요하게 되었다.

명왕성

결국 국제천문연맹은 2006년 8월 24일 총회에서 행성의 기준을 새로 정해, 명왕성, 에리스, 세레스 등을 함께 묶어 왜행성이라는 새로운 분류에 집어넣었다. 미국을 비롯한 일부 국가의 과학자들은 명왕성이 여전히 행성으로 분류되어야 하며, 새로 발견된 천체들도 행성으로 인정해야 한다고 주장했지만 받아들여지지 않았다. 명왕성은 현재 왜행성으로 분류되어 134340이라는 식별 번호가 붙어있다.

명왕성은 암석과 얼음으로 이루어져 있고, 태양으로부터 29~49AU 떨어진 타원형 궤도를 돌고 있으며, 공전 주기는 약 248년, 자전 주기는 6일 9시간 43분이다. 궤도가 이심률이 큰 타원형이어서 해왕성의 궤도보다 안쪽으로 들어올 때도 있다.

태양에서 아주 멀리 떨어져 있어서 기온이 매우 낮다. 평균 표면 기온은 −233℃이고, 중력은 지구의 약 7% 정도이며, 5개의 위성을 가지고 있다. 그중 가장 큰 천체인 카론은 1978년에 발견되었고, 닉스와 히드라는 2005년에, 케르베로스와 스틱스는 각각 2011년, 2012년에 발견되었다.

그런데 명왕성이 카론을 제대로 지배하지 못하고 카론에 휘둘리기도 한다는 사실이 확인됐다. 이 둘의 질량 중심이 명왕성 내부가 아닌 두 천체 사이에 있기 때문이다. 상황이 이렇기에 카론에 대한 새로운 정의가 필요할 것으로 보이는데, 국제천문연맹은 이에 대해 새로운 입장을 밝히지 않고 있어, 아직은 명왕성의 위성으로 분류되어 있다.

명왕성의 겉보기 등급은 평균 15.1등급이고, 근일점에서는 13.65등급까지 밝아진다. 맨눈으로는 관측할 수 없고 구경이 30cm 정도 되는 망원경이 있어야 관측할 수 있다.

명왕성 지도와 적외선 스펙트럼의 주기적인 변화 등을 참고해 보면, 명왕성의 표면은 색상이나 밝기가 다양하고 변화도 심한 편으로, 색상 대비가 가장 뚜렷한 별 중 하나다.

특히 1994년과 2002년~2003년의 경우, 명왕성 표면에 아주 큰 변화가 일어났는데, 북극 지방이 밝아지고 남쪽 반구는 어두워졌다. 또한 전체적으로 붉은색이 2000년~2002년 사이에 많이 증가했는데, 이런 변화는 계절 변화와 더불어 명왕성 대기의 승화 작용이 명왕성의 큰 궤도 경사각과 이심률로 인해서 증폭되었기 때문인 것 같다.

명왕성 표면을 분광학적으로 분석해 보면, 98% 이상이 고체 질소로 구성되어 있고 메테인과 일산화탄소는 약간 존재한다. 카론을 향한 쪽의 반구에 메테인 얼음이 더 많고, 반대쪽 반구에는 질소와 일산화탄소 얼음이 조금 더 많다.

명왕성의 밀도는 1.8~2.1g/cm^3 정도 되고, 내부 조성은 질량의 50~70% 정도는 바위층이, 30~50% 정도는 얼음이 차지하는 것으로 보인다. 방사성 붕괴를 일으키는 원소들이 얼음을 충분히 가열해 주어 바위층과 얼음층은 분리되어 있을 것으로 생각되며, 바위층은 핵을 형성하고 얼음층은 맨틀을 형성하고 있을 것이다. 핵의 지름은 대략 1,700km 정도로 보이는데, 이는 명왕성 지름의 70%다. 내부 가열이 오늘날까지 지속되고 있다면, 핵과 맨틀 사이에 100~180km 정도 두께의 액체 물 층이 형성되어 있을 수 있다. 독일 우주 항공 센터의 계산에 따르면, 명왕성의 밀도-반지름 비율은 얼음 위성(천왕성이나 토성의 위성들 같은)들과 바위 위성(목성의 이오 같은)들의 중간쯤에 위치하며, 트리톤과 비슷하다.

명왕성은 지구형 행성들에 비해서 훨씬 질량이 작아서, 달 질량의 20%도 되지 않는다. 다른 행성의 위성인 가니메데, 타이탄, 칼리스토, 이오, 유로파, 트리톤 등도 명왕성보다 질량이 크다.

명왕성의 크기는 대기와 탄화수소 안개 때문에 정확한 크기의 추정이 어렵다. 2014년에는 명왕성 대기의 메테인 비율을 고려했을 때 지름은 $2,360km$ 이상이라는 연구 결과가 발표되었는데, 이에 따르면 명왕성이 에리스보다는 조금 크다. 2015년 7월 13일에 뉴허라이즌스호에 탑재된 망원 정찰 영상기(LORRI, Long Range Reconnaissance Imager)가 보내온 사진과 다른 관측 장비를 통해 분석한 데이터에 따르면, 명왕성의 지름은 $2,370km$ 정도로 판단되었다. 하지만 이후의 추가 분석에 따라 7월 24일에 $2,372km$로 수정되었다.

명왕성의 대기는 표면의 물질들로부터 만들어진 질소, 메테인 및 일산화탄소의 얇은 층으로 구성되어 있고, 표면 기압은 $6.5~24\mu bar$ 정도 되는데, 명왕성의 타원형 궤도가 이 대기권의 변화에 매우 큰 영향을 준다. 명왕성이 태양으로부터 멀어지면, 대기의 물질들은 얼어붙어 지표면에 떨어지고, 태양에 다시 가까워지면, 표면 온도가 올라가 이 물질들이 다시 승화를 일으켜 대기권으로 올라간다. 이에 따라 온실 효과와는 반대 현상이 발생한다. 표면의 물질들이 승화하면서 열을 빼앗기 때문이다.

과학자들은 서브밀리미터 간섭계(Submillimeter Array)를 사용해서 명왕성의 표면 온도가 약 43K로 예상치보다 10K 정도 더 낮다는 것을 알아냈다. 그리고 강력한 온실가스인 메테인의 존재로 인해 $10km$ 정도의 고도에 표면보다 36K 정도 더 따뜻한 역전층이 형성되어 있다.

명왕성의 대기권 존재 증거는 이스라엘 와이즈 천문대의 노아 브로치(Noah Broach)와 하임 멘델슨(Haim Mendelson)에 의해 1985년에 최초로 제기되었고, 1988년에 카이퍼 에어본(Kuiper Airborne) 천문대가 명왕성이 주변의 다른 별들을 가리는 것을 관측하며 확인했다. 대기권이 없는 천체가 다른 별 앞으로 움직이면, 별은 갑자기 사라지는데, 명왕성의 경우에는 별이 흐릿해지면서 천천히 사라졌다. 흐릿해지는 정도를 봤을 때, 기압은 약 0.15파스칼 정도로, 지구의 약 70만분의 1이다.

2002년에 파리 천문대의 브루노 시카르디(Bruno Sicardi), MIT의 제임스 L. 엘리엇(James L. Elliott), 윌리엄스 대학의 제이 파사초프(Jay Pasachov) 등이 이끄는 연구팀은 명왕성이 다른 별을 가리는 과정을 다시 관측했다. 이때는 명왕성이 1988년에 비해 태양에서 더 멀리 있었기에 더 추운 날씨로 엷어진 대기를 가지고 있어야 하는데, 놀랍게도 표면 기압이 0.3파스칼 정도로 더 높게 계산되었다. 이러한 모순에 대해서는, 명왕성의 남극이 120년 만에 햇빛을 받아 더 많은 질소가 극관으로부터 승화했을 것이라는 설명이 있다. 질소가 승화해서 대기를 채우고 다시 어두운 북극에서 얼어붙기까지는 수십 년이 걸리기에 이런 현상이 나타났다는 것이다. 같은 연구에서 명왕성 대기에 바람이 불고 있다는 증거도 확인되었다.

한편, 2006년 10월에 뉴허라이즌스 공동연구자인 NASA/Ames 연구 센터의 데일 크뤽섕크(Dale Krückshank)와 동료들은 분광기를 이용한 명왕성 표면 조사에서 에테인의 존재를 발견했다고 발표했다. 이 에테인은 명왕성 표면과 대기의 얼어붙은 메테인이 햇빛에 의한 광분해(Photolysis) 또는 대전된 입자들(Charged particles)에 의한 방사성 분해(Radioactive decomposition)로 만들어졌을 것이다.

명왕성에는 5개의 자연 위성이 있다. 가장 가까운 곳에는 가장 큰 카론이 있다. 1978년 천문학자 제임스 크리스티가 처음 발견한 카론은 명왕성에서 유일하게 유체 정역학적 평형 상태에 있을 수 있는 위성이다.

카론의 어깨너머에 작은 위성이 네 개 있다. 명왕성과의 거리 순서대로 나열해 보면, 스틱스, 닉스, 케르베로스, 히드라이다. 닉스와 히드라는 2005년에, 케르베로스는 2011년에, 스틱스는 2012년에 발견되었다. 위성의 궤도는 원형(이심률이 0.006 미만)이고, 명왕성의 적도(기울기가 1° 미만)와 공면이므로 명왕성 궤도에 대해 약 120° 기울어져 있다.

명왕성 시스템은 매우 컴팩트하다. 알려진 5개의 위성이 진행 궤도가 안정적인 영역의 3% 이내에서 궤도를 돌고 있고, 모든 위성의 궤도 주기는 궤도 공명과 근 공명 시스템으로 연결되어 있다. 세차 운동을 고려할 때 스틱스, 닉스, 히드라의 궤도 주기는 정확한 18:22:33 비율이다. 스틱스, 닉스, 케르베로스, 히드라의 시기와 카론의 시기 사이에는 대략적인 비율인 3:4:5:6의 순서가 있으며, 그 비율은 위성이 멀리 떨어져 있을수록 정확해진다.

명왕성-카론 시스템은 태양계에서 중심이 주 천체 외부에 있는 몇 안 되는 천체 중 하나이며, 파트로클로스-메노에티우스 시스템은 (Patroclus–Menoetius system)은 작은 예이고, 태양-목성 시스템은 유일하게 큰 예다.

카론과 명왕성의 크기가 비슷하기에 일부 천문학자들은 이중 왜행성이라고 부르기도 하는데, 특이하게도 명왕성과 카론은 서로 마주 보는 반구가 항상 같다. 이는 다른 알려진 시스템인 에리스와 디스노미아(Dysnomia)만 공유하는 속성이다. 두 물체의 어느 위치에 있든, 상대 물체는 항상 하늘에서 같은 위치에 있게 되는데, 이는 각각의 자전 주기가 시스템 중심을 회전하는 데 걸리는 시간과 같다는 것을 의미한다.

1. 기원의 미스터리

명왕성의 기원과 정체성은 오랫동안 천문학계의 논란거리였다. 이에 관한 초기 가설 중 하나는 명왕성이 해왕성의 위성인 트리톤에 의해 궤도에서 벗어난, 해왕성의 탈출 위성이라는 것이었는데, 명왕성의 궤도로 보아 이런 사건이 일어났을 수 없다는, 동적 연구(Dynamical studies) 결과가 나온 후에야 수그러들었다.

명왕성의 진정한 정체는 1992년에 천문학자들이 해왕성 너머에서, 궤도뿐만 아니라 크기와 구성면에서 명왕성과 비슷한 얼음 천체들을 발견하게 되면서, 비로소 드러나기 시작했다. 해왕성 너머의 천체 집단 지역은 많은 단주기 혜성의 근원지로 알려져 있고, 명왕성은 태양으로부터 30~50AU 떨어진 곳에 있는 카이퍼대에서 가장 큰 천체다.

명왕성은 다른 카이퍼대 천체(KBO)와 마찬가지로 혜성 특징도 가지고 있다. 태양풍이 명왕성 표면을 서서히 우주로 날려 보내고 있는데, 만약 명왕성을 태양에 가깝게 배치된다면 혜성처럼 꼬리가 생길 것이다.

해왕성의 위성 트리톤의 경우, 명왕성보다 더 크고, 지질학적, 대기학적으로 명왕성과 유사하지만, 포획된 카이퍼대 천체로 생각된다. 그리고 에리스는 명왕성과 크기가 거의 같지만, 카이퍼대 개체군의 일원으로 간주하지 않고, 오히려 산란 원반(Scattered disc)이라고 불리는 연결된 개체군의 일원으로 간주한다.

카이퍼 벨트의 다른 구성 천체들처럼, 명왕성도 잔류 미행성으로 여겨진다. 원래 태양 주위의 원시 행성 원반의 구성 요소였으나, 완전한 행성으로 합쳐지지 못한 것으로 보인다.

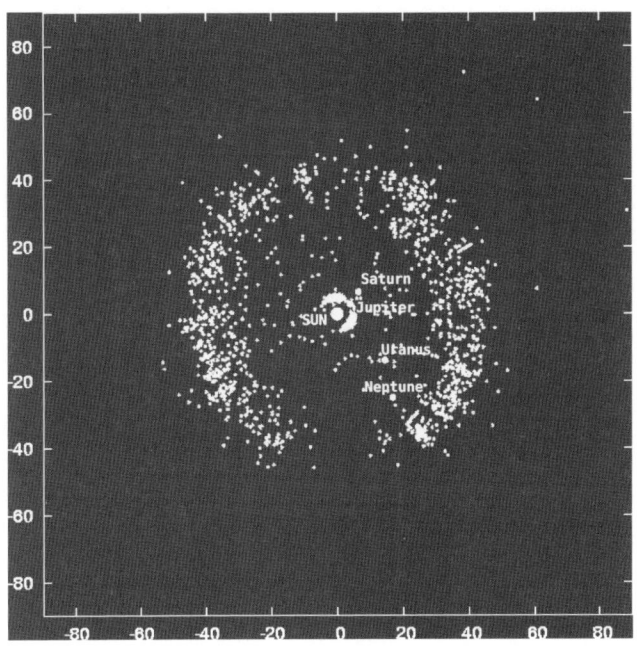

네 개의 거대 행성을 배경으로 한 알려진 카이퍼 벨트 천체의 플롯

천문학자 대부분은 명왕성이 태양계 형성 초기에 해왕성의 갑작스러운 이동의 영향을 받아, 그 위치에 있게 되었다는 데 동의한다. 해왕성이 바깥쪽으로 이동하여 원시 카이퍼대에 접근하면서, 하나(트리톤)만 자기 주위 궤도에 두고, 다른 많은 천체를 혼돈 궤도에 밀어 넣었을 것이다. 카이퍼대와 겹치는, 동적으로 불안정한 영역인 산란 디스크의 물체들은 해왕성의 이동 공명으로 그 위치에 배치되었을 것이다.

코트다쥐르 천문대의 알레산드로 모르비델리(Alessandro Morbidelli)가 2004년에 만든 시뮬레이션 모델은, 해왕성이 카이퍼대로 이동한 것은, 목성과 토성 사이에 1:2 공명이 형성되어 중력적 밀어내기가 발생하여, 천왕성과 해왕성이 더 높은 궤도로 위치가 바뀌며, 해왕성과 태양 사이의 거리가 두 배가 되었기 때문이라고 제안했다.

그리고 이렇게 원시 카이퍼대에서 물체의 이동이 대규모로 일어난 것은, 태양계가 형성된 지 6억 년 후에 일어난 후기 집중 폭격의 원인과 목성 트로이 목마 형성의 기원을 설명할 수 있게 해준다.

해왕성의 이동으로 인해 공명 포획이 발생하기 전에는, 명왕성이 태양으로부터 약 33AU 떨어진 거의 원형 궤도를 돌았을 가능성이 크다. 니스 모델(Nice model, 태양계의 동적 진화를 위한 시나리오이다. 초기 원시 행성 원반이 소멸된 지 한참 후에 초기 소형 구성에서 현재 위치로 거대 행성이 이동했을 거로 본다)은 트리톤과 에리스를 포함하여 원래의 미행성 원반에 약 1,000개의 명왕성 크기의 천체가 있었을 것이라고 제안한다.

2. 태양풍과 자기장

학자들은 명왕성이 태양풍으로부터 자기 보호 역할을 하는 자기장이 약해서, 어떤 자기장 흐름도 형성되기 힘든 환경일 것으로 여겨왔다.

하지만 프린스턴 대학의 맥코마스 교수(David J. McComas) 연구팀이 뉴허라이즌스호에 탑재된 Solar Wind Around Pluto(SWAP)가 수집한 데이터로, 명왕성 주변의 태양풍과 입자의 흐름을 분석해 본 결과, 예상하지 못했던 결론이 나왔다.

명왕성 주변에는 매우 큰 충격파의 흐름이 있으며, 그 꼬리가 명왕성 반지름의 100배에 달하는 거리까지 걸쳐있는 것으로 나타났다. 이는 명왕성이 자기장도 없고 대기 역시 희박한 천체일 거라는, 기존의 예측을 뒤흔드는 결과였다. 물론 명왕성이 강한 자기장을 가지고 있다는 뜻은 아니지만, 주변의 에너지 흐름이 예측하기 힘들 정도로 복잡하다는 사실을 시사하기 때문이다.

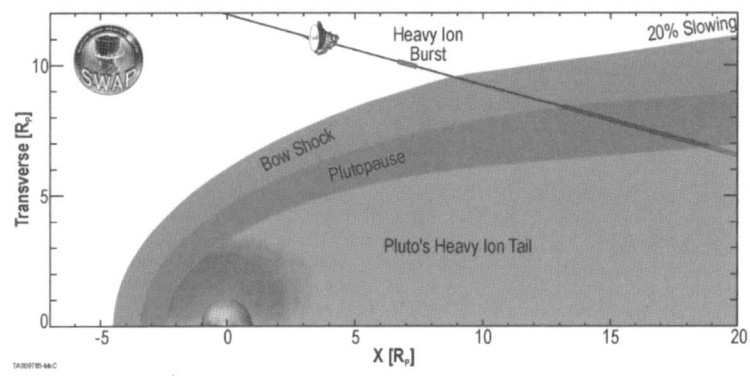

　명왕성 주변의 입자 흐름은 위의 모식도에서 보듯이 생각보다 거대할 뿐 아니라 복잡한 양상이다. 연구팀에 의하면, 이는 아주 독특한 구조로, 태양계에서 처음으로 발견한 것이라고 한다. 따라서 이번 연구는 천체를 근접 탐사하며 데이터를 수집하는 일의 중요성을 다시 일깨워 주었다.

　명왕성의 중력이 태양에서 오는 무거운 입자를 잡아둘 정도는 분명히 아니다. 다만 이것들을 느려지게 만들어 하나의 층을 만드는 것은 가능해서, 이와 같은 독특한 입자의 흐름을 형성한 것으로 보인다. 하지만 이런 사실을 감안하더라도 명왕성이 거대한 이온 입자의 꼬리를 가지고 있다는 것은 놀라운 일이다. 이와 같은 현상은 너무 예상 밖이어서 천체에 관한 전반적인 지식이 옳은지 다시 점검해 봐야 할 정도다.

　아주 최신 연구에 의하면, 이온 꼬리는 명왕성의 대기와 연관이 깊다고 한다. 명왕성의 대기는 희박하지만 의외로 지표에서 $1,600km$ 바깥쪽까지 확장되어, 태양의 자외선으로 이온화되면서 태양풍과 만나 꼬리를 형성하는 것으로 보인다. 태양으로부터 멀어지면서 대기 구성 물질까지 지표면에 얼어붙어, 대기 밀도가 급격히 감소한다는 사실을 고려하면, 이것은 정말 놀라운 사실이다.

　앞으로 뉴허라이즌스호가 보내온 데이터를 계속 분석해서 대기와 태양풍의 상호작용에 관한 연구를 더 많이 해야 할 것으로 보인다. 명왕성 주변 환경이 이렇다면, 카이퍼대의 다른 왜행성 역시 비슷한 환경을 지니고 있을지 모르기에, 이런 연구는 매우 중요하다.

3. 뜨거운 시작

뉴허라이즌스호가 촬영한 명왕성 표면 모습은 생각보다 훨씬 복잡했고 젊기도 했다. 이것은 이 천체가 활발한 지질 활동을 겪었다는 증거다. 일부 과학자들은 명왕성이 현재도 지질 활동을 일으킬 수 있는 물을 내부에 지니고 있을 수 있다고 보고 있다.

그런데 명왕성의 생성 초기 모습은 어떠했을까? UC 산타크루즈(UC SantaCruz)의 카버 비어슨(Carver Bierson)과 동료들은 두 개의 명왕성 생성 가설에 관해 연구했다. 첫 번째는 명왕성이 지구처럼 초기에는 뜨거운 상태로 시작했을 거라는 가설이고, 두 번째는 일반적인 소행성처럼 차가운 물질이 모여 만들어졌을 거라는 가설이다.

연구팀은 현재의 지형을 고려해 보면, 차가운 시작보다는 '뜨거운 시작' 가설이 더 타당하다는 결론을 내렸다. 물이 얼면 부피가 커지는데, 명왕성 표면 지형을 보면 수축보다는 팽창의 흔적이 많이 드러나 있기 때문이다. 명왕성 표면에는 함몰 지형보다는 팽창에 따른 균열이 많이 보인다.

그들의 연구에 따르면, 초기 명왕성을 녹인 열은, 물질이 뭉치면서 생기는 중력에서 나오는 에너지와 방사성 동위원소 붕괴에 따른 열이다. 특히 중력 에너지가 열로 바뀌면 반드시 내부에 액체 상태의 물을 품게 된다. 따라서 초기에는 녹은 상태로 시작했다가 표면부터 다시 얼어 현재의 상태가 되었다고 생각할 수 있다.

그런데 아직 명왕성 내부에 액체 상태의 물이 존재할까? 초기에 있던 열은 현재는 거의 사라졌으나 방사성 동위원소에 의한 열은 지금도 생성될 수 있다. 그리고 명왕성 표면 지형은 비교적 최근에 생성된 것도 있어, 내부에 액체가 존재할 가능성을 시사한다.

여기서 떠오르는 부가적인 의문은, 명왕성과 같은 메커니즘이 카이퍼대의 다른 왜행성에서도 적용되는가이다. 이 부분은 직접 탐사를 통해 밝혀야 하겠으나 에리스 같은 다른 천체도 비슷한 상황일 개연성이 높다.

뉴허라이즌스호는 명왕성의 모습을 세부적으로 관측해 많은 정보를 전달했지만, 도리어 더 많은 궁금증을 파생시켰다. 인류는 새로운 의문에 대한 답을 찾기 위해 명왕성을 다시 방문해야 할 것 같다.

4. 명왕성과 혜성

뉴허라이즌스호 탐사 덕분에 미지의 천체로 남아있던 명왕성에 대해 많이 알게 되었다. 그리고 정체되어 있던 왜행성의 기원에 관한 연구에도 활기를 불어넣었다.

사우스웨스트 연구소(Southwest Research Institute)의 과학자들은 관측 데이터와 이론 모델을 토대로, 명왕성이 거대 혜성일 수 있다는 가설을 검증했다. 이른바 '거대 혜성' 모델(the 'giant comet' model of Pluto formation)의 시작은, 명왕성이 카이퍼 벨트에 인접한 천체여서, 그곳이 고향인 혜성들과 비슷한 성분으로 구성되어 있을 거라는 전제에서 출발했다.

연구팀은 뉴허라이즌스호 데이터는 물론이고, 로제타호가 관측한 67P 혜성의 구성 성분을 검토한 결과, 현재 명왕성의 구성이 혜성과 비슷한 물질에서 기원했다는 점을 다시 확인했지만, 명왕성이 혜성과 완전히 같은 형태와 물질 구성을 지니지 않았다는 사실도 확인했다.

연구팀장인 크리스토퍼 글레인(Christopher Glein)은 혜성에서 비롯된 명왕성의 구성 물질이 액체 상태의 물에 의해 변형되었을 가능성이 있으며, 동시에 명왕성 표면 아래에 바다가 있을 가능성이 있다고 말했다.

혜성 역시 여러 가지 물질로 구성되어 있어, 서로 합체를 통해 커지는 과정에서 무거운 물질은 아래로 가라앉고 가벼운 물질이 지각을 구성했을 것이다. 그런데 명왕성의 경우는 그뿐 아니라, 얼음 지각 아래에 있는 물의 맨틀이 다양한 지질 활동이 일으킨 흔적도 존재한다.

명왕성은 그 이력만큼이나 복잡한 구성과 성질을 띠고 있어서 연구 시간이 상당히 길어졌는데, 긴 연구 끝에 글레인은 "명왕성 빙하 내부의 질소량과 약 10억 개의 혜성 및 카이퍼 벨트의 천체가 강착되어 형성되는 질소량 기대치 사이의 흥미로운 연관성을 발견하였다"고 말했다.

혜성은 풍부한 얼음과 수소화합물을 보유하고 있다. 행성 과학 전문지 《Icarus》에 발표된 이들의 연구 결과에 따르면, 명왕성의 초기 구성물은 강착된 혜성에서 물려받았다. 그 후 무거운 물질은 중심 부분으로 가라앉고 가벼운 물질은 위로 떠올라 지각을 형성하였는데, 지각 밑에는 액체화된 물이 존재하였을 것으로 보인다. 이 지하수로 인해 현재의 구성 물질로 변형되었겠지만, 명왕성이 혜성들이 강착되어 형성되었다는 사실은 불변이다.

그렇다면 행성에서 왜행성으로 강등당한 명왕성이 다시 혜성으로 강등당할 가능성이 있을까? 그럴 가능성은 없어 보인다. 주지하다시피 2006년 8월 24일에 체코 프라하에서 열린 국제천문연맹의 총회에서 정의된 왜행성은 다음과 같은 조건만 갖추면 된다.

(1) 태양을 중심으로 공전 궤도를 갖는다. (2) 원형의 형태를 유지할

수 있는 중력을 가질 만큼 충분한 질량이 있다. (3) 다른 행성의 위성이 어서는 안 된다.

　명왕성은 이 조건들을 모두 만족한다(행성이 되기 위해서는 위의 조건에 '자신의 궤도에서 지배적인 역할을 해야 한다'라는 조건이 추가된다. 명왕성은 이를 만족하지 못하여 행성의 지위를 박탈당했다). 그리고 왜행성의 조건 중 구성 성분에 관한 내용은 없는데, 행성들 역시 구성 성분은 서로 다르다. 지구는 다른 지구형 행성과 달리, 풍부한 산소와 풍부한 수소화합물, 즉 물을 보유하고 있다. 하지만 다른 지구형 행성들은 그렇지 못하다. 결론적으로 명왕성이 왜행성의 조건을 만족하는 한, 그리고 왜행성 인정 조건이 바뀌지 않는 한, 혜성으로 강등될 개연성은 없다.

　1930년에 클라이드 윌리엄 톰보(Clyde William Tombaugh)에 의해 발견된 명왕성은 우여곡절 끝에 결국 왜행성 134340으로 새롭게 정의되었다. 명왕성은 그렇게 행성의 지위는 잃었으나, 태양계 형성의 비밀을 품고 있는, 여전히 미스터리한 천체다.

5. 대기와 위성

　명왕성의 대기는 표면의 물질들로부터 만들어진 질소, 메테인, 일산화탄소의 얇은 층으로 구성되어 있고, 표면 기압은 6.5~24μbar 정도 된다.

　명왕성은 대기를 가진 태양계 천체 중에 가장 작다. 지구의 달보다 작은데도 대기를 가질 수 있었던 것은, 여러 가지 조건들이 합쳐진 결과다. 우선 명왕성의 극도로 낮은 기온이 가스가 우주로 흩어지는 것을 방지하며, 태양과의 거리가 멀어서 태양풍의 영향력이 약한 것도 대기가 존재할 수 있는 이유다. 그리고 조지아 공대의 캐롤 패티 (Carol Paty) 교수는 명왕성의 위성 카론이 명왕성의 대기를 보호하는 수단을 발휘하고 있다는 사실도 알아냈다.

명왕성은 지름의 절반에 해당하는 거대한 위성인 카론을 거느리고 있다. 위성이 너무 커서 명왕성과 쌍성계를 이루고 있다고 해도 과언이 아닌, 명왕성-카론 시스템은 흥미로운 상호작용을 주고받고 있다. 하지만 아무리 긴밀한 관계라도 카론이 명왕성의 대기를 지킬 만큼 큰 천체가 아니라는 점을 생각하면, 카론이 명왕성 대기 유지에 어떻게 도움을 주는지, 선뜻 그 메커니즘이 이해되지 않는다.

연구팀에 의하면, 마치 배가 수면을 가르고 파문을 만드는 것처럼, 카론이 명왕성 앞을 지날 때, 카론이 태양풍을 가르면서 명왕성을 위한 방패가 되어준다고 한다. 그래서 태양풍에 의한 대기 손실이 1/100 수준으로 감소한다는 것인데, 이 가설은 뉴허라이즌스호의 관측 데이터로 사실임이 입증되었다.

이런 식의 메커니즘은 명왕성-카론 시스템에서만 볼 수 있는 것이어서, 데이터를 보고도 쉽게 믿기지 않는다. 하지만 사실이다. 명왕성과 카론은 정말 흥미로운 가족이다.

한편, 이런 명왕성과 카론의 관계와는 무관하게 아주 우울한 연구 결과도 발표되었다. 명왕성의 대기가 붕괴할 운명이라는 연구 결과가 그것이다.

호주 태즈메이니아(Tasmania) 대학의 앤드루 콜 연구팀이 명왕성 북반부에 긴 가을과 겨울이 와, 2030년경에 명왕성의 대기가 얼어붙어 붕괴할 것이라는 예측 결과를 내어놓았다. 명왕성은 248년을 주기로 태양을 돌고 있으며, 태양에 가장 근접했을 때가 44억km이고 가장 멀 때가 74억km인데, 기온은 영하 228~238℃까지 떨어진다.

명왕성은 1986년 이후 태양에서 계속 멀어지고 있다. 이에 따라 도달하는 태양 빛이 줄어들어 기온이 떨어지고 명왕성의 대기 압력이 낮아질 것으로 예상했다. 하지만 예상과 달리, 지난 30년간 대기 압력은 3배로 증가했다. 연구팀은 태양에서 멀어지고 있지만 북반구 날씨가 따뜻해지며 질소 얼음이 녹아 가스로 바뀌기 때문으로 분석했다. 하지만 이런 상황이 무한정 지속될 수는 없어서, 대기의 동결이라는 대세는 비켜 갈 수 없을 것으로 보인다.

연구팀은 1988년부터 망원경을 이용해 명왕성의 대기 밀도, 압력, 온도 등을 살펴왔다. 관측한 데이터를 기반으로 태양 빛에 따른 변화를 예측하는 계절 모델을 만들었다. 그것에 따르면, 태양에서 가장 멀리 떨어지고 북반구에 겨울이 닥쳐오는 2030년경에 명왕성 대기에 존재하는 질소 대부분이 얼어버릴 것으로 예측된다. 연구팀은 날씨가 극한으로 치닫게 되면, 현재 명왕성 대기압의 5%도 유지할 수 없을 것으로 분석했다.

콜 교수는 "명왕성이 태양에서 멀어짐에 따라 대기의 대부분이 거의 아무것도 남지 않을 정도로 응축될 것이고, 2030년이 되면 명왕성의 대기는 얼어붙고 사라질 것"이라고 밝혔다.

우울한 소식이지만, 그렇게 낙담할 일은 아닌 것 같다. 대기가 명왕성에서 빠져나가 영원히 사라지는 것은 아니기 때문이다.

6. 구름

명왕성은 태양계에서 가장 희박한 대기를 가진 천체 가운데 하나인데, 앞에서도 말했지만, 태양에 가까운 지점에서는 대기가 팽창하나 멀어지면 대기가 급격히 응축한다.

한편, 뉴허라이즌스호가 촬영한 명왕성 사진 중에 구름으로 보이는 것이 담겨있다고 한다. 미국 사우스웨스트 연구소는 명왕성 가장자리에 24개 이상 안개 덩어리가 있는 걸 발견했다면서, 그것들이 $200km$ 고도까지 있다고 주장했다. 일부 구름은 수십 km 이하 저층에 위치하는데, 구름 성분은 아세틸렌, 에테인, 시안화수소 등으로 이뤄진 것으로 추정된다고 한다.

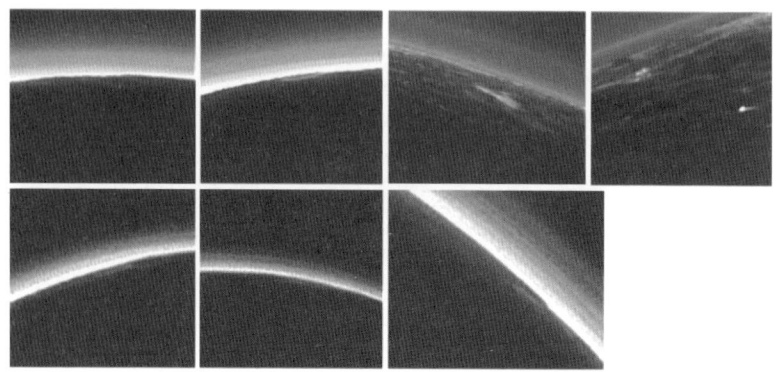

2016년 7월에 촬영된 이미지에서도 이미 구름 존재가 예측된 바 있는데, 새로운 관측 자료를 통해, 실제로 구름 같은 형상이 있는 게 확인된 것이다. 만일 이것들이 구름이라면, 명왕성 날씨는 이전 예측보다 훨씬 더 복잡할 것이다.

다만 아직 명왕성에 구름이 있다고 단언할 수 없다. 뉴허라이즌스호가 관측한 구름 같은 형상이 명왕성 표면에서 완전히 분리되어 있는지를 판단할 수 없기 때문이다. 이에 대해 사우스웨스트 연구소의 앨런 스턴(Alan Stern)은, 이 현상의 실체를 확인하려면, 새로운 탐사선 파견이 필요하다고 보고 있다.

이런 구름이 얼마 동안 존재하는지도 아직 밝혀지지 않았지만, 유력한 가능성 중 하나는 이 구름이 명왕성에서 새벽이나 황혼 등 짧은 시간 동안만 존재할 수도 있다는 것이다. 사실이 그렇다면, 명왕성의 하루는 지구 시간의 6.4일에 이르기에, 하루 대부분은 구름을 볼 수 없다는 뜻이다. 그런데 이런 주장이 사실이든 아니든, 그것들이 정말 구름일까? 그것들이 정말 구름이라면, 명왕성의 대기가 상상외로 복잡한 것이 분명하다.

명왕성의 대기압은 지구의 10만분의 1 정도에 불과하다. 구성 물질의 대부분은 질소이고, 메테인과 일산화탄소 등이 소량 있는데, 양은 적으나 메테인 가스가 가진 온실효과 때문에 대기 상층부가 하부보다 온도가 더 높다. 이런 사실 역시 명왕성이 작고 희박한 대기를 가졌지만, 대기 구조가 생각보다 복잡하다는 사실을 방증하고 있다.

어쩌면 명왕성에 구름이 존재할지 모르고, 가끔은 눈이 내릴지도 모른다. 하지만 명왕성 대기 상태에 관해 구체적으로 기술하기에는 데이터가 너무 부족한 상태다. 뉴허라이즌스호가 명왕성을 탐사하기 위해 발사된 것은 사실이나, 2015년 7월 14일에 초속 13.78km의 속도로, 명왕성에서 12,500km 거리를 통과한 것이 가장 근접한 것이기에, 기상 활동 여부를 알아낼 데이터를 얻어내지는 못했다.

7. 질소 빙하

SETI와 NASA의 과학자들이 뉴허라이즌스호 탐사 데이터를 토대로, 과거 명왕성에 대규모의 빙하가 있었다는 의견을 제시했다. 이들은 스푸트니크 평원에 있는 여러 개의 평행한 주름과 빨래판(Washboard) 같은 지형을 주목하면서, 이것이 스푸트니크 평원이 형성되기 전에 생성된 빙하 지형의 흔적 같다고 말했다.

물론 이 빙하는 물이 아니라 질소가 얼어서 형성된 것일 가능성이 큰데, 이 주장이 옳다면, 태양계에서 유일한 질소 빙하의 증거다. 형성된 시기는 40억 년 전으로 거슬러 올라가며, 아마도 수천만 년 동안 지속된 거로 보인다. 면적은 7만㎢로, 이 정도 크기의 빙하가 형성됐다면, 명왕성 전체 기후가 당시 빙하기였을 것이다.

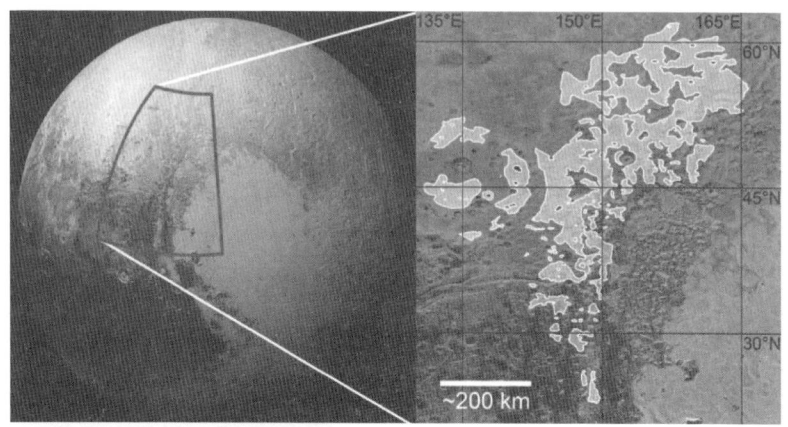

윌리엄 맥키넌(William McKinnon)은 질소 빙하(Nitrogen glaciers)의 움직임으로 보이는, 톰보 지역(Tombaugh Regio) 북쪽 가장자리의 고해상도 사진을 보여주었고, 에릭 핸드(Eric Hand)는 《Science》에 명왕성 빙하의 물리학을 요약해 놓았다.

물 얼음(Water ice)은 명왕성 온도에서 바위처럼 단단할 수밖에 없지만, 질소, 메테인, 일산화탄소의 얼음은 흐를 정도로 부드러운 성질을 가질 수 있다.

그런데 빙하를 이루고 있는 얼음들은 어디에서 왔는가? 빙하의 기원과 활동성에 대한 이론은 명왕성의 역사도 충분히 고려해서 말해야 할 것이다.

코넬 대학의 행성 과학자인 알렉산더 헤이즈(Alexander Hayes)는 "우리는 활동 중인 지표면을 보고 있다. 그것은 무언가에 의해 구동되고 있음을 나타내고 있다"라고 말했는데, 이 구동력에 대해서는 두 가지 메커니즘을 중심으로 거론되고 있다.

하나는 상향식(Bottom-up)으로, 얼음 물질이 명왕성 내부에 남아있는 열로 인해, 명왕성의 지각을 통과하여 지표면으로 올라온다는 것이다. 또 하나는 하향식(Top-down)으로, 명왕성 대기로부터 서리가 두꺼운 빙하로 축적되었다는 것이다.

헤이즈는 상향식 메커니즘을 선호한다. 왜냐하면 빙하처럼 흐르는 데에 필요한 수백 미터 두께의 서리가 대기로부터 축적되는 것은 일어나기 힘들다고 여기고 있기 때문이다.

하지만 워싱턴 대학의 행성 과학자 윌리엄 맥키넌(William McKinnon)은 하트 지형 안으로 얼음이 흐르는 것으로 나타나는, 톰보 지역 주변 언저리를 주목하라고 말한다. 명왕성의 극단적 계절에 저장된 얼음을 밀어내는 것이 행성 전반에 일어나고 있고, 톰보 지역은 단지 그 말단의 한 부분일 수 있고, 그 유명한 하트 지역은 명왕성의 수원(Wellspring)이거나 욕조(Bathtub)일 수 있다는 것이다.

맥키넌은 자신의 주장을 강하게 밀면서 《Nature》에 다음과 같이 덧붙여 놓았다. "질소 얼음(Nitrogen ice)이 만약 약 $1km$ 두께이고, 명왕성의 내부에서 누출되어 나오는 방사성 붕괴(Radioactive decay)로 가열된다면, 그것은 충분히 흐를 수 있다."

그런데 명왕성처럼 작은 천체에 수십억 년이 지난 후에도 방사성 열이 남아있을 수 있을까? 그리고 이 같은 물질이 해마다 행성 전체로 이동될 수 있는가?

아직 풀어야 할 미스터리는 많이 남아있지만, 명왕성에도 빙하기가 있다면, 빙하기를 바라보는 시각 자체를 확장해 볼 필요는 있을 것 같다. 사실 과학자들은 지구 이외에도 화성에서 주기적인 빙하기의 증거를 찾아낸 적이 있기에, 만약 명왕성에도 이런 주기적인 기후 변화가 있다면, 생각보다 빙하기가 흔할 수 있기에, 그 개념 역시 새로 정립할 필요가 있다.

8. 사구

과학자들이 명왕성의 스푸트니크 평원(Sputnik Planitia)에서 뜻밖의 지형을 찾아냈다. 브리검 영 대학의 지질학자인 야니 라데바우(Jani Radebaugh)와 동료들은 희박한 대기를 가진 명왕성의 표면에 사구(Dunes, 沙丘) 지형이 형성되어 있다는 사실을 발견하고, 그 기원에 관해 연구하여 《Science》에 발표했다.

과학자들은 명왕성의 대기층이 극도로 얇아서, 얼음 알갱이 언덕을 만들 정도의 바람은 없을 것으로 추정해 왔기에, 이번 발견에 매우 놀라고 있다.

과학자들이 전혀 예상치 못했던 이 얼음 알갱이 언덕들은 뉴허라이즌스호가 지난 2015년 명왕성을 1만 2천여 km까지 근접해 촬영한 사진을 통해 드러났는데, 모래가 아닌 메테인으로 된 얼음 알갱이라는 것만 다를 뿐, 캘리포니아 죽음의 계곡이나 중국 타클라마칸 사막의 모래언덕과 비슷하며, 약 2천 km^2 지역에 펼쳐져 있다.

연구팀은 오랫동안 스푸트니크 평원과 알 이드리시(Al Idrisi) 산맥 사이의 독특한 물결무늬 지형에 주목했는데, 이곳은 지구에서 볼 수 있는 사구와 비슷하게 생겼지만, 사구라고 단정 짓기에는 몇 가지 문제가 있었다. 명왕성의 대기 밀도가 너무 낮아 과연 입자가 움직일 수 있는지, -230℃에서 모래와 같은 입자로 존재하는 물질이 무엇인지 등이 설명되어야, 사구의 형성도 설명될 수 있기 때문이었다.

연구팀은 여러 전문가와 협력하여 이 의문에 대한 답을 구했다. 우선 사구를 형성하는 기본 입자는 작은 메테인 입자가 유력하다는 결론이 나왔다. 명왕성의 표면 온도가 약간 올라가면, 메테인 입자가 승화되어 더 작은 알갱이가 되고, 이것이 희박하나 분명히 존재하는 대기의 흐름을 따라 이동하게 된다.

이러한 메커니즘이 실제로 일어나는지는 여전히 의문스럽지만, 시뮬레이션을 통해, 이런 희박한 대기라도 시속 29~40km 정도의 속도로만 이동할 수 있으면, 작은 메테인 입자가 그 흐름을 따라 움직일 수 있다는 사실을 알아냈다. 그럴 수 있는 이유는 명왕성의 중력이 워낙 약하기 때문이다. 그리고 입자가 바람에 날리지 않더라도 이동만 할 수 있으면 사구가 만들어질 수 있다.

명왕성에서 사구가 발견되기 전까지는, 타이탄이 지구 외에 사구가 있는, 유일한 천체였다. 하지만 타이탄은 대기가 풍부한 곳이어서, 사구 형성이 자연스러운 현상이라고 할 수 있기에, 명왕성의 사구는 화성보다 대기가 희박한 천체에서 발견된, 유일한 사구 지형이라고 할 수 있다.

하지만 명왕성은 워낙 대기가 희박하여 사구가 형성되는 속도와 이동하는 속도가 매우 느리다. 연구팀은 이 사구 지형이 50만 년 전에 형성되었을 것으로 보고 있는데, 역설적으로 희박한 대기와 약한 중력 때문에 사구가 형성되면 오래 유지된다.

명왕성의 사구 지형의 특징을 상세히 알기 위해서는, 더 낮은 궤도에서 근접 관측한 데이터가 필요하지만, 아쉽게도 명왕성 탐사선 발사 계획은 당분간 없다.

9. 구덩이

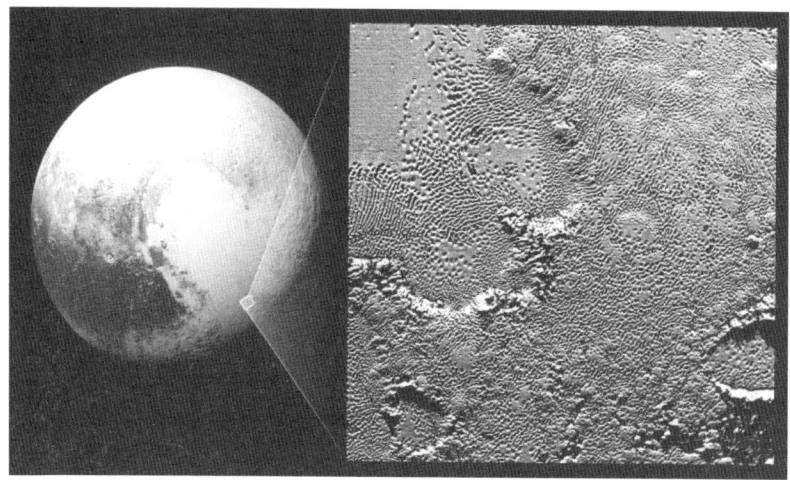

뉴허라이즌스호가 촬영한 사진 중에 새로운 자료가 공개되었다. 왜 이제야 이 자료를 공개했는지는 모르겠는데, NASA가 예전에 공개했던 구덩이 지형의 해상도 높은 버전이다.

이 사진은 뉴허라이즌스호가 명왕성에 가장 근접하기 13분 전에 LORRI(Long Range Reconnaissance Imager, 망원 정찰 영상기)로 15,400km 거리에서 촬영한 것으로, 이 하트 모양의 독특한 구덩이들은 톰보 레지오(Tombaugh Regio) 내부에 있다. 왼쪽 위가 북쪽이고 태양은 왼쪽에 있다.

규모가 크지 않은 싱크홀이 널려있는 것같이 보이는데, 이 지형이 어떻게 형성되었는지는 아직 알아내지 못했다. 이 지형을 덮고 있는 얼음이 고체 질소처럼 쉽게 기화할 수 있는 물질이라는 것을 알고 있기에, 이런 물질이 승화 혹은 증발(Sublimation or evaporation)하면서 이런 지형이 형성되었을 거로 추측하고 있을 뿐이다. 거대한 저지대가 형성되지 않고, 어떻게 특정 부위만 조금씩 함몰되었는지는 알아내지 못하고 있으나, 과학자들은 질소가 어떤 형태로든 결정적인 영향을 미쳤을 것으로 본다.

이 지역의 전체 넓이는 $80 \times 80 km$ 정도이고, 점으로 보이는 작은 구덩이의 모습은 실제로는 수백 미터의 지름과 수십 미터의 깊이를 가지고 있다.

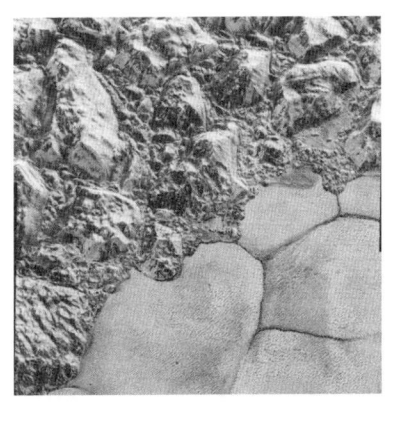

NASA는 위 사진을 공개하면서 또 다른 사진도 공개했는데, 그것 역시 과거에 공개했던 사진의 고해상도 컬러 버전이다. 좌측에 그 사진이 있는데, 마치 지구의 산악지대처럼 복잡하다. 이 이미지에 담긴 지역은 폭이 대략 $80 km$ 정도인데, 명왕성의 크기는 작지만, 품고 있는 얼음산은 작지 않다는 사실을 알 수 있다. 뉴허라이즌스호가 명왕성에 도달하기 전까지 우리는 이렇게 다양한 지형이 있으리라고는 생각조차 하지 못했다.

그런데 태양계 외곽에 있는 왜행성들이 대체로 이런 모습을 하고 있는지, 아니면 명왕성만이 이런 모습을 하고 있는지는 여전히 알지 못한다. 어떤 상황이든 과학자들의 연구 과제는 늘어난 것 같다.

10. 눈 덮인 산과 얼음 화산

지구 외의 천체에서도 눈이 내릴까? 비가 내리는 곳이 있으니, 눈이 내리는 곳이 있지 않을까? 그렇다. 눈이 내리는 곳이 있다. 과학자들은 뉴허라이즌스호의 데이터를 통해서 명왕성에 메테인 눈이 내린다는 사실을 확인했다.

명왕성의 남반구 중위도 지역에 존재하는 크툴루(Cthulhu) 지역에는 크레이터, 균열, 산 같은 다양한 지형들이 존재하고 있는데, 뉴허라이즌스호의 데이터를 상세하게 분석한 과학자들은 이 지역의 고산 지대에 메테인 눈이 존재한다는 사실을 알아냈다.

이 눈은 높은 고도에서 대기 중 메테인이 얼어서 쌓인 것으로 추정된다. 다만 명왕성의 대기는 매우 밀도가 낮아서, 지구에서 볼 수 있는 거대한 만년설은 없다.

참고로 아래 사진 속의 사각형 안쪽 지형은 420km 정도 길이이며 픽셀당 크기는 680m 수준이다. 그렇기에 사진에서는 작게 보이나 실제로는 비교적 큰 산이다.

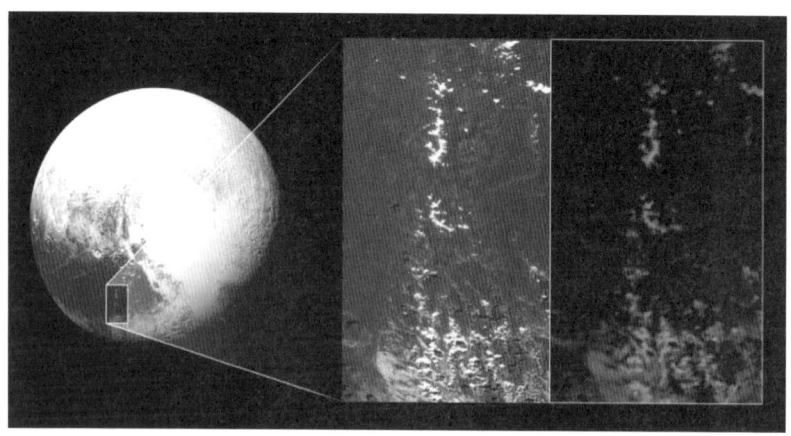

사실 명왕성의 다양한 지형과 기상현상은 과학자들의 추측을 완전히 벗어날 정도로 다양하다. 이렇게 작고 추운 천체에 어떻게 다양한 지형이 형성되었는지 모르지만, 명왕성이 단순한 얼음 천체가 아닌 것은 분명하다.

명왕성에는 위처럼 눈이 쌓인 산 외에도 거대한 얼음 화산도 있다. 이 존재야말로 학자들이 미처 예상하지 못했던 것인데, 명왕성이 과거에 자신의 체격에 비해, 대단히 활동적이었다는 사실을 보여주는 증거라서 학자들은 놀라고 있다.

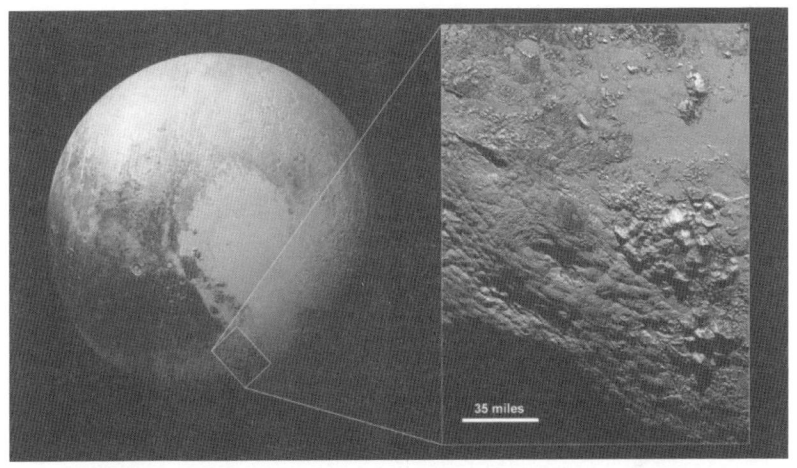

위 사진 속에 있는 라이트 산이 학자들 모두를 놀라게 한 바로 그곳이다. 이 이미지는 2015년 7월 14일에 뉴허라이즌스호의 LORRI가 명왕성에서 약 48,000km 떨어진 거리에서 촬영한 사진으로, 해상도가 아주 높은 편에 속한다.

MVIC(Ralph/Multispectral Visible Imaging Camera) 장비가 이러한 영상을 얻는 데 핵심 역할을 했는데, 이 이미지에서 라이트 몬스 지역을 부분적으로 확대해 보면, 복잡한 지형을 자세히 볼 수 있다.

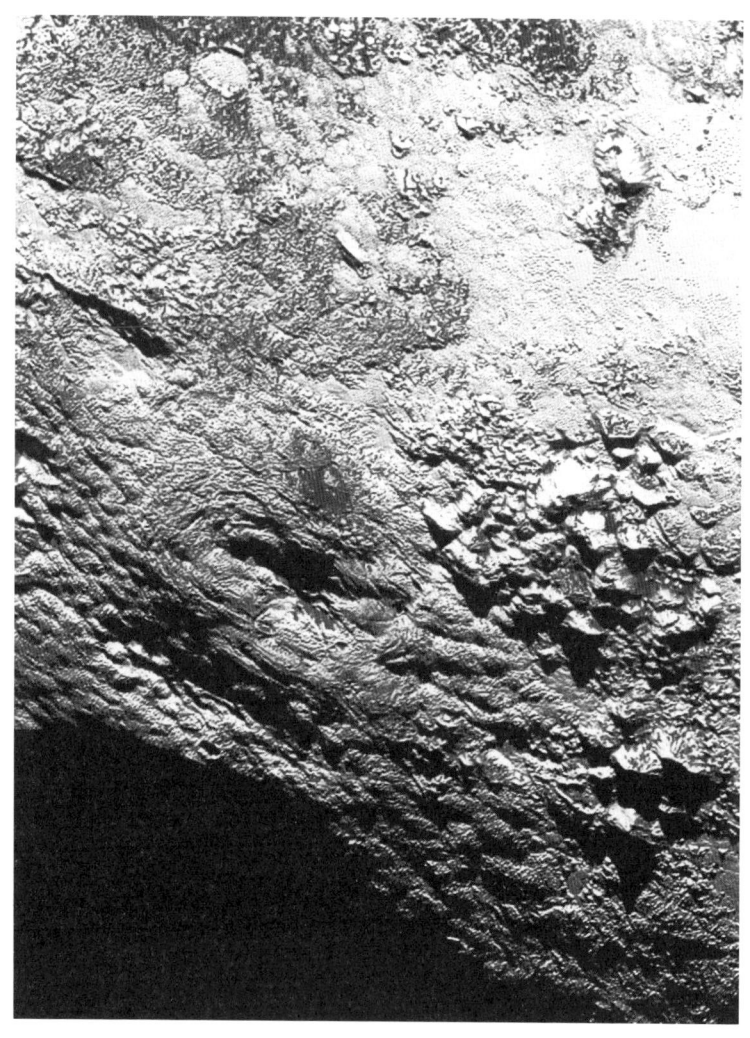

이 지역은 230km에 걸쳐 펼쳐져 있는데, 거대한 얼음 화산 지역으로 보인다. 명왕성이 우리의 상상보다 훨씬 복잡한 지형을 가지고 있다는 것을 알려주는 대표적인 예인데, 복잡한 고원 지대의 존재는 이곳에 강렬한 지질 활동이 있었다는 증거다.

과학자들은 지표 아래 얼음층이 녹으면서 지질 활동을 일으켰다고 보고 있다. 이러한 얼음 화산은 명왕성 이외에도 태양계의 다른 위성에서도 확인할 수 있으나, 명왕성만큼 거대한 규모는 드물다. 사진에서 보이는 명왕성의 라이트 산(Wright Mons, 라이트 형제의 이름을 붙인 것이다)은 4km의 높이에 90km의 폭을 지닌 거대한 융기 지형이다.

운석 충돌에 의한 크레이터 지형은 아닌 게 분명하기에, 과학자들은 얼음 화산일 거라는 아이디어를 떠올릴 수밖에 없는데, 이 산은 태양계에서 가장 큰 얼음 화산 가운데 하나다.

라이트 산이 산이라기보다는 거대한 융기 지형으로 보이는 이유는, 분출된 성분에 점성이 적어 넓게 퍼지면서 얼었기 때문이다. 다행히 중앙 부위에는 큰 분화구가 뚜렷이 보이기에, 과거에 큰 폭발이 있었다는 사실은 확실히 알 수 있다.

다만 애초에 얼음 화산을 일으킨 에너지의 근원은 무엇인지, 그리고 이 지형이 만들어진 시기는 언제인지는 아직도 알아내지 못했다. 지구로부터 너무 멀리 떨어져 있고, 우리가 이 천체의 실체에 대해 아는 것이 부족한 상황이어서, 아직은 명왕성 자체가 우리에게 미스터리인 상태다.

11. 트왈라이트 존

명왕성은 희박하기는 하지만 대기가 있는 천체다. 이런 사실이 알려진 지는 꽤 오래되었다. 명왕성이 별빛을 가릴 무렵에 관측해 보니 갑자기 밝기가 낮아지는 게 아니라 뿌연 전이 지대가 나타났는데, 이런 현상은 별빛이 대기를 통과하면서 변화될 때 나타나는 것이다.

그리고 훗날 뉴허라이즌스호가 발사되어 명왕성을 상세히 관측하면서 태양 빛이 이 옅은 대기를 통과하면서 경계층을 만드는 것을 확인했다.

트왈라이트 존(Twilight zone)은 경계 지대를 의미하는 단어로 유명 TV 시리즈였던 트왈라이트 존처럼 뭔가 몽환적인 느낌을 주는 말인데, 이 표현은 NASA가 명왕성을 소개할 때 사용하여 널리 쓰이게 되었다.

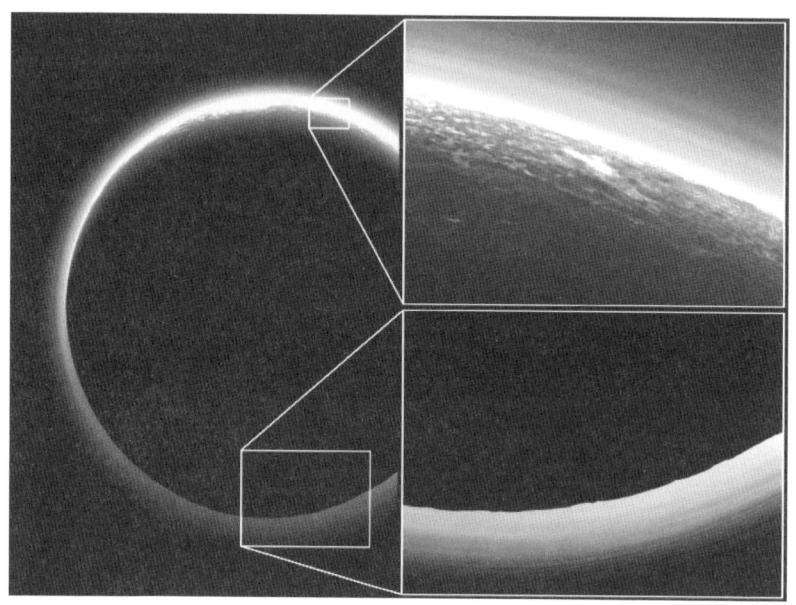

위의 사진은 뉴허라이즌스호가 MVIC(Ralph/Multispectral Visual Imaging Camera, 다중분광 가시 영상카메라)로 21,550km 거리에서 촬영한 것으로, 명왕성을 스쳐 지나간 지 19분 후에 명왕성의 밤 부분을 볼 수 있게 촬영한 것이다. 카론에서 명왕성의 밤 부분을 본다면 이렇게 보일 것이다.

비록 지구와는 비교할 수 없을 만큼 적은 태양 빛을 받고 있는 대기지만, 분명하게 빛을 받아서 반사하고 있다는 사실 자체가 신비롭다. 만약 뉴허라이즌스호가 명왕성에 이르지 않았다면, 이렇게 생생한 트왈라이트 존은 볼 수 없었을 것이다.

한편, 뉴허라이즌스호는 명왕성 대기에 푸른색 연무(Haze)의 모습이 담긴 이미지를 지구로 보내와, 학자들은 명왕성 대기를 이루고 있는 입자들의 증거를 보여주기도 했다.

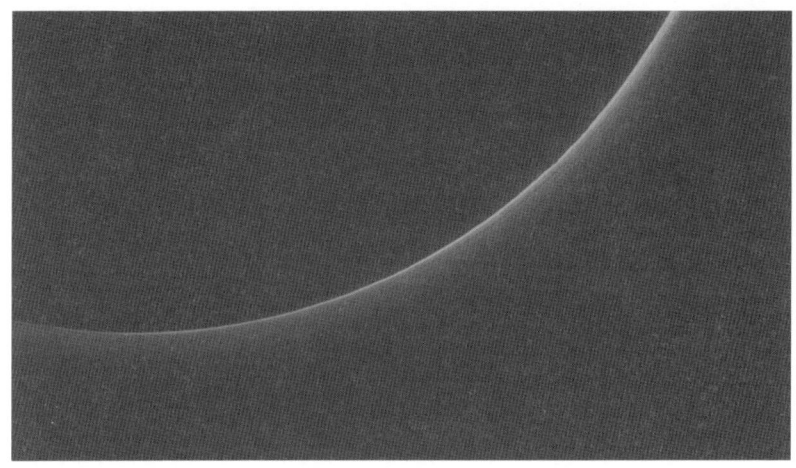

명왕성 연무

SOFIA(Stratospheric Observatory for Infrared Astronomy, 성층권 관측 망원경)로 관측한, 명왕성 완전히 둘러싸고 있는 흐릿한 대기는 아주 작은 입자로 이뤄져 있었다. 이 입자들은 명왕성 지표로 바로 떨어지는 게 아니라 오랫동안 대기에 머무르고 있었다. SOFIA의 데이터에 따르면, 이 입자들은 인간의 머리카락 지름보다 1,000배 더 작은, 약 0.06~0.1미크론(Micron) 정도의 미립자였다. 이렇게 작은 크기의 입자들은 표류하며 푸른 빛을 산란시켜 대기를 푸른 빛으로 만든다.

그런데 SOFIA의 데이터에 따르면, 이 입자들이 활발히 다시 채워지고 있었다. 이런 사실은 과학자들의 예측과 다른 것으로, 많은 예측에서 이 왜행성은 태양에서 멀어짐에 따라 지표의 얼음이 더 적게 기화하기 때문에, 대기를 이루는 기체가 적게 생성될 것이라고 예상했다. 이에 더해 우주로 기체가 계속해서 손실되어 결국에는 사라질 것으로 생각했다. 그런데 예측과 달리, 짧은 주기로 대기의 양이 계속 변하는 것으로 관측되었다.

연구진은 SOFIA로 알아낸 사실을 바탕으로 이전에 얻은 데이터를 재분석했는데, 이 중에는 SOFIA 전신이었던 KAO(Kuiper Airborne Observatory)의 관측들이 포함돼 있었다.

재분석한 결과, 연무는 짙어지다가 불과 몇 년 동안 지속되는 주기 속에서 다시 희미해졌다. 이러한 작은 입자들의 비교적 빠른 생성과 소멸은 궤도와 관련 있을 거로 본다. 명왕성의 특이한 궤도가 대기의 변화를 이끌고 있고, 이러한 특성은 대기를 조절하는 데 태양-명왕성 간 거리보다 중요할 수 있기에, 명왕성 대기의 운명을 예측하는 데 수정이 불가피한 상황이 된 것 같다.

참고로 명왕성은 궤도가 길쭉한 타원 형태여서 가장 가까운 행성인 해왕성의 궤도와 교차하기도 한다. 실제로 명왕성은 248년의 공전 주기에서 20년을 해왕성보다 태양에 더 가까운 거리에서 보낸다. 그리고 태양계 평면에서 17도 이상 기울어져 있어서, 궤도의 일부 지점에서는 명왕성 일부 지역이 상대적으로 많은 햇빛에 노출되기도 한다. 얼음이 풍부한 지역이 햇빛에 노출되면, 대기가 팽창해 더 많은 연무 입자가 생길 수 있지만, 햇빛을 적게 받으면 줄어들 수도 있다. 이러한 패턴이 계속 유지될지는 확실하지 않다. 그러나 현재까지는 지속되고 있다.

이 연구의 핵심이자 매사추세츠(Massachusetts) 공과대학의 월리스 천체물리학 천문대의 Michael Person은 "명왕성은 우리를 끊임없이 놀랍게 하는 신비로운 천체이다. 이전의 원격 관측에서 연무에 대한 암시가 있긴 했지만, SOFIA를 통해 자료를 얻기 전까지는 실제로 존재한다는 걸 확인할 수 있는 증거가 없었다. 이제 우리는 명왕성 대기가 앞으로 몇 년 안에 사라질 것이란 사실을 의심할 수밖에 없다. 우리가 생각했던 것보다 회복력이 더 강할 수 있다"라고 말했다.

12. 뱀 비늘 지형

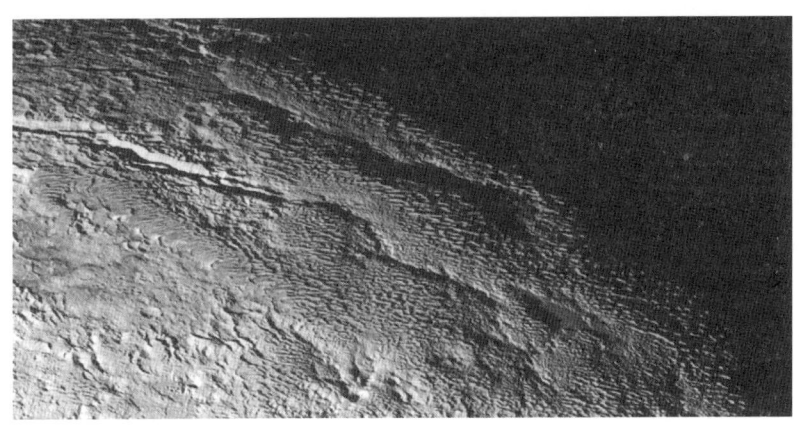

뱀 비늘 지형

뉴허라이즌스호가 촬영한 이 지역은 대략 530km에 걸쳐져 있다. 낮과 밤을 구분하는 경계 근처에 있는 이 지형에는 잔물결 같은 부분이 펼쳐져 있으며, 나무줄기처럼 이어진 산등성이가 연달아 있다고 뉴허라이즌스호 연구팀이 발표했다.

뉴허라이즌스호의 지질학 이미지 팀의 리더인 윌리엄 맥키넌(William McKinnon) 워싱턴대 교수는 "명왕성 표면에는 독특하고 복잡한 풍경이 수백 마일 이상에 걸쳐 펼쳐져 있는 곳이 있다. 이 지역은 나무껍질이나 뱀의 비늘처럼 보인다. 이 지형의 생성 원인과 상세한 모습을 살피기 위해서는 연구가 더 필요하지만, 어쩌면 얼어붙은 부분의 승화와 내부의 지각 변동이 합쳐져 나타난 것일 수도 있다"라고 말했다.

이전에 공개했던 것과는 다른, 해상도가 높은 컬러 이미지인데, 이 지형은 전체적으로 뱀의 비늘(Snakeskin) 같은 모양을 하고 있어, 타르타로스 도르사(Tartarus Dorsa)라는 임시 명칭이 붙어있다.

이런 지형이 왜 생성되었는지는 아무도 확실히 모르지만, 일부 학자들은 이 지형이 지구의 산악지대에 있는 '페니텐테스(Penitentes)'와 비슷하다고 분석한다. 페니텐테스는 건조한 고산지대에서 발달한, 날카로운 얼음 기둥 무리를 일컫는다.

존 무어 요크대 책임 연구원은 "이 거대한 크기의 뱀 가죽 같은 지형은 지구 유사지역의 형성 방식과 같은 이론으로 설명할 수 있다. 크기와 모양, 산등성이 방향, 지형의 나이 등이 그 증거다"라고 말하면서, 타르타로스 도르사 지형이 수 천만년 전 형성된 것이라고 주장했다.

그는 페니텐테스가 깊어지면 타르타로스 도르사의 트리-모달 오리엔테이션(Tri-modal orientation)과 스페이싱(Spacing)이 관찰된다는 사실을 시뮬레이션으로 보여주었다. 이러한 페니텐테스는 회전 사이클 당 $0.03\,cm$씩 깊어지게 되며, 대기 중 압력이 높은 동안만 성장하기에, 이 정도의 페니텐테스가 형성되는 데는 수십억 년에서 수백억 년이 소요되었을 것으로 추정하고 있다.

앞으로 이 지형을 포함해서 명왕성의 독특한 지형에 관한 연구가 활발하게 진행될 것으로 보이는데, 명왕성의 특이한 표면은 대부분 메테인, 질소 등의 얼음이 승화되었다가 다시 얼어붙는 과정을 반복하면서 형성된 것으로 보인다. 물론 이외에도 지형의 고저에 따른 빙하의 흐름과 그 밖의 지질 활동이 복합적으로 일어나며 영향을 미쳤을 것이다.

NASA는 명왕성에 펼쳐진 웅장한 산맥과 질소로 이뤄진 얼어붙은 강줄기, 낮게 깔린 연무의 모습 등이 담긴 아주 선명한 컬러사진을 조금씩 공개하고 있는데, 명왕성 표면의 전체적인 모습은 마치 물감이 뒤섞인 팔레트처럼 매우 다채로운 색상을 보여준다.

미 남서부연구소(SwRI) GGI 팀의 존 스펜서 박사는 "명왕성의 다채로운 모습을 보여주기 위해, 뉴허라이즌스호에 장착된 다중 분광 가시 영상카메라(MVIC)의 적외선 채널을 사용했다"라고 설명했다. 이를 통해, 명왕성의 어두운 표면이 옅은 파랑과 노랑, 주황, 짙은 빨강 등의 다채로운 빛으로 거듭났다고 한다.

어쨌든 명왕성처럼 작은 천체에 이처럼 복잡하고 다양한 지형이 있다는 사실은 놀라운 일이다.

13. 호수

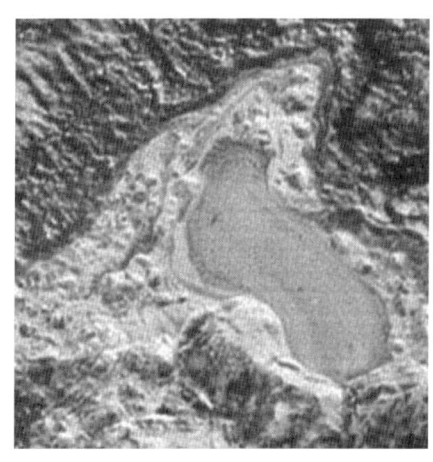

지구와 비교도 할 수 없을 만큼 작은 명왕성이지만, 그 안에는 다양한 모습이 담겨있고, 의외의 신기한 지형들도 있어 과학자들이 놀랐는데, 아주 최근에 공개된 지형은 특히 그러하다.

'얼음 연못(Frozen Pond)'이라고 명명된 특정 지형의 경우, 실제로 액체가 담긴 호수나 연못은 아니지만, 과거의 한때 액체가 채워져 있었음을 짐작할 수 있게 한다.

뉴허라이즌스호의 책임 연구원인 앨런 스턴(Alan Stern)에 의하면, 이러한 지형의 존재는, 과거의 명왕성에 호수 지형(Possible former lake)이 있었을 가능성은 물론이고, 액체가 흘렀던 환경이었음을 시사한다고 한다.

물론 절대 0도보다 약간 더 높은, 현재의 명왕성 기온을 생각하면, 액체 상태의 물질이 흘렀을 가능성은 거의 없어 보인다. 하지만 아주 오래전, 그러니까 수천만 년 전이나 수십억 년 전인, 명왕성의 대기가 현재보다 두껍고 따뜻했던 시기에, 액체 상태의 질소가 흘렀던 흔적일 가능성이 크다.

언제인지는 알 수 없으나 과거의 어느 때, 명왕성 기온이 지금보다 더 따뜻해서, 기체 상태의 질소가 더 많이 존재하는 환경이었을 가능성은 충분히 있다. 그래서 두꺼웠던 질소 대기가 응결해서 비처럼 내려, 액체 상태의 질소가 고여 호수와 강을 형성하게 되었을 수 있다. 참고로 이 지역은 스푸트니크 평원 북쪽에 있고, 지름의 가장 긴 곳이 30km 정도이다.

그런데 이런 추론은, 많은 천체에 적용될 수 있는 지극히 일반적인 것이어서, 명왕성만의 특별한 환경을 고려하여, 또 다른 가능성도 떠올려봐야 할 것 같다. 예를 들면, 내부의 얼음이 녹아서 용암처럼 분출한 후에 아주 잠시라도 연못과 같은 지형을 만들었을 가능성 말이다.

극도로 차가운 명왕성의 표면에 연못 형상의 지형이 있다는 것은 확실히 미스터리다. 실제로 이곳에 어떤 역사가 흘러갔는지는 앞으로 연구해야 할 과제이지만, 화성 이외의 천체에서 이런 지형이 발견된 것은 정말 놀랍다.

14. 바다가 있을까?

명왕성 지형의 가장 큰 특징은 크기에 비해 매우 복잡하고, 다른 왜행성에 비해 상대적으로 젊다는 것이다. 표면에 크레이터가 적을 뿐 아니라 아예 없는 지역도 존재하는데, 이는 명왕성의 얼음 지형이 젊다는 방증인 동시에, 얼음 지각 아래 액체 상태의 물이 존재할 가능성이 크다는 사실을 암시한다.

브라운 대학의 지질학자 브랜던 존슨(Brandon Johnson)이 이끄는 연구팀은, NASA의 뉴허라이즌스호가 보내온 데이터를 기초로 한 컴퓨터 시뮬레이션을 통해서, 명왕성의 얼음 지각 아래에 물이 있을 가능성을 조사했다.

연구팀이 주목한 곳은 하트 모양으로 존재하는 너비 900km의 스푸트니크 평원(Sputnik Planum)이었다. 이 평원이 형성된 이유에 대해서는 다양한 가설이 존재하는데, 여기에는 지름 200km 이상의 천체가 충돌한 흔적이라는 주장도 포함되어 있다.

하지만 만약 이러한 충동설이 사실이라면, 스푸트니크 평원이 있는 지역에는 큰 크레이터가 생겨 함몰됐어야 하는데, 오히려 이 지역은 다른 지역에 비해서 돌출된 모습이다. 그래서 주목하게 된 것이다.

뉴허라이즌스호 데이터는 이 지역에 양성 질량 이상(Positive mass abnormally)이 있음을 보여주고 있다. 그 원인 중 하나는 이 지역이 카론을 바라보는 지역으로 항상 중력의 영향을 받고 있기 때문일 것이다. 하지만 이것만으로는 이곳에 질량이 쏠린 이유를 설명하기가 부족하다. 하지만 이곳에 크레이터 대신 하트 모양의 거대한 지형이 형성된 이유가, 아래에 액체 상태의 층이 있고, 그 액체가 빈 곳을 메웠기 때문이라면 그 부족함이 채워질 수 있다.

연구팀은 시뮬레이션을 통해서, 액체가 얼마나 존재했는지와 그 염도를 계산했다. 물의 층이 없는 경우에서 200km 크기의 층이 있는 경우까지 조사한 결과, 30% 염도의 짠 물로 되어있는 100km 전후의 층이 있을 가능성이 가장 큰 것으로 나타났다.

이런 연구 결과가 사실이라면, 태양계의 먼 외곽까지 물이 존재하는 셈이어서 매우 놀라운데, 어떻게 여기에 액체 상태의 물이 그렇게 많이 존재할 수 있는지는 미스터리가 아닐 수 없다.

뉴허라이즌스호 탐사 덕분에 명왕성의 비밀이 많이 풀렸으나, 이처럼 새로운 의문이 더 생긴 것도 사실이다. 하지만 분명한 것은, 명왕성 내부에 바다가 있다는 증거가 점점 더 축적되고 있다는 사실이다. 뉴허라이즌스호 연구팀 과학자인 MIT의 리차드 빈젤(Richard Binzel)은 거대한 심장 모양으로 생긴 스푸트니크 평원의 좌심실에 해당하는 지역을 주목했다. 이곳이 과거에 거대한 소행성 충돌했던 곳으로 보이기 때문이라고 한다.

뉴허라이즌스호의 관측 데이터는 이곳에 관한 새로운 사실도 추가로 알려주고 있다. 이 연구팀에 의하면, 이 지역은 카론의 위치와 정확하게 반대 방향에 놓여있으며, 그 표면 아래에는 밀도가 큰 물질이 있는데 아마 액체 상태의 물인 것 같다고 한다. 그래야만 데이터 해석이 선명해진다고 한다.

연구팀은 다른 팀과 마찬가지로 얼음 슬러시 상태의 물이 표면 아래 존재하는 것으로 보고 있다. 명왕성 내부의 열은 카론의 중력에 의한 조석력에 의한 것일 가능성이 크고, 이러한 힘의 작용이 명왕성 표면의 다양한 지형을 만들기도 했을 것으로 보고 있다.

명왕성과 카론은 매우 가까운 거리에서 서로의 질량 중심을 사이에 놓고 공전 중인데, 이와 같은 독특한 메커니즘은 작은 얼음 천체 내부에서 열을 발생시키고 물질의 이동을 촉진했을 가능성이 크다.

한편,《Nature》에 게재된 예전 연구에 따르면, 스푸트니크 평원에 추가된 질량은 얼음 형태의 질소와 지하에 매장된 물에서 나온 것으로 추정하고 있다. 이 논문은 과거 스푸트니크를 형성한 혜성이 명왕성에 충돌하며 그 지역이 부서져, 지하 깊은 곳에서 물이 솟아오르며 이 지역이 다

시 형성됐다고 한다. 그래서 이 평원 지하에 해양이 있다고 믿는 것이다.

그런데 문제는 이러한 사실이 명왕성의 나이와 모순된다는 사실이다. 왜냐하면 내부에 해양이 존재했다고 해도 이미 오래전에 얼었어야 했고, 해양 쪽을 향해있는 얼음 껍데기의 내부 층이 평평해야 하기 때문이다. 그래서 연구진은 무엇이 지하 해양을 얼지 않도록 따뜻하게 유지하여 내부 껍질을 고르지 않게 만들었는지 찾기 시작했다.

연구진들은 스푸트니크 평원에 가스 하이드레이트의 단열층(Insulating layer)이 존재할 것이라는 가설을 세웠다. 왜냐하면 가스 하이드레이트는 점성이 높고 열전도가 낮아서 단열 특성이 있기 때문이다.

연구진은 태양계가 형성되기 시작한 46억 년 동안의 기간을 컴퓨터로 시뮬레이션을 해봤다. 시뮬레이션은 명왕성 내부의 열적·구조적 진화를 보여줬다. 그리고 지하의 해양이 얼어붙고 얼음층이 균일하게 두꺼워지는 데 필요한 시간을 제시해 줬다.

연구진은 이 시뮬레이션을 이용해, 명왕성에 가스 하이드레이트층이 있을 때와 없을 때를 비교해 보았다. 그 결과 가스 하이드레이트가 없다면, 명왕성 지하의 해양은 이미 수억 년 전에 꽁꽁 얼어붙었어야 한

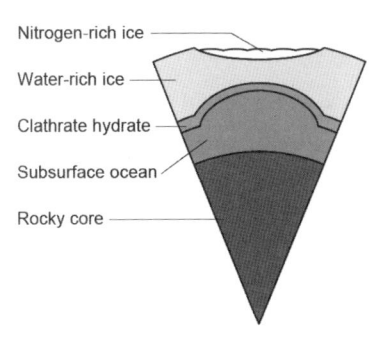

명왕성 내부 구조 모습. 가스 하이드레이트 층은 지표면 아래 해양이 얼지 않도록 해주는 절연체 역할을 해준다.

다. 하지만 가스 하이드레이트층 덕분에 해양은 오늘날까지 얼지 않고 남아있을 수 있었다.

또한 가스 하이드레이트층이 없다면, 두꺼운 얼음 껍질이 균일하게 바다 위로 형성되기까지 약 100만 년이라는 시간이 걸렸지만, 있을 경우는 10억 년 이상의 시간이 걸린다는 사실을 알아냈다. 이러한 시뮬레이션 결과는 스푸트니크 평원의 얼음 지각 지하에 액체 상태의 해양이 오랫동안 존재하고 있을 가능성을 뒷받침해 준다.

연구팀은 단열층을 이루는 성분이 명왕성의 핵으로부터 나온 메테인일 가능성이 크다고 믿고 있다. 왜냐하면 명왕성 대기에 메테인이 부족하기 때문이다. 그래서 메테인이 가스 하이드레이트층에 붙잡혀있다는 가설을 세우게 된 것이다.

이러한 연구 결과를 내놓은 후, 연구원들은 명왕성 지하에 존재하는 해양의 존재는, 어쩌면 우주 전체를 놓고 봤을 때 매우 흔한 일일지도 모른다고 결론지었다. 이번 연구의 주요 저자인 홋카이도 대학교 Shunichi Kamata는 "이는 이전 리포트보다 태양계 천체에 더 많은 바다가 존재할지도 모른다는 것을 의미할 수 있으며, 동시에 외계 생명체가 존재할 개연성을 높여준다"라고 말했다.

한편, 아주 최근 연구에서는, 최고 높이 $7km$, 너비가 $10~150km$에 이르는 스푸트니크 평원의 얼음 화산을 지각 아래의 액체 바다가 있다는 강력한 증거로 제시하고 있다.

이 연구팀은 명왕성의 얼음 표면에 균열이 있고, 그 균열이 시

뉴허라이즌스호가 촬영한 얼음 화산 지역

간이 지남에 따라 늘어나는 것도 포착했다. 물은 얼면서 팽창하는 몇 안 되는 물질 중 하나이기 때문에, 명왕성 지표면 아래에서 액체 물이 얼면서 균열이 발생했을 거로 보고 있다.

세인트루이스 워싱턴 대학교와 달과 행성연구소(Lunar and Planetary Institute) 연구진이 바로 그들인데, 그들은 스푸트니크 평원의 얼음의 균열과 돌출을 설명하기 위해 수학적 모델을 만들기도 했다.

연구진의 계산 결과, 지하 바다는 두께가 약 $40 \sim 80 km$에 달하는 얼음 껍질 아래에 존재하는 것으로 나타났는데, 이 두꺼운 얼음이 내부의 바다가 얼어붙는 것을 막아주는 보호막 역할도 했다고 본다.

명왕성 내부 바다의 밀도는 지구 해수보다 약 8% 더 높아, 미국의 그레이트 솔트호(Great Salt Lake)와 비슷한 수준으로, 사람이 명왕성 바다에 들어간다면 쉽게 뜰 수 있을 것이라고 한다.

연구진은 명왕성 바다의 밀도 수준이 표면에 보이는 얼음 균열의 정도를 설명해 준다고도 말하며, 바닷물의 밀도가 훨씬 낮았다면, 얼음 껍질이 더 많이 붕괴해 훨씬 많은 균열이 생겼을 것이라고 주장했다.

15. 메테인

뉴허라이즌스호가 명왕성의 대기에서 메테인의 존재를 확인했다. 사실 명왕성에 대기가 존재하고 여기에 메테인 가스가 있다는 사실은 지구에서의 관측을 통해서 이미 감지한 바 있으나, 이번엔 뉴허라이즌스호가 기기를 통해 직접 탐지한 것이다.

뉴허라이즌스호에는 앨리스 자외선 이미징 분광기(Alice ultraviolet imaging spectrograph)가 탑재되어 있어 $50 \sim 180 nm$ 파장에서 대기 성분에 대한 관측을 시도할 수 있다. 심도 있게 관측한 결과, 대기에 메테인이 분명히 존재하며, 이것이 평원에 모래언덕을 만드는 기전에도 작용한 것으로 나타났다.

2015년 7월에 명왕성을 스쳐 지나간 뉴허라이즌스호는 명왕성에 대한 인류의 이해를 완전히 바꿔놓았다. 명왕성 표면을 촬영한 고해상도 영상과 각종 관측 데이터를 보내왔는데, 가장 눈길을 끈 것은 명왕성 적도 부근의 '하트' 무늬 지형을 촬영한 영상이었다. 탄소와 질소가 얼어붙은, 거대한 빙하로 덮인 평원이 이 하트 무늬의 정체였는데, 이 빙하 표면에 주름 같은 '메테인 모래언덕'이 가득하다는 사실이 최근에 밝혀졌다.

스푸트니크 평원은 폭이 800km이고 길이가 1,000km인 길쭉한 모양의 지형이다. 이산화탄소, 메테인, 질소가 얼어붙은 거대한 빙하로 덮여있는데, 수십 km 크기의 다각형 모양 여러 개로 쪼개져 있고, 조각 사이에 깊은 고랑이 있는데, 깊이가 최대 100m나 된다.

NASA의 자문 과학자인 야니 라데바우(Jani Radebaugh)가 이끄는 연구팀은 이 평원의 가장자리에 있는 빙하의 표면에 미세한 주름이 가득하다는 사실도 발견했다. 주름은 길이가 최대 수십 km로 매우 길고 가늘며, 마치 빗질을 한 것처럼 0.4~1km의 규칙적인 간격으로 평행하게 늘어서 있다고 한다.

지구에서는 이런 지형을 모래사막에서 발견할 수 있다. 사막 표면에 부는 바람이 모래를 날려, 줄무늬 형태의 지형이나 모래언덕을 만든다. 그런데 명왕성은 대기가 희박하고, 바람이 약해서, 지구에서처럼 바람의 힘만으로 이런 지형이 조성되기는 어렵다고 여겼다.

그래서 연구팀은 명왕성 특유의 기후 조건에 주목했다. 우선 대기 시뮬레이션을 통해, 희박한 대기를 가진 명왕성이지만 약한 바람은 불 수 있다는 사실을 밝혀냈다. 이어 태양 빛에 의해 빙하 표면을 구성하던 메테인 중 일부가 지름 0.2~0.3mm의 미세한 입자 형태로 대기 중에 방출될 수 있다는 사실도 밝혀냈다. 표면 온도가 영하 230℃로 매우 낮다 보니, 명왕성에 닿는 미약한 태양에너지로도 메테인이 승화하여 주변의 질소 얼음을 뚫고 방출될 수 있다.

그리고 이 지역의 바람 방향도 알아냈다. 스푸트니크 평원 북서쪽 가장자리에는 높이 5km의 산악 지역이 존재한다. 연구팀은 이 지형과 비교적 가까운 빙하 표면에서, 빙하와 산악 지형의 경계에 수직인 방향으로 바람이 분 흔적을 여럿 찾아냈다. 산에서 빙하 쪽으로 바람이 불었다는 뜻이다. '주름'은 이 바람 방향에 수직으로 나 있었다.

연구팀은 이런 증거들을 바탕으로, 명왕성의 산에서 빙하 쪽으로 부는 약한 바람이 얼음에서 나온 메테인 얼음 알갱이를 날리고, 그것이 지구 사막의 모래언덕처럼 일정한 간격으로 쌓여 주름 모양의 메테인 언덕을 만들었다고 결론 내렸다.

16. 물 얼음 위성, 히드라

목성 너머에 있는 태양계의 위성과 소행성들은 구성 성분 대부분이 얼음이다. 그런데 이런 사실은 어찌 보면 당연한 일이다. 태양으로부터 멀리 떨어져 있어 온도가 극히 낮은 곳에서, 우주에서 가장 흔한 물질에 해당하는 수소와 산소가 결합한 물이 얼음 형태로 분포하는 것은 당연하고, 여기에 메테인 및 질소 등의 얼음이 합해져서 얼음 세상이 펼쳐져 있는 것 역시 그러하다.

그렇기에 태양계 외곽에 있는 명

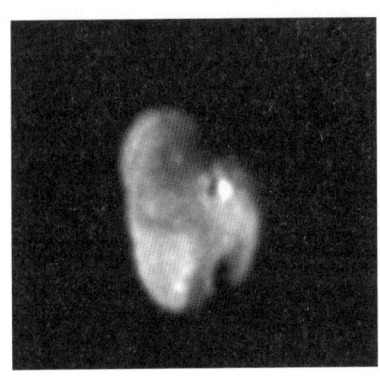

히드라

왕성과 그 위성도 이와 유사한 환경을 가졌을 것으로 여겼는데, 의외로 명왕성이나 그것의 가장 큰 위성인 카론은 암석 핵을 품고 있다. 물론 주변의 다른 위성들은 이와는 다르지만 말이다.

최근 NASA의 과학자들은 뉴허라이즌스호의 적외선 스펙트럼 관측 장비인 LEISA(Ralph/Linear Etalon Imaging Spectral Array)가 보내온 데이터를 분석하여, 작은 위성 4개 중 가장 먼 거리에 있는 히드라(Hydra)의 표면이 거의 순수한 물의 얼음으로 구성되어 있다는 사실을 알아냈다.

이 데이터는 히드라에서 24만km에서 떨어진 곳에서 얻어진 것이고, 히드라 자체가 지름 50km 내외의 작은 위성이어서 해상도는 높지 않지만, 그 표면 물질이 무엇으로 구성되었는지는 판단할 수 있을 정도는 된다.

과학자들은 이 데이터에서 결정화된 물 얼음(Crystalline water ice)에서 나오는 1.5~1.6μm 파장과 비결정 물 얼음에서 나오는 1.65μm의 파장을 감지해 냈다. 이렇게 물 얼음만으로 구성된 천체는 흔하지 않다.

이와 같은 구성은, 이 위성이 과거 다른 천체의 얼음 맨틀에서 기원했을 가능성을 시사하고 있다. 물론 과거 40억 년 전에 있었던 명왕성-카론 시스템을 만든 충돌에서 기원한 것일 수도 있다.

히드라의 표면은 명왕성의 작은 위성과 유사하게 대체로 중립 스펙트럼을 보이지만, 약간 더 파랗게 보인다. 이에 대한 한 가지 설명에 따르면, 히드라의 표면은 미세 운석 충돌로 지속해서 새로워진다고 한다. 이 설명을 받아들이면, 히드라의 기하학적 알베도가 83%로 높은 것도 이해할 수 있다.

히드라의 표면 스펙트럼은 닉스에 비해서도 약간 더 푸르다. 이는 히드라의 표면이 닉스에 비해 더 많은 양의 얼음을 가지고 있다는 사실을 시사한다.

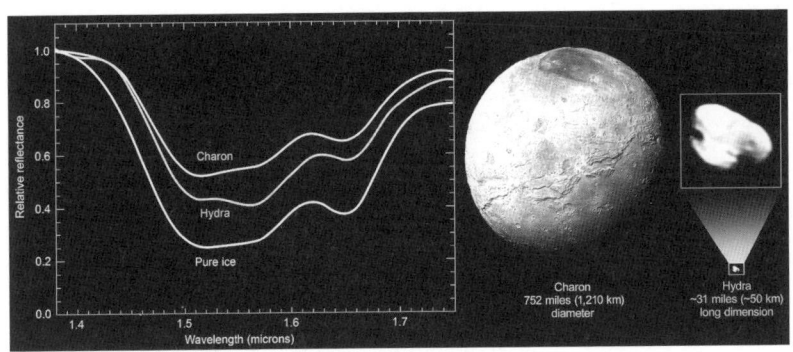

히드라와 카론의 스펙트럼 비교. 히드라의 스펙트럼은 비교를 위해 표시된 순수한 물 얼음의 스펙트럼과 거의 일치한다.

17. 자유로운 위성, 스틱스

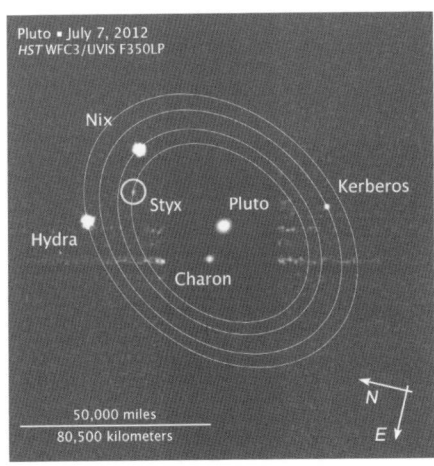

스틱스의 허블 우주 망원경 이미지

NASA의 뉴허라이즌스호가 촬영한 스틱스 위성의 사진이 공개되었다. 명왕성의 가장 큰 위성은 카론이고 나머지 4개 위성은 그것에 비해 아주 작은데, 그 가운데 스틱스가 가장 작다. 스틱스는 마크 R. 쇼월터와 그의 연구팀이 2012년 6월 26일에 허블 우주 망원경이 촬영한 명왕성 시스템의 이미지에서 찾아내어, 같은 해 7월 11일에 발견 사실을 공식적으로 발표하였다. 과거 과학자들은 스틱스가 10~25km 사이의 작은 지름을 가졌을 거로 여겼다.

그런데 뉴허라이즌스호가 631,000km 떨어진 지점에서 촬영한 사진을 분석해 본 결과, 예상보다도 더 작은 것으로 확인되었다.

스틱스의 지름은 초기 관측 자료의 품질이 좋지 않아서 겉보기 등급을 통해 추측하였다. 그래서 처음에는 지름 $10 \sim 25km$ 정도에, 반사율은 하부 0.35, 상부 0.04 정도로 예상했다.

하지만 뉴허라이즌스호의 탐사 결과, 굉장히 불규칙한 모양이고, 지름이 $5 \sim 7km$로, 추측했던 수치보다 적었다. 이를 통해서 스틱스는 운석 충돌로 인해 분출되어 형성된 파편으로 추정하게 되었다. 충돌한 천체의 구성 성분이었던 메테인 혹은 질소 등의 휘발성 성분이 포함된 얼음이 증발하였고, 그 과정을 통해 물의 얼음으로 이루어진 파편들이 생겨났을 거로 추측했다.

스틱스는 명왕성과 카론 간의 질량 중심으로부터 $42,656km$ 떨어진 거리에 있으며, 카론과 닉스 사이에 있다. 스틱스를 포함한 모든 명왕성의 위성들은 모두 원 궤도를 그리며, 궤도 경사각은 거의 $0°$에 가깝다.

스틱스의 궤도는 히드라의 궤도와 11:6 공명, 닉스의 궤도와 11:9 공명하며, 이 궤도 공명 현상으로 인해, 닉스와 히드라는 2:5의 비로 합 현상을 일으킨다. 그리고 스틱스의 공전 주기는 20.16155일로, 공전 주기가 6.387일인 카론의 궤도와 약 5% 차이로, 1:3 비의 근-궤도 공명을 이루고 있다.

이렇게 복잡한 공명에 걸려있어서, 스틱스는 심한 혼란을 겪고 있다. 모성인 명왕성에 조석 고정되어 있지 않으며, 자전 주기 또한 빈번하게 바뀐다.

18. 위성들의 독특한 자전

NASA 과학자들은 우주 망원경의 관측 결과를 토대로, 명왕성의 위성들이 매우 독특한 방식으로 움직인다는 사실을 알게 되었는데, 명왕성 자체가 매우 독특한 천체이기에 놀랄만한 일이 아닌 것 같기도 하다.

일단 명왕성은 자기 절반 정도의 크기를 가진 카론 위성과 질량 중심점을 사이에 두고 공전하고 있다. 명왕성과 카론의 질량 중심점은 명왕성의 밖에 있는데, 현재까지 태양계에서 발견된 모든 천체 가운데 유일한 경우다. 즉 명왕성과 카론은 사실상 쌍성계에 가까운 형태다.

한편, 마크 쇼월터(Mark Showalter)가 이끄는 연구팀은《Nature》에 발표한 논문을 통해, 우주 망원경의 관측 결과 및 시뮬레이션 결과를 바탕으로 4개 위성의 독특한 자전 특성을 공개했다.

명왕성의 작은 네 개의 위성(스틱스, 케르베로스, 히드라, 닉스)은 명왕성과 카론의 중력 변화에 따라 크게 요동친다. 특히 닉스처럼 길쭉하게 찌그러진 위성은 자전 주기와 방향이 일정하게 유지될 수 없다. 즉, 규칙적으로 자전축을 중심으로 도는 게 아니라, 제멋대로 자전하고 있다는 것이다.

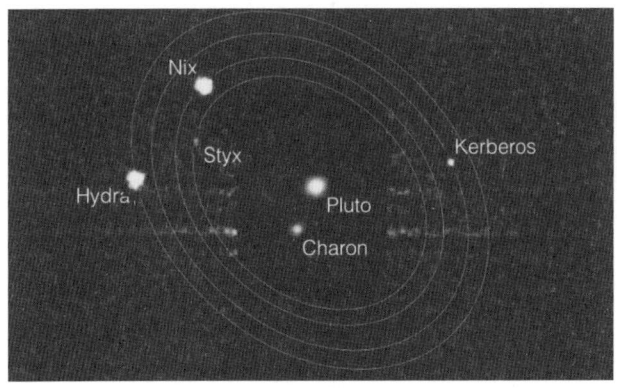

연구팀은 닉스 이외에 나머지 위성들 역시 불규칙하게 자전하고 있을 가능성이 큰 거로 보고 있는데, 이것들처럼 자전하는 천체는 현재까지

토성의 위성인 히페리온(Hyperion)을 비롯해, 몇 개 되지 않는다.

그런데 이렇게 복잡하게 움직이는 위성들이 어떻게 오랜 시간 동안 안정적으로 충돌하지 않고 살아남을 수 있었는지 의문이 생긴다. 이 위성들이 나름대로 안정적으로 공전할 수 있는 데는 상호 간의 중력이 중요한 역할을 한 것 같다. 닉스, 스틱스, 히드라 상호 간의 중력에 의해, 궤도가 일정한 비의 궤도 공명을 이루고 있는 것을 보아, 이런 유추가 가능하다. 아마 이런 숨어있는 균형비가 위성들이 서로 충돌하는 것을 막는 데 결정적인 기여를 하는 것 같다.

한편, 마크 쇼월터 연구팀은 위성들 사이의 질서를 연구하다가 독특한 사실 한 가지를 알게 되었다. 케르베로스(Cerberus) 위성이 매우 검은 표면을 가지고 있다는 사실이다. 마치 숯처럼 검은 표면이 있는데 아직 그 이유를 알아내지는 못했다. 이 사실을 주목하는 이유는, 케르베로스는 그 기원이 다른 위성들과 다를 수도 있기 때문이다.

제 3 장

소행성
Asteroids

소행성은 태양 주위를 공전하는 태양계 천체 중에 목성 궤도 안쪽을 돌고 있는, 행성보다 작은 천체를 말한다. 코마나 꼬리가 없다는 점에서 혜성과 다르지만, 일부 소행성은 과거에 혜성이었던 적이 있다.

그리고 몇몇 천체는 소행성으로 분류되었다가 혜성의 성질(핵 주위의 대기층 코마 형성, 태양 접근 시 꼬리 발생)을 띠고 있는 사실이 발견되어 혜성으로 분류되기도 하는데, 혜성의 성질을 띠더라도 지름이 10m 이하면 유성체로 분류되는 경향이 있어, 분류 기준에 모호한 면이 없지 않다.

소행성과 혜성의 성질을 동시에 갖는 천체도 있는데 2060 키론이 대표적이고, 목성 궤도 안쪽을 도는 천체 중에서는 4015 윌슨-해링턴(4015 Wilson-Harrington)이 대표적이다.

소행성은 대부분 소행성대에 있다. 소행성대(Asteroid belt)는 화성과 목성 공전 궤도 사이, 태양에서 2.06~3.27AU 떨어진 곳에 있는데, 번호가 붙어있는 소행성체 중에 97.4%가 소행성대에 있다.

소행성대 기원에 대해서는, 태초에 태양계가 만들어질 때 화성과 목성 사이에 있어야 할 행성이 목성 중력 때문에 으스러져 형성되었다는 설이 주목받아 왔으나, 최근에는 행성들이 대강 형성된 후에, 소행성들이 화성과 목성 사이에 유입되었다는 주장이 주목받고 있다.

한편, 소행성대만큼 많은 소행성이 모여있는 것은 아니지만, 태양과 목성 간의 라그랑주점에도 소행성들이 많이 모여있는데, 이것들을 트로이 소행성군(Trojan asteroid group)이라고 부른다. 이곳의 소행성들은 크기가 작아서 19세기에 들어선 후에야 발견되기 시작했다. 1801년 1월 1일에 이탈리아의 천문학자 피아치(Giuseppe Piazzi)가 시칠리아섬 팔레르모 천문대(Planetario di Palermo)에서 화성과 목성 사이를 떠돌던 천체 하나를 발견해서, 농경의 여신이자 시칠리아의 수호여신 세레스(Ceres

이름을 붙인 게 그 시작이었다.

한편, 20세기에 들어 천체 관측 기술이 급속히 발전하면서, 발견되는 소행성의 수도 급속히 늘어났다. 1923년에 1,000번째, 1990년에 5,000번째 소행성을 발견했고, 현재는 35만 개 이상 발견한 상태다. 초기에 발견된 소행성들은 거의 여성의 이름을 붙였으나, 현재는 그런 관습이 사라져, 발견자 및 역사상 유명 인사, 지명이나 인명이 아닌 어휘 등으로 명명되고 있으며, 한국인 이름도 적지 않다.

어쨌든 소행성이 이렇게 많기에, 행성처럼 일일이 기술할 수 없는 상황이다. 그래서 이 책의 주제와 어울리게 미스터리를 품고 있거나, 도드라진 특징을 지닌 소행성만 추려서 살펴보고자 한다.

1. 유기물이 풍부한 류구(RYUGU)

162173 류구는 아폴로 그룹에 속하는 지구 근접 천체(NEO, Near-Earth Object)로, 지구에는 다소 위협적인 존재다. 지름이 약 900m에 달하며, C형 소행성과 B형 소행성의 특성을 모두 가진, 희귀한 스펙트럼 Cb 유형의 천체이기도 하다.

이 천체의 탐사를 위해, 2018년 6월에 일본의 하야부사 2호가 이 소행성의 궤도에 도착해서, 물리적 측정과 샘플 채취를 마친 후에 2019년 11월에 귀환하기 시작했다. 그리고 2020년 12월 5일에 샘플 캡슐을 지구로 보내왔는데, 거기에는 우라실(RNA의 네 가지 구성 요소 중 하나)과 비타민 B3와 같은 유기 화합물들이 들어 있었다.

한편, 류구는 1999년 5월 10일에 미국 뉴멕시코주 소코로 인근에 있는 링컨 연구소의 천문학자들에 의해 발견되어 JU3으로 잠정 지정되었다가, 2015년 9월 28일에 마이너 플래닛 센터에 의해 공식적으로 '류구'로

궤도 특성	
Observation arc	30.32yr
원일점	1.4159AU
근일점	0.9633AU
준장축	1.1896AU
공전 주기	1.30yr
Mean anomaly	3.9832°
기울기	5.8837°
Longitude of ascending node	251.62°
Argument of perihelion	211.43°
Earth MOID	0.0006AU
물리적 특성	
Dimensions	1,004m×876m
평균 반경	448±2m
적도 반경	502±2m
극 반경	438±2m
용량	0.377±0.005km^3
Mass	$(4.50±0.06)×10^{11}$kg
평균 밀도	1.19±0.03g/cm^3
적도 표면 중력	1/80,000·G
Synodic rotation period	7.63262±0.00002h
축 기울기	171.64±0.03°
North pole right ascension	96.40±0.03°
북극 경사	66.40±0.03°
기하학적 알베도	0.037±0.002°
스펙트럼 유형	SMASS=Cg·C·Cb
Absolute magnitude	18.69±0.07

명명된 바 있다. 이 이름은 일본 민담에 나오는 마법의 수중 궁전인 류구조(Dragon palace)를 지칭한다.

이 민담에서 어부인 우라시마 타로는 거북이를 타고 궁전으로 여행을 갔다가, 류구에서 샘플을 가지고 돌아오는 하야부사 2호처럼, 신비한 상자를 가지고 돌아온다.

류구는 에울랄리아(Eulalia) 또는 폴라나(Polana)에 속하는 소행성 가족의 일부로 형성되었다. 이 소행성 가족은 다른 소행성 충돌의 파편일 가능성이 큰데, 표면에 있는 많은 바위가 모체의 치명적인 파괴의 역사를 방증해 주고 있다.

또한 류구의 모체는 내부 가열로 인해 강한 탈수 증상을 경험했을 가능성이 큰데, 강한 자기장이 없는 환경에서 형성된 것으로 보인다. 이 치명적인 재앙 이후, 소행성(Ryujin dorsum)의 고속 회전으로 인한 물질의 대량 소실과 함께 표면이 재구성되었을 것이다. 지질학적으로 서부 지역(Western bulge)의 뚜렷한 비대칭이 그 결과일 가능성이 크다.

류구는 16개월에 한 번 태양 주위를 0.96~1.41AU의 거리에서 공전한다(474일, Semi-major axis 1.19AU). 궤도의 이심률은 0.19이고 황도에 대한 경사는 6°이다. 지구와의 최소 궤도 교차 거리는 95,443.442km이다.

2012년에 토마스 G. 뮐러 등이 여러 관측소의 데이터를 사용하여 분석한 결과에 따르면, 이 소행성은 거의 구형이고, 역행 자전을 하며, 유효 지름 0.85~0.88km, 기하학적 알베도 0.044~0.050 정도라고 한다.

한편, 하야부사 2호 우주선이 700km 거리에서 촬영한 이미지가 2018년 6월 14일에 공개되었는데, 지름 1km의 다이아몬드 모양의 몸체와 역행 자전이 확인됐다. JAXA 과학자들은 류구가 실제로 부피의 약 50%가 비어있는, 잔해더미라는 결론을 내렸다.

적도에서의 중력으로 인한 가속도는 약 $0.11mm/S^2$로 계산되었으며, 극점에서는 $0.15mm/S^2$까지 상승했다. 류구의 질량은 4억5천만 t, 부피는 $0.377±0.005km^3$로 추정된다.

그리고 하야부사 2호가 인공 분화구에서 수집한 데이터에 따르면, 류구 표면의 나이는 890±250만 년으로 지질학적 나이가 매우 어리다. 류구 표면은 다공성이며 먼지가 없거나 거의 포함되어 있지 않다. MARA라고 불리는 MASCOT의 방사선 측정기를 사용하여 측정한 결과, 암석의 열전도율이 낮은 것으로 나타났다. 이 결과는 C형 소행성에서 유래한 운석은 지구 대기권 진입 후에 살아남기는 힘들다는 것을 보여준다.

그리고 MASCam이라고 불리는 MASCOT 카메라 이미지에 따르면, 류구 표면에는 내부 응집력이 거의 없는, 두 종류의 검은색 암석이 포함되어 있지만, 먼지는 감지되지 않았다. 표면의 암석 물질 중 하나는 매끄러운 표면이고 조금 더 밝다. 다른 유형의 암석은 콜리플라워와 같은 고르지 않은 표면을 가지고 있다.

류구 표면에는 77개의 분화구가 있는데, 지역에 따라 분화구 밀도가 확연히 다르다. 위도가 낮을수록 분화구가 많고 위도가 높을수록 분화구가 적은 경향이 있으며, 자오선 주변 지역(300°E~30°E)보다 서쪽 돌출부(160°E~290°E)에 분화구가 적다. 이러한 변화는 류구의 복잡한 지질학적 역사의 증거로 보인다.

류구 표면에는 하야부사 2호의 소형 운반 임팩터(SCI)가 의도적으로 만든 분화구가 있다. SCI는 2019년 4월 5일에 류구 표면에 $2kg$의 구리 덩어리를 발사해 분화구를 만들었는데, 표면보다 훨씬 어두운 속살이 드러났다.

류구에는 5m가 넘는 크기의 바위 4,400개 정도가 있다. 이토카와나 베누보다 표면적 당 큰 바위가 더 많으며, $50km^2$당 지름이 20m가 넘는 바위가 하나 정도 있다. 바위의 수가 많다는 것은 류구의 더 큰 모체가 치명적인 혼란을 겪은 것을 증명한다. 오토히메(Otohime)라고 불리는 가장 큰 바위의 크기는 약 $160 \times 120 \times 70m$이며, 분화구에서 분출된 바위로 설명하기에는 너무 크다.

한편 2022년 9월에 하야부사 2호 분석팀은 다음 내용을 포함한 연구 결과를 발표했다.

- 류구 샘플에는 1,000℃ 이상의 고온에서 형성된 입자가 포함되어 있으며, 이 입자는 태양 근처에서 형성되어 나중에 외부 태양계로 운반되었다.
- 샘플은 칼로 자를 수 있을 정도로 부드러우며, 하드 디스크처럼 자기장을 보존하고 있다.

● 형성 시뮬레이션을 수행한 결과, 류구의 모체는 태양계가 형성된 지 200만 년 후에 축적된 것으로 나타났다. 이후 300만 년 동안 50°C까지 가열되어 암석 물질과 물이 반응했다. 이러한 반응에서는 무수 규산염은 함수 규산염이 되고 철은 자철광이 된다. 그런 다음 100km의 모체는 충돌 속도가 약 5km/s인 10km 미만의 대형 임팩터에 의해 파괴되었다. 그 후 류구는 충격에서 멀리 떨어진 물질로 형성되었다.

미립자 광물, 유기물의 중수소, 질소-15가 풍부한 동위원소 조성은 류구의 모체가 태양계 외곽(Outer solar system)에서 형성되었음을 시사하며, 티타늄, 크롬, 몰리브덴 동위원소의 이상 조성 역시 그에 관한 추가적인 증거를 제공한다. 그래서 연구진은 샘플에 보존된 자성을 바탕으로, 류구의 모체가 성운 가스의 어둠 속에서 형성되었을 가능성이 크다는 결론을 내렸다.

하야부사 2호의 샘플 캡슐의 물, 가벼운 유기물, 기체 및 기타 휘발성 물질은 첨단 기술로 다시 샘플링되어 보존되었는데, 샘플(~95milligrams)의 수분 함량은 6.84±0.34wt%로 보고되었는데, 기기를 통해 확인된 물의 함량이 예상보다 낮은 이유는, 우주 풍화로 인해 천체의 껍질이 탈수되었기 때문일 것이다.

한편, 탄산 액체 물이 한 결정에서 발견되었다. 이 물에는 염과 유기물이 포함되어 있었으며, 육각형 황화철 결정 내부에서 발견되었다. 그리고 함께 발견된 이산화탄소는 모체 내부의 드라이아이스일 가능성이 크다.

산호초 모양(Shaped like coral reefs)의 결정도 발견되었다. 이 결정은 아마도 모체 내부에 존재했던 액체 물에서 형성되었을 것이다. 모체는 표면이 건조하고 내부가 습했는데, 모체가 작은 소행성과 충돌한 후, 내부와 표면 물질이 섞였기 때문일 것이다. 그래서 오늘날 류구는 표면에 내부와 모체 표면 물질을 함께 가지고 있다.

한편, 샘플에서 물에 의해 변형되지 않은 물질이 포함된 입자도 발견했다. 마그네슘이 풍부한 올리빈과 휘석의 동위원소 분석 결과, 아메바형 올리빈 응집체와 마그네슘이 풍부한 콘드륨(Chondrule, 우주 공간에서 뭉친 먼지 덩어리들이 자체 내의 어떠한 원소에 의해 열을 내면서 녹아 생긴 덩어리)이라는 두 가지 유형의 고온 물체가 류구 표면에 부착된 사실을 알아냈다.

한편, J-PARC의 입자 가속기를 사용하는 연구자들은 뮤온 빔을 사용하여 샘플의 화학적 조성을 분석했다. 류구 샘플은 CI 콘드라이트와 비교했을 때 유사한 구성을 보였지만, 실리콘에 비해 산소 농도가 25% 더 낮았다.

한편 류구에서는 전체 규모의 자기장이 감지되지 않았다. 이 측정에는 MASCOT의 마그네토 미터인 MasMag가 사용되었는데, 이는 류구가 자기장을 생성하지 않는다는 것을 보여주며, 류구가 파편화된 더 큰 물체가 자기장이 강한 환경에서 생성되지 않았다는 사실도 나타낸다. 하지만 이러한 결과는, 류구 표면이 재앙적인 혼란 속에서 형성된 것으로 보이기에, 모든 C형 소행성에 대해 일반화할 수는 없다.

⊗ 유기물과 생명

주지하다시피 하야부사 2호는 2020년에 소행성 류구에 착륙하여 소량의 샘플을 채취해 지구로 보내왔다. 하야부사 1호가 성공하지 못했던 임무를 다른 형제를 보내어 성공시킨 JAXA는, 이 귀중한 샘플을 NASA를 포함한, 전 세계 주요 연구기관에 보내어 함께 분석을 진행했다.

과학자들이 이 연구에서 가장 중시한 것은, 생명체와 연관이 있는 유기물 찾기였다. 탄소가 풍부한 소행성은 다양한 유기물을 지니고 있다. 이는 지구에 떨어진 운석 분석에서도 알 수 있으나, 지구 대기권을 지나면서 고온과 고열에 의해 변성되고 지구의 유기물에 오염되기에, 이러한 샘플은 아무리 잘 분석해도, 우주 공간에 존재하는 유기물의 상태를 정확히 알아낼 수 없다.

과학자들은 류구 샘플에서 다양한 유기물을 찾아냈다. 단백질의 기본 구성단위인 몇 가지 아미노산과 지방족 아민(Aliphatic amine), 다환 방향족 탄화수소(Polycyclic aromatic hydrocarbons), 카르복실산(Carboxylic acid) 등을 발견했다. 그렇게 류구의 탄소, 물, 질소, 황 성분이, 우주의 방사선 환경에서 화학 반응을 통해, 여러 가지 분자를 형성했음을 확인했고, 동시에 생성된 유기물이 다시 분해되지 않고 표층 바로 아래에서 오래 존재할 수 있다는 사실도 알아냈다. 다만 운석에서 발견된 적이 있는 DNA나 RNA의 기본 단위 물질들인 핵염기(Nucleobase)나 당은 발견되지 않았다.

그래도 류구의 샘플은 우주에서 생명체에 필요한 유기물이 생성될 수 있다는 사실을 보여주었다. 과학자들은 지구 역사 초기에, 지구에 빈번하게 충돌한 소행성과 혜성에 이런 유기물이 많았을 것이고, 이런 유기물이 생명체 탄생에 어떤 형태로든 기여했을 것으로 여기고 있다.

물론 좀 더 확실한 결론을 내리기 위해서는, 더 많은 소행성 샘플이 필요하고, 그것들에 관한 다양한 연구 또한 더 진행되어야 할 것이다.

⊗ 하야부사 2호

JAXA의 하야부사 2호는 소행성 류구의 물질을 담은 캡슐을 지구로 가져와 대기권 안으로 내려보냈고, 이 캡슐은 호주의 사막에서 회수되었다.

2014년에 H2A 로켓에 태워 발사된 하야부사 2호가 지구에서 3억 km 떨어진 류구까지 날아가서 성공적으로 탐사 임무를 수행한 후에 소행성 샘플을 채취해 지구로 귀환했다.

하야부사 2호의 성공은 선배인 하야부사 1호가 성공하지 못한 임무를 완수했다는 점에서 매우 의미 있다. 소행성에서 샘플을 채취해 가져오는 첫 임무를 담당했던 하야부사 1호는 지구로 귀환하는 과정에서, 여러 가지 문제를 겪다가, 캡슐이 대기권으로 진입하는 과정에서 훼손되고 말았다. 파편 잔해를 회수하여 1,500개의 소행성 입자를 수거했으나 완벽한 샘플을 채취하지는 못했다.

다행히 하야부사 2호는 캡슐을 성공적으로 호주의 사막에 안착시켰고, 그 캡슐은 일본으로 옮겨진 후, 무균실에서 조심스럽게 개봉되어, 지구 환경에 전혀 오염되지 않은 소행성 샘플이 꺼내어졌다. 샘플에는 태양계 생성과 초기 환경, 소행성의 특성에 대한 결정적인 정보가 담겨 있을 것이다.

한편, 하야부사 2호는 6년간 50억km를 날아다녔지만, 아직도 추가 임무를 수행할 수 있는 상태다. 아직 30kg에 달하는 제논 추진체가 남아있어(출발 당시 66kg), 지구에 가까운 소행성 몇 개를 추가로 탐사할 수 있다. 그래서 2026년에 소행성 (98943) 2001 CC21에서 플라이바이로 궤도를 수정해, 2031년 7월에 소행성 1998 KY26에 랑데부하려고 한다.

1998 KY26은 지름 30m에 불과한 소행성으로, 불과 10.7분 만에 자전하는 독특한 소행성이다. 소행성 중 이렇게 빠르게 자전하는 경우는 보기 드문데, 그 엄청난 원심력을 견디는 것으로 보아, 이 소행성이 일반 소행성처럼 잡석 더미가 아니라, 단단한 하나의 암석이거나 금속 성분이 풍부한 천체일 것으로 보인다. 어쩌면 다른 소행성 간의 충돌에서 튕겨 나온 암석일 수도 있다. 하야부사 2호가 2031년에 이 소행성과 만나게 되면 그 정체를 밝혀낼 수 있게 될 것이다.

⊗ 다이아몬드 모양

소행성인 류구와 베누는 불규칙한 형태가 아니라 다이아몬드 모양과 유사한 형태를 지니고 있다. 지름 1km 이하의 작은 소행성들이어서 공 모양이 아닐 거라는 사실은 예상했으나, 균형이 잘 맞는 다이아몬드 형태일 거라고는 미처 예상하지 못했다.

이에 대해 오키나와 과학기술 대학원(Okinawa Institute of Science and Technology Graduate University)과 럿거스 대학(Rutgers University)의 공동연구팀은 이 형태가 우연이 아니라 당연한 결과일 수 있다는 연구 결과를 발표했다.

류구와 베뉴는 암석과 먼지가 모인 잡석 더미 형태의 소행성이다. 단단한 하나의 암석이 아니라 잡석이 모여있는 형태여서, 만약 잡석이 쌓인 형태라면 원뿔형이 되기 쉽다. 그런데 실제로는 이 천체에는 빠른 자전 속도가 영향을 미쳐서, 적도 부근이 부풀어 오르면서 다이아몬드 형태를 지니게 된 것 같다. 연구팀은 자신들이 개발한 시뮬레이션 모델로 이런 상황을 완벽하게 재현해 내기도 했다.

타원이 아닌 다이아몬드 형태가 될 수 있다는 사실이 흥미롭기는 하지만, 이것들이 중력으로 느슨하게 합쳐진 잡석 더미여서, 균형이 잘 맞는 구조체가 되기 전에 부서질 개연성이 크기에, 연구팀의 설명이 불충분해 보인다.

그렇기에 이 천체들이 이런 다이아몬드 형태를 지니게 된 데에는 아직 우리가 미처 알아내지 못한, 또 다른 현상이 적용되었을 수 있다고 여겨진다.

2. 잠재적 위험, 2011 AG₅

(367789) 2011 AG₅는 아폴로 그룹의 NEO(Near-Earth Object / 지구 근처 천체)이자, 잠재적으로 위험한 소행성으로 분류된 천체다.

2012년 12월 21일에 센트리 위험 테이블(Sentry Risk Table, NASA 제트 추진 연구소의 근지구 물체 연구 센터에서 운영하는 자동화된 충돌 예측 시스템)에서 삭제되어, 토리노 등급(Torino scale, 지구 근접 천체(NEO)와 관련된 충격 위험을 분류하는 방법 중 하나, 확률 통계와 알려진 운동 손상 잠재력을 단일 위협 값으로 결합하여 충돌 예측의 심각성을 평가한다)에서 0으로 평가되었지만, 2022년 12월에 복구되어, 관측 아크(Observation arc, 천체의 경로를 추적하는 데 사용되는 초기 관측과 최신 관측 사이의 기간)가 4.8년에서 14년으로 연장되었다.

궤도 특성	
Observation arc	14.2년
아펠리온	1.978AU
페리헬리온	0.87066AU
Semi-major axis	1.424AU
Eccentricity	0.3887
궤도 주기	1.7yr
Mean anomaly	348.2°
Mean motion	0°34ᵐ33.222s/day
기울기	3.6946°
Longitude of ascending node	135.6°
최근 근일점	2023, 3, 17
Argument of perihelion	54.02°
Earth MOID	0.00038AU
물리적 특성	
Dimensions	140m
Mass	4×10^9kg
Absolute magnitude	21.9

2011 AG₅는 2011년 1월 8일에 Mount Lemmon Survey(지구 근처 천체를 발견하기 위한 전 세계적 조사 중 하나)에서 1.52m 반사 망원경을 통해 발견되어, 겉보기 등급 19.6으로 측정되었고, 2010년 11월 8일에 관측 아크가 317일로 확장되었다. 그리고 마우나케아에 있는 제미니 8.2m 망원경으로 2012년 10월 20일, 21일, 27일에 정밀 관측한 후

에는 관측 아크가 719일로 다시 늘어났다.

그러다가 10월 이후의 관측에서 궤도 불확실성이 60배 이상 감소하면서, 2012년 12월 21일에 센트리 위험 테이블에 토리노 등급 1로 등재되었다.

토리노 등급 1은, 물체의 지구 근처의 통과가 비정상적인 수준의 위험을 초래하지 않을 것으로 예측되는 수준이다. 물론 인간의 계산이 틀려서, 충격이 발생하면, 역대 가장 강력한 핵무기(Tsar bomba)의 약 두 배에 해당하는, 1억 메가톤의 TNT가 폭발하는 힘이 생성되겠지만 말이다.

물론 이런 잠재적 위험에 대해 크게 걱정할 필요는 없을 것 같다. 2013년 9월에 2011 AG_5가 지구에서 0.98AU 이내에 있을 때 추가로 관측할 수 있는 기회가 있어, 궤적을 더욱 정밀하게 계산할 수 있었는데, 이 소행성이 지구에 가장 근접하는 가까운 미래는 2023년 2월 3일이었다. 이때 지구에서 0.0121AU 떨어진 곳을 통과하며, 이때 Gravitational Keyhole(중력 열쇠구멍 / 행성의 중력이 지나가는 소행성의 궤도를 변경하여 주어진 미래 궤도 통과 시 소행성이 해당 행성과 충돌하도록 하는 작은 공간 영역)의 너비는 365km였다.

또한 팔레르모 기술 척도(Palermo technical scale)는 −1.00으로, 2011 AG_5가 영향을 받을 확률은, 수년간 유사한 크기 이상의 물체가 초래한 평균 위험으로 정의되는, 지구 충돌의 배경 위험 수준보다 약 10배 적었다. 그리고 가장 위험하다고 할 수 있는 2040년 2월 5일에도 지구에 영향을 미칠 확률은 500분의 1 정도로 계산되었다.

⊗ 2011 AG₅를 추적하는 이유

지구 근처에는 많은 소행성이 존재한다. 다행히 이 가운데 가까운 미래에 충돌할 가능성이 있는 큰 소행성은 없지만, 과학자들은 만약의 가능성을 염려해서 우주를 지속해서 관찰하고 있다. 이처럼 경계를 늦출 수 없는 이유는, 첼랴빈스크 운석처럼 작은 천체도 지구에 부딪히면 큰 충격을 줄 수 있기 때문이다.

2023년 2월 3일에 지구에서 180만km 떨어진 지점을 통과한 소행성 2011 AG₅도 과학자들이 주목하는 소행성 가운데 하나다. 대략 140m 크기의 곤봉 모양 지닌 소행성으로, 공전 궤도가 지구보다 태양에서 멀지만, 지구 공전 궤도를 교차하는 아폴로 그룹 소행성에 속해있다. 앞에서도 말했지만, 질량이 400만 톤으로 지구에 충돌하면 TNT 100메가톤급 파괴력을 드러낼 수 있다.

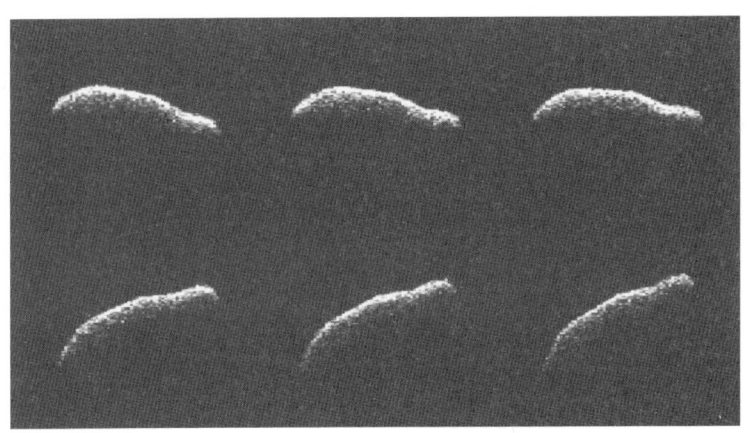

2011 AG₅의 레이더 이미지

NASA의 골드스톤 태양계 레이더(Goldstone solar system radar)는 지름 70m 안테나를 이용해서 이 소행성이 지구를 지나갈 때 그 형태를 상세히 관측했다. 길쭉하게 생긴 소행성의 모습을 확실히 보았으며, 자전 주기가 9시간 정도라는 사실도 확인했다.

이 소행성은 621일을 주기로 태양을 공전하며 원일점은 1.98AU, 근일점은 0.87AU이다. 다시 지구에 근접하는 것은 2040년으로 대략 109만 km 정도 떨어진 거리에서 지나칠 거로 예상된다. 따라서 지구에 큰 위협이 되기는 어려우나 만약의 가능성을 대비해 추적하고 있다.

이런 이유 외에도, 우주로 진출할 인류에게 자원 공급원이 될 가능성도 있기에, 지구 근접 소행성은 충돌 위험이 없더라도 과학자들은 시선을 놓을 수 없다.

3. 혜성 같은 파에톤

파에톤은 1983년 10월 11일에 발견된 소행성으로, 최초로 우주선이 촬영한 사진을 통해 발견된 소행성이다.

구분	아폴로 소행성군
크기	6.1×6.4km
평균 지름	6.25±0.15km
태양 기준 거리	1.271367884AU
원일점	2.402670593AU
근일점	0.140065175AU
궤도 경사각	22.2595117°
이심률	0.889831120693
공전 주기	523.6068일
자전 주기	3.604시간
절대 등급	14.6
지구 최대 접근 거리	0.01955AU

이 천체는 태양-수성 간의 근일점인 0.307AU보다 훨씬 가까이 태양에 다가가고, 지구에도 상당히 가까이 다가오기 때문에, 지구 위협 천체(Potentially Hazardous Object, PHO)로 분류되어 있으며, 그중에서도 최상위권의 크기를 가지고 있다.

혜성의 궤도에 가까운 극단적인 궤도 모양으로 인해, 태양에 가까이 다가갈 때 표면이 750℃까지 가열되며, 이 극단적인 가열로 파편들이 주변으로 비산한다.

이 파편 중 일부가 지구 대기권에 진입하여 유성우를 만드는데, 이것이 12월에 보이는 쌍둥이자리 유성우이다. 그러니까 12월마다 지구에 별똥별을 뿌리는, 쌍둥이자리 유성우의 정체가 파에톤(3200 Phaethon) 떨어져 나온 먼지와 암석 부스러기들이라는 말이다.

파에톤은 태양에 가까울 때는 수성 궤도 안쪽으로 들어가고, 멀어질 때는 화성 궤도 밖으로 나가는, 긴 타원 궤도를 그린다. 2017년에는 지구에서 1,000만km 정도까지 근접한 적이 있는데, 이때 상세한 관측이 이뤄졌다.

그리고 바로 이때 혜성처럼 활동하는 파에톤의 이상한 모습도 드러났다. 파에톤은 분명히 암석 소행성인데, 태양에 가까이 다가가면 주변으로 물질을 방출하면서 더 밝아지는, 혜성 같은 모습을 보였다.

캘리포니아 공대의 조셉 마시에로(Joseph Masiero)가 이끄는 연구팀은, 쌍둥이자리 유성우와 파에톤의 관측 데이터, 실험실 연구 데이터를 통해 '암석 혜성'이라는 별명이 붙은, 파에톤의 비밀을 조사했다. 이 연구팀이 찾아낸 이상 활동의 핵심 원인은 나트륨이었다.

일반적인 혜성은, 이산화탄소나 물처럼 매우 낮은 온도에서 기화하는 휘발성 물질이 태양 가까이에서 증발하면서, 먼지도 함께 뿜어져 나와 혜성 활동을 시작한다.

하지만 파에톤은 본래가 암석 성분인 소행성이어서, 태양 가까운 곳에선 표면 온도가 750℃로 상승해 표면이 바짝 달아오르는 상태가 된다. 이 상태가 되면 나트륨이 기화될 수 있다. 나트륨의 녹는 점은 98℃이고 끓는점은 883℃이지만, 100℃ 이하에서도 물이 수증기가 되는 것처럼, 나트륨 역시 끓는점에 가까운 온도에서 일부가 기화될 수 있다. 그렇게 암석에 포함되어 있던 나트륨이 분출되면, 표면에 있던 먼지와 암석 부스러기들이 함께 탈출한다. 그래서 파에톤이 태양 가까이에서는 혜성과 유사한 활동을 보이게 된다는 것이다.

연구팀의 이러한 주장이 상당히 그럴듯해 보이기는 해도, 좀 더 확실한 증거를 확보하기 위해서는, 탐사선을 보내 직접 파에톤을 조사해야 할 것 같다.

현재 일본의 우주항공연구개발기구(JAXA)는 데스티니 플러스(DESTINY+)라는 파에톤 탐사선을 발사할 계획을 짜고 있다. 데스티니 플러스는 2028년에 발사되어 2032년에 파에톤에 도착할 예정이다. 그때가 되면 혜성처럼 활동하는 원인이 나트륨 때문인지, 아니면 다른 이유가 있는지 밝혀질 것이다.

주변으로 나트륨과 먼지를 분출하는 소행성 파에톤

한편, 최근에 파에톤의 물리적, 화학적 특징을 한국 연구팀이 국내외 지상 관측을 통해 구체적으로 밝혀냈다. 한국 천문연구원과 8개 관측시설에서 파에톤을 관측하여, 성분 및 형상, 표면 특징, 자전 주기 등을 밝혀내는 데 성공했다.

한국 천문연구원은 파에톤이 지구와 달 사이 거리의 약 27배까지 지구에 가깝게 다가온, 2017년 11월 11일부터 12월 17일까지 약 1개월 남짓 관측했다. 보현산천문대 1.8m 구경 망원경, 소백산천문대 0.6m 망원경, 레몬산천문대 1m 망원경 등 국내 관측시설, 그리고 대만, 카자흐스탄 등의 해외 연구기관이 이 관측에 동참했다.

연구팀은 파에톤이 스스로 빛을 내지 않고 태양 빛을 반사하며, 운동할 때 반사되는 햇빛의 양이 변한다는 사실을 바탕으로, 파에톤의 형태와 자전축의 방향, 자전 주기 등을 밝혀냈다. 먼저 전체 형태는 팽이 아랫부분 두 개를 위아래로 겹쳐 놓은 것과 유사한 모양으로 추정됐다. 세로로 자르면 다이아몬드 모양이 되는 형태로, 뾰족한 부분을 이은 선을 축으로 자전하는데 소행성에서는 드물지 않게 관찰되는 형태이다.

그리고 광도 변화를 바탕으로 약 3시간 36분에 한 번씩 자전하며, 회전 방향이 시곗바늘이 도는 방향과 같다는 사실도 밝혀냈다. 파에톤이 자전하는 동안 일어난 빛 특성(스펙트럼) 변화를 분석한 결과, 비교적 큰 변화가 없어, 소행성 표면이 화학적으로 여러 성분이 섞여있지 않은, 비교적 균질한 성분으로 구성되었다고 추측했다.

문홍규 천문연 우주과학본부 책임연구원은 "태양계 천체를 탐사하기 위해서는, 먼저 지상 관측시설을 통해 목표 천체의 정밀한 궤도와 형상, 자전 특성, 표면 물질 분포 등을 알아야 한다. 이번 연구를 통해 밝혀진 파에톤의 특성은 향후 데스티니 플러스 근접 탐사 임무에서 핵심 자료로 활용될 것이다"라고 말했다.

천문연이 밝혀낸 파에톤의 미스터리는 불과 일부분이다. 데스티니 플러스가 성공적으로 파에톤의 궤도에 도착한다면, 더 많은 미스터리를 밝혀낼 것이다.

한편, 2009년에 NASA의 STEREO 우주선의 관측에서는, 파에톤이 근일점 통과 직후, 17등급에서 10등급으로 급격하게 밝아지는 모습이 목격되었고, 2013년에는 먼지 꼬리가 발견되기도 했다. 도대체 왜 그런 현상들이 일어났는지, 데스티니 플러스가 밝혀낼 수 있을지 궁금하다.

4. 사중성계, 엘렉트라

궤도 특성	
Observation arc	127.53년
원일점	3.7808AU
근일점	2.4725AU
Semi-major axis	3.1266AU
이심률	0.20923
공전 주기	5.53년
Mean anomaly	87.758°
Mean motion	0°10^{m}41.79^s/d
Inclination	22.782°
Longitude of ascending node	145.009°
Argument of perihelion	237.588°
알려진 위성	3
물리적 특성	
Dimensions	c/a =0.57±0.04 262×205×164±3%km
평균 지름	199±2km
Mass	(6.4±0.2)×10^{18}kg
평균 밀도	1.55±0.07g/cm^3
Synodic rotation period	5.224663±0.000001h
Axial tilt	156°

소행성 130 엘렉트라(130 Elektra)는 소행성대에 있는 천체로 262×205×164km 크기의 비교적 큰 소행성이다. 그래서 아주 이른 시기인 1873년에 발견되어, 그리스 신화의 복수자인 엘렉트라라는 이름을 얻었다. 엘렉트라는 소행성대에 가장 큰 소행성인 세레스와 비슷한 구성을 지녔으나, 크기가 그보다 적어서 구형이 되지 못하고 감자 모양이 된 것으로 보인다.

1990년대 후반에 전 세계 천문학자 네트워크는 광 곡선 데이터를 수집하여, 엘렉트라를 포함한 10개의 새로운 소행성의 스핀 상태와 형상 모델을 도출하는 데 사용하였다. 엘렉트라의 광 곡선은 이중 정현파를 형성하는 반면에, 형상 모델은 길쭉하고, 파생 회전축은 황도 면에 수직이다. 그리고 모양이 매우 불규칙하며 표면의 알베도가 지역에 따라 5~15% 정도 차이 난다.

한편, 2003년에 과학자들은 하와이의 Keck 망원경을 이용해 엘렉트라 주변에 작은 위성들이 돌고 있다는 사실을 발견했다. 처음 발견한 S/2003 (130) 1은 엘렉트라에서 1,300km 떨어진 위치에서 5.3일을 주기로 공전하고 있었고, 2014년에 두 번째로 발견한 S/2014 (130) 1은 S/2003 (130) 1보다 작은 지름 2km 정도로, 엘렉트라에서 500km 떨어진 위치에서 1.2일을 주기로 공전하고 있었다.

그런데 2014년에 관측된 VLT-SPHERE 이미지를 다시 분석한 결과, 또 다른 위성이 S/2014 (130) 1의 안쪽에 있다는 사실이 확인되었다. S/2014 (130) 2로 이름이 붙여진 이 위성은 S/2014 (130) 1보다 약간 작은 1.6km 정도의 위성으로 공전 궤도 반지름은 344km이며 공전 주기는 0.7일이었다.

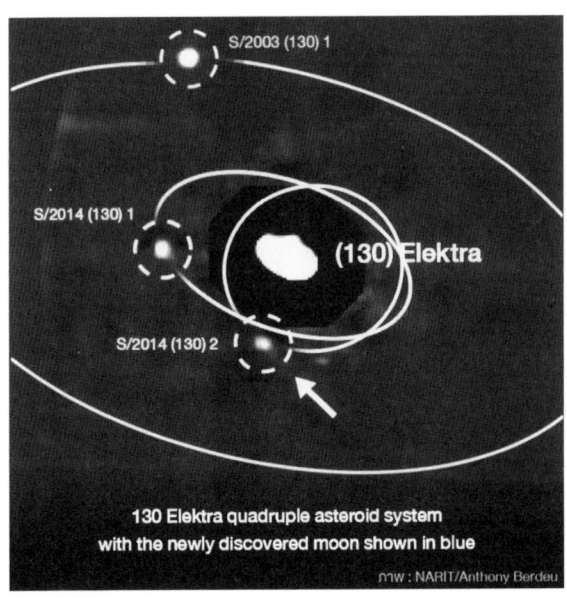

복잡한 위성 시스템을 지닌 엘렉트라는 태양계에서 처음으로 보고된 사중성계(Quadruple asteroid)다. 이렇게 많은 위성을 지니게 된 이유는, 주변을 지나던 소행성이 자연스럽게 포획되었기 때문으로 보이는데, 정확한 원인을 알아내기 위해서는 탐사선을 보내어 세밀하게 관찰해 보아야 할 것 같다. 어쩌면 엘렉트라는 이보다 더 많은 위성을 품고 있을지도 모른다.

5. 못생긴 클레오파트라

소행성 216 클레오파트라(Kleopatra)는 이름만큼 아름답지 않을 뿐 아니라, 도리어 흉하게 생겼다. 클레오파트라는 평균 지름이 120 km 인 M형 소행성으로 길쭉한 뼈다귀 모양인 것으로 알려져 있다. 1880년 4월 10일에 오스트리아 천문학자 요한 팔리사(Johann Palisa)가 오스트리아 해군 폴라 천문대에서 발견해서, 이집트 여왕 클레오파트라의 이름을 따서 명명했다.

과학자들은 클레오파트라를 광학 망원경을 사용해 세밀하게 관측했다.

특히 SETI의 천문학자인 프랑크 마르키스(Franck Marchis)가 이끄는 연구팀은, 유럽 남방 천문대의 VLT에 설치된 SPHERE(Spectro-Polarimetric High-contrast Exoplanet REsearch)를 이용해, 2017년에서 2019년 사이에 여러 차례 관측했다.

소행성대에 있는 클레오파트라는 2~3.4AU 정도 사이의 타원 궤도를 4.67년 주기로 공전하는데, 금속 성분이 많아서 다소 무겁다. 크기는 (276×94×78)±15% km 정도로 작지 않으나, 지구에서 너무 멀리 있어서 정확한 크기와 질량을 측정하기가 쉽지 않다.

궤도 특성	
Observation arc	137.60yr
원일점	3.4951AU
근일점	2.0931AU
Semi-major axis	2.7941AU
Eccentricity	0.2509
궤도 주기	4.67yr
Mean anomaly	346.24°
Mean motion	0°12ᵐ39.6°/day
기울기	13.113°
Longitude of ascending node	215.36°
Argument of perihelion	180.11°
물리적 특성	
치수	(276×94×78)±15%km
평균 지름	118±2km
덩어리	$(3.0±0.3)×10^{18}$kg $(2.97±0.02)×10^{18}$kg
평균 밀도	3.45±0.41g/cm³
시노딕 회전 주기	5.385280±0.000001h
기하학적 알베도	0.152(calcul 포함)
스펙트럼 유형	M(톨렌) X e(SMASS) B-V =0.713 U-B =0.238
절대 크기	7.30

긴 쪽의 길이가 $270km$ 정도 되는 클레오파트라는 두 개의 위성 알렉스 헬리오스(Alex Helios)와 클레오 셀레네(Cleo Selene)를 거느리고 있는데, 위성들의 지름은 각각 $8.9±1.6km$와 $6.9±1.6km$이다.

두 개의 위성이 존재한다는 사실은 클레오파트라의 질량을 추정할 방법을 제공하지만, 불규칙한 모양 때문에 궤도 모델링은 어렵다. 가장 최근의 적응 광학 관측 및 모델링은 클레오파트라의 질량을 $(2.97±0.32)×10^{18}kg$으로 추정하는데, 이는 이전에 생각했던 것보다 상당히 낮은 것이다. 클레오파트라의 최적 체적 추정치와 결합하면, $3.38±0.50g/cm^3$의 체적 밀도가 나오는데, 이러한 체적 밀도는 클레오파트라를 순수한 금속 물체로 보는, 기존의 관점에 의문을 제기하게 만든다.

클레오파트라의 레이더 반사도는 남반구에 금속 함량이 높다는 사실을 시사하지만, 적도 지역은 일반적인 S 및 C급 소행성과 유사하게 나타난다. 이러한 관찰 결과를 조화시키는 한 가지 방법은 클레오파트라가 동적 평형 상태지만, 상당한 다공성을 갖는, 잔해더미 소행성이라고 가

정하는 것이다.

그리고 특이한 클레오파트라의 모양, 자전, 위성을 설명할 수 있는, 한 가지 가능한 기원은, 그것이 아마도 1억 년 전에 비슷한 충돌로 만들어졌을 거라고 가정하는 것이다. 그 후에 충돌로 증가한 회전 속도가 소행성을 길어지게 했을 것이고, 알렉스 헬리오스를 분리했을 것이다. 그리고 클레오 셀레네는 시간이 더 흐른 다음, 현재로부터 약 1,000만 년 전에 갈라져 나왔을 것이다.

클레오파트라는 접촉 쌍성(Contact binary)이다. 만약 그것이 훨씬 더 빨리 회전했다면, 로브가 서로 분리되어 진정한 쌍성계를 만들었을 것이다.

6. 공전 주기가 가장 짧은 2021 PH$_{27}$

5억 7,000만 화소의 암흑 에너지 카메라(Dark energy camera)가 태양계에서 가장 공전 주기가 짧은 소행성을 포착했다. 칠레 고산 지대에 설치된, 4m 구경의 Víctor M. Blanco 망원경에 부속되어 있는 암흑 에너지 카메라는, 암흑 에너지와 물질 분포를 확인하는 게 핵심 목표이다. 하지만 높은 해상도 덕분에 어두운 천체를 찾는 데도 유용한데, 소행성도 그 대상 중 하나이다.

카네기 공대의 스콧 S. 셰퍼드(Scott S. Sheppard)는 DECam 데이터에서 전에 보지 못한 아티라 그룹(Atira Group, 지구 공전 궤도 안쪽을 벗어나지 않는 소행성 무리)의 소행성을 발견했다. '2021 PH$_{27}$'로 명명된

궤도 특성	
Observation arc	4.15 yr
원일점	0.7903AU
근일점	0.1331AU
Semi-major axis	0.4617AU
Eccentricity	0.7116
궤도 주기	0.31년
평균 이상	49.496°
평균 움직임	3°8ᵐ28.602ˢ/day
기울기	31.929°
Longitude of ascending node	39.411°
Argument of perihelion	8.575°
Earth MOID	0.2251 AU
Mercury MOID	0.1123 AU
Venus MOID	0.0147 AU
물리적 특성	
평균 지름	>1km
겉보기 등급	19.3
절대 크기	17.71±0.235

이 소행성은 공전 주기가 114일에 불과해 가장 짧은 공전 주기를 가진 태양계 천체로 기록됐다. 근일점은 0.13AU이고 원일점은 금성 궤도 밖인 0.79AU이며, 궤도 평균인 반장축(Semi-major axis)은 0.46AU로 가장 짧다.

크기가 $1km$가 넘는데도 불구하고 여태껏 포착하지 못한 데는 그럴 만한 이유가 있다. 위에 있는 궤도 그림에서 볼 수 있듯이, 태양 가까이 있는 천체일수록 태양 빛에 가려 잘 보이지 않기 때문이다. 그렇기에 이보다 더 작은 천체의 경우, 지구에 가까이 있더라도 아직 우리가 발견하지 못했을 가능성이 여전히 있다.

한편 2021 PH_{27}은 태양계 모든 소행성 가운데 태양에 가장 가까이 다가가기에, 일반 상대성 이론에 따른 효과를 가장 크게 겪는다. 태양의 중력장에 의한 궤도 변화로, 세차 운동이 발생해, 이 천체의 상대론적 근일점 이동은 수성의 1.6배인, 1세기에 1분 각(Arc minute)만큼 변한다.

4년에 걸친 아크 관측을 통해, 2021 PH_{27}의 궤도 품질이 불확실성 매개변수 3으로 설정되었다. 그렇게 위험하게 보고 있지 않으나, 궤도의 불확실성을 확인하기 위해 추가 관측은 여전히 필요하다.

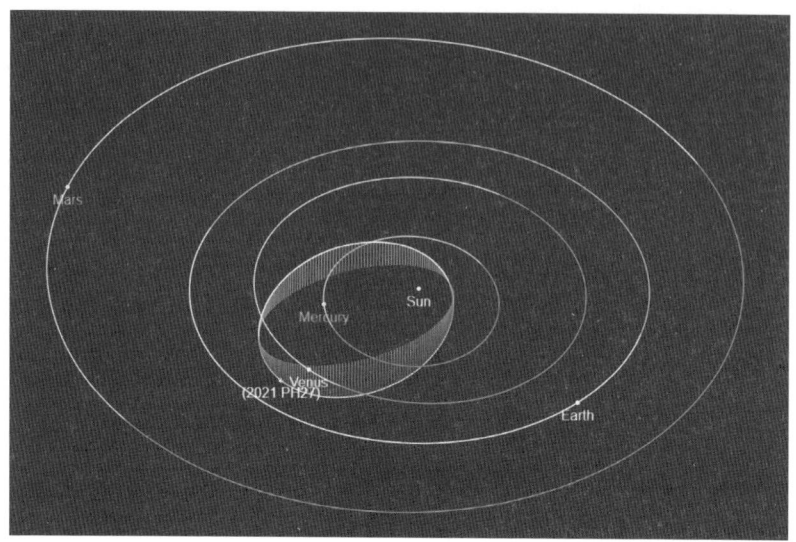

 이것은 다른 천체보다 금성에 가장 가깝고, 이런 긴밀한 관계는 금성의 장기적인 궤도 진화를 제어한다. 다른 많은 아티라 소행성과 마찬가지로, 금성은 Von Zeipel-Lidov-Kozai 세속 공명을 받는다.
 지구 안쪽에 이런 특이한 소행성이 있었는데, 오랫동안 발견하지 못했다는 사실이 정말 놀랍다. 얼마 전에 수성보다 안쪽 궤도를 도는 '벌컨'이라는 가상의 행성에 관한 공포가 떠돈 적이 있다. 공식적으로는 그 존재가 부정되고 있지만, 아티라 그룹의 소행성이 더 있을 가능성은 여전히 높다.

7. 세상 너머의 아로코스

 아로코스(Arrokoth, 별칭 Ultima Thule)는 카이퍼대에 있는 천체다. 긴 쪽 지름이 22km이고 짧은 쪽 지름이 14km로, '울티마'와 '툴레'라는 이름의 두 로브가 장축을 따라 결합한 형태를 띠고 있다.

툴레보다 납작한 모양의 울티마는, 8개의 작은 물체가 합쳐진 것이며, 이들의 융합은 울티마와 툴레가 접속되기 이전에 일어난 것으로 보인다.

아로코스가 형성된 이후로 이를 훼손할 만한 충돌이 일어나지 않았기에, 이 천체의 생성에 대한 세부 정보가 잘 보존되어 있다. 2019년 1월 1일 5시 33분(UTC)에 이루어진 뉴허라이즌스호의 랑데부로, 태양계에서 지구인 탐사선의 방문을 받은 천체 중에서 가장 멀리 있는 천체가 되었다.

아로코스(2014 MU69)는 2014년 6월 26일에 천문학자 Marc Buie가 허블 우주 망원경을 통해서 발견하였다. 이는 뉴허라이즌스호의 임무에 포함된 카이퍼대 천체 탐색의 일부로, 첫 번째 연장 임무의 대상을 정하기 위한 작업 중에 행한 일이었다. 다른 두 후보 천체가 있었으나, 새로 발견된 아로코스가 첫 번째 임무 대상으로 선정되었다.

궤도 성질	
궤도긴 반지름	44.5813998AU
근일점	42.7212447±0.0014309AU
원일점	46.442AU
공전 주기	298년
평균 공전 속도	4.47km/S
궤도 경사	2.45116°±0.000012°
궤도 이심률	0.0417249±0.0000346
승교점 경도	158.99773°±0.00045°
근일점 편각	174.418°±0.037°
평균 근점 이각	316.55086°
물리적 성질	
지름	• 장축: 31.7±0.5km • 울티마: 19.5km • 툴레: 14.2km
반사율	0.06~0.14
자전 주기	15±1시간
겉보기 등급	26.8
절대 등급	11.1

이 천체는 298년의 공전 주기를 가지고 있고, 궤도 경사와 궤도 이심률이 낮기에, '차가운'(상대적으로 섭동을 적게 받은 궤도를 의미한다) 고전적 카이퍼대 천체로 분류된다. 별명 '울티마 툴레'는 '세상 너머의 곳'을 의미하는 라틴 용어로, 2018년에 진행된 대중 참여형 공모를 통해 채택되었다.

뉴허라이즌스호가 아로코스를 지

나가면서 보내온 데이터를 받은 과학자들은, 현재도 이를 분석해 정체를 세밀히 파악하고 있다. 이렇게 멀리 떨어진 거리에서는 데이터 수신 속도가 느릴 뿐 아니라, 에러 체크도 철저히 해야 해서, 1년가량 중단 없이 데이터 수신을 계속해야 한다.

한편, 뉴허라이즌스호는 아로코스에서 3,500km 떨어진 지점에서 이 소행성을 빠르게 지나쳤기 때문에, 이 천체의 전체 모습을, 촬영하지 못했다. 그러나 이 소행성이 눈사람처럼 둥근 행태가 아니라, 호떡 두 개를 연결한 것처럼 납작한 형태라는 사실은 알 수 있게 해줬다.

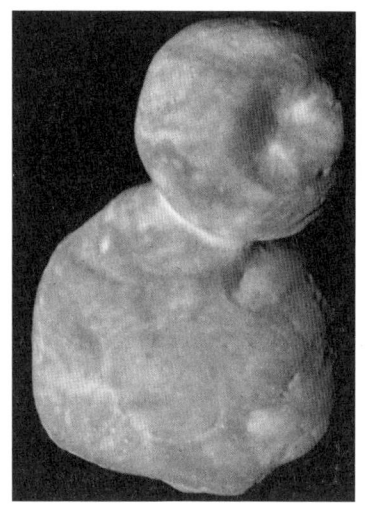

그런데 전체 모양보다 더 관심을 끈 부분은 표면 지형이었다. 비교적 작은 수의 크레이터와 부드러운 표면은 생각보다 운석 충돌이 적었다는 사실을 암시한다.

이 천체는 두 개의 소행성이 매우 느린 속도로 합체하면서 생성된 것으로 보이는데, 아로코스가 태양계 초기에 형성되어 현재의 모습을 그대로 유지한, 태양계의 화석 같은 천체라는 점을 고려하면, 아주 흥미로운 연구 대상으로, 이 천체의 존재는 태양계 생성 초기에 미행성, 가스, 먼지 등이 큰 충돌 없이 부드럽게 뭉치기도 했다는 방증이다.

물론 이것이 생성된 곳이 카이퍼대인지, 그보다 훨씬 안쪽 궤도인지는 알 수 없으나, 기존의 행성 및 태양계 생성 이론을 다시 검토할 수밖에 없게 만든 존재라는 것은 부정할 수 없다.

현재 뉴허라이즌스호는 태양계 끝을 향해 계속 여행하고 있는데,

2030년대까지 작동할 수 있으며 연료 역시 충분히 남아있다. 따라서 과학자들은 뉴허라이즌스호의 진행 방향에 또 다른 천체가 있는지 열심히 살피고 있다. 아로코스보다 멀리 있는 소행성이 있을 수도 있기 때문이다.

한편, 뉴허라이즌스호의 LEISA 분광계로 아로코스의 흡수 스펙트럼을 측정한 결과, 1.2~2.5μm에서 적색에서 적외선 파장까지 확장되는, 강한 적색 스펙트럼 기울기가 나타났다. 그리고 LEISA 스펙트럼을 분석한 결과, 아로코스 표면에 메탄올과 복합 유기 화합물이 존재했으나 물 얼음의 증거는 없었다.

아로코스의 표면에 메탄올이 풍부하다는 점을 고려할 때, 포름알데히드 기반 화합물도 복잡한 거대분자 형태로 존재하는 것으로 예측된다. 아로코스의 스펙트럼은 2002 VE$_{95}$ 및 켄타우로스 5145 폴루스의 스펙트럼과 아주 유사하다.

한편, 2016년 허블 우주 망원경의 예비 관측에 따르면, 아로코스는 다른 카이퍼대 천체 및 폴루스와 같은 켄타우로스와 유사한, 붉은색을 띠고 있다. 아로코스의 얼굴은 명왕성의 색보다 더 붉기에, 차가운 고전 카이퍼대 천체의 '울트라 레드' 개체군에 속한다. 아로코스의 붉은색은, 우주선과 자외선에 의한 단순 유기 및 휘발성 화합물의 광분해에서 생성되는, 톨린이라는 복잡한 유기 화합물의 혼합물이 발색한 것이다.

아로코스의 표면에 황이 풍부한 톨린이 있다는 것은 메테인, 암모니아 및 황화수소와 같은 휘발성 물질이 한때 아로코스에 존재했으나, 아로크스의 약한 중력으로 인해 빠르게 손실되었음을 의미한다. 그러나 메탄올, 아세틸렌, 에테인 및 시안화수소와 같은 휘발성이 적은 물질은 더 오랜 기간 유지될 수 있기에, 톨린의 생성을 설명할 수 있다.

아로코스에서 유기 화합물과 휘발성 물질의 광이온화는, 태양풍과 상호 작용할 수소 가스를 생성하는 것으로 생각했지만, 뉴허라이즌스호의 SWAP 및 PEPSSI 기기는 아로코스 주변에서 태양풍과의 상호 작용 징후를 감지하지 못했다.

한편, 아로코스의 색상 및 스펙트럼 측정에서 지역 사이에 미묘한 색상 차이가 나타났다. 아로코스의 스펙트럼 이미지는, Akasa 부분이 작은 로브인 Weeyo의 중앙 영역에 비해 덜 붉다는 사실을 드러냈다. 큰 로브인 Wenu는, 뉴허라이즌스호 팀에 의해 비공식적으로 '엄지손가락 지문'이라고 알려진, 더 붉은 영역을 품고 있다. 지문 특징은 Wenu의 팔다리 근처에 있다.

아로코스의 표면 알베도는 표면의 다양한 특징으로 인해 5%에서 12%까지 다양하다. 하지만 가시광선 스펙트럼에서 반사된 빛의 양인, 전체 기하학적 알베도는 21%로 측정되며, 이 정도는 카이퍼대 천체에서 일반적인 범주에 들어간다. 아로코스의 전체 Bond Albedo(모든 파장의 반사광의 양)는 6.3%로 측정된다.

아로코스는 태양에서 평균 44.6AU 떨어진 거리에서 공전하며, 태양 주위를 한 바퀴 도는 데 297.7년이 걸린다. 0.042의 낮은 궤도 이심률을 가진 아로코스는 태양 주위를 거의 원형으로 돌며, 근일점이 42.7AU이고 원일점이 46.4AU로 차이가 심하지 않다.

아로코스는 궤도 이심률이 낮기에 궤도가 교란될 만큼 해왕성에 충분히 가까이 접근하지 않는다. (아로코스와 해왕성의 최소 궤도 교차 거리는 12.75AU이다.) 그래서 아로코스의 궤도는 장기적으로 안정적일 것으로 보인다. Deep Ecliptic Survey의 시뮬레이션에 따르면, 향후 1,000만 년 동안 궤도가 크게 변하지 않는다.

아로코스는 1906년경에 마지막으로 원일점을 통과했으며, 현재 초당 약 0.6km의 속도로 태양에 접근하고 있다. 아로코스는 2055년에 근일점에 접근할 것으로 보인다.

관측 기간(Observation arc)이 851일인 아로코스의 궤도는, 소행성 센터에 따르면, 불확실성 매개변수가 2로 결정되어 있다. 2015년 5월과 7월, 그리고 2016년 7월과 10월에 허블 우주 망원경으로 관측한 결과, 아로코스 궤도의 불확실성이 크게 줄어들었기에, 소행성 센터가 영구 소행성 번호를 지정하게 되었다. 하지만 소행성 센터의 계산과는 다르게, JPL Small-Body Database에는 궤도 불확실성 매개변수 5로 매우 불확실한 것으로 나타나 있다.

태양에서 39.5~48AU 떨어진 카이퍼대 안에서 비 공진 궤도를 돌고 있는 아로코스는, 공식적으로 고전적인 카이퍼대 천체 또는 Cubewano로 분류된다. 아로코스의 궤도는 황도면에 대해 2.45도 기울어져 있으며, 이는 마케마케와 같은 다른 고전적인 카이퍼 벨트 물체에 비해 상대적으로 낮다.

아로코스는 궤도 경사와 이심률이 낮기에 고전 카이퍼대 천체의 동적으로 차가운 개체군 일부이며, 아득한 과거에 외부로 이동하는 동안 해왕성에 의해 섭동을 겪었을 가능성도 없다.

8. 특별한 꼬리를 가진 Gault

6478 Gault는 소행성대 내부 지역에서 발견된 포케아 소행성(Phocaea asteroid, 소행성대 내부 영역에서 2.25~2.5AU 사이에 있는 충돌성 소행성 계열)으로, 지름이 약 3.7km에 달한다. S형으로 추정되는 이 소행성은 1988년 5월 12일에 캘리포니아 팔로마 천문대에서 캐롤린과 유진 슈메이커 부부가 발견하여, 행성 지질학자 도널드 고트를 기리기 위해 그의 이름을 붙였다.

2019년 1월에 고트는 여러 개의 꼬리를 가지고 있는, 활동적인 소행성이라는 사실이 밝혀졌고, 이후 적어도 2013년부터 활발히 활동했다는 사실도 밝혀졌다.

고트는 포케아 패밀리의 핵심 구성원이다. 이 소행성군은 약 2,000개의 소행성으로 구성되어 있는데, 22억 년 전쯤에 형성되었으며, 내부 소행성대의 모든 집단 중 가장 높은 경사를 보인다. 화성을 가로지르는 소행성 중 몇몇은 이심률이 아주 높다.

궤도 특성	
Observation arc	62.10yr
원일점	2.7513AU
근일점	1.8587AU
Semi-major axis	2.3050AU
Eccentricity	0.1936
궤도 주기	3.50yr
Mean anomaly	98.412°
Mean motion	0°16ᵐ53.76ˢ/day
기울기	22.813°
Longitude of ascending node	183.538°
근일점 시간	2023년 7월 4일
Argument of perihelion	83.172°
물리적 특성	
평균 지름	2.8(+0.4, −0.2)km
Synodic rotation period	2.4929±0.0003h
기하학적 알베도	0.26±0.05
스펙트럼 유형	S
절대 크기	14.4

고트는 태양에서 1.9~2.8AU 떨어진 거리에서 3년 6개월에 한 번씩 공전한다. 궤도의 이심률은 0.19이고 황도에 대한 경사는 23°이다. 이 천체의 Observation arc(관측 호, 천체의 경로를 추적하는 데 사용되는 초기 관측과 최신 관측 사이의 기간으로 원호 길이는 궤도의 정확도에 가장 큰 영향을 미친다)는 1988년 5월에 공식적으로 발견된 것으로 시작되며, 2023년 7월에 근일점을 지났다.

2019년 1월 5일에 예전 이미지에는 없던 혜성 꼬리를 가지고 있다는 사실이 밝혀졌다. 두 개의 먼지 꼬리가 형성되어 80만*km* 이상 전개되어 있었다.

꼬리를 형성하는 먼지의 원인으로, 발견 초기에 부상했던, 다른 소행성과의 충돌에 관한 가설은 곧 배제되었다.

2018년 10월 28일과 12월 30일 근처에서 갑자기 먼지가 분출되었는데, 태양열 가열로 인해 얼음이 표면 아래에서 승화되었을 가능성이 크며, 물질이 분출되면서 회전에 더욱 가속이 붙었을 수 있다.

2019년 4월, 2013년, 2016년, 2017년에 촬영된 아카이브 이미지(가치가 높은 자료여서, 장기간 보관하기 위해 별도로 기록하고 관리하는 이미지)를 분석한 결과, 고트는 발견 전에 최소 5년 동안 활동했으며, 2013년 소행성이 태양으로부터 가장 멀리 떨어져 있을 때도 꼬리가 보였다. 실제로 이러한 활동이 회전 분열로 인해 발생했다면, 고트는 이전에 보았던 다른 유형의 물체보다 훨씬 더 오랫동안 활동이 유지된 것이다. 이는 고트가 새로운 유형의 개체임을 의미할 수도 있다.

고트의 스펙트럼 유형이 포케아 패밀리에 속하는 것으로 보아, 돌이 많은 S형 소행성의 스펙트럼과 비슷하지만, 스펙트럼의 일부 특징은 탄소질 C형 소행성 종류와 더 유사하다. 이 소행성의 지름은 약 $3.7km$이며, 알베도는 0.22, 절대 크기는 14.4로 추정된다. 2019년에 측광학 관측을 통해 얻은 고트의 회전 광 곡선은 1.79시간의 회전 주기를 나타냈다.

⊗ 특별한 꼬리

주지하다시피 소행성대에 있는 6478 Gault는 1988년에 발견된 소행성 중 하나다. 발견 당시에는 평범하게 보였는데 2019년 1월 5일에 평범하지 않은 현상이 관측되었다. 혜성의 꼬리 같은 것이 발견된 것이다.

혜성의 꼬리 같은 것이 있으면, 그건 혜성이 아니냐고 말할 수 있지만, 그 꼬리는 혜성의 꼬리와는 달랐다. 혜성의 꼬리는 주로 이산화탄소를 포함한 기체와 약간의 먼지로 구성되어 있으나, 이 천체의 꼬리는 먼지가 주성분이다. 표면의 먼지가 떨어져 나오면서 생긴 꼬리였기 때문이다. 물론 상당히 드문 경우인데, 고트의 꼬리는 색상까지 붉은색에서 파란색으로 변해갔기에 더욱 드문 경우다.

　MIT의 마이클 마셋(Michael Marsset)과 그 동료들이 허블 우주 망원경을 통해 상세히 관측한 결과, 고트의 꼬리가 두 개라는 사실도 알게 되었다. 긴 꼬리의 길이는 80만km, 짧은 꼬리는 20만km였다. 그들은 다시 NASA의 적외선 망원경 시설 IRTF(Infrared Telescope Facility)을 이용해 꼬리의 스펙트럼을 분석했다.

　분석해 본 결과, 꼬리가 미세한 먼지로 구성된 것은 변함이 없는데, 처음 나온 먼지와 나중에 나온 먼지가 조금 다르다는 것을 알게 되었다. 이것은 표면에 있는 먼지층이 먼저 떨어져 나왔고, 나중에 내부 먼지층이 노출된 결과로 보였다.

　하지만 먼지가 어떻게 소행성에서 분리될 수 있었을까? 아마 소행성의 빠른 자전이 그 원인이었던 것 같다. 소행성의 자전 속도는 거의 일정할 것 같지만, YORP(Yarkovsky-O″Keefe-Radzievskii-Paddack)효과로 더 빨라질 수 있다. 그러면 소행성의 약한 중력과 빨라진 자전 속도로 인해, 표면의 먼지가 우주 공간으로 방출될 수 있다. 물론 이런 현상은 지속되기보다는 표면의 가벼운 입자가 어느 정도 제거될 때까지만 이어질 것이다.

　이러한 연구 결과는, 아직 알아내지 못한 소행성의 비밀이 많다는 사실을 암시한다. 소행성은 태양계 생성의 비밀을 품고 있을 뿐 아니라, 잠재적인 자원의 보고이기에, 인류는 그것을 연구하기 위해 직접 탐사선을 파견했고 앞으로도 추가로 보낼 것이다.

9. 외곽으로 추방된 2004 EW$_{95}$

　(120216) 2004 EW$_{95}$는 카이퍼대에 있는 해왕성 횡단 천체로, 지름이

약 291km이다.

일반적인 KBOs(Kuiper Belt Objects)보다 더 많은 탄소를 함유하고 있으며, 이 영역에서 이러한 구성 성분이 확인된 최초의 사례다. 이 천체는 아마도 주 소행성대에서도 태양에 가까운 곳에서 기원한 것으로 추정된다.

궤도 특성	
Observation arc	13.27yr
원일점	52.590AU
근일점	23.975AU
Semi-major axis	39.783AU
Eccentricity	0.32193
궤도 주기	250.93yr
Mean anomaly	359.95°
Mean motion	0°0ᵐ14.219ˢ/day
Inclination	29.234°
Longitude of ascending node	25.704°
Argument of perihelion	204.67°
Earth MOID	25.99AU
Jupiter MOID	21.69AU
Uranus MOID	9AU
물리적 특성	
Dimensions	291km
Geometric albedo	0.04
Apparent magnitude	~21.0
Absolute magnitude	6.3

명왕성처럼 2004 EW_{95}도 플루티노(Plutino, 해왕성과 공명하는 천체)로 분류된다. 해왕성과 2:3 공명 상태를 유지하기에, 해왕성이 세 바퀴를 돌 때, 이 소행성은 궤도를 두 바퀴 돌게 된다.

이 소행성은 현재 태양으로부터 28AU가량 떨어져 있으며, 2018년 4월에 근일점(26.98AU)에 도달했다. 즉, 이 천체는 현재 해왕성 궤도 안에 있다. 명왕성과 마찬가지로 궤도가 해왕성에 의해 제어되지만, 해왕성보다 태양에 더 가깝게 궤도가 걸쳐져 있다.

2004 EW_{95}의 알베도는 0.04이고, 반사 스펙트럼은 일부 수화된 C형 소행성의 반사 스펙트럼과 매우 유사한데, 이는 이 천체가 외부

소행성대에서 발견되는 C형 소행성과 동일한 환경에서 형성되었을 가능성이 크다는 사실을 의미한다.

지금까지 관찰된 카이퍼 벨트의 일반적인 천체와 달리, 2004 EW_{95}의 가시광선 스펙트럼에는 산화철 및 필로실리케이트(Phyllosilicate)와 관련된 두 가지 특징이 있다. 작은 천체의 스펙트럼에 필로실리케이트 특징이 존재한다는 것은, 그 구성의 암석 성분이 형성된 후 어느 시점에 액체 물의 존재로 인해 변화되었음을 의미한다.

만약 현재 궤도의 약 35K의 온도에서 이 현상이 발생하려면, 상당한 양의 열에너지가 필요했을 것인데, 이러한 에너지는 큰 충돌로 생길 수도 있지만, 외부 소행성대에 있는 C형 소행성과 2004 EW_{95} 사이의 유사성이 높다는 사실을 고려해 보면, 이 천체들이 높은 온도의 초기 태양 원시 행성 원반 영역에서 형성되었을 가능성이 더 크다.

그랜드 택 가설(Grand tack hypothesis)은 원시적인 C형 소행성이 목성과 토성의 이동으로, 애초의 형성 위치에서 이동하여, 오늘날 발견되는 외부 소행성대에 주입되었다고 예측한다. 동일한 메커니즘의 시뮬레이션에 따르면, C형 소행성은 해왕성 횡단 영역으로 바깥쪽으로 던져질 수 있으며, 이 중에 일부는 나중에 해왕성의 평균 운동 공명으로 다시 포획될 수 있다.

⊗ 이동에 얽혀있는 문제

태양계에는 수많은 소행성과 혜성이 존재한다. 소행성과 혜성은 어떤 궤도에도 존재할 수 있지만, 집중적으로 존재하는 공간이 분명히 있어서 그에 따라 분류하는 경향이 있다. 예를 들어 화성과 목성 사이의 소행성대, 해왕성 궤도 밖의 카이퍼대, 그리고 태양계 외곽의 오르트 구름 등이 분류의 대표적 기준이 될 수 있다.

각각의 분류에 속한 천체들은 궤도만 다른 게 아니라, 구성 성분에도 차이가 있기에 별 거부감 없이 사용되고 있다. 예를 들어 탄소 성분이 많은 C형 소행성은 주 소행성대에는 흔하지만, 얼음 천체가 많은 카이퍼대에는 존재하지 않는 거로 알려졌기에, 존재하는 위치에 따른 분류는 아주 자연스럽게 받아들여졌다.

그런데 퀸즈 대학의 톰 시쿨(Tom Seccull)이 이끄는 연구팀은, ESO의 VLT(Very Large Telescope, 칠레 남부 아타카마 사막의 세로파라날 산, 고도 2,635m에 있는 망원경)를 사용한 탐사 끝에, 카이퍼대에도 탄소가 풍부한 소행성이 존재한다는 주장을 펼쳤다. 바로 2004 EW_{95} 소행성이 그것이었다. 이 소행성은 이미 허블 우주 망원경을 통해 발견된 바 있는데, 반사되는 파장이 기존의 카이퍼대 내부의 천체와 달라, 당시에도 논쟁이 있었다.

연구팀은 VLT에 설치된 X-Shooter와 FORS2(FOcal Reducer and low dispersion Spectrograph 2, 초점 감속기 및 저분산 분광기 2)를 이용해서 반사된 파장을 정밀하게 측정하려 했으나, 지구에서 수십억km 떨어져 있었고, 표면이 어두운 탄소 천체여서 실행이 어려웠다. 소행성대에 있었다면 관측이 어렵지 않겠지만, 카이퍼대에 있었기에 관측이 어려웠다.

어쨌든 톰이 강력하게 주장을 펼치던 시기에는 논쟁이 많았으나, 현재의 학계 주류는 전통적인 입장을 고수하고 있다. 다시 말하면, 2004 EW_{95}가 탄소가 풍부한 천체인 것은 부정하기 어려우나, 현재의 소행성 생성 모델에서는, 현 위치에서 탄소가 풍부한 소행성이 생성될 수 없다고 보는 것이다. 그렇다면 이 소행성이 애초의 형성 지역에서 수십억km 이상 이동해서 카이퍼대로 이주했다는 뜻이 된다. 어떤 힘이 이 소행성을 이동시켰는지 알 수 없지만 말이다.

현재까지는 카이퍼대 소행성을 아주 근접해서 관측한 경우가 없지만,

만약 새로운 카이퍼대 소행성 탐사 임무가 추진된다면, 2004 EW$_{95}$가 첫 번째 목표가 될 가능성이 크다. 이 독특한 천체가 어떤 연유로 이렇게 멀리까지 추방되었는지 알아내는 것은 아주 흥미로운 과제이다.

10. 역주행 소행성, 니쿠

(471325) 2011 KT$_{19}$는 '니쿠'라는 별명을 가진 해왕성 횡단 천체로, 행성의 궤도면에 대해 110° 기울어져 있고, 태양 주위를 역행 공전한다.

이 물체는 공식적인 별칭을 받지는 않았지만, 발견자들로부터 중국어로 '반란'이라는 뜻의 '니쿠(逆骨)'라는 별명을 얻었다. 2011 KT$_{19}$는 2011년 5월 31일에 MLS(Mount Lemmon Survey, 지구 근처 천체를 발견하기 위해 현재 전 세계에서 가장 많이 조사된 조사 중 하나)에서 발견되었고, 2016년 8월에 Pan-STARRS 망원경을 사용하는 천문학자 팀에 의해 재발견되었다.

궤도 특성	
Observation arc	4.87yr
원일점	47.427yr
근일점	23.7805yr
Semi-major axis	35.604yr
Eccentricity	0.33208
궤도 주기	212.45yr
평균 이상	29.487°
기울기	110.1537°
Longitude of ascending node	243.77772°
Argument of perihelion	322.174°
물리적 특성	
지름	75~250km
겉보기 크기	22
절대 크기	7.2

이 소행성은 해왕성과 7:9 공명하고 있으며, 행성과 공진하는 동시에 극궤도에 가까운 궤도를 가진 유일한 천체다. 더구나 이것은 태양을 고도의 경사 궤도로 공전하는 천체 무리의 일부인데, 이 그룹이 이렇게 특이한 궤도를 가진 이유는 아직 밝혀지지 않았다.

2011 KT$_{19}$의 궤도 특성은 2008 KV$_{42}$(Drac)의 궤도와 종종 비교된다. 2011 KT$_{19}$, 2008 KV$_{42}$, 2002 XU$_{93}$, 2010 WG$_9$, 2007 BP$_{102}$, 2011 MM$_4$의 궤도는 진행 중인 궤도와 역행하는 궤도가 각각 3개씩 공통 평면을 차지하고 있는 것으로 보이는데, 이럴 확률은 극히 희박하여, 발생할 확률이 0.016%에 불과하다. 그런데 이런 정렬이 이뤄졌어도, 진행 궤도와 역행 궤도의 세차 운동이 서로 반대 방향에 있기에, 이러한 궤도는 몇백만 년 안에 공통 평면을 떠나야 한다.

니쿠와 비슷한 궤도 평면을 도는 다른 천체도 있지만, 이렇게 극단적인 역행 궤도를 도는 것은 정말 드문 경우다. 주지하다시피 이러한 특성을 설명하기 위해, 과학자들은 가상의 플래닛 나인을 비롯한, 다양한 타 천체의 중력 간섭을 가정해서 실험해 봤지만, 해답을 찾아내지 못했다.

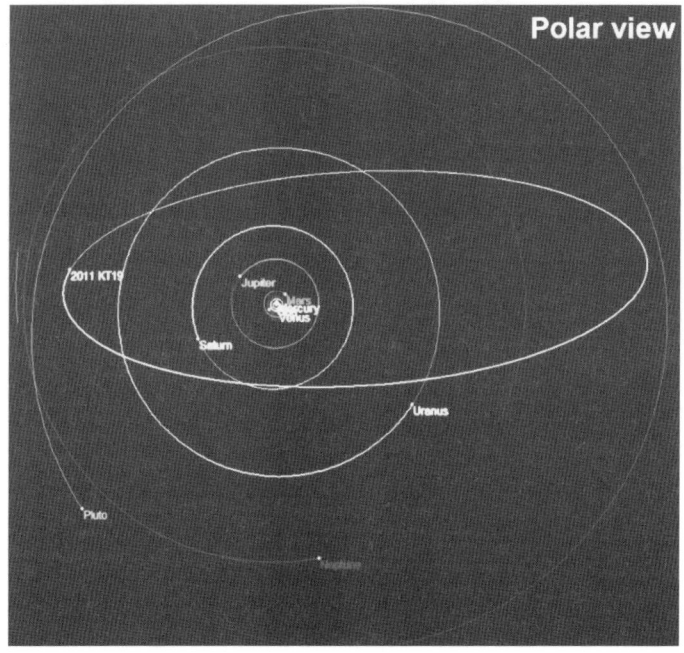

니쿠 궤도

토성도 역행성 위성을 가지고 있는데, 이것들은 주변을 지나가던 소행성이 포획된 거로 보인다. 니쿠 역시 태양계 외곽에서 탄생한 천체일 수 있지만, 너무 안쪽 궤도를 돌고 있어서 같은 경우로 봐주기가 쉽지 않다.

충돌에 의한 궤도 변경의 가능성을 열어놓고 생각해도, 니쿠가 어떻게 현재와 같은 궤도를 유지하고 있는지가 여전히 미스터리이고, 현재와 같은 궤도를 얼마나 더 유지할 수 있을지도 의문이다.

니쿠의 존재는 태양계 외곽이 단순한 얼음 천체들만 공전하는 황량한 지대가 아니라는 것을 대변해 주고 있다. 어두운 태양계 외곽에도 우리의 상상을 초월하는 독특한 천체들이 다수 존재한다는 사실이 밝혀지고 있기에, 태양계 메커니즘에 새삼 경외감을 느끼게 된다.

11. 궤도 변경 실험을 거친 디디모스

65803 디디모스(Didymos)는 1996년 4월 11일에 발견된 아폴로 계열

소행성으로, 지구 근처를 지나는 궤도로 인해 근지구천체이자 지구위협천체(PHO)로 분류되어 있다.

지름은 0.78km로 대략 63빌딩 3개를 쌓아 놓은 것과 비슷하며, 2.26시간의 빠른 자전 주기로 인해, 적도가 부풀어 있는 회전타원체 형태다.

그리고 소행성으로서는 드물게 주위를 도는 위성을 가지고 있다. 이 위성은 2003년에 발견되어 '디모르포스(Dimorphos)'로 명명되면서, 모천체의 이름이 그리스어로 '쌍둥이'라는 뜻인, '디디모스'가 되는 것에 영향을 끼쳤다. 위성의 지름은 약 170m이고, 대략 11.93시간마다 디디모스 주위를 한 바퀴 공전하며, 둘의 질량 차이는 약 100배 정도로 추정된다.

구분	아폴로 소행성군
지름	0.78(±0.03)km
크기	0.797(±6%)× 0.783(±6%)× 0.761(±10%)km
궤도 장반경	1.644324AU
원일점	2.275618AU
근일점	1.013030AU
궤도 경사각	3.407877°
이심률	0.38392332
승교점 경도	73.1933°
근점 편각	319.3189°
평균 근점 이각	325.5199°
공전 주기	2.109년
자전 주기	2.2593(±0.0002)시간
지구 최대 접근거리	6,097,680km
절대 등급	18.26
위성	디모르포스

한편, NASA는 이 디모르포스를 대상으로 중요한 프로젝트를 진행한 적이 있다. 바로 DART(Double Asteroid Redirection Test, 이중 소행성 궤도 변경 시험) 프로젝트로, 디모르포스에 우주선을 충돌시켜 궤도에 끼치는 영향을 알아보는 것이 목표였다. 그리고 실제로 2022년 9월 27일 오전 8시 15분(한국 표준시)에 DART 우주선을 디모르포스에 충돌시켰다.

DART 프로젝트는, 우주선을 소행성에 6.6km/s의 속도로 충돌시켜 궤도를 변화시키고, 궁극적으로는 인류가 지구위협 천체들로부터 지구를 방어할 수 있는지 알아보는 것이 진정한 목표였는데, 이 프로젝트의 타격 목표물로 디디모스의 위성인 디모르포스가 지목되었던 것이다. 충돌 과정은 NASA 유튜브 채널을 통해 생중계되었으며, 충돌하기 위해 디모르포스에 다가간 우주선이 충돌 직전까지 디모르포스의 사진을 촬영해 보내오면서, 인류는 디모르포스의 표면 근접 샷을 확보하게 되었다.

디디모스와 위성 디모르포스

디모르포스

충돌 직후의 전반적인 상황은 이탈리아 우주국(ASI)의 큐브샛(Cubesat)인 '리시아 큐브'를 통해 지구로 전송되었으나, 궤도의 실제적인 변화 정도는 지상의 여러 관측 설비와 허블 우주 망원경, 제임스 웹 우주 망원경 등을 통해 충분히 관측된 후, 10월 11일에 발표되었다.

관측 결과, 디모르포스의 공전 주기는 기존의 11시간 55분에서 11시간 23분으로 32분 정도 단축되었다. 이는 성공 기준인 73초의 26배로, DART 프로젝트의 성공을 입증하는 데이터였다.

ESA와 NASA가 공동으로 2024년 10월 7일에 발사한 헤라(Hera)가 2027년에 디디모스 시스템에 다시 도착하면, DART 프로젝트의 결과를 더 세밀하게 확인할 수 있을 것이다.

⊗ 디디모스에서 탈출하는 물질

DART 프로젝트가 진행되면서, 궤도가 변경된 디모르포스 위성에 관심이 집중되어 있지만, 모성인 디디모스 자체도 여러 가지 흥미로운 소재를 지니고 있다.

스페인 알리칸테 대학의 나이르 트로골로(Nair Trógolo) 연구팀은 디디모스의 표면에 있는 암석들이 빠른 자전 속도로 유발된 원심력에 실려서 우주로 빠져나가고 있다는 사실을 알아냈다. 대부분의 소행성은 단단한 바위가 아니라 잡석 더미 형태를 지니고 있어서, 자전 속도가 빠르면 표면 물질이 중력을 뿌리치고 이탈할 수 있다.

지구도 자전 주기가 84분 정도로 지금보다 훨씬 빠르다면, 이와 같은 현상이 발생할 수 있는데, 디디모스는 자전 주기가 2시간 16분에 불과해서, 원심력이 큰 적도에서 작은 암석과 먼지들이 빠져나가고 있다. 물론 로켓처럼 빠르게 튀어 나가는 것은 아니고 작은 암석과 먼지들이 공중에 뜨는 정도이다.

디디모스의 자전 속도가 지금보다 더 빨라진다면 이 천체는 허공으로 흩어지고 말 것이다. 자전 속도가 빨라질 인자를 찾아보면, 우선 YORP 효과를 떠올릴 수 있다. 태양 복사의 표면 반사율 차이로 부분별 압력이 변화되어, 천체의 자전 속도가 느리거나 빨라질 수 있다는 뜻이다. YORP 효과가 천체에 별 영향을 미치지 않을 거라고 간과해서는 안 되는 이유는, 누적되면 작은 천체에는 큰 영향을 끼칠 수 있기 때문이다.

다만 연구팀의 보고에 의하면, 디디모스의 적도 부근에서 공중 부양한 물질의 97%는 다시 표면으로 내려오기에, 현재 상태에서는 소행성이 파괴될 가능성은 거의 없다고 한다.

12. 두 개의 위성을 가진 87 실비아

87 실비아(87 Sylvia)는 1866년에 발견되었다. 평균 지름이 $285km$ 정도인 거대한 감자 모양이고, 원일점 3.81AU, 근일점 3.15AU 정도의 궤도를 6.5년 주기로 공전하는 소행성이다. 발견자 노먼 로버트 포그슨(Norman Robert Pogson)이 로물루스(Romulus)와 레무스(Remus)의 어머니인 레아 실비아(Rhea Silvia)의 이름을 따서 명명했다.

소행성 중에는 위성을 거느린 것들이 드물지 않지만, 2000년대 초반까지는 두 개 이상의 위성을 거느린 소행성이 발견되지 않았다. 그런데 2001년에 마이클 브라운(Michael Brown)과 그 동료들이 하와이의 켁 망원경을 사용하여 실비아의 위성을 발견하면서, 새로운 역사가 시작되었다. 그들은 87 실비아에서 $1,356km$ 정도 떨어진 위치에 있는 첫 번째 위성을 발견했고, 다시 4년 후에 프랑크 마르키스(Frank Marquis)와 그의 동료들이 두 번째 위성을 발견했다. 태양계에서 최초로 두 개의 위성을 거느린 소행성이 발견된 것이다.

두 번째 위성은 먼저 발견된 로물루스보다 더 작아서 평균 지름이 $7km$였고, 공전 궤도 반지름도 로물루스의 절반 정도였으며, 공전 주기는 1.38일이었다.

이제는 위성을 거느린 소행성이 존재한다고 해도 별로 놀라지 않는다. 여럿 발견됐기 때문이다. 사실 행성이나 왜행성 등의 분류는 인간이 만든 인위적으로 만든 것이기에, 행성급 천체만 위성을 거느릴 거라는 생각은 잘못된 것이다. 그리고 그 수가 적을 거라는 전제도 잘못된 것이지만, 위성을 거느린 소행성이 수가 그리 많지 않고, 2000년대 초반까지 두 개 이상의 위성을 지닌 소행성이 발견되지 않은 건 사실이다.

한편 소행성의 위성은 크기가 너무 작아서, 소행성이 발견된 후 한참

궤도 특성	
원일점	3.81AU
근일점	3.15AU
Semi-major axis	3.48AU
이심률	0.094
공전 주기	2,372d
Average orbital speed	15.94km/s
Mean anomaly	213°
Mean motion	0° 9^m 6.48^s/일
Inclination	10.9°
ongitude of ascending node	73°
Argument of perihelion	263°
알려진위성	2
물리적 특성	
Dimensions	(363×249×191)±5km(MPCD) 또는 (374×248×194)±5km(ADAM)
Mean diameter	271±5km(MPCD) 또는 274±5km(ADAM)
Volume	(10.5±0.2)×10^{7}km^3(MPCD) 또는 (10.8±0.2)×107km^3(ADAM)
Mass	(14.76±0.06)×10^{18}kg(14.6±0.1)× 10^{18}kg
평균 밀도	1.378±0.045 g/cm^3
Synodic rotation period	0.2160d
기하학적 알베도	0.0435
스펙트럼 유형	X
절대 등급	6.94

이 지나서야 발견된 적이 꽤 있다. 바로 87 실비아가 대표적인 예로, 이 소행성은 1866년에 발견되었으나 그 위성이 발견된 것은 2001년이다.

무려 135년이 지나서야 마이클 브라운이 실비아가 위성을 거느리고 있다는 사실을 발견한 것이다. 지름 $18\pm4km$ 정도로, 실비아의 질량을 생각하면, 결코 작지 않은 크기의 위성이었으나, 소행성이 위성을 거느리고 있을 거라는 생각을 미처 못하고 있었기에, 그 발견이 늦어진 것이다.

이 위성은 발견 즉시 이름을 얻게 되었는데, 그 이유는 모두 어머니 소행성과 관계되는 이름을 자연스럽게 떠올렸기 때문이다. 실비아라는 이름은 사실 로마 건국의 아버지라고 알려진 로물루스와 레무스의 어머니 이름에서 따온 것이었다.

레아 실비아(Rhea Silvia) 혹은 일리야라고 불리는 이 여인은 전쟁의 신 마르스와 동침해서 로물루스와 레무스 두 쌍둥이를 낳았으나, 두 형제는 강에 버려졌다. 그 후 형제는 늑대 젖을 먹고 자랐다고 한다.

신화 내용의 진위 여부와는 상관없이, 실비아에게는 두 아들이 있었으니 위성의 이름도 여기서 빌려오는 게 자연스러웠다. 그래서 첫 번째 발견된 위성에 로물루스라는 이름이 붙여졌다. 물론 위성이 하나 더 있을 거라고는 미처 생각하지 못하고 첫 번째 아들 이름을 붙였는데, 공교롭게도 2005년에 버클리 대학의 프랑크 마르키스가 실비아의 두 번째 위성을 발견했다.

주지하다시피 이것은 태양계에서 두 개 이상의 위성을 지닌 소행성을 발견한 최초의 사례였다. 두 번째 위성의 공전 주기는 1.38일이었다. 자전 주기는 정확히 알 수 없으나, 어쨌든 두 번째 위성의 이름도 이미 정해진 거나 다름없었다. 당연히 레무스로 정해졌다.

신화에서는 두 형제가 강에 버려져 어머니와 생이별하게 되었는데, 태양계에서 천체로 새롭게 태어난 형제는 어머니 옆에서 함께 살게 되었다.

과학자들은 실비아의 궤도와 크기뿐 아니라 위성의 크기와 공전 궤도, 주기를 모두 알게 되었기에, 이들의 질량과 밀도도 알아낼 수 있었다. 계산 결과를 보면, 실비아는 밀도가 $1.2g/cm^3$에 불과하다. 밀도가 물보다 약간 높은 정도여서, 만약에 목성이나 토성 궤도에서 발견되었다면, 얼음과 암석으로 구성되었다고 여길 수도 있는 수치이다.

하지만 과학자들은 이 소행성이 암석으로 구성되었다는 사실을 잘 알고 있기에, 소행성이 단단한 하나의 구조물이 아니라 내부에 상당한 공간이 있다고 본다. 중앙에는 중력에 의해 압축된 단단한 핵이 있고, 주변은 공간이 꽤 있는 암석과 잡석 층으로 된 구조일 가능성이 크다.

한편 두 번째 위성을 발견한 세티 연구소의 마르키스와 그의 동료들은, 지상에 있는 8~10m급 대형 망원경으로 이 모자들의 궤도를 정밀하게 분석해서, 어머니인 실비아의 내부 분포가 균일하지 않다는 내용의 연구 결과를 과학 저널 《Icarus》에 발표했다.

탐사선을 직접 보내지 않고도 내부 구조를 간접적으로 알아낸 것인데, 이 연구에 의하면, 실비아는 밀도가 높은 핵과 낮은 밀도의 균열이 있는 주변부와 지각을 가진 것이 거의 확실하다.

실제 모습은 탐사선을 직접 보내서 고해상도 이미지를 촬영하기 전까지는 알기 어렵겠으나, 어쨌든 이 소행성을 처음 발견했을 때 그 이름을 실비아로 정한 것은 놀라운 우연의 시작이었던 것 같다.

13. 아기처럼 온순한 Beast

2014 HQ_{124}는 2014년 4월 23일에 NEOWISE(Near-Earth Object Wide-field Infrared Survey Explorer / 근지구 물체 광시야 적외선 탐사)에 의해 발견되었는데, 지름이 약 400m인 아텐 그룹의 소행성으로, 2014년 6월 8일에 지구와 달 사이 거리의 3.25배 되는 공간을 통과했다.

2014 HQ_{124}(Beast)는 별명과 달리, 야수 같지는 않지만, 생김새가 특이한 것은 사실이다. 언뜻 보기에는 운동기구인 아령 같다는 의견이 많은데, 아기처럼 생겼다는 의견도 있다.

궤도 특성	
Observation arc	4.09년(1,495일)
원일점	1.0712AU
근일점	0.6303 AU
Semi-major axis	0.8508 AU
이심률	0.2591
공전 주기	287일
Mean anomaly	97.870°
Mean motion	1°15ᵐ21.6ˢ/일
Inclination	26.371°
Longitude of ascending node	257.56°
Argument of perihelion	144.51°
Earth MOID	0.0084AU(3.27LD)
물리적 특성	
평균 지름	0.409±0.168km
Synodic rotation period	>16시간
기하학적 알베도	0.291±0.216
스펙트럼 유형	S
절대 등급	18.9

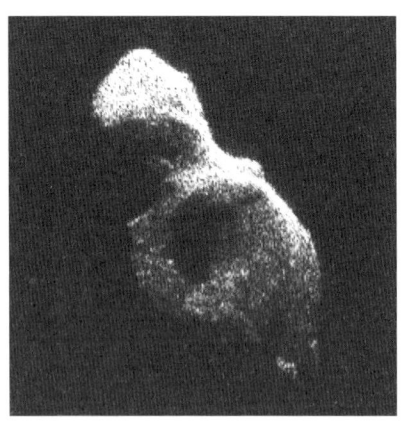

소행성 2014 HQ₁₂₄는 장축의 길이가 370m로 최종 확인된 후에 느닷없이 비스트(Beast)라는 별명으로 불리기 시작했는데 모습은 너무 순해 보인다. 아마 지구와 공전 궤도가 간혹 겹치기에, 위험하게 느껴진다는 이유로 그런 별명이 붙여진 것 같다. 물론 비스트가 지구와 충돌하면, TNT 수천 메가톤급 파괴력을 가진 야수가 되는 건 사실이다.

이렇게 지구와 공전 궤도가 겹치는 인접 소행성들을 지구 근접천체 NEO(Near-Earth-Object)라고 부르고 있는데, NASA를 비롯한 세계 각국의 기관에서 이를 실시간으로 추적하며, 지구와의 충돌 가능성에 대비하고 있다. 물론 비스트 역시 이 대상 중에 하나다.

가장 최근 관측은 광학 망원경이 아닌 305m 지름의 거대한 아레시보 전파 망원경(305-meter Arecibo radio telescope in Puerto Rico)을 통해 이뤄졌는데, 이렇게 어두운 천체는 광학 망원경보다는 전파 망원경을 사용해야 더 자세히 관측할 수 있다. 비스트의 경우에는 관측하기 쉬운 위치에 있기도 해서 아주 높은 해상도의 영상을 얻을 수 있다.

영상 자료를 분석한 과학자들은 2014 HQ$_{124}$가 하나의 소행성이 아니라, 두 개의 소행성이 약한 중력으로 묶여있는 Contact Binary라는 사실을 알아냈다. 이 천체가 아령이나 눈사람처럼 보이는 이유도 그 때문인데, 우리 태양계에는 이런 형태의 소행성이 드물지 않다. 만약 더 많은 소행성이 중력으로 묶이면, 궁극적으로는 더 큰 하나의 소행성이 될 것이고, 운이 없어서 세게 충돌하면 산산조각이 나고 말 것이다.

소행성의 궤도와 구조에 관한 연구는, 앞으로 지구에 충돌할 가능성이 있는 천체들에 대한 대비책을 세우는 데 유용한 데이터를 확보하게 해줄 것이다. 비스트는 원일점이 1.072AU, 근일점이 0.6297AU, 공전 주기가 0.79년 정도 되는 것으로 보아, 1952년에 지구 근방을 지나친 적이 있었던 것으로 여겨진다.

하지만 그때는 우리가 알아채지 못했다. 비스트가 다음에 지구 근처를 지나는 것은 2307년인데, 그때쯤이면 어떤 소행성의 위협도 막아낼 수 있는 기술이 확보되어 있을 것이기에, 지구가 비스트에게 위협을 당할 가능성은 거의 없다.

14. 멀고 먼 소행성, Biden

2012 VP$_{113}$은 2012년 11월 5일 천문학자 스콧 셰퍼드(Scott Sheppard)와 채드 트루히요(Chad Trujillo)에 의해 발견된 세드나족(Sednoid) 천체다. 발견 당시 미국 부통령이던 조 바이든의 이름을 따 바이든(Biden)이라는 애칭이 붙여졌다. 이름의 VP가 부통령을 의미하는 Vice President의

구분	해왕성 바깥 천체 세드나족 천체
크기	650±350km 추정
궤도 장반경	261.4919±1.4232AU
원일점	442.5850±2.4088AU
근일점	80.39882±0.08862AU
궤도 경사각	24.108208°
이심률	0.692538
공전 주기	4228.59±34.52년
절대 등급	+4.0~4.3

약자이기도 했기 때문이다.

2012 VP_{113}은 태양계에서 가장 먼 근일점을 가진 소행성으로, 세드나의 근일점보다도 멀지만, 원일점은 세드나의 절반 정도다. 두 번째로 발견된 세드나족으로, 반장축이 150AU를 초과하고 근일점이 50AU보다 크다.

스콧 셰퍼드는 2012 VP_{113}의 궤도가 해왕성 횡단 천체로 알려진, 다른 극단적인 천체와 유사하기에, 태양계의 미발견 천체인 9번째 행성이 이 천체를 이러한 유형의 궤도로 이끌고 있다고 추정하였다. 하지만 동료들의 동조를 얻지는 못했다.

많은 학자가 이 천체의 절대 등급이 4.0이어서, 왜행성이 될 수 있을 만큼 충분히 클 수 있다고 여기고 있다. 크기가 세드나의 절반 정도이고 Huya와 비슷한 크기로 예상하는 것이다.

이 천체의 표면은 붉은색을 띠는데, 이는 얼어붙은 물, 메테인, 이산화탄소에 대한 방사선 영향으로 화학적 변화가 일어난 결과일 것이다.

⊗ 가장 멀리 있는 소행성

2003년 11월 14일에 발견된 세드나(Sedna)는 한동안 태양에서 가장 먼 궤도를 도는 천체의 지위를 차지하고 있었다. 원일점이 937AU에 이르고 근일점도 76.361AU에 이르기에, 태양계의 최외각에 존재하는 천체로 생각했다.

그런데 2012년 11월 5일에 미국의 국립 광학 천문학 관측소 (National Optical Astronomy Observatory)의 빅터 블랑코 망원경(Victor M. Blanco

Telescope)을 통해 '2012 VP$_{113}$'이라는 천체가 관측되었고, 그 후로 1년에 걸쳐 여러 망원경을 통해 확인 작업이 이뤄졌다. 워낙 멀리 있는 천체여서, 그 존재 사실뿐 아니라 공전 궤도 및 위치에 대해서 아주 신중한 관측이 이뤄졌다.

그리고 2014년 3월 26일에서야 그에 관한 내용이 《Nature》에 공식적으로 발표되었다. 연구 결과에 의하면, 2012 VP$_{113}$은 근일점이 80.6 ± 2.6AU이고 원일점이 446 ± 66AU인 천체로 세드나보다 근일점이 더 먼 천체다.

이 소행성이 어떻게 카이퍼대보다 먼 근일점을 가지게 됐는지는 현재로서는 미스터리다. 세드나 궤도와 같은 궤도는, 지나가는 별이나 지구 정도의 질량을 가진 해왕성 횡단 행성에 의해 생성되었을 수 있다. 하지만 2012 VP$_{113}$ 경우는 이와 달리, 해왕성 너머 지역(Trans-Plutonian region)에 우리가 아직 발견하지 못한 행성이 영향력을 끼치고 있을 개연성이 높다.

물론 현재 위치로만 본다면, 2012 VP$_{113}$이 태양에서 가장 멀리 떨어진 천체가 아니다. 현재 약 83AU 떨어진 지점에 있는데 세드나보다 태양에 더 가까운 위치이다. 그런데도 크기가 세드나의 절반 수준이어서 관측하기가 더 어렵다.

2012 VP$_{113}$은 1979년에 근일점을 지나 현재는 태양에서 멀어지고 있다. 이런 천체는 상당히 길쭉한 타원 궤도를 돌기에, 근일점 근처에 와야 우리의 시야에 담을 수 있다. 만약 관측 당시 이 천체가 원일점 근처에 있었다면 우리는 이 존재를 아직도 발견하지 못했을 것이다.

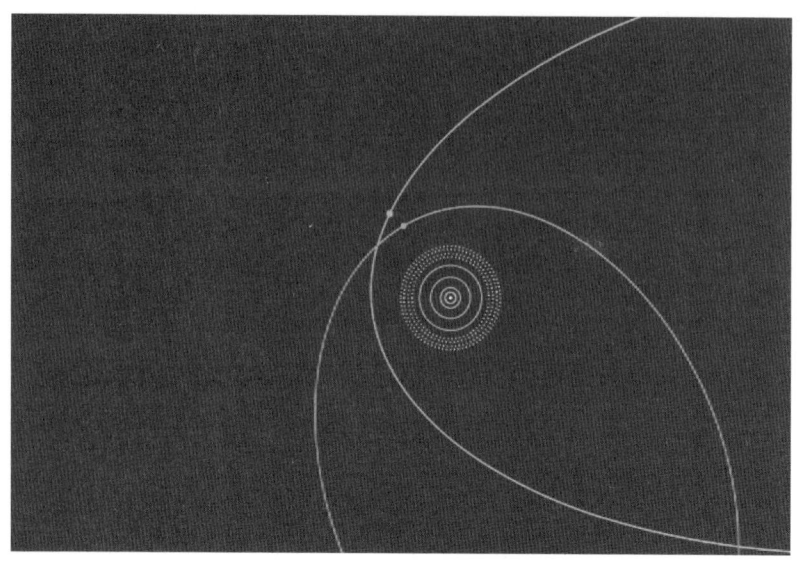

위쪽이 세드나, 아래쪽이 2012 VP$_{113}$의 공전 궤도

한편 이 연구를 진행한 카네기 연구소의 스콧 셰퍼드와 제미니 관측소의 채드 트루히요는 2012 VP$_{113}$이나 세드나같이 지름 1,000km 정도 되는, 왜행성에 가까운 천체들이 안쪽 오르트 구름(Inner Oort cloud)에 900개 이상 있을 것으로 생각하며, 현재 우리가 관측할 수 있는 것은 오르트 구름에서 가장 가까운 천체들로 제한되어 있다고 여기고 있다. 그러니까 장주기 혜성을 제외한 오르트 구름의 천체들에 관해서 이제야 막 연구가 시작되었다는 뜻이다.

아울러 오르트 구름 어딘가에 꽤 큰 천체가 있을 가능성이 여전히 있다고 생각하고 있는데, 목성급의 티케 같은 행성이 있을 가능성은 어느 정도 배제했으나, 화성이나 지구 크기의 천체가 오르트 구름 어딘가 있을 가능성은 크다고 보고 있다.

하지만 모든 게 추측일 뿐이다. 멀고도 넓은 오르트 구름을 관측할 기술을 우리가 아직은 가지고 있지 않기 때문이다.

15. 해체되던 중에 발견된 P/2013 R3

P/2013 R3는 2013년부터 2014년까지 빠르게 회전하는 핵의 원심 분리로 해체되던 소행성으로, 2013년 9월 15일에 카탈리나 천문학자들에 의해 발견되었다.

궤도 특성	
Observation arc	124일
궤도 유형	main-belt(outer)
원일점	3.852AU
근일점	2.204AU
Semi-major axis	3.033AU
Eccentricity	0.2734
궤도 주기	5.28yr
기울기	0.899°
Longitude of ascending node	342.684°
Argument of periapsis	8.238°
마지막 근일점	2013, 8, 5
Earth MOID	1.197AU
Jupiter MOID	1.572AU
물리적 특성	
평균 지름	~800m
기하학적 알베도	0.05
스펙트럼 유형	C B-V = 0.66±0.04 V-R = 0.38±0.03 R-I = 0.36±0.03
총 크기	7.2±1.0
핵 크기	>23.5 (post-disintegration)
겉보기 크기	>28 (post-disintegration)

이 소행성의 붕괴는 수많은 파편과 먼지를 우주로 방출했고, 이 때문에 일시적으로 태양 복사압에 의해 먼지 꼬리가 거꾸로 뻗은 혜성처럼 보였다. 2013년 10월의 지상 망원경의 관측에 따르면, P/2013 R3는 네 개로 분리되었으며, 이후 허블 우주 망원경의 관측에 따르면, 갈라진 몸체가 다시 지름 100~400m의 최소 13개의 조각으로 분리되어, 2014년 2월 이후에는 다시 볼 수 없게 되었다.

P/2013 R3는 원래 800m 지름의 탄소질 C형 소행성으로, 불규칙한 표면에서 반사되는 햇빛이 유발한 지속적 토크로 천천히 회전했는데, 태양에 접근하게 되면서 회전 속도가 빨라졌다. 이 소행성은 쪼개지기 직전에 회전 주

제3장 소행성

기가 2시간보다 짧았을 가능성이 높다.

이 소행성은 Bennu나 Ryugu와 유사한, 약하게 결합된 잔해더미 내부 구조를 가졌을 것으로 추정되는데, 발견되기 한 달 전인 2013년 8월경부터 해체되기 시작했을 것으로 여겨진다.

현재 P/2013 R3의 조각과 파편은 태양으로부터 3.03AU의 준장축(Semi-major axis)으로 외부 주 소행성대 궤도를 돌고 있으며, 5.28년마다 한 바퀴씩 공전한다. 황도에 대한 궤도 경사가 0.90°로 낮고, 궤도 이심률은 0.273으로 적으며, 근일점은 태양으로부터 2.20AU, 원일점은 태양으로부터 3.86AU 떨어진 지점인데, 2013년 8월 5일에 근일점을 통과했다.

P/2013 R3의 궤도는 목성과 9:4에 가깝게 공명하고 있기에, 행성의 중력 섭동에 영향을 받지만, 카이퍼대와 오르트 구름에서 궤도가 교란된, 일반적인 주기 혜성과는 다르다.

목성에 대한 P/2013 R3의 티세랜드 매개변수(Tisserand's parameter, 작은 물체와 더 큰 '섭동하는 물체'의 준장축, 궤도 이심률, 기울기로 이뤄진 공식으로 구한다)는 3.08보다 커서, 혜성이 아닌 소행성으로 동적 구분된다. 또한 일산화탄소가 주성분인 휘발성 얼음은, 태양계가 형성된 이후 소행성대에서 완전히 승화되었을 것으로 예상되므로, 전통적인 승화 혜성일 가능성도 작다. 이러한 이유로, P/2013 R3는 혜성과 유사한 모습을 보이긴 했어도 활동성 소행성으로 분류된 것이다.

P/2013 R3의 붕괴는 핵의 회전력 가속으로 발생했으며, 몇 달에 걸쳐 점진적으로 분해되었다. P/2013 R3 파편의 단면적을 합쳐보면, 소행성의 핵이 해체되기 전까지 800m 정도의 지름을 가지고 있었음을 알 수 있다.

회전 분열은 소행성이 임계 스핀 장벽 시간인 2.2시간보다 빠르게 회전할 때 발생하며, 소행성의 적도 근처의 물질은 소행성의 중력 탈출 속도(~0.5m/s)를 넘어 바깥쪽으로 분출된 다음, 입자 간 응집력으로 인해 개별 파편으로 분리된다. 하지만 그 이하에서는 원심력이 소행성을 하나로 묶는 중력과 입자 간 반데르발스(Van der Waals) 응집력을 넘지 못해 분리되지 않는다.

P/2013 R3는 주로 태양 빛이 소행성의 표면에서 반사되어 발생하는, 소행성 자전에 대한 지속적인 토크로, 점차 회전이 빨라졌는데, 이것은 YORP 효과로 알려져 있다. YORP 효과는 100만 년 이내에 P/2013 R3와 같은 $1km$ 미만의 소행성을 임계 시간보다 빠르게 회전시킬 수 있는데, 메인 벨트 소행성에 대한 파괴적인 충돌 사건보다 YORP 효과에 의한 회전 분열이 두 배나 더 자주 발생한다.

YORP 효과 외에도 승화 얼음의 고르지 않은 배출이 부분적으로 P/2013 R3를 회전시키는 원인이 되었을 수 있다. P/2013 R3에서 물 승화에 대한 직접적인 분광학적 증거는 없지만, 전구체가 분해된 후의 불규칙한 얼음 노출과 먼지 분출이 있어, 이런 아이디어를 떠올리게 된다.

P/2013 R3는 처음 발견되었을 때, 이미 P/2013 R3-A와 P/2013 R3-B라는 두 개의 구성 요소로 분화되어 있었다. 그리고 2013년 10월에 마우나 케아 천문대의 10m Keck 망원경과 로크 데 로스 무차초(Roque de los Muchachos) 천문대의 10.4m 그란 망원경 카나리아스(Gran Telescopio Canarias)로 관측한 결과, A 조각에서 분리된 것으로 추정되는 C와 D라는 새로운 조각 두 개가 더 발견되었다.

그리고 2013년 10월에 시작된 허블 우주 망원경 관측 결과, 구성 요소 A와 C는 더 많은 작은 파편으로 나뉘어 있으며, 구성 요소 B도 작은 파편을 방출하고 있는 것으로 밝혀졌다. 허블 망원경 관측은 2014년 2월까지 계속되어, 총 13개의 P/2013 R3 파편이 확인되었다. 비교적 큰 조각인 A1, A2, B1, B2의 지름은 모두 400m 미만이었지만, 모든 파편이 주변 파편에 의해 가려져 있어서 크기가 가장 큰 파편이 어느 것인지는 알 수 없었다.

P/2013 R3가 붕괴한 후에 천문학자들은 2014~2015년에 초대형 망원경으로 잔해를 다시 관찰하려고 시도했다. 2014년 9월 29일부터 2015년 5월 26일까지 허블 관측을 통해, P/2013 R3의 예상 위치를 162아크초 시야 내에서 조사했지만, 지름 280m 이상의 파편은 발견하지 못했다.

2015년 2월 17일부터 2015년 12월 8일까지 Keck 망원경으로 관측한 결과, P/2013 R3의 예측 위치 주변에서 360아크초의 넓은 시야를 탐색했지만, 큰 파편은 발견되지 않았다. 또한 2015년 1월 18일의 관측에서도 432아크초의 더 넓은 시야를 탐색했으나, 지름 220m보다 큰 파편을 발견하지 못했다.

그런데 이러한 미검출은 이 소행성이 완전히 가루가 되어 분산되었다기보다는, 천문학자들이 소행성의 위치에 대한 부정확한 예측으로 인해, 소행성을 놓쳤기 때문일 가능성이 더 높다.

⊗ YORP 효과

이 천체는 2013년 9월 15일에 판스타 망원경(Pan-STARRS sky-survey telescopes)와 카탈리나(Catalina) 망원경에 의해 처음 관측되었는데, 10월 1일에 Keck 망원경으로 다시 관측했을 때는 이미 세 개의 조각으로 갈라져 주변에 먼지구름을 형성하고 있었다.

이후 허블 망원경 관측에서는 이 천체가 실제로는 거의 10조각 정도로 갈라져 있었으며, 혜성과 같이 먼지구름과 꼬리를 형성하고 있었다. 그리고 이후에는 더 작게 부서지기 시작했다. 이런 급속한 해체는 일반 소행성은 물론이고 혜성에서도 보기 힘든 현상이었다.

그런데 도대체 왜 태양에서 멀리 떨어진 지점에서 갑자기 산산조각이 난 것일까? 만약 다른 천체와의 충돌 때문이었다면, 부서지는 데 이렇게 많은 시간이 걸리지 않는다.

그래서 떠올리게 된 아이디어가 앞에서 이미 설명한 야르콥스키 효과(Yarkovsky effect)와 더불어 작은 소행성에 큰 영향을 미치는 YORP 현상(Yarkovsky‒O'Keefe‒Radzievskii‒Paddack effect)이다.

소행성은 지구와 마찬가지로 자전하면서 태양에너지를 받게 된다. 그러면 태양에너지를 받는 부위와 받지 않는 부위의 표면 온도 차이가 발생하여, 표면에서 복사되는 에너지의 차이가 발생한다. 이 에너지는 미세하지만 오랜 시간 동안 누적되면 소행성의 궤도가 바뀌게 할 수 있다. 이러한 야르콥스키 효과는 지구처럼 큰 천체에서는 별 영향을 미치지 못하나, 지름이 $10km$ 이하인 소행성에서는 상당한 영향력을 행사한다.

그런데 이런 작은 소행성은 사실 매끈한 구형으로 생기지 않았다. 그 이유는 천체 자체의 내부 중력 때문이다. 그러니까 우리 태양계에서는 특별하게 비중이 높은 물질로 구성되어 있지 않다면, 대략 지름이 $500km$ 정도의 크기는 되어야 안정된 구형을 가지게 되기에, 이보다 작은 천체의 경우에는 구형과는 무관한, 아주 다양한 생김새를 갖게 된다. 이렇게 불균형한 외형을 가진 천체에는 태양의 복사가 균일하게 이뤄질 수 없고, 에너지의 방출 또한 그러하다.

이런 작은 소행성에서 복사 에너지의 방출은 모든 방향으로 분산되지 않고, 특정 방향으로 더 크게 일어나, 자전 속도가 더 빨라질 수 있다는 뜻이다.

아래 모식도의 매끈하게 생긴 구형 모델 대신에, 여기저기 튀어나온 작은 소행성을 삽입해 보면 이해가 될 것이다. 결국 시간이 흐르면서, YORP 효과에 의해 소행성의 자전 속도가 빨라져, 극단적인 경우에는 원심력에 의해 천체가 분해될 수 있다.

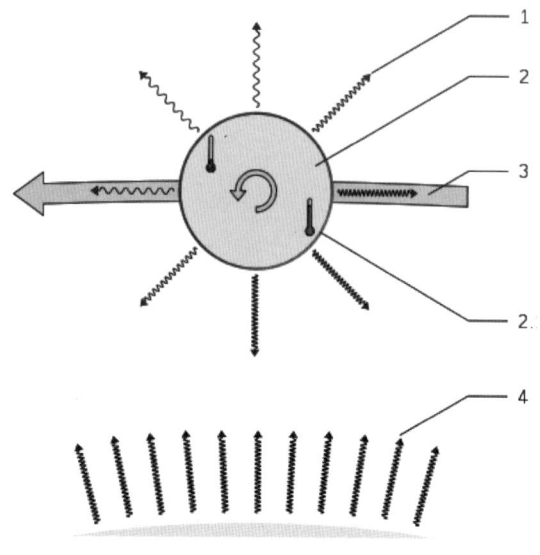

1. 소행성에서 복사되는 에너지   2. 자전하는 소행성
3. 소행성의 궤도   4. 태양 복사 에너지

    이와 같은 YORP 효과는 여러 소행성에서 확인된 바 있는데, 소행성 2000 PH5의 경우 이 현상이 최초로 발견된 소행성이라는 것을 기념하기 위해 이름을 54509 YORP로 변경한 바 있다.

    P/2013 R3의 미스터리한 붕괴 역시 비슷한 메커니즘으로 이해할 수 있다. 매우 약한 구조로 되어 있는 먼지 및 얼음의 결합체가 원심력이 강해지자 버티지 못하고, 10개 이상의 조각으로 파괴되었을 것이다. 이후 이들은 서로 간의 중력에 묶여 비슷한 궤도를 마치 편대 비행을 하듯 공전할 것이다.

    이 연구의 리더인 UCLA의 데이비드 주위트(David Jewitt)와 그의 동료들은 이 가설이 확실한지 알기 위해서, 이 천체의 파편들을 지속해서 관측하고 있다. 과학자들이 YORP 효과를 보다 확실히 검증할 수 있게 되면, 소행성이나 혜성의 해체나 종말을 더 정확히 예측할 수 있게 될 것이다.

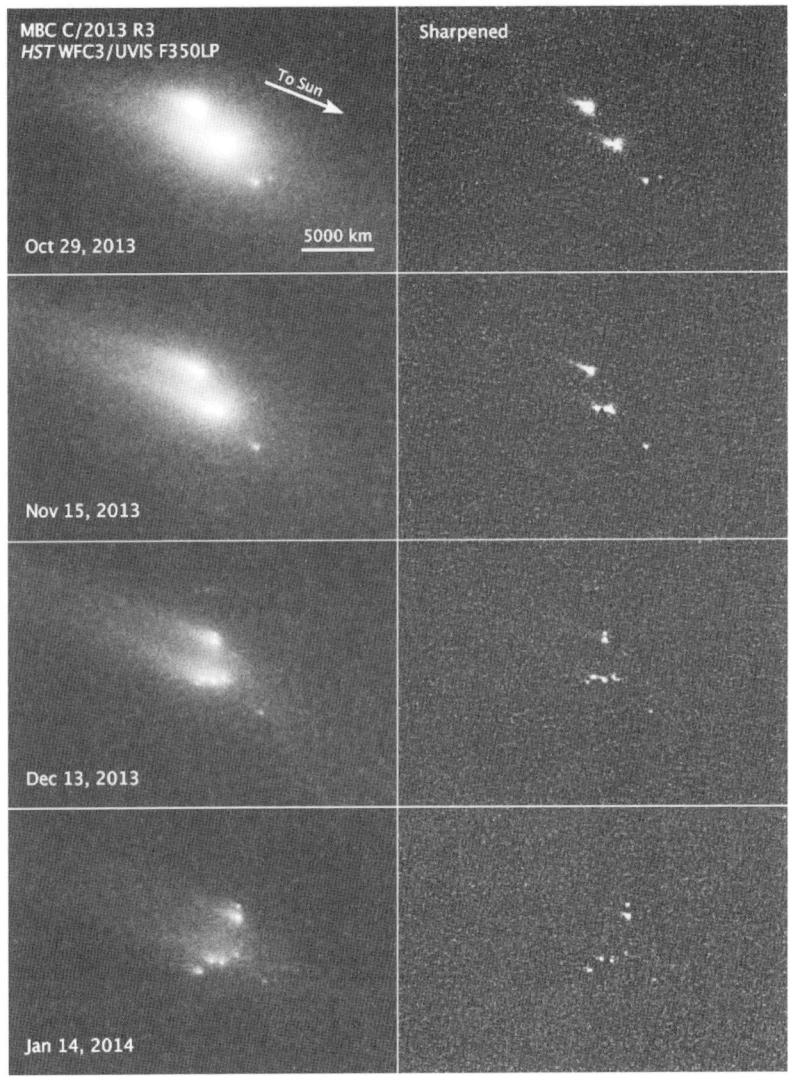

독특한 형상으로 파괴된 소행성 P/2013 R3의 모습

16. Contact binary 2006 DP₁₄

(388188) 2006 DP$_{14}$는 고도의 이심률 궤도를 가진, 지름 $1km$ 미만의 지구 근접 천체로, 아폴로 그룹의 잠재적 위험 소행성으로 분류되어 있다.

궤도 특성	
Observation arc	10.10yr
원일점	2.4262AU
근일점	0.3056AU
Semi-major axis	1.3659AU
Eccentricity	0.7763
궤도 주기	1.60yr
Mean anomaly	234.28°
Mean motion	0°37ᵐ2.64ˢ/day
기울기	11.778°
Longitude of ascending node	317.20°
Argument of perihelion	59.280°
Earth MOID	0.0163AU
물리적 특성	
Dimensions	400×200m
Mean diameter	0.4km
Synodic rotation period	5.77±0.01h
Geometric albedo	0.20
스펙트럼 유형	S B-V=0.670±0.022 V-R=0.400±0.015 V-I=0.792±0.031
절대 크기	18.80±0.02

이 천체는 2006년 2월 23일에 미국 뉴멕시코주 소코로 인근에 있는 링컨 연구소의 천문학자들에 의해 발견되었다.

이 소행성의 지름은 약 400m이고 자전 주기는 5.77시간이며, 태양 주위를 0.3~2.4AU의 거리에서 19개월에 한 번씩 공전한다. 궤도의 이심률은 0.78이며 황도에 대한 경사각은 12°이다.

또한 이 소행성의 최소 궤도 교차 거리(MOID)는 $2,440,000km$이며, 2014년 2월 10일에 이 거리에 가깝게 지구 주변을 통과했는데, MOID가 낮고 크기가 커서, 잠재적으로 위험한 소행성(PHA, Potentially Hazardous Asteroid)으로 분류될 수 있다. PHA는 일반적으로 지름이 약 140m에 해당하는 절대 크기 22 이상의 물체와

0.05AU 또는 19.5LD(Lunar distance, 지구와 달 사이의 거리)보다 작은 MOID(Minimum Orbit Intersection Distance, 최소 궤도 교차 거리)를 가진 소행성으로 정의된다.

2006 DP$_{14}$는 돌이 많은 S형 소행성으로 추정되며, 두 개의 로브가 붙어서, 땅콩과 같은 모양을 형성한 것으로 보인다.

⚛ 네트워크로 찾은 소행성

지름이 수백m에 불과한, 작은 소행성들은 망원경으로 관측하기 어렵다. 이것들을 관측할 수 있는 때는 지구에 아주 근접했을 경우뿐인데, 이때에도 고도의 장비가 필요하고, 가시광 영역 관측보다는 그 범위를 벗어난 파장으로 관측하는 편이 더 수월하다.

2014년 2월 10일에 소행성 2006 DP$_{14}$가 지구로부터 240만km 거리까지 근접했지만, 이를 관측하기 위해서는 거대한 망원경 네트워크 그리고 고감도의 레이더가 필요했다.

NASA를 비롯한 여러 나라의 우주 연구기관들은, 이러한 미션을 지원하기 위해, 거대 안테나 네트워크인 딥 스페이스 네트워크(Deep Space Network)를 구성하고 있다. 미국의 경우, JPL 산하에 DSN이 건설되어 있는데, 최대 70m 지름의 반사판을 가진 거대 안테나들이 통신 및 우주 감시를 위해 설치되어 있다.

소행성 2006 DP$_{14}$는 골드스톤에 설치된 망원경을 통해서 처음으로 그 이미지가 촬영되었다. 이미지의 해상도는 픽셀당 19m 정도였고, 소행성까지의 거리는 420만km였는데, 소행성의 길이는 길이 400m 정도였고 너비는 200m 정도였다.

관측 결과, 2006 DP$_{14}$가 눈사람 모양의 소행성이라는 사실이 밝혀졌다. 이와 같은 모양의 소행성은 'Contact Binary' 형태의 소행성일 가능성이 높다.

이것은 소행성 두 개가 서로의 미세한 중력에 이끌려 결합한 상태로, 소행성 헥토르나 이토카와 비슷한 부류로 보였다. Contact Binary 형태의 소행성은 아주 흔한 건 아니지만, 그 사례가 종종 보고되고 있다.

2006 DP$_{14}$의 레이더 이미지

어쨌든 이와 같은 국제적인 공동 노력과 정보 공유 체제 구축은, 지구에 충돌할 가능성이 있는 소행성에 대한 대비책을 세우는 데 도움이 될 수 있다. 예를 들어 소행성의 궤도를 변경시키기 위해서 우주선을 충돌시킨다고 했을 때, 이런 형태의 소행성은 충돌 후의 궤적을 예측하기 어렵기에, 아주 다양한 시점의 시뮬레이션이 필요하다.

또한 궤도를 바꾸는 정도의 충돌보다는 완전히 파괴하는 것이 적합하기에, 국제적인 사후 협조가 필요하다.

다행히 2006 DP$_{14}$의 경우는 지구 충돌 가능성이 높지 않지만, NASA를 비롯한 여러 우주 탐사기관들은 지구 근접 소행성들의 궤도를 감시해서, 소행성의 공격에서 지구를 보호하거나, 최소한 충돌 예정 지역의 주민들에게 그 위험성을 사전에 알리기 위해 노력하고 있다.

17. 트로이의 왕자, 헥토르

궤도 특성	
Observation arc	111.28yr
원일점	5.3824AU
근일점	5.1319AU
Semi-major axis	5.2571AU
이심률	0.0238
공전 주기	12.05yr
Mean anomaly	136.09°
Mean motion	0° 4ᵐ 54.48ˢ/일
Inclination	18.166°
Longitude of ascending node	342.79°
Argument of perihelion	185.22°
알려진 위성	1
Jupiter MOID	0.2752 AU
물리적 특성	
Dimensions	403km×201km 370km×195km×195km
평균 지름	250±26km
질량	$(7.9±1.4)×10^{18}$kg $(9.95±0.12)×10^{18}$kg
평균 밀도	1.0±0.3g/cm³
Synodic rotation period	6.9205시간
기하학적 알베도	0.025
스펙트럼 유형	D(tholen)
겉보기 크기	13.79 to 15.26
절대 등급	7.20

목성의 라그랑주점에는 목성과 같은 공전 궤도에서 안정적으로 공전하는, 소행성 집단인 트로이 소행성군(Trojan asteroid)이 있다. 이 중에서 가장 큰 소행성은 624 헥토르(Hektor)로, 크기가 대략 $403×201km$ 정도이고 라그랑주점 L_4에 자리를 잡고 있다. 그런데 이 소행성은 크기뿐 아니라 특이한 모양 때문에 학자들의 주목을 받고 있다.

트로이 소행성들이 대부분 작고 알베도가 낮아서 지구에서는 작은 점으로밖에 보이지 않지만, 헥토르는 이런 일반형과는 모양이 상당히 다르다.

천문학자들은 2006년에 레이저 유도 항성 적응 광학(Laser guide star Adaptive Optics) 기술을 이용해, 헥토르가 땅콩 모양으로 생긴 외형을 지니고 있고, 주변에 약 $12~15km$ 크기의 위성(Skamandrios)을 거느리고 있다는 사실을 알아냈다. 이 위성은 대략 $600km$의 거리에서 3일 정도 주기로 헥토르를 공전하고 있는 것으로 보였다.

　SETI의 과학자들은 지난 8년간의 관측 결과를 토대로, 이 독특한 천체의 모양과 시스템의 기원을 밝히는 연구를 진행해 왔다. 헥토르 자체는 그 크기가 작지 않으나 알베도가 낮아서 관측이 쉽지 않다. 하지만 공전하고 있는 위성으로부터 간접적인 정보를 많이 얻을 수 있었다.

　칼 세이건 센터의 과학자 마티자 척(Matija Cuk)은 위성의 궤도가 헥토르의 자전과 비교해서 매우 길쭉한 타원형이고 뒤틀려 있다고 보고 있다. 다시 말하면, 헥토르는 7시간 정도의 빠른 자전 주기를 가지고 있는데, 가까운 위치에서 공전하는 위성의 공전 주기는 헥토르의 자전과 별개로 이뤄지고 있다는 것이다. 왜 이런 현상이 일어나고 있는 것일까?

헥토르와 그 위성의 개념도

　이를 설명할 가장 적절한 가설은 비슷한 공전 궤도를 돌던 두 개의 천체가 충돌해 이 소행성이 생성됐으며, 위성은 그 과정에서 떨어져 나간 조각으로 보는 것이다. 이러한 사건이 비교적 가까운 과거에 있었다면,

위성의 궤도가 이상한 이유가 설명된다.

트로이 소행성들은 목성과 공전 궤도를 공유하기에 태양을 기준으로 비슷한 공전 궤도를 돌고 있다. 이를 다르게 표현하면, 비슷한 속도로 같은 도로를 달리는 자동차들과 비유할 수 있다.

그런데 자동차와는 달리 두 소행성은 중력으로 서로를 끌어당길 수 있다. 그러면 둘이 충돌해서 부서지는 대신에, 서로 붙어서 아령이나 땅콩 모양의 소행성으로 다시 탄생할 수 있다. 이렇게 생성된 소행성을 'Contact Binary'라고 부르는데, 앞에서 소개한 '2006 DP_{14}'와 '216 클레오파트라'와 같은 소행성들도 여기에 속한다.

18. 잡석 더미 이토카와

MPC 식별 번호 25143인 1998 SF_{36}은 이토카와(Itokawa)라 불리기도 하는데, 이 명칭은 일본의 로켓 과학자 이토카와 히데오에서 유래된 것이다.

JAXA의 소행성 탐사선인 제20호 과학위성 MUSES-C의 본래 목적지는 (4660) 네레우스였지만, 로켓의 성능 문제로 갈 수 없다고 판단되어 제2 후보인 (10302) 1989 ML로 목적지가 변경되었다.

하지만 1989 ML은, 2000년 2월 10일에 있었던 M-V 로켓 2호의 발사가 실패하고, 2002년 예정되었던 발사 계획이 연기되며, 목적지에서 자연스럽게 제외되었다.

결국 제3 후보인 1998 SF_{36}이 후보로 부상하였고 마침내 MUSES-C의 최종 목적지로 결정되었다. 하야부사라는 별명을 얻은 MUSES-C가 발사된 지 3개월 후인 2003년 8월에, 1998 SF_{36}은 하야부사의 최종 목적지로 결정된 점을 기념하고, 동시에 로켓 과학자 이토카와 히데오를 기리

구분	아폴로 소행성군
지름	535×294×209(±1)m
궤도 장반경	1.3241985 AU
원일점	1.6950917 AU
근일점	0.9533053 AU
궤도 경사각	1.621223°
이심률	0.280088856
공전 주기	556.5806일(1.524년)
자전 주기	12.1324시간
자전축 기울기	179±5°
온도	최대 206K
겉보기 등급	19.2

기 위해, 이토카와라고 명명되었다.

이 천체는 지구 근접 천체이기도 하며, 당시까지 탐사한 천체 중에서 가장 작은 것이었는데, 이 기록은 OSIRIS-REx가 베누를 탐사하기 전까지 유지되었다.

하야부사가 소행성대까지 갔다 왔다는 소문이 있지만 실제로는 화성 궤도를 겨우 넘기는 거리 정도밖에 가지 않았다. 이토카와의 원일점이 1.695 AU인데, 소행성대는 2AU부터 시작된다.

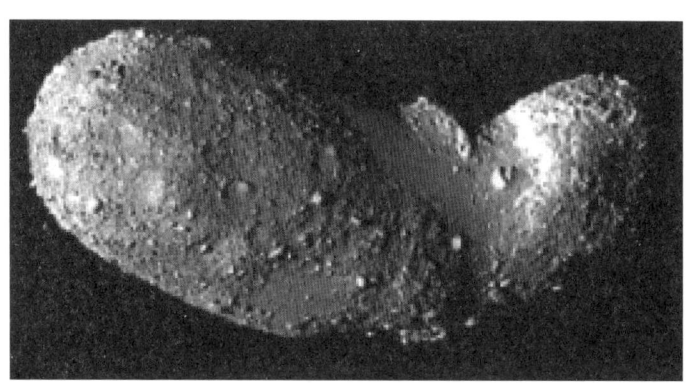

하야부사가 직접 촬영한 이토카와

이토카와와 같은 작은 천체는 YORP 효과 때문에 자전 속도가 느려질 수 있다고 추측했지만, 2014년 2월 유럽 남방 천문대가 관측한 결과, 자전 속도가 1년에 0.045초씩 빨라지고 있다는, 반대의 결과가 나왔다. 이는 이토카와의 굴곡진 지형을 중심으로 양쪽 덩어리의 밀도가 다르기 때문으로 보이며, 이는 이토카와가 두 개의 천체가 약한 중력으로 합쳐졌다는 방증이 될 수 있다. 그래서인지 지역별 밀도가 다를 뿐 아니라, 중력도 약하고 지형도 불균형해서 안정성이 떨어져 보인다.

하야부사가 가져온 표본의 미립자를 분석한 결과, 중력이 약해서 표면 물질이 궤도 주변의 우주 공간으로 흩뿌려지는 걸 막지 못하기에, 설령 어떤 천체와 부딪히지 않더라도 10억 년 내에 소멸할 거로 보인다고 한다.

⊗ 소행성의 해부학

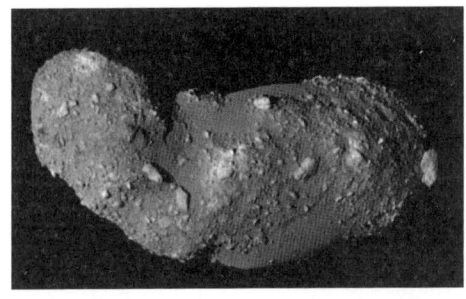

주지하다시피 25143 이토카와는 아폴로 소행성으로, 2000년에 발사된 우주탐사선 하야부사의 주된 관측 목표였다.

여러 난관을 돌파하여 하야부사 2호가 지구로 샘플을 가지고 돌아오고, 지구에서의 관측 데이터도 늘어나면서, 이토카와는 비교적 상세하게 분석되었다.

ESO(유럽 남방 천문대)의 과학자들은 NTT(New Technology Telescope)의 관측 결과와 이전 관측 결과를 비교하여, 이 소행성이 세부적인 구조에 관한 연구 결과를 내놓았다. 이토카와는 사실 하나의 거대한 암석으로 된 소행성이 아니라, 잡석 더미에 가까운 천체로, 그 내부에는 커다란 공간이 있으며 밀도 또한 위치에 따라 다르다고 한다.

이토카와의 크기는 535×294×209m 정도로 땅콩같이 생겼으며, 질량은 대략 3,500만t 정도 된다. 평균 밀도는 대략 $1.9g/cm^3$인데, 이번 연구에서는 밀도가 두 로브에서 확연하게 구분된다는 사실이 입증되었다.

켄트 대학의 스티븐 로리(Stephen Lowry) 팀은 NTT를 이용해서 이 소행성의 회전 속도를 측정했는데, 이토카와는 야르콥스키 효과 혹은 YORP 효과에 의해, 회전하는 속도가 가속되고 있었다.

그렇기에 측정한 결과가 예상했던 것과 달랐지만, 차이는 미미해서 연간 0.045초 정도에 불과했다. 그러나 이 소행성이 밀도가 같은 물질로 이뤄졌다면 나타나지 않았을 차이였기에, 연구팀은 이를 설명한 유일한 방법은 좌우 밀도가 서로 다른 경우뿐이라고 결론을 내렸다.

이토카와는 밀도가 $2.85 g/cm^3$인 고밀도 부분과 $1.75 g/cm^3$인 저밀도 부분으로 이뤄져 있었다. 이것은 이 소행성이 여러 번의 충돌과 합체로 인해 서로 다른 물질로 이뤄졌음을 시사하는데, 이는 이전 하야부사의 관측 결과와도 부합된다.

당시에도 이 소행성이 하나의 거대한 덩어리가 아니라, 잡석 더미 같은 소행성이라는 결론이 나왔는데, 대표적인 증거는 표면에 쉽게 확인할 수 있을 만한 크레이터가 없다는 사실이었다. 이 역시 하나의 거대한 암석 소행성이라면 가능하지 않은 형태로, 실상은 여러 소행성이 중력에 의해 뭉쳐져 있다고 해석할 수 있다.

이와 같은 연구 결과는, 지구 근접 소행성들에 대한 우리의 지식을 확장시키고, 만약 있을지 모르는 소행성의 지구 충돌에 대비할 수 있도록 도와줄 것이다. 예를 들어 이런 잡석 더미 소행성이 지구와의 충돌 궤도에 들어섰다면, 우주선을 충돌시키는 방법이나 폭탄을 사용하여 파괴하는 방법은 효과적이지 않을 수도 있다. 한 개의 큰 소행성 대신 여러 개의 작은 조각으로 변해서 마치 산탄총처럼 지구를 덮칠 가능성이 크기 때문이다. 이런 천체가 지구를 위협할 경우는, 궤도를 약간 변경시키는 것이 더 합리적일 것이다.

19. 끝나지 않은 공포, 아포피스

99942 아포피스(Apophis)는 지름 370m의 잠재적 위험 천체로, 2004년 12월의 초기 관측 결과, 2029년 4월 13일에 지구에 충돌할 확률이 최대 2.7%에 달한다고 밝혀져, 세인들의 주목을 받은 바 있다.

구분	아폴로 소행성군
크기	450×170m
궤도 장반경	0.922438302AU
원일점	1.09880417AU
근일점	0.74607243AU
궤도 경사각	3.33136952°
이심률	0.191195305
공전 주기	323.597일(0.89년)
자전 주기	27.38±0.07시간 (세차 운동 주기)263±6시간 (자전 주기)30.56시간 (광도 곡선 주기)
표면 온도	−3°C(270K)
지구 최대 접근 거리	31,000km (2029년 4월 13일)
겉보기 등급	최대 3.1 (2029년 지구 최근접 거리)
절대 등급	+19.09±0.19

다행히 추가 관측을 통해, 2029년에 지구에 영향을 미칠 가능성이 크게 줄어들었고, 그 후 2013년 1월에 골드스톤 레이더의 예비 관측 결과, 2036년에 아포피스가 지구에 충돌할 가능성은 사실상 배제되었다(충돌 가능성 100만분의 1 미만). 아포피스는 2036년 3월과 12월에 지구로 접근할 예정이지만, 이는 1.6년마다 지구를 추월하는 금성의 거리와 비슷한 정도이다.

2021년 3월에 들어섰을 때, 6개의 소행성이 각각 아포피스보다 더 주목할 만한, 팔레르모 기술적 위험 척도 등급(Palermo Technical Impact Hazard Scale, 지구 근처 천체의 잠재적 영향 위험을 평가하는 데 사용하는 로그 척도. 충격 확률과 예상 운동 수율이라는 두 가지 유형의 데이터를 하나의 '위험' 값으로 결합한다)을 받았으나, 그중 어느 것도 토리노 등급(Torino Level)이 0을 넘지 않았다. 평균적으로 아포피스 크기의 소행성은 약 8만 년에 한 번씩 지구를 위협할 것으로 예상된다.

한편, 골드스톤 레이더는 2021년 3월 3~11일에 아포피스를 관측하여, 지구에 나쁜 영향을 미칠 확률이 극히 낮다는 결과를 내놓았고, 제트추진연구소는 2021년 3월 25일에 아포피스가 향후 100년 이내 지구에 영향을 미칠 가능성이 없다고 발표했다.

그리고 발견 당시에는 아포피스의 지름이 450m로 추정되었으나, 빈젤, 리브킨, 토쿠나가, 버스가 하와이에 있는 NASA 적외선 망원경 시설에서 분광학적으로 관찰한 결과를 바탕으로, 정교하게 측정해 본 결과는 350m였다.

NASA의 충돌 위험 페이지에는 330m의 지름이 표시되어 있으며, 2.6g/cm^3의 가정 밀도를 기준으로 $4 \times 10^{10} kg$의 질량이 표시되어 있다. 아포피스의 표면 조성은 아마도 LL 콘드라이트의 표면 조성과 일치할 것이다.

2012~2013년에 촬영된 골드스톤 및 아레시보 레이더 이미지를 기반으로 브로조비치 등이 아포피스의 이미지를 그려냈는데, 아포피스는 450×170m 크기의 길쭉한 천체이며, 표면 알베도가 0.35±0.10인 Contact binary로 나타났다. 자전축은 황도에 대해 -59°의 경사도를 가지기에 역행 회전체일 것이다.

2029년 접근 시에 아포피스의 밝기는 맨눈으로 쉽게 볼 수 있는 규모인 3.1로, 최대 각속도는 시속 42°, 최대 겉보기 각지름은 약 2아크초일 것이다. 이는 지구에서 본 해왕성의 각지름과 거의 맞먹는 크기이다. 접근 거리가 매우 가까울 것이기 때문에, 조석력이 아포피스의 자전축을 변화시킬 가능성이 높다. 또한 소행성의 부분적인 재 표면화가 일어날 수 있으며, 스펙트럼 등급이 풍화된 Sq형에서 풍화되지 않은 Q형으로 변경될 수도 있다.

현재는 낮은 경사 궤도(3.3°)로 금성 궤도(0.746AU) 바로 바깥에서 지구 궤도(1.099AU) 바로 바깥까지 접근하고 있는데, 2029년에 지구에 접근한 후의 궤도는 크게 바뀔 것이다.

20. 무섭고도 사랑스러운 에로스

433 에로스는 그리스 신화에 나오는 '사랑의 신' 이름이 붙여진 소행성이다. 아모르 그룹(Amor group, 궤도 근일점이 지구의 궤도 근일점보다 큰 NEO)의 돌이 많은 소행성으로, 크기는 약 $34.4 \times 11.2 \times 11.2 km$이고, 지구에 최대 0.149252AU까지 근접한다. 근지구 소행성 가운데 두 번째로 크며, 화성 횡단 소행성이기도 하다. 2012년 1월 31일에 지구에 0.17867AU까지 접근하였으며 이것은 지구-달 사이 거리의 70배에 해당하는 거리였다.

몇몇 충돌구가 있으며, 표면에 흩어져 있는 큰 바위들은 약 1억 년 전의 충돌로 생겨난, 분화구에서 분출된 것으로 보인다. 표면 온도는 낮에 최대 100°C가량 오르다가 밤에는 영하 150°C까지 내려간다.

니어 슈메이커(NEAR Shoemaker) 우주선이 2000년 2월에 에로스를 방문해 표면에 대한 세밀한 사진을 촬영했다. 그리고 2001년 2월 12일에 마지막 임무로 소행성의 표면에 착륙하였는데, 이는 우주선이 소행성에 착륙한 최초의 사례였다.

현재는 겉보기 등급이 +8.1인데, 1975년과 2056년 같이 81년마다 +7.0에 도달하며, 이때는 소행성대에서 베스타, 팔라스, 이리스를 제외하면, 어떤 소행성보다 밝다.

한편, 지구에 근접한 궤도를 돌고 있는 소행성들은 지구와의 충돌 가능성이 높아서 두렵기도 하지만, 소행성을 근접 관찰할 기회를 준다는

궤도 특성	
궤도 긴 반지름	1.458
근일점	1.13337AU
원일점	1.78255AU
공전 주기	643.0091일
평균 공전 속도	23.36km/s
궤도 경사	10.829°
궤도 이심률	0.2226
승교점 경도	304.3345
근일점 편각	178.7957
물리적 특성	
분광형	S
지름	34.4×11.2×11.2km
평균 밀도	2.67±0.03g/cm³
질량	6.69×10¹⁵kg
표면 중력	0.0059m/S²
탈출 속도	0.0103km/S
반사율	0.25
자전 주기	5.270시간
겉보기 등급	7.0~15
절대 등급	11.16

측면에서 긍정적인 면도 있다.

그것들 중에서 1036 가니메드(Ganymed) 다음으로 큰, 근지구 소행성(Near-Earth asteroid)이 433 에로스다. 이 소행성은 근일점이 1.017AU보다 크고 1.3AU보다는 작다.

아텐(Aten)이나 아폴로 그룹의 소행성들은 지구 공전 궤도와 교차하고, 아모르 그룹의 소행성들은 지구 궤도 밖에서 태양을 공전하는 근지구 소행성인데, 이들과는 다르게 항상 지구 궤도 안쪽을 도는 것들이 Atira 그룹에 속하는 소행성들이다.

근지구 소행성들 중에서 큰 것들은 대체로 아모르 그룹에 속하는데, 이 중에서 가장 큰 가니메드에는 아직 탐사선이 간 적이 없어서 상세한 조사가 되어있지 않지만, 에로스는 니어 슈메이커 탐사선이 상세하게 탐사하여 많은 정보를 제공해 준 바 있다.

에로스는 S type 소행성이다. 여기서 S는 주된 성분이 석질(Stony)이

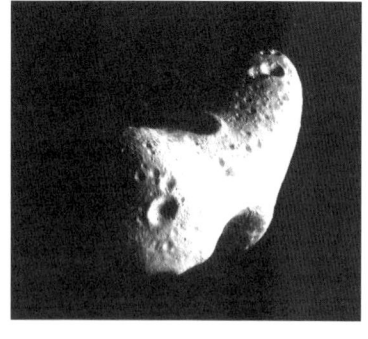

나 규산염(Silicate)이라는 뜻이다. 탄소가 적은 타입으로, 철과 니켈 등

금속물이 혼합되어 있으며, 전체 소행성의 17%가 여기에 해당한다.

에로스의 질량은 6조 6,900억t 정도이다. 아주 단단한 소행성으로 밀도가 $2.67\pm0.03g/cm^3$로 상당히 높다. 표면 중력은 $0.0059m/s^2$ 정도에 불과하지만 말이다.

궤도는 화성의 궤도를 침범하는데(Mars-crosser asteroid), 이보다 에로스의 궤도에 대해 더 주목해야 할 사실은, 소행성의 궤도가 주변에 중력으로 영향을 미칠 수 있는 천체들이 있는 경우, 불안정해질 수 있다는 점이다. 그러니까 현재는 지구와 충돌 가능성이 극도로 낮은 궤도를 돌고 있더라도, 수백만 년에 한 번꼴로 소행성의 궤도가 주변 천체의 영향으로 변할 수 있는 여지가 존재하며, 이 경우에 지구 궤도를 가로지르는 소행성으로 변할 수도 있다.

주지하다시피 1996년에 이 소행성을 탐사하기 위해, NASA에서 니어 슈메이커 탐사선을 발사한 바 있다. 2001년 2월 12일에 에로스 표면에 착륙해서 자료를 수집했으나, 2월 28일에 연락이 두절되었다. 사실 착륙이라는 표현이 어려울 정도로 거칠게 내려앉았지만, 그래도 살아 있는 며칠 동안 많은 자료를 보내왔다.

니어 슈메이커가 보내온 자료에 의하면, 에로스는 하루의 길이가 매우 짧아서 대략 5.27시간 주기로 자전하며, 표면에 여러 개의 충돌 크레이터가 존재한다. 그리고 작은 크레이터가 없는 지역들이 있는데, 여기는 아마도 대형 충돌의 파편들이 표면을 덮은 것으로 보인다.

한편, 이 소행성의 이름이 에로스여서, 이곳의 크레이터에는 유명한 연인들의 이름을 붙인 게 많다. 예를 들어 오페라 아이다의 주인공 아이다(Aida) 이름을 딴 아이다 크레이터, 돈후앙 크레이터, 카사노바 크레이터(Casanova Crater) 등이 있고, 일본 고전 문학인 '겐지 모노가타리'의 이름을 빌린 겐지 크레이터도 있다.

에로스는 지구에 근접한 궤도를 가지고 있을 뿐 아니라, 여러 금속 자원을 많이 가지고 있을 거로 추정되어, 본격적인 우주 개척 시대가 다가오면, 탐사의 우선적 목표가 될 것으로 보인다. 그 때문인지 SF소설에서도 많이 등장하여, 그 가상의 세계에서 소행성대를 넘어 목성으로 진출하려는 인류의 전진기지가 되기도 하고, 그 자체에 대형 엔진을 달고 우주를 탐사하는 초대형 우주선이 되기도 한다.

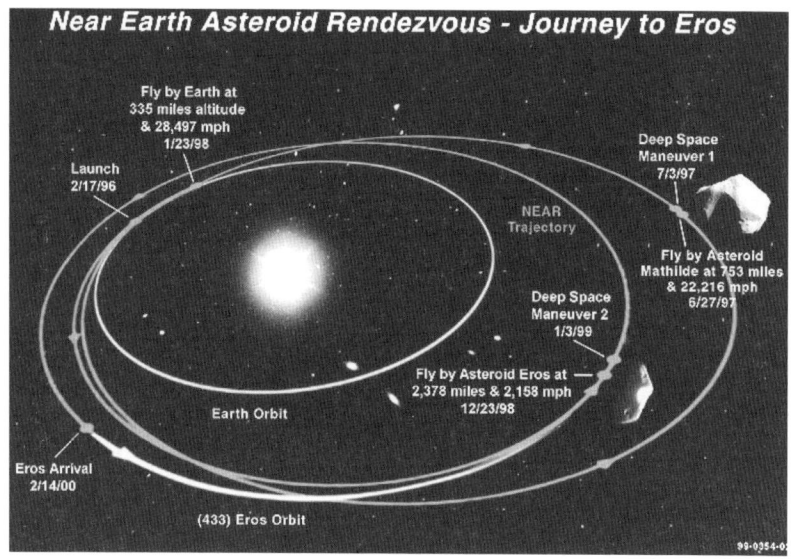

니어 슈메이커의 미션 맵

에로스라는 이름과는 달리, 못생긴 소행성이지만, 미래에 인류가 본격적으로 우주로 진출할 때 많은 관심을 받을 것으로 보인다.

21. 원시 행성, 4 베스타

4 베스타(4 Vesta)는 1807년 3월 29일에 독일의 천문학자 하인리히 올

베르스(Heinrich Wilhelm Matthias Olbers)가 발견했는데, 소행성대에서 세레스 왜행성에 이어 두 번째로 큰 천체로, 소행성대 질량의 약 9%를 차지하는 것으로 추산된다.

4 베스타는 소행성 중에서는 밝은 편에 속하는 소행성이다. 원일점이 세레스의 근일점보다 약간 먼 정도로, 궤도가 세레스 궤도의 안쪽에 놓여있다.

10억~20억 년 전의 충돌로 인해 남반구 대부분을 차지하는 두 개의 거대한 분화구가 남았고, 이 사건으로 인한 파편이 HED(Howardite – Eucrite – Diogenite) 운석으로 지구에 떨어져서, 베스타에 대한 풍부한 정보의 원천이 되었다.

베스타는 소행성대에서 두 번째로 무겁지만, 세레스 질량의 28%밖에 되지 않는다. 주지하다시피 세레스는 태양으로부터 2.50AU 떨어진 소행성대 안쪽의 커크우드 간극(Kirkwood gap, 소행성대에서 궤도 장반경이나 공전 주기를 기준으로 볼 때 그 분포가 매우 줄어드는 지점)에 있다. 내부는 분화되어 있으며, 부피는 팔라스와 비슷하나 질량은 25% 더 크다.

앞에서 언급했지만, 과학자들은 200개 이상의 HED 운석을 확보하고 있어, 이를 통해 베스타의 지질학

궤도 성질	
궤도 긴 반지름	2.361AU
근일점	2.151AU
원일점	2.572AU
공전 주기	3.63yr
평균 공전 속도	19.34km/S
궤도 경사	7.133°
궤도 이심률	0.08902
승교점 경도	103.926°
근일점 편각	150.297°
물리적 성질	
분광형	V
지름	(572.6×557.2×446.4) ±0.2km
평균 밀도	3.42g/cm³
질량	(2.67±0.02)×10²⁰
탈출 속도	0.35km/s
반사율	0.423
자전 주기	5.342시간
각지름	0.64″~0.20″
평균 온도	85~255K

적 변천사와 구조를 알아냈다.

　베스타는 철-니켈 핵, 암석질 감람석 맨틀, 지각으로 구성되어 있는 것으로 추정된다. 지각의 두께는 천체의 크기와 남극점 부근, 분화구의 깊이를 바탕으로 추산해 봤을 때 $10km$가량 될 것으로 보인다. 표면에 철질 운석과 아콘드라이트 운석(Achondrite, 콘드률이 포함되어 있지 않은 돌로 된 운석)이 있는데, 이것들은 큰 충격으로 파괴된 미행성이 분화되었음을 알려준다.

　베스타의 가장 눈에 띄는 지형은 거대한 분화구로, 남극 중앙 부근에 있으며, 지름이 $460km$로, 베스타 지름의 80%를 차지한다. 분화구의 깊이는 $13km$이고, 가장자리는 $4~12km$ 정도 솟아있으며, 분화구 중앙은 $18km$ 솟아있다. 이런 초대형 분화구를 만든 충돌로, 베스타의 전체 체적의 1% 정도가 함몰된 것으로 추정된다.

　한편, 베스타의 동반구와 서반구의 지형은 확실히 구분된다. 동반구에는 고 알베도의 지형, 많은 크레이터가 존재하는 고지대가 존재하는데, 이 지형의 나이는 표토 나이와 비슷할 것으로 추정된다. 또한 크레이터는 지각 깊숙한 곳의 심성암층 구조까지 알게 해준다. 이에 반해서 서반구의 지역의 표면은 현무암으로, 달의 바다와 유사하게 생겼다.

　베스타는 유달리 밝은 표면 때문에 때때로 맨눈으로도 관측할 수 있다. 태양에 대하여 합(Conjunction, 관측 위치에서 보기에 두 개의 천체가 같은 방향의 위치에 오는 시각 또는 그 상태) 위치에 있을 때 +8.5등급으로, 이는 충(Opposition, 관측 위치에서 보기에 두 개의 천체가 하늘의 반대편에 있을 때) 부근에서의 이각(Elongation, 태양과 한 천체가 이루는 각)보다 작더라도, 공해가 없는 하늘에서 쌍안경을 통해 관측할 수 있는 수준이다.

⊗ 던과 베스타

소행성 탐사선 던(Dawn)은 2011년에 태양계에서 2번째로 큰 소행성인 베스타에 도달하여, 이전과는 비교할 수도 없을 정도로 세밀한 영상과 관측 자료를 보내왔다.

초기 관측에서 베스타는 작은 점으로 보였다. 최초로 이에 대한 측정이 시도된 것은 1825년으로, 당시엔 지름이 383~444km 정도 될 거로 계산했다. 이 값은 실제 크기보다는 작으나 그래도 19세기 초라는 시점을 고려하면 꽤 훌륭한 측정이 이루어진 셈이다.

1879년에는 513±17km라는 근사치가 다시 얻어졌다. 그러나 이후에는 오히려 390~602km로, 추정치 폭이 도리어 벌어졌다. 그런 이유는 베스타가 둥근 원형이 아니라 감자 내지는 만두처럼 생긴 탓에, 관측할 때마다 밝기와 최대 지름이 변했기 때문일 것이다.

오늘날 가장 정밀한 관측에 의하면, 베스타는 578×560×458km의 감자 모양이다. 과학자들은 지름 500km급 이상의 천체들은 자체 중력에 의해 원형의 형태를 띠는 것으로 여기고 있기에, 원형이 아닌 약간 불규칙한 형태의 소행성 가운데는 베스타가 가장 큰 편에 속한다고 할 수 있다.

한편, 천체의 질량을 측정하는 것은 크기의 측정보다 훨씬 힘들다. 하지만 베스타는 소행성대에 천체 중에 가장 빨리 정확한 질량이 측정되었다. 그 이유는 다른 소행성인 197 아레테(197 Arete)가 18년마다 베스타에 0.04AU 거리까지 접근하기에, 이때 상호 간의 중력 간섭을 통하여 질량의 간접 측정이 가능하기 때문이다. 최근에 측정된 질량은 $2.59 \times 10^{20} kg$이다.

베스타의 궤도는 처음부터 정확한 측정이 가능했다. 원일점은 2.572AU, 근일점은 2.151AU이고, 평균 궤도는 2.361AU이며, 공전 주기는 1,325일이다.

이처럼 다른 소행성에 비해서 베스타에 대해서 많은 정보를 알고 있는 듯하지만, 냉정하게 따져보면, 천체의 실체를 파악하기에는 아직 부족한 양이다. 그 이유는 지구에서 너무 멀리 떨어져 있어서, 지상이나 심지어 허블 우주 망원경으로 봐도, 흐릿한 영상밖에 얻을 수 없기 때문이다.

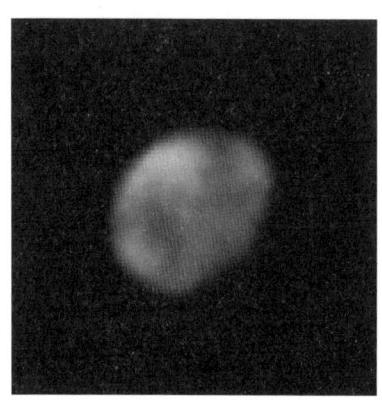

허블 망원경으로 촬영한 베스타 사진

옆의 사진이 던(Dawn) 탐사선이 베스타로 떠나기 전까지 우리가 얻을 수 있었던 가장 선명한 사진이다. 이 사진으로도 베스타가 단순한 감자 모양이 아니라, 표면 지형이 꽤 복잡할 수 있을 것으로 추정해 볼 수 있지만, 이 정도의 추정만으로는 그 실상을 파악하기 어렵다.

이렇듯 스스로 빛을 내지 않는, 멀리 떨어진 천체를 연구한다는 것은 쉽지 않은 것이다. 그래서 탐사선 Dawn이 이 소행성을 향해 날아갔고, 마침내 2011년 7월부터 해상도 높은 베스타의 사진들이 전송돼 오기 시작했다.

과학자들은 오래전부터 베스타의 상세한 지형에 대해서도 알고 싶어 했다. 베스타와 같은 소행성들이 태양계 탄생의 비밀과 더불어 행성 생성의 비밀을 품고 있다고 믿고 있었기에, 직접 탐사선을 보내는 일을 아주 중요하게 여겼다.

마침내 Dawn이 발사되어 2011년 7월 16일에 베스타의 궤도에 들어선 다음에 1년간 베스타의 주변을 돌았다. 베스타에 가장 가까운 저궤도에 도달하는 것은 2011년 12월 13일이었다. 베스타의 궤도에서 관측 작업을 하며 반년 이상 머문 후, 2012년 7월에 베스타의 궤도를 이탈하여, 마지막 예정된 목적지인 세레스 왜행성을 향했다.

그런데 학자들은 Dawn이 도달하기 전에 허블 우주 망원경과 지상의 켁 망원경을 통해, 이 소행성이 알베도가 높은 지형과 어두운 부분이 있다는 사실을 알게 됐다.

밝은 부분은 주로 동쪽에 있으며, 심하게 운석 충돌을 당해 크레이터가 무수히 존재하는 지형이다. 이곳에는 오래된 레골리스(Regolith, 먼지, 흙, 부서진 돌조각들로 구성된 층)가 존재한다고 여겼다. 반면에 어두운 지형은 현무암이 많은 지형으로, 달의 마리나 지형과 비슷하다고 여겼다.

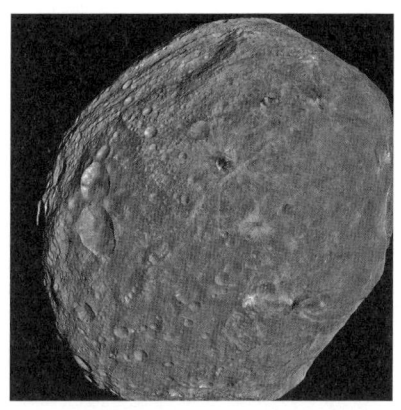

던이 5,200km 떨어진 곳에서 촬영한 베스타

한편, 이렇게 작은 소행성에 매우 다양한 지형이 존재하는 것은 그 생성의 기원과 관련이 있을 것이다. 베스타는 생성 초기에 다른 미행성들처럼 작은 운석들이 모인 후에, 내부에서 방사성 붕괴가 일어나 중심부에 녹은 상태의 금속성 코어가 생겼던 것으로 추정된다. 크기는 작아도 베스타는 주로 철과 니켈 성분이 중심이 되어서 생성되었기에 상대적으로 방사성 동위원소도 많았던 것 같다. 그렇게 작은 맨틀이 생겨났고 일부는 표면으로 분출해서 어두운 지형을 만들어 낸 것으로 보인다.

사실 지구나 다른 행성들 역시 초기 미행성들이 충돌해서 현재의 지구로 커졌다고 생각한다. 그러나 소행성대는 목성의 강력한 중력의 영향을 받고 있어, 베스타나 세레스, 팔라스 같은 소행성들이 뭉쳐져 더 큰 행성이 되는 것에 방해를 받았던 것 같다. 그래서 일부 학자들은 베스타는 소행성이라기보다는 원시 행성(Protoplanet)으로 불러야 한다고 주장한다.

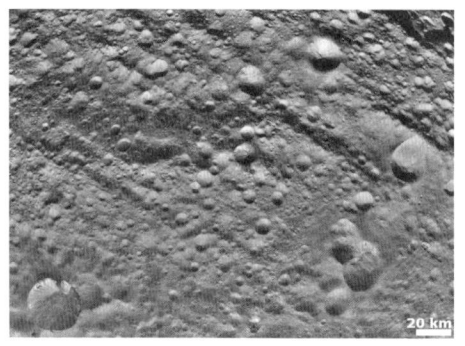

베스타의 운석 폭격을 받은 지형

베스타의 어두운 부분이 이런 작은 소행성에 어울리지 않은 화산 활동의 결과라면, 밝고 크레이터가 많은 지형은 이보다 더 오래 전부터 운석의 폭격을 받은 지형으로 이해할 수 있다. 레골리스는 그 결과로 생겨난 것으로 보인다.

베스타의 표면 지형에서 또 하나 주목해야 할 것은 거대 크레이터들이다. 그중에서도 가장 눈에 띄는 것은 레아 실비아(Rhea Silvia)이다.

레아 실비아 크레이터

레아 실비아는 460km 크기의 거대 크레이터로 베스타 지름의 거의 80%를 차지하고 있다. 태양계의 크레이터 가운데 가장 큰 것 중 하나로, 베스타 남반구에 배꼽 같은 지형을 형성하고 있다. 크레이터의 바닥은 13km 아래로 파여있고, 그 주변부는 4~12km 정도 위로 솟아있으며, 가운데에는 23km 높이의 거대한 산이 있는데, 사실 이 산은 태양계에서 가장 높은 것 가운데 하나로, 지구에 있는 어떤 산보다도 높다. 베스타와 지구의 크기 차이를 생각해 보면, 이건 정말 놀라운 일이다. 또한 놀랍게도 큰 충돌의 흔적으로 거대한 동심원 주름이 존재한다.

우선 베스타가 그렇게 큰 충돌에도 살아남은 것 자체가 놀라운 일이다. 그런 큰 충돌 덕에 아마 찌그러진 모양새가 더 심해진 것인지도 모르지만 어쨌든 살아남았다. 부분적으로 금속질이 많은 암석 행성이기에 질량이 커서 유리하게 작용했는지 모른다.

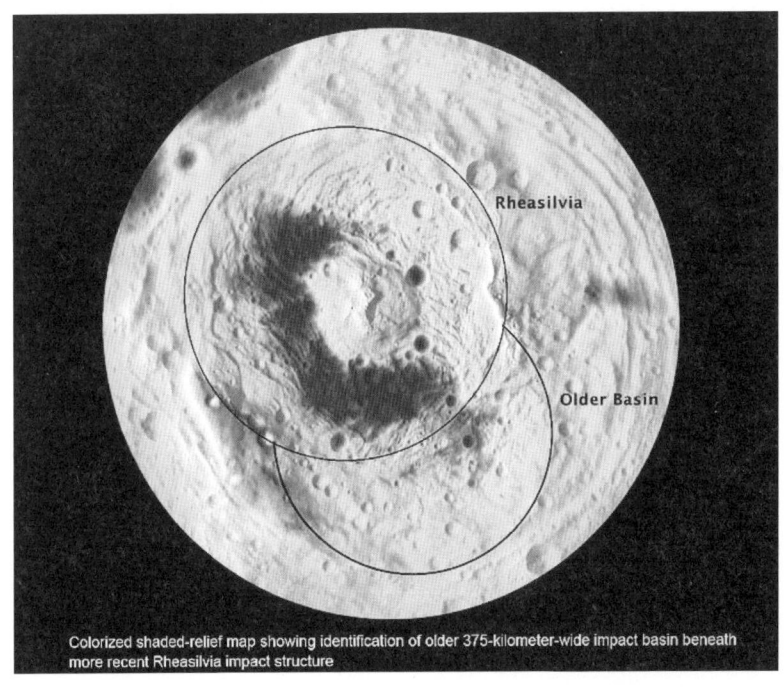

좀 더 범위를 넓혀 보면 사실 이전에도 다른 거대 충돌 크레이터가 있었는데 다시 대형 충돌이 발생하여 레아 실비아가 탄생한 것 같다.

과학자들은 거대 충돌로 인해 상당히 많은 파편이 베스타에서 떨어져 나왔을 것이며 이 중에 HED(Howardite-Eucrite-Diogenite) 운석이 있다고 생각하고 있다. 이 운석들은 모두 44.3억 년에서 45.5억 년 사이 결정화된 공통점이 있는데 베스타 지각에서 나왔다는 학설이 유력하다. 물론 이들 운석의 일부가 지구에도 떨어졌기 때문에 과학자들은 베스타의 지질학적 구조에 대해서 많은 정보를 얻을 수 있었다.

한편, 베스타에는 마치 눈사람처럼 생긴 Snowman 크레이터도 있다. 이 크레이터는 생김새를 보면 눈사람이라는 이름이 붙은 이유를 알 수 있는데, 작은 크레이터가 모여서 대형 크레이터 하나를 형성하고 있다.

이들 크레이터의 공식 이름은 크기순으로 Marcia, Calpurnia, Minucia 이지만, 그냥 하나의 덩어리로 보고, 눈사람 크레이터라고 부르고 있다.

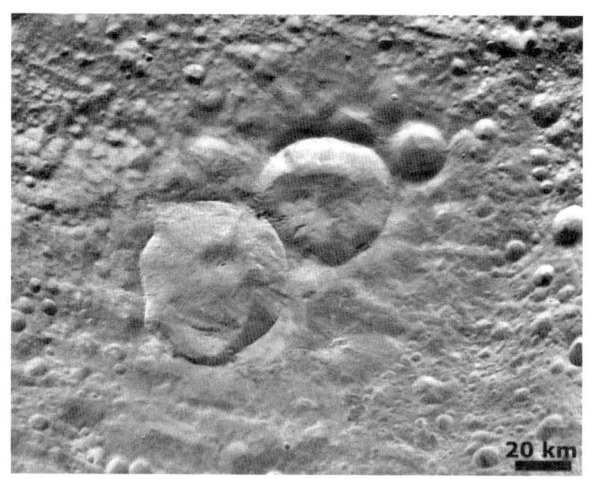

눈사람 크레이터

베스타는 지구에서 봤을 때는 그냥 좀 큰 소행성에 불과했다. 하지만 탐사선을 통해 그 형상을 세밀하게 보게 되면서, 새로운 사실들을 많이 알게 되었다.

22. 우주의 Paris, 루테티아

1852년 11월 15일에 헤르만 골드슈미트(Hermann Goldschmidt)가 발

구분	소행성대 천체
지름	(121±1)×(101±1)×(75±13)km
태양 기준 거리	2.434893AU
원일점	2.8357958AU
근일점	2.03399AU
궤도 경사각	3.06362°
이심률	0.10213
공전 주기	1,387.7726일
자전 주기	8.1655시간
자전축 기울기	96°
온도	170~245K
겉보기 등급	9.25~13.17

견한 21 루테티아(21 Lutetia)는 파리의 라틴어 이름을 따서 명명된, 소행성대의 M형(금속 성분이 많이 포함되어 있으며, 철이나 니켈에서 나타나는 스펙트럼을 보인다. 그리고 소량의 암석 성분도 포함하고 있다) 소행성이며, 2010년 7월 10일에 혜성 탐사선 로제타호가 67P(추류모프-게라시멘코) 혜성으로 가는 도중에 들린 적이 있다. 로제타가 동력을 얻기 위해 이곳에서 플라이바이를 하면서 표면을 촬영했는데, 약 2시간 동안 100km 정도의 폭만을 촬영했기에 전체 지도는 확보하지 못했다.

그래서 수스피치오(Suspicio)라는 대형 충돌구는 이때 지도에 담지 못했는데, 그래도 학자들은 이 존재를 믿고 있다. 표면 균열로부터 역 추적해서 남반구에 있을 것으로 추정하지만, 루테티아의 자전축은 천왕성에 가까운 편이고, 로제타호는 루테티아의 북반구만을 촬영했기 때문에, 실제로 그 존재를 확인하지는 못한 상태다. 현재 확인된 루테티아의 충돌구 중 가장 큰 것은 마실리아(Massilia) 충돌구로 지름이 61km 정도다.

루테티아의 표면은 수많은 충돌 분화구로 덮여있으며, 내부 균열의 표면 노출로 보이는 균열, 경사면, 홈들이 교차해 있다. 촬영된 북반구에는 지름이 600m에서 55km에 이르는 총 350개의 충돌 분화구가 있다. 가장 심한 충돌 분화구가 있는 표면(Achaia 지역)의 나이는 약 3.6±0.1억 년이다.

한편, 루테티아 표면은 지질학적 특성에 따라 Baetica(Bt), Achaia(AC),

Etruria(Et), Narbonensis(Nb), Noricum(Nr), Pannonia(Pa), Raetia(Ra) 등 7개 지역으로 나뉜다. Baetica 지역은 북극 주변에 있으며 지름 $21km$의 분화구 클러스터와 충돌 퇴적물이 포함되어 있다. Baetica는 두께가 약 600m인 매끄러운 분출물 담요로 덮여있으며, 이 담요에는 오래된 분화구가 부분적으로 묻혀있다. 다른 표면 특징으로는 산사태, 중력적 암석, 크기가 최대 300m인 분출물 블록 등이 있다.

가장 오래된 두 지역은 Achaia와 Noricum이다. Achaia는 많은 충돌 분화구가 있는 평원 지역이다. Narbonensis 지역에는 루테티아에서 가장 큰 마실리아라는 분화구가 있다. 여기에는 여러 개의 작은 단위가 포함되어 있으며, 나중에 형성된 구덩이 사슬과 홈으로 일부가 덮여있다. 다른 두 지역인 Pannonia와 Raetia는 큰 충돌 분화구일 가능성이 높다. Noricum 지역에는 길이가 $10km$이고 깊이가 약 100m인 눈에 띄는 홈이 교차해 있다.

시뮬레이션에 따르면, 루테티아에 지름이 $45km$인 분화구를 만든 충돌도 소행성을 심각하게 손상했으나, 완전히 파괴하지는 못했다. 이런 사실을 볼 때, 루테티아는 태양계가 시작된 이래로, 파괴 후의 부활이라는 치명적인 사건은 겪지 않았을 가능성이 크다.

선형 균열의 모양과 충돌 크레이터 형태는 이 소행성의 내부가 상당한 강도를 가지고 있으며, 다른 작은 소행성과 같은 잔해더미가 아니라는 사실을 나타낸다. 이러한 사실들을 종합해 보면, 루테티아는 원시 소행성으로 분류되어야 할 것으로 보인다.

⊗ 로제타와 루테티아

소행성의 비밀을 풀기 위해 소행성에 직접 다가간 탐사선들이 있다. 그중 대표적인 것 하나가 NASA가 발사한 탐사선 던(Dawn)이고, 또 하나는 유럽 우주국(ESA)에서 발사한 로제타호이다.

로제타가 촬영한 21 루테티아

로제타호는 2004년에 아리안 5 로켓으로 발사되어 2008년에 4.6km 정도의 지름을 가진 소행성인 2867 Šteins에서 플라이바이 한 후, 2010년 7월에 소행성 21 루테티아에 다가가 3,170km 떨어진 지점에서 근접 영상을 촬영하는 데 성공했다.

루테티아라는 명칭은 라틴어로 파리(Paris)라는 의미이다. 이런 이름을 붙인 이유는, 발견자인 헤르만 골드슈미트가 파리에 있는 아파트 발코니에서 이 천체를 발견한 것을 기념하기 위해서라고 한다.

이 소행성은 대략 $(121\pm1)\times(101\pm1)\times(75\pm13)km$ 정도의 크기로, 대략 100km 내외 지름을 가지고 있다. 로제타호는 이 소행성 주위로 플라이바이를 시도하면서 정확한 질량을 측정했는데, 질량은 $(1.700\pm0.017)\times10^{18}kg$, 밀도는 $3.4\pm0.3g/cm^3$으로, 비슷한 크기의 소행성과 비교했을 때 밀도가 높은 편이었다.

과학자들이 가장 궁금했던 부분은 이 소행성이 M형으로, 주로 철-니켈로 이루어진 금속 중심의 높은 밀도를 가지고 있으면서도, 그 표면은 탄소 성분의 소행성인 C형 소행성과 비슷하다는 사실이었다.

로제타호는 여러 파장대의 근접 촬영으로 이를 분석했는데, 이로부터 과학자들은 이 소행성이 E type chondrite라고 불리는 Enstatite(완화휘석) 운석이나 금속 성분이 풍부한 탄소질 소행성일 수도 있다고 여겼다. 또 근접 영상을 분석했을 때 이 소행성이 레골리스(Regolith)라고 부르는, 50~100μm 정도 크기의 입자로 된, 고운 먼지로 덮여 있는 것으로 보였다.

한편, 루테티아 표면에는 수많은 크레이터가 있으며 그중에 가장 거대한 것은 지름이 45km나 된다. 이런 대형 크레이터로 인해 모습이 크게 찌그러진 상태가 된 것으로 보인다. 지름 500km 미만의 소행성은 자체 중력으로 둥근 모양을 유지하기 어렵기에, 대체로 구형보다는 불규칙한 모양을 가지고 있다.

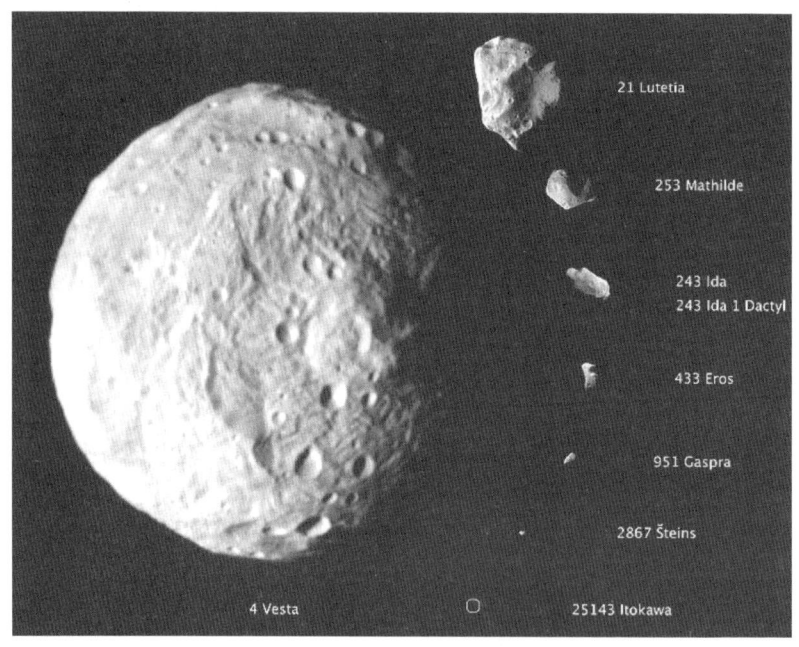

베스타 4를 비롯한 루테티아 및 기타 소행성의 크기 비교

루테티아는 태양에서 평균 2.4AU 정도 되는 공전 궤도(2.0~2.8AU)를 약 3.8년을 주기로 공전하고 있으며 자전 주기는 8.2 시간 정도에 불과할 정도로 짧다.

앞에서도 언급했지만, 로제타호가 관측한 부분은 사실 전체의 45% 정도에 불과하나, 이 관측을 통해 이전에는 알 수 없었던 사실들이 많이 밝혀졌다.

향후 소행성대 천체들을 직접 관측할 수 있게 되면, 태양계 초기의 모습에 대해서 보다 상세한 정보가 밝혀질 것이다. 이 소행성들이 태양계 초기에 행성을 형성하고 남은 조각이기 때문이다.

23. 야르콥스키 효과가 관찰된 골레브카

6489 골레브카(6489 Golevka)는 1991년에 Eleanor F. Helin이 발견한 화성 횡단 소행성이다.

이름의 유래는 복잡하다. 1995년에 세 곳의 레이더 관측소에서 골레브카를 동시에 연구했다. 캘리포니아의 골드스톤, 우크라이나의 예바토리아 RT-70 전파 망원경, 일본의 가시마 천문대 등인데, '골레브카'는 그 천문대들 이름의 몇 글자를 조합한 것이다.

골레브카는 $0.6 \times 1.4 km$ 크기의 작은 물체다. 레이더 관찰 방향에 따라 다르게 보이는, 이상한 모양을 하고 있는데, 2003년에 고정밀 레이더 관측을 통해, 야르콥스키 효과가 처음으로 관찰된 소행성이다.

1991년과 2003년 사이에 야르콥스키 효과의 힘으로 인해, 중력 상호 작용만을 기준으로 할 때 예상했던 것보다 $15 km$ 더 이동했고, 이를 통해 소행성의 밀도($2.7 \pm 0.5 g/cm^3$)와 질량($2.10 \times 10^{11} kg$)을 알아내는 데 도움을 받았다.

골레브카는 2046년에 0.05AU, 2069년에 0.10AU, 2092년에 0.11AU 거리로 지구에 접근하는데, 궤도는 이심률, 준장축, 기울기 면에서 4179 투타티스의 궤도와 아주 유사하다.

하지만 이 거리는 여전히 먼 거리여서, 골레브카가 행성과 충돌할 확률은 향후 9세기 동안은 염려하지 않을 정도로 희박하다.

⊗ 야르콥스키 효과와 소행성

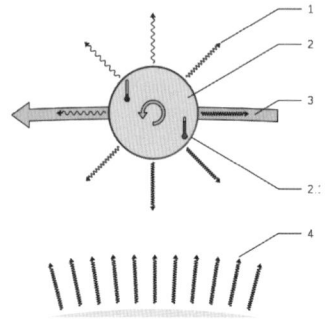

1. 소행성에서 복사되는 에너지
   (Radiation from asteroid's surface)
2. 자전하는 소행성
3. 소행성의 궤도
4. 태양에서 복사되는 에너지

태양 주변을 공전하는 소행성에는 야르콥스키 효과가 일어날 수 있다고 보고 있다. 이 효과는 태양으로부터 받는 에너지와 방출하는 에너지가 천체의 자전에 따라 다르게 나타나기 때문에 발생한다.

소행성이 자전할 때 태양에너지를 받는 부분(낮 지역)과 받지 않는 부분(밤 지역)의 표면 온도 차이가 발생하고, 이에 의해 표면에서 복사되는 에너지의 차이가 발생한다. 이 에너지 차이는 미세하지만 오래 누적되면 소행성의 궤도를 변하게 할 수 있을 거로 보인다. 실제로 이런 효과는 소행성에서는 미미한 게 일반적이지만, 표면적에 비해 질량이 적은 소행성에서는 의미 있는 차이를 만들 수 있다.

이런 야르콥스키 효과가 처음으로 확인된 소행성이 바로 6489 골레브카로, 이 소행성을 1991년부터 2003년까지 12년간 관찰한 결과, $15km$ 정도 궤도가 어긋난다는 것을 알아냈다. 이 소행성에 가해지는 야르콥스키 가속력은 0.25N에 불과할 정도로 작으나, 오랜 세월 지속해서 힘이 가해져 결국 궤도에 영향을 주게 된 것이다.

골레브카 이후, 야르콥스키 효과로 주목을 받은 천체는, 소행성 물질 채취 계획인 OSIRIS-REx(Origins Spectral Interpretation Resource Identification Security Regolith Explorer)의 목표였던, (101955) 1999 RQ$_{36}$라는 아폴로 소행성이었다. 이 소행성은 지름 500m가 채 안 되는 작은 소행성으로 질량은 6,800만 톤 규모였다.

이 소행성은 지구 충돌 가능성 때문에도 주목받았는데, 아레시보 전파망원경을 통해, 지구에 근접한 1999년, 2005년, 2011년에 자세한 궤도가 조사되었다. 아레시보 관측소(Arecibo Observatory)에서 측정할 수 있는 정밀도는 이 소행성이 3,000만km 떨어진 위치에 있을 때 300m 정도의 오차만 날 정도로 정확하다. 이는 뉴욕에서 LA까지 거리를 재는데 2인치 이내의 에러만 나는 정확도라고 할 수 있다.

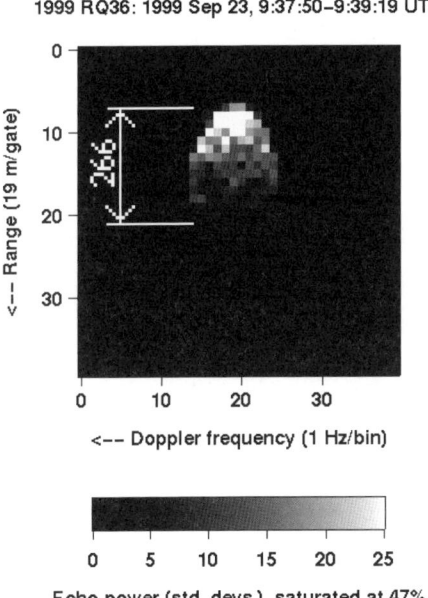

관찰 결과, 지난 12년간 이 소행성의 궤도가 중력으로 인한 효과만을 고려했을 때보다 160km나 차이가 났다. 이 소행성은 그 밀도가 물과 거의 비슷할 만큼 구성 물질이 가벼워, 미세한 힘을 발생시키는 야르콥스키 효과에

잘 반응한 것으로 생각된다.

아레시보 관측소의 마이클 놀란(Michael Nolan)에 의하면, 이 힘은 사실 최고 수준에서도 1/2 온스에 불과한 수준이나, 다른 상쇄할 힘이 없다면, 한 방향으로 지속해서 힘이 가해져 소행성의 궤도가 변할 수 있다고 한다. 그렇기에 지구를 잠재적으로 위협하고 있는 소행성의 미래 궤도를 추정할 때 이 효과를 반드시 고려해야 한다.

24. 태양계 신비를 밝힐 베누

베누(Bennu)는 아폴로 소행성군에 속하는 소행성이자 지구 근접 천체(Near-Earth celestial body)이다. 1999년 9월 11일에 리니어(LINEAR) 프로젝트를 통해 발견된 B형 소행성 중 하나로, 지름이 500m가 채 안 된다. 6년마다 지구에 근접하는데, 2135년엔 달과 지구 사이를 지나가다 지구와 충돌 가능성이 있으며, 심지어 2182년 9월 24일에 지구와 충돌할 확률이 1,800분의 1에 달할 정도로 위험하다.

명칭은 공모를 통해 이집트 신화 속의 태양신인 베누가 붙여졌고, 베누 탐사 및 샘플 채취 탐사선 OSIRIS-REx는 이집트 신화의 오시리스에서 이름을 따왔다.

지구에서 여기까지 가는 데 드는 비용이 다른 지구 접근 천체들에 비해서 적은 편이라 예전부터 탐사선을 보내보자는 의견이 많았다. 이 외에도 많은 관심의 대상이 된 또 다른 이유는, 주지하다시피 베누가 지구에 충돌할 가능성이 있기 때문이었다. 22세기 말(2175~2200)에 베누가 지구에 충돌할 가능성이 약 1/2,700이어서, NASA는 이미 베누의 궤도를 바꿀 우주선을 고안하고 있으며(해머 헤드 계획), 때에 따라서는 베누 일부분에 페인트를 뿌려서 태양광 흡수/반사 성질을 바꿈으로써(야르콥스

구분	소행성대 천체
크기	(564.73×536.10× 498.49)±0.12m
평균 지름	490.06±0.16m
표면적	0.782±0.004km²
질량	(7.329±0.009) ×10¹⁰kg
태양 기준 거리	1.126391026AU
원일점	1.35588769AU
근일점	0.89689436AU
궤도 경사각	6.0349392°
이심률	0.20374511
공전 주기	436.648728일
자전 주기	4.296057시간
자전 축 기울기	177.6±0.11°
표면 온도	200~350K
절대 등급	20.9
표면 중력	0.06mm/s²
지구 최대 접근거리	482,120km

키 효과) 베누의 경로를 바꾸는 방법도 고려하고 있다. 그래서 베누의 밀도 파악을 위한 검체 채취와 야르콥스키 효과 검증을 위한 무인 탐사선인 OSIRIS-REx가 이미 2016년에 발사된 바 있다.

하지만 만에 하나 베누가 지구에 충돌하더라도 그 영향이 궤멸적이지는 않을 것으로 예상된다. 물론 낙하 지점은 엄청난 피해를 보겠지만, 지름이 베누의 두 배는 되어야, 성층권에 산포된 입자가 대량 유입되어, 태양광을 차단하고 범지구적 냉각을 야기한다.

한편, 충돌 예상 시점이 지금으로부터 200년 후의 미래여서, 인류가 그때쯤이면, 소행성을 임의로 제어할 정도의 과학기술을 보유하고 있을 것으로 예상하는 학자들이 많다. 그리고 소행성의 궤도를 비틀지는 못하더라도, 베누가 충돌이 확실시되는 지점까지 접근하면, 현재의 기술로도

충돌 위치를 꽤 정확하게 추정할 수 있으므로, 충돌 예상 지역에 거주하는 주민들을 이주시켜 피해를 최소화할 수 있다.

베누는 극도로 어두운 소행성으로 표면 반사율이 4%밖에 안 된다. 이

는 아스팔트보다 어두운 수준이다. 2018년 하반기 관측 결과에 따르면, 탄소질 소행성 C형의 하위 그룹인 F형 소행성에 속하고, 혜성으로부터 생겨났을 가능성이 있으며, 표면에 물이 존재할 가능성도 있다.

2019년 조사에서 혜성처럼 먼지와 10㎝ 미만의 입자들을 내뿜는 특이한 현상이 포착됐기에, 활성 소행성(Active asteroid)으로 분류되었다. 만약 앞으로 키론(Chiron)처럼 소행성이자 혜성인 천체로 분류된다면, 혜성 상태에서의 이름은 P/1999 RQ$_{36}$(LINEAR)이 된다.

2019년 12월에 OSIRIS-REx의 착륙 지점이 정해졌는데, 북위 56도, 동경 43도 부근의 나이팅게일(Nightingale)이라는 충돌구 지형이었다. 그리고 마침내 2020년 10월 20일에 10초간 탐사선이 지면에 접촉하여 샘플 획득에 성공하였다. 채취 장면을 보면, 표면이 생각보다 단단하지 않았다. 채취된 샘플은 그로부터 3년 후 미국 유타주에 도착하였다.

⊗ 충돌 가능성

2023년 9월 24일에 지구로 돌아와, 베누의 물질이 담긴 캡슐을 떨어뜨린 OSIRIS-REx는, 지구에 충돌할 가능성이 있는 소행성에 대한 중요한 정보를 함께 제공해 왔다. 지구 근접 천체 연구 센터의 다비드 파르노키아(Davide Farnocchia)가 이끄는 연구팀은, OSIRIS-REx의 관측 데이터로, 소행성 베누가 2182년 9월 24일에 지구에 근접했을 때 충돌 가능성이 1/2,700이고, 2300년에는 1/1750이라는 사실을 계산해 냈다.

그 정도로 충돌 가능성이 희박한 것은 사실이지만, 소행성 베누는 '1950 DA'와 함께 지구에 가장 위협적인 소행성이다. 다만 이 두 소행성의 충돌 가능성이 이 정도밖에 안 된다는 것은, 대형 소행성의 지구 충돌은 당분간 일어날 가능성이 거의 없다는 뜻이기에, 크게 염려하지 않아도 될 것 같다.

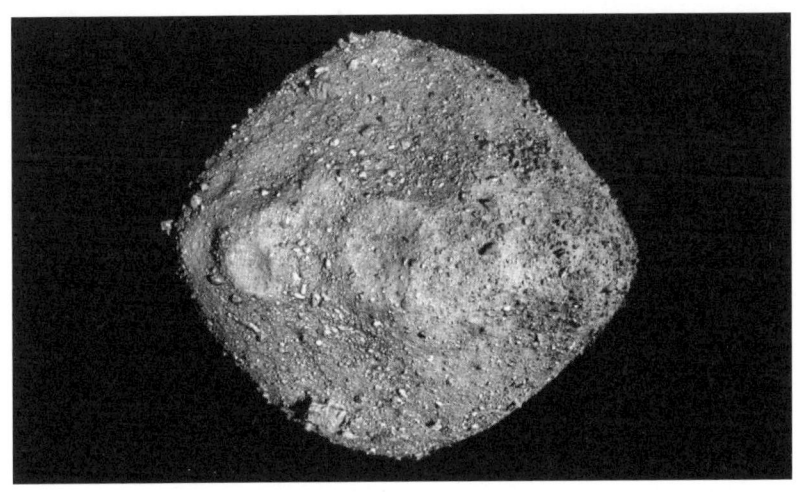

참고로 베뉴는 대략 지름 500m 정도로, 무게가 700만 톤 수준이어서, 충돌하면 1,200메가톤의 파괴력을 나타낼 수 있다. 과학자들은 베뉴의 궤도를 측정해서 미래 충돌 위험도를 계산할 수 있으나, 예측해야 할 기간이 길어질수록 그 정확도는 떨어질 수밖에 없다. 베뉴 근방에는 궤도에 큰 영향을 줄 수 있는 천체가 지구뿐이지만, 태양에너지도 베뉴의 궤도에 큰 영향을 줄 수 있다. 낮에 받아들인 태양열을 밤에 복사 에너지의 형태로 방출하면서 미세하게 추력이 발생해 궤도를 이동시키기 때문이다. 이른바 야르콥스키 효과로, OSIRIS-REx의 임무 중 하나가 야르콥스키 효과를 소행성에서 직접 관측하는 것이었다.

이 관측 결과로, 과학자들은 야르콥스키 효과가 실제로 어느 정도 나타나는지 확인할 수 있게 되었기에, 더 정확하게 소행성의 궤적을 예측할 수 있었다. 베뉴는 2135년에 지구 근방을 지나면서, 중력에 의해 큰 영향을 받는 중력 열쇠 구멍(Gravitational keyhole)을 지나게 되는데, 연구팀은 이때 야르콥스키 효과에 의한 궤도 변경을 예측해, 충돌 확률과 접근 거리의 정확도를 더욱 높여놓을 것이다.

지구 근접 소행성의 충돌 가능성이 작은 것은 사실이나, 야르콥스키 효과나 다른 미세 운석과의 충돌 등으로 궤도가 바뀔 수 있는 만큼 지속적인 관측과 연구가 필요하다. 지구의 운명이 걸린 아주 중요한 문제이기에, 과학자들은 소행성의 궤도를 바꿀 수 있는 기술도 함께 개발 중이다.

이러한 기술이 개발되면, 지구는 소행성의 위협에서 완전히 벗어날 수 있을 뿐 아니라, 먼 미래에는 지구 근접 소행성을 우주로 진출하는 인류의 귀중한 자원 공급처로 이용할 수도 있게 될 것이다.

⊗ 표면이 갈라진 이유

소행성 탐사선인 OSIRIS-REx는 소행성 베누를 공전하면서 세밀한 표면 사진을 촬영해 지구로 전송해 왔다.

2018년 12월에 소행성 베누의 궤도에 안착한 OSIRIS-REx는 2년여 동안 베누 궤도를 돌다가, 2020년 10월 21일 오전에 궤도에서 벗어난 후, 약 4시간 20여 분 동안 서서히 하강해, 접지 목표지점인 나이팅게일(Nightingale)에 약 15초간 접지했다.

이러는 과정에서 고해상도 사전을 촬영했으며, 접지 직후에는 길이 3.35m 로봇 팔 끝에 달린 샘플 채취기를 통해, 표면에 압축 질소가스를 발사하여 주변 토양과 자갈을 띄워 그중 일부를 흡입했다.

행성 과학 연구소의 제이미 모랄로(Jamie Molaro)가 이끄는 연구팀은 OSIRIS-REx 데이터에서 베누 표면 열 파쇄(Thermal fracturing)의 명확한 증거를 찾아냈다.

지구의 암석은 물과 바람, 식물, 지질 활동으로 끊임없이 부서져 모래와 토양을 형성하지만, 소행성에는 대기와 물이 없어 이런 현상이 일어날 수는 없다. 그러나 태양에 가까운 소행성의 경우 태양열에 의한 암석

파쇄가 일어난다.

낮에는 온도가 크게 오르고 밤에는 온도가 급격히 낮아져, 팽창과 수축이 반복되면서, 표면 암석에 균열이 생기게 되어 더 작은 암석으로 부서져서, 레골리스 같은 미세한 모래나 먼지 형태가 된다.

OSIRIS-REx에 탑재된 OSIRIS-REx Camera Suite(OCAMS)는 베뉴에 근접해 1cm 이하 해상도로 표면을 상세히 촬영했다. 그 결과, 낮에는 127℃까지 온도가 올랐다가 밤에는 영하 73℃까지 떨어지면서, 하루에 200℃의 온도 변화를 겪게 되어, 표면 암석에 다양한 균열이 생긴다는 사실을 확인했다.

이와 같은 열 파쇄는 수백만 년에 걸쳐 큰 암석을 깨 작은 조각과 레골리스로 만들었다. 그렇기에 이 소행성의 나이가 꽤 많다는 점을 고려하면, 아직도 표면에 큰 암석들이 많다는 사실이 더 흥미롭다.

한편, OSIRIS-REx가 토양 및 자갈 샘플을 채취한 베누는 지름 약 492m의 탄소질 소행성이다. 이 소행성은 약 45억 년 전 태양계가 형성되고 채 1,000만 년이 되기 전에 만들어진 것으로 추정된다. 이런 소행성의 경우, 구성 물질이 거의 변형되지 않아, 태양계 형성과 생명 기원을 연구하는 데 활용할 수 있다.

⊗ 빨라지는 자전 속도

OSIRIS-REx의 탐사는 몇 가지 예상치 못했던 사실을 밝혀냈는데 그중 하나가 바로 베누의 자전 속도가 빨라지고 있다는 사실이다.

애리조나 대학의 마이크 놀란 교수(Mike Nolan)가 이끄는 연구팀은 OSIRIS-REx가 보내온 데이터를 분석해, 베누가 100년에 1초씩 자전 주기가 짧아지고 있다는 사실을 알아냈다. 현재 이 소행성의 자전 주기는 4.3시간인데 과거에는 이보다 더 길었다는 것이다.

도대체 왜 이런 일이 벌어지는 것일까? 베누의 자전 주기를 변화시키는 원인은 YORP 효과인 것으로 보인다. 태양 복사도 일종의 전자기 복사이기에 이런 판단을 내린 것이다.

원칙적으로 전자기 복사는 세 가지 중요한 방식으로 소행성의 표면과 상호작용을 한다. 태양 복사는 흡수되어 물체 표면에 의해 확산 반사되며, 물체의 내부 에너지는 열로 방출된다. 광자는 운동량을 가지고 있어서 이러한 각각의 상호작용은 질량 중심에 대한 각운동량(Angular momentum)의 변화로 이어진다.

짧은 시간 동안만 생각한다면 이러한 변화는 무시해도 될 정도로 작으나, 장기간에 걸쳐 일어나는 이러한 변화는 각운동량의 상당한 변화를 유발할 수 있다.

태양 중심 궤도에 있는 천체의 경우, 소행성 대부분의 자전 주기가 궤도 주기보다 짧아서, YORP 효과는 소행성의 회전 상태를 장기적으로 변하게 한다.

결론적으로 태양 복사가 표면 반사율 차이에 의해 가해지는 압력이 달라져, 장기적으로 천체의 자전 속도를 느리게 혹은 빠르게 만드는 것이다. 작은 힘이긴 하나 누적되면 작은 소행성에는 큰 영향을 줄 수 있다.

⊗ 베누와 생명체

NASA는 OSIRIS-REx의 미션을 통해, 베누에 물과 탄소가 풍부하다는 사실을 알게 되었다. 2023년 10월 11일에 NASA는 베누에서 채취한 샘플을 미국 텍사스주 휴스턴의 존슨우주센터에서 공개하면서 이러한 사실을 알렸는데, 이번 발견으로 학계에서는 베누가 지구와 태양계 행성의 형성 및 생명체 기원을 이해하는 데 중요한 단서를 제공할 것으로 보고 있다.

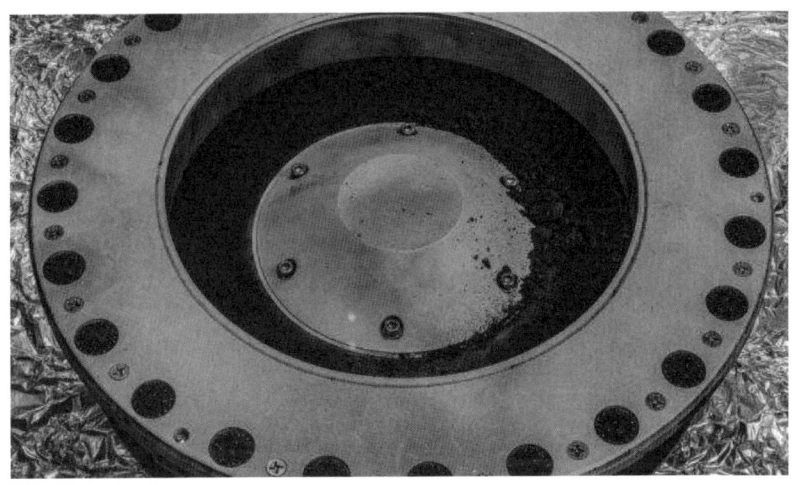

베누가 가져온 토양 샘플

NASA는 약 2주 동안 현미경 관측, 적외선 측정, X선 촬영, 화학 원소 분석 등 다양한 분석 방법을 사용하여 1차 분석을 진행하였고, 이러한 분석을 통해, 베누 샘플 내부에 풍부한 탄소와 물이 존재한다는 증거를 확인했다.

샘플에 포함된 점토에 상당한 양의 물이 함유되어 있었으며, 광물과 유기 분자 속에 탄소가 있었는데, 베누 샘플은 NASA가 확보한 소행성 샘플 중에서 탄소량이 가장 풍부했다.

NASA는 이러한 물과 탄소의 발견이 '빙산의 일각'에 불과할 것으로 보았으며, 이에 관한 연구가 향후 태양계의 다른 천체들과 생명체의 연관성을 이해하는 출발점이 될 것으로 예상하고 있다.

샘플에 들어있는 탄소 화합물에 관한 추가적인 연구가 필요하겠지만, NASA는 이것이 소행성 샘플 분석의 새로운 기점을 될 것으로 보고 있다. 이를 통해 태양계의 형성과 변화 과정, 생명체 전구물질이 지구에 나타난 배경 등과 같은, 태양계의 과거와 미래에 관한 통합적인 연구가 가능할 것이다.

빌 넬슨 NASA 국장은 "OSIRIS-REx가 가져온 샘플은 지구로 돌아온 것 중 가장 탄소가 풍부한 소행성 샘플이다. 이는 앞으로 수세대에 걸쳐 과학자들이 지구 생명체의 기원을 조사하는 데 도움을 줄 것이다. OSIRIS-REx와 같은 NASA의 임무는 우리가 누구이고, 어디서 왔는지 답을 찾는 것을 추구한다. 베누의 샘플이 지구로 돌아오는 데 성공하긴 했지만, 아직도 우리가 본 적 없는 연구 대상은 많이 남아있다"라고 말했다.

한편, OSIRIS-REx의 여정은 아직 끝나지 않았다. 샘플 캡슐을 지구에 떨어뜨린 뒤 소행성 '아포피스'와 2029년에 만나기 위한 여행을 하고 있다. 과연 태양계 생성의 비밀이 담겨있는, 새로운 샘플을 더 가져올 수 있을까?

25. 공룡을 멸절시킨 밥티스티나

중생대의 마지막 시기인 쥐라기는 6,500만 년 전쯤에 지구 전체를 뒤덮는 거대한 지각 변동과 화산 폭발로 끝난다. 화산 폭발로 분출된 엄청난 먼지는 햇빛을 차단하면서 지구를 빙하기로 몰아갔고, 그 결과로 많은 생명체가 멸종되었는데 그중에는 공룡도 있었다.

그런데 무엇이 그런 재앙을 불러왔을까? 20세기 후반까지만 해도 과학자들은 그 원인을 지구 내부에서 찾으려 했다. 예컨대 거대한 지각들이 움직이면서 서로 부딪혀 땅을 뒤집어 버리고, 그 틈 사이로 화산들이 폭발했을 개연성을 떠올렸다. 지각들은 지금도 충돌하고 있고, 그 결과로 지진과 화산이 발생하기에, 일리가 없는 생각은 아니었다.

하지만 지구 전체를 뒤흔든 지각의 충돌이 과연 일어났을까? 다른 원인이 있었던 것은 아닐까? 소행성이나 혜성이 지구와 충돌해 그런 결과를 초래할 수도 있지 않은가? 달에 충돌 분화구들이 많은 걸 보면, 지구에도 수많은 운석이 떨어졌을 가능성이 높지 않나?

사실, 지구에 생긴 운석구덩이들은 풍화와 침식으로 그 흔적이 대부분 사라졌지만, 증거가 전혀 없는 것은 아니다. K-T 층이 대표적인 증거다. K-T 층이란 쥐라기가 끝날 때 만들어진 아주 얇은 지질층인데, 이리듐이 많이 포함되어 있다. 이 원소는 지구에는 드물지만, 소행성에는 많이 포함되어 있다.

그리고 K-T 층의 증거는 물리적 요소를 계산해 봐도 합리적이다. 지름 $10km$ 정도의 소행성이 지구에 충돌하면 지름이 $100km$보다 큰 운석구덩이가 만들어지고, 진도 10의 강진이 발생한다. 그리고 이 정도의 위력이면, 지구 전체를 뒤흔들어, 대규모의 지각 변동과 동시다발적인 화산 폭발을 일으킬 수 있다. 그리고 이때 지구와 충돌해 조각 난 소행성 파편과 많은 먼지가 하늘로 올라갔다가 화산 먼지와 함께 땅에 떨어져 K-T 층을 만들었을 수 있다.

하지만 결정적 증거, 그러니까 그 대규모 천체 충돌구의 흔적이 필요했다. 그런데 알고 보니 그 구덩이는 이미 1978년에 멕시코의 한 석유회사에서 일하던 지질학자에 의해 발견되어 있었다. 지름의 크기가 무려 180km였으나, 당시의 그는 그것을 단순히 거대한 구덩이로만 알고 있었고, 그것에 관한 정보는 회사 비밀로 분류되어, 논문으로는 발표하지 못하고, 단지 지질학회에 간단히 보고되고 나서는 덮여 버렸다.

그 후 1990년에 애리조나 대학의 대학원생인 힐데브랜드(Hildebrand)가 멕시코 주변의 아이티공화국에서 K-T 층에 관해 연구하다가 다시 그 운석구덩이를 발견했다. 비록 첫 발견은 아니었으나, 그는 그 구덩이가 운석의 충돌로 만들어진 것이라는 여러 증거를 제시하였고, 지속적인 연구를 통해, 충돌구의 나이가 6,500만 년이라는 것도 밝혀냈다.

이쯤 되자 많은 과학자가 천체 충돌설에 줄을 서기 시작했다. 그러나 증거가 여전히 부족한 상태였던 것은 사실이다. 그처럼 큰 소행성이 지구와 충돌할 개연성, 부딪힌 소행성의 정체에 관한 정보 등이 여전히 부족한 상태였다.

하지만 얼마 후에 체코-미국 합동연구자들에 의해 결정적 증거가 제시되었다. 그들은 최근 2억 년 동안 큰 운석들이 지구와 달에 이전보다 빈번히 부딪혔다는 데 주목하면서, 지구 대절멸의 원인 제공자로 그들은 밥티스티나(Baptistina) 소행성족(族)을 꼽았다. 소행성족이란 궤도가 비슷한 소행성들의 집합이다. 이들은 하나의 큰 덩어리였다가 다른 소행성과 충돌해 조각 난 것들이다.

그들은 밥티스티나 소행성족의 운동을 역추적하면서, 시간 여행, 조각 그림 맞추기 등 다양한 기법을 동원해, 밥티스티나 소행성군의 행적을 집중적으로 추적한 끝에, 1억6천만 년 전 소행성대 가장 안쪽에 있던 밥티스티나 소행성의 모체(지름 170km 정도)가 또 다른 소행성(지름 60km 정도)과 충돌했다는 사실을 알아냈다.

이들의 연구 리포트를 보면, 이 충돌로 지름 10km 이상의 운석 300여 개와 지름 1km 이상의 파편 14만 개 등, 이른바 '밥티스티나 소행성 일족'이 형성됐다는 사실이 나와있다.

이것들은 원래 지구에서 멀리 떨어져 있었지만, 이 소행성군 중 일부가 '야르콥스키 효과'에 의해 궤도가 바뀌었다. 충돌로 만들어진 파편들은 서서히 궤도가 변경되었고, 그중에 일부가 지구와 달까지 와서 부딪혔다.

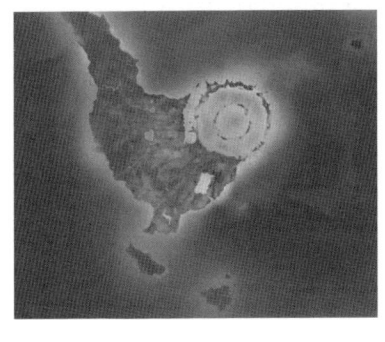

그들의 계산에 따르면, 4km 정도 되는 파편 하나가 1억800만 년 전에 달에 부딪혀 지름 85km의 거대한 운석구(타이코 분화구)를 만들었고, 그 후 6,500만 년 전에 지름이 10km나 되는 거대한 파편이 지구와 충돌해, 유카탄 반도(Yucatàn Peninsula)에 지름 180km의 거대한 구덩이를 만들었다고 한다.

유카탄 반도에서 발견된 운석구덩이는 운석구의 중심에 있는 도시 이름을 따 '칙술루브(Chicxulub)' 운석구라 부르는데, 기묘하게도 그 어원은 '악마의 꼬리'란 뜻을 가지고 있다. 이 운석구는 세월이 흘러 지하에 묻혀있기에, 인공위성을 이용한 중력 사진 등으로만 그 모습을 확인할 수 있고, 현재 맨눈으로 볼 수 있는 것은 과거의 운석구를 덮고 있는 흙더미이다.

이 대형 사건은 공룡에게는 불행이었으나, 인간에게는 큰 행운이었다. 그로 인해 공룡의 시대가 막을 내리고, 포유류의 시대가 시작되었기 때문이다.

26. 태양계의 보물섬, 프시케

16 프시케(16 Psyche)는 소행성대의 가장 무거운 12개 소행성 중 하나로, M형(금속 성분이 많이 포함되어 있으며, 철이나 니켈에서 나타나는 스펙트럼을 보인다) 소행성 중에서는 가장 크고 무거운데, 다른 M형 소행성들과 달리, 표면에 물의 흔적이 전혀 보이지 않는다.

이 천체는 1852년 3월 17일에 가스프리스(Annibale de Gasparis)가 나폴리에서 발견했고, 이름은 그리스 신화에 등장하는 에로스의 아내인 프시케의 이름에서 빌려왔다.

이 천체는 어떤 소행성족에도 속해있지 않기에, 그 기원에 대해서 몇 가지 가설이 제안되었다. 이 중에 가장 초기의 것은, 다른 천체와의 충돌로, 지각과 맨틀이 벗겨진, 지름이 약 $500km$였던 모체의 금속 코어라는 것이다. 이것의 다른 버전에는 한 번의 큰 충돌의 결과가 아니라, 여러 차례 측면 스와이프 충돌의 결과라는 아이디어가 포함되어 있다. 그러나 이 아이디어는 질량 및 밀도 추정치가 잔여 핵과 일치하지 않기에 회의적인 시선을 받고 있다.

궤도 성질	
궤도 긴 반지름	2.921AU
근일점	2.513AU
원일점	3.328AU
공전 주기	4.99yr
평균 공전 속도	17.34km/S
궤도 경사	3.095°
궤도 이심률	0.140
승교점 경도	150.352°
근일점 편각	228.047°
물리적 성질	
분광형	M
지름	240×185×145km
평균 밀도	6.49±2.94g/cm³
질량	2.19×10¹⁹
탈출 속도	0.13km/s
반사율	0.120
자전 주기	4.196시간
겉보기 등급	+9.22~+12.19
절대 등급	+5.90
평균 온도	~160K(최대: 280K)

두 번째 가설은 프시케가 붕괴한 후에 금속과 규산염의 혼합물로 다시 강착되었다는 것이다. 이 경우, 돌-철 운석의 모체인 메소시데라이트(Mesosiderites)가 모체 후보가 될 수 있다.

세 번째 가설은 프시케가 세레스와 베스타처럼 차별화된 천체일 수 있지만, 냉각 중에 Ferrovolcanism로 알려진 철 화산 활동을 겪어서 현재와 같은 상태가 되었다는 것이다. 이 모델에서는 금속이 화산 중심지에서 고도로 농축되어 있어야 한다.

한편 프시케는 그 중력이 다른 소행성의 궤도를 교란할 만큼 큰데, 그 질량에 대한 역사적인 수치는 $1.6 \times 10^{19} \sim 1.7 \times 10^{19} kg$으로 범위가 아주 넓었다. 하지만 최근의 추정치는 $(2.287 \pm 0.070) \times 10^{19} kg$으로 수렴하고 있다.

프시케에 대한 초기의 3차원 형상 모델은, 수많은 광 곡선의 분석에서 파생된 것이었다. 그 후로 광 곡선의 반전, 적응형 광학 관찰, 레이더 관찰, 열화상 및 오컬테이션(Occultation)을 기반으로, 모양에 대한 추가 개선이 이루어졌는데, 가장

최근의 모델에 따르면, 프시케는 자코비 타원체와 일치하는 모양을 가지고 있으며, 북극(스핀 축)의 방향에 대한 추정치를 제공하는데, 황도 좌표(long, lat) $\lambda = 35°$, $\beta = -8°$를 가리키는 극을 중심으로 회전하며 3°의 불확실성을 갖는다. 이것은 본질적으로 황도 쪽으로 기울어져 있으며 축기울기가 98°임을 의미한다.

한편, 최근에 프시케의 특징이 폭발적으로 보고되고 있다. 이 중 가장 주목받는 것은, 공칭 타원체 모양에 비해 너무 큰 질량 결핍 영역이 존재한다는 사실인데, 4 베스타의 레아 실비아(Rhea Silvia, 베스타에서 가장 큰 충돌 분화구. 지름이 505km) 분지를 연상시킨다.

대규모의 질량 결핍 지역 외에도, 몇몇 분화구의 존재도 보고되고 있다. 초거대 망원경의 적응형 광학 SPHERE 이미저를 사용하는 관측자들은 너비가 90km에 달하는 두 개의 큰 분화구(판티아, 에로스)의 존재를 보고했으며, 아레시보 레이더 망원경을 사용하는 관측자들은 남쪽 중위도 및 북극에 분화구가 있다고 보고했다.

그리고 몇몇 관찰자들은 프시케의 표면에 규산염 광물이 있다는 사실을 보고했다. 2016년 10월에 마우나케아 천문대의 NASA 적외선 망원경 시설에서 촬영한 스펙트럼은, 소행성에서 수산화 규산염의 존재를 암시하는 수산기 이온의 증거를 확인했다. 프시케는 물이 없는 건조한 조건에서 형성된 것으로 생각되기 때문에, 하이드록실기(Hydroxyl group)는 과거에 더 작은 탄소질 소행성의 충돌을 통해, 프시케에 들어왔을 수 있다.

한편 프시케의 레이더 알베도는 0.22에서 0.52까지 표면에 따라 상당히 다양하며, 이 값은 대부분의 주 벨트 소행성보다 2~4배 높다. 이 범위는 위에서 언급한 금속이 풍부한 운석 및 규산염 광물의 분광 검출과 일치하지만, 프시케는 이외에도 특이한 성질을 많이 가지고 있다.

그래서 과학자들은 프시케에 탐사선을 보내길 바랐으나, 오랫동안 탐사 계획이 세워지지 않고 있다가, 최근에야 그에 관한 구체적인 제안이 나와 프로그램이 진행되기 시작했다.

애리조나 주립 대학의 지구 및 우주 탐사학교 책임자인 Lindy Elkins-Tanton이 이끄는 연구팀이 로봇 궤도선에 대한 개념을 제시하지 않았다면, 아직 탐사 프로그램이 진행되지 않았을 수도 있다. 이 팀은 프시케가 지금까지 발견된 유일한 금속 핵 같은 물체이기에, 귀중한 연구 대상이 될 것이라고 강력하게 어필했다. 그래서 2017년 1월 4일 NASA의 승인을 받았으며, 2020년 2월 28일에 Space X와 Falcon Heavy 로켓에 실어 프시케 우주선을 발사하고 두 개의 소형 보조 임무를 수행하는 1억 1,700만 달러 규모의 계약을 체결했다. 하지만 프로그램 진행이 조금 지연되어, 우주선이 2023년 10월 13일 14:20(UTC)에 발사되었으며 2029년에 도착할 것으로 예상된다.

과거를 돌아보면, 프시케는 처음 발견했을 때는 태양 주변 궤도를 도는 평범한 소행성의 하나로 취급받았다. 하지만 천문학자들은 망원경 관측을 통해, 그 색깔이 지구에 떨어진 철 운석들과 비슷하다는 사실을 곧 알아냈다. 얼마 후 프시케에서 지구로 돌아오는 레이더 반사 파동이 다른 소행성에서 오는 것보다 밝다는 사실도 확인해, 레이더를 반사하는 금속 파편이 있을 것으로 추정하게 됐다.

그 후 암석으로 된 소행성보다 훨씬 밀도가 높다는 사실을 알게 되면서, 프시케가 거의 '순수한 금속'과 가깝다는 사실을 깨닫게 되었다. 그래서 프시케가 행성의 내부인 '핵'에 해당하는 부분일 수 있다는 의견까지 제시되었다. 이 소행성이 태양계가 형성되는 초기에, 극심한 충돌로 바깥층은 떨어져 나가고, 가운데 핵 부위만 남은 것일 가능성이 있다는 것이다.

프시케는 인류의 우주선이 방문하는 최초의 금속성 소행성이다. 대부분의 소행성이 탄소·규소 성분의 암석과 얼음으로 이뤄져 있으나, 프시케에는 철과 니켈, 금, 백금 등의 금속 광물이 풍부하다. 그래서 '보물섬' 소행성으로도 불린다. 사우스웨스트 연구소가 추산한 이 소행성의 가치는 1만 쿼드릴리언 달러다. 다시 표현하면 10^{19}달러이다.

또한 프시케는 인류가 탐사할 수 있는 유일한 금속성 행성으로, 지구의 핵을 탐험하는 것이 현재 불가능하기에, 프시케를 통해 행성의 핵 부위에 대한 정보를 많이 얻을 수 있을 것으로 보이며, 그곳에 있는 막대한 광물은 더 먼 우주로 나가려는 인류에게 소중한 자원으로 사용될 수 있을 것이다.

27. 꼬마 소행성

역대 가장 작은 소행성이 제임스 웹 우주 망원경에 포착됐다. 독일 막스 플랑크 연구소의 토마스 뮐러(Thomas Müller)가 이끄는 연구팀은 제임스 웹 우주 망원경의 캘리브레이션(Calibration, Standard라 불리는 알고 있는 기준값과 시험기에서 측정한 미지의 값을 비교하는 것) 작업 중에 주 소행성대에서 지름이 100~200m에 불과한 소행성을 포착했다.

주지하다시피 캘리브레이션 작업은 이미 잘 관측된 천체를 다시 관측하면서 기기에 성능에 문제가 없는지 확인하는 방식으로 이뤄진다. 망원경의 중-자외선 장치(Mid-InfraRed Instrument, MIRI)의 캘리브레이션 작업의 대상은 원래 '(10920) 1998 BC1'이라는, 주 소행성대의 천체였다.

그런데 연구팀은 캘리브레이션 과정 중 오류로 이 소행성을 제대로 포착하지 못했고, 그 대신에 지름 100~200m에 불과한 작은 소행성을 우연히 발견하게 되었다. 과학자들은 지름이 1km 이상인 것은 100만 개 이상 포착했으나, 화성과 목성 사이에 있는 주 소행성대에서 지름 1km 이하의 소행성을 포착하기는 매우 어려웠다. 너무 멀리 있고 표면이 어둡기 때문이다.

어쨌든 이 발견은 지구에서 1억km 이상 떨어진 천체 가운데 가장 작은 소행성을 포착한 것이라고 말할 수 있는데, 제임스 웹 망원경의 강력한 성능 덕분에 가능했다. 물론 운도 좋았지만 말이다.

⊗ 카이퍼대의 꼬마

일본 천문학자들이 주 소행성대가 아닌, 카이퍼대 안에서 지금까지 발견된 것 가운데 가장 작은 천체를 발견한 적이 있다. 카이퍼대는 해왕성 궤도 밖에 있는 태양계 가장자리의 천체들 집합으로, 태양계 형성 초기 역사를 품은 채 공전하고 있다.

하지만 거리가 너무 멀어서, 지구에서 관측된 것은 대부분 지름 수십 km 이상의 비교적 큰 소행성이다. 이보다 작은 소행성이 더 많겠지만, 해왕성 궤도 밖에 있는 어둡고 작은 얼음 천체를 발견하는 일은 몹시 어렵다.

그런데도 일본 국립 천문대의 코 아리마츠(Ko Arimatsu)는 미야코섬에 있는 28cm 구경 망원경을 이용해서 지름이 1.3km인 작은 천체를 확인했다. 이렇게 작은 천체를 망원경으로 직접 확인하기는 불가능하지만, 다른 별의 도움을 받으면 가끔 확인할 수도 있다. 연구팀은 이 소행성이 다른 별빛을 가리는 순간을 포착해 그 존재를 확인했다.

지름 수 km 이내의 작은 천체들은 큰 미행성을 형성했던 씨앗이었을 것인데, 카이퍼대에서는 대형 행성이 형성되지 않아서 그런 씨앗들이 많이 남아있다. 앞으로 이 천체들에 관하여 연구하면, 태양계 초기의 행성 생성과 진화에 대한 더 많은 단서를 찾을 수 있을 것이다.

연구팀에 의하면, 이들이 사용한 관측 비용은 일반적인 대형 프로젝트 규모의 0.3%에 지나지 않는다고 한다. 아득한 어둠 속에 갇혀있는 카이퍼대 속의 천체를, 초저예산으로 관측에 성공해,《Nature Astronomy》에 발표했다는 것이 다소 놀랍다.

⊗ 숨어있는 소행성을 찾는 NEOMIR

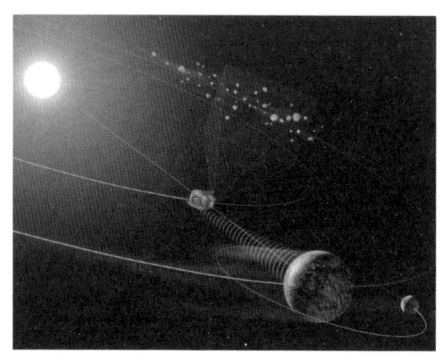

지구 주변에는 적지 않은 소행성들이 존재한다. 이들 중 지름 수십m짜리라도 지구에 충돌하면 상당한 피해를 줄 수 있다.

그래서 과학자들은 관측을 통해, 지구에 위험을 초래할 수 있는 소행성은 없는지, 항시 감시하고 있다. 현재 지름 $1km$ 이상급 소행성은 물론이고 그보다 작은 소행성도 상당수 관측 리스트에 들어있다.

하지만 대부분이 관측하기 어려운 사각지대에 있어 다소 난감한 상황이다. 지구에서 봤을 때 태양 빛에 가리는 부분에서 접근하는 소행성은 충돌 궤도에 들어서더라도 바로 알아챌 수 없다. 2013년에 세상을 떠들썩하게 만들었던 첼랴빈스크 운석이 바로 이런 경우였다.

첼랴빈스크 운석은 사실 지름 수십m 수준의 작은 소행성이었다. 하지만 이 정도 크기 소행성도 지구 표면에 부딪힐 경우, 속도와 질량 때문에 엄청난 에너지를 발산할 수 있다. 첼랴빈스크 운석은 다행히 공중에서 폭발해서 피해가 적었지만, 상당한 피해가 발생할 수도 있던 순간이었다.

과학자들이 이 천체가 지구 대기권에 진입하는 것을 사전에 감지하지 못한 데는 그럴 만한 이유가 있다. 소행성이 작은 데다가 태양 빛에 의한 사각지대에서 접근했기에, 빨리 확인하기가 어려웠던 것이다. 만약 이보다 더 큰 소행성이 관측 사각지대에서 접근해 지구 대기권에 떨어진다고 해도 상황은 크게 바뀌지 않기에, 아주 심각한 문제가 발생할 수 있다.

그래서 ESA는 소행성 관측 사각지대를 없애기 위해 NEOMIR(Near-Earth Object Mission in the InfraRed) 관측 위성을 발사할 예정이다. NEOMIR는 적외선 영역에서 지구 근접 천체를 감시하는 우주선으로, 지구-태양의 라그랑주 L_1 점에 위치해, 지구와 일정한 거리와 각도를 유지한 채 태양 주위를 공전할 것이다. 그러면 지구의 사각지대에 놓인 소행성도 관측할 수 있고, 지구 대기에 영향을 받지 않기에 지구 대기에 흡수되는 파장에서도 적외선 관측이 가능하다.

NEOMIR가 3주 전에 위험한 소행성이 충돌 궤도로 접근하고 있다는 사실을 알려줄 수 있고, 최소한 3일 전에는 경보를 내릴 수 있다. 다만 현재는 개발 초기 단계로, 실제 임무에 투입되는 것은 2030년은 되어야 가능할 것으로 보인다.

28. 역주행 소행성

소행성 가운데는 다른 행성 및 소행성과 반대 방향으로 공전하는 역행성(Retrograde) 소행성이 존재한다. 물론 이런 천체가 흔하지는 않아서 현재까지 알려진 726,000개의 태양계 천체 가운데 82개만이 역행성 궤도를 가진 것으로 알려져 있다. 하지만 적지도 않은 수여서, 과학자들은 이런 천체들이 존재하게 된 이유에 대해서 많이 궁금해하고 있다.

역주행 소행성인 2015 BZ_{509}를 발견한, 헬레나 모라이스(Helena

Morais) 연구팀은 이와 같은 역주행 천체들이 존재하게 된 원인에 관해서 집중해서 연구했다. 그들의 연구 결과에 따르면, 역주행 소행성은 다른 행성과의 궤도면이 180도 가까이 뒤집어져 지금과 같은 궤도를 지니게 되었다고 한다.

2015 BZ소행성 가운데는 다른 행성 및 소행성과 반대 방향으로 공전하는 역행성(Retrograde) 소행성이 존재한다. 물론 이런 천체가 흔하지는 않아서 현재까지 알려진 726,000개의 태양계 천체 가운데 82개만이 역행성 궤도를 가진 것으로 알려져 있다. 하지만 적지도 않은 수여서, 과학자들은 이런 천체들이 존재하게 된 이유에 대해서 많이 궁금해하고 있다.

역주행 소행성인 2015 BZ$_{509}$를 발견한, 헬레나 모라이스(Helena Morais) 연구팀은 이와 같은 역주행 천체들이 존재하게 된 원인에 관해서 집중해서 연구했다. 그들의 연구 결과에 따르면, 역주행 소행성은 다른 행성과의 궤도면이 180도 가까이 뒤집어져 지금과 같은 궤도를 지니게 되었다고 한다.

2015 BZ$_{509}$의 경우, 공전 궤도면의 각도가 162도 기울어져 있는데, 이는 손목시계를 162도 회전시키는 것과 같다. 시계 방향으로 움직이는 시계를 180도 가깝게 앞뒤를 뒤집으면 바늘이 반시계 방향을 돌게 된다. 그런데 어떻게 이런 일이 발생하게 된 것인가? 무엇이 어떤 힘으로 이 천체를 뒤집어 놓은 것인가?의 경우, 공전 궤도면의 각도가 162도 기울어져 있는데, 이는 손목시계를 162도 회전시키는 것과 같다. 시계 방향으로 움직이는 시계를 180도 가깝게 앞뒤를 뒤집으면 바늘이 반시계 방향을 돌게 된다. 그런데 어떻게 이런 일이 발생하게 된 것인가? 무엇이 어떤 힘으로 이 천체를 뒤집어 놓은 것인가?

태양에서 매우 멀리 떨어진 천체가 다른 별이나 은하계의 중력 간섭으로, 공전 궤도면이 뒤집어졌을 거라고 한다. 하지만 이렇게 역주행하게 되면, 다른 천체와 충돌할 개연성과는 무관할지 몰라도, 안정적인 궤도를 유지하기가 쉽지 않을 것이다. 뒤집히는 과정에서 적지 않은 진동과 함께 궤도의 흔들림이 있을 게 분명하기에, 자신과 주변 천체의 중력이 안정된 상태를 다시 구축하는 데 상당한 어려움을 겪을 개연성이 높기 때문이다.

2015 BZ_{509}의 경우, 안정적인 궤도가 구축된 비결이 있는데, 목성과 1:1 역행성 궤도 공명(Retrograde resonance)을 하기 때문이라고 한다. 그러니까 거대한 목성이 사소한 중력을 지워버리고 자신의 운동에 동조시켰기에 안정화되었고, 그 덕분에 이 소행성은 앞으로 100만 년 정도는 안정적으로 궤도를 돌 거라고 한다.

이 주장이 일리가 없는 건 아니지만, 왠지 명쾌한 설명으로 느껴지지는 않는다. 이러한 의구심을 느끼는 학자들이 적지 않았던지, 최근 이에 대해 또 다른 견해가 제시되었다. 역행성 궤도를 가진 천체들이 태양계 외부에서 왔을 거라는 주장이 그것이다.

어떤 소행성이 태양계가 처음 만들어질 때 함께 태어났다면, 태양계가 형성되는 동안 수축한 가스 구름의 회전 각운동량을 그대로 나눠 가지기 때문에, 다른 행성들과 마찬가지로 같은 방향으로 궤도를 돌아야 한다. 하지만 이렇게 역주행하고 있는 것은, 이 소행성들이 태양계가 처음 만들어질 때 갖고 있던 회전 각운동량을 공유하지 않았기 때문일 수 있다.

목성이나 토성과 같은 가스 행성이 거느린 여러 개의 작은 위성들이나, 우리 은하 외곽을 도는 별 중에서도 다른 위성이나 별들의 대세를 거슬러 역주행하는 경우가 포착되곤 한다. 이들 역시 행성이나 은하가 만들어질 때 함께 태어난 게 아니라, 은하 바깥의 전혀 다른 세계에서 유입되어 붙잡힌 외부 손님으로 추정할 수 있다. 그렇기에 이처럼 대세를 거스르는 역주행은, 먼 우주적인 거리를 날아온 성간 여행자의 존재를 알아채게 하는 여행자의 특징이라고 볼 수 있다.

태양계라는 공간은 우주 전체에서 봤을 때 너무나 작은 한 부분에 불과하다. 게다가 태양계 주변에는 가까운 별도 거의 없어서, 우리 태양계는 다른 외계의 손님들이 방문하기 쉽지 않은, 휑한 황무지 같은 곳이다.

그래도 이런 쓸쓸한 곳까지 찾아와 주는 용감한 천체들이 있는 것 같다. 이 소중한 여행자들의 뜻밖의 방문을 통해, 우리 태양계가 마냥 고립된 세상이 아니라는 사실을 느낄 수 있기도 하다.

29. 소행성 충돌과 그에 대한 방어

NASA가 지난 20년간 지구 대기권에 들어왔던 소행성들의 리스트를 공개했는데, 이것을 보면 지름 1m 이상인 소행성이 2주에 한 번꼴로 지구를 방문했다는 사실을 알 수 있다.

물론 이것은 NASA가 식별한 것만을 통계 대상으로 삼았으므로, 실제로 지구 대기권에 들어와서 산화하거나, 운석으로 지표에 떨어진 것까지 포함하면 훨씬 더 많을 것이다.

실제로 1m 미만의 작은 소행성까지 포함하면 매일 200t에 달하는 물질이 대기권으로 유입되는데, 이들 중 대부분은 먼지나 모래만 한 크기여서 인간에게 피해를 줄 만큼 큰 에너지를 지니지 않은 것들이다.

아래 지도는 지구에 떨어진 천체들의 분포도이다. 지도를 보지 않더라도 예상할 수 있지만, 지역에 따른 편차가 별로 없고, 진입 시간대 역시 고르게 분산되어 있다.

그리고 지구 표면의 70% 이상이 바다여서, 운석의 상당수가 바다로 떨어진다는 사실을 알 수 있고, 지름이 1m 이상인 천체라도 상당 부분이 대기 중에서 불타 없어져서 큰 덩어리가 떨어진 적이 드물다는 사실도 알 수 있다. 그래서 지난 20년간 소행성으로 인한 피해가 보고된 적이 거의 없는 것이다.

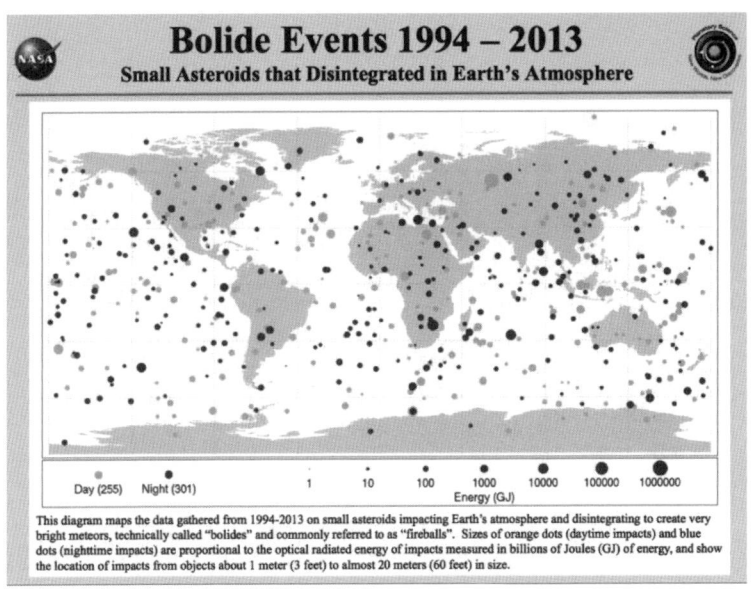

1994년에서 2013년 사이 지구에 있었던 운석 분포도

다만 예외적으로 2013년에 세상을 떠들썩하게 만든 첼랴빈스크 운석의 충돌이 있긴 하다. 거의 20m급 소행성이 지구 대기에서 폭발한 이 사건은, NASA의 추정에 의하면, 대략 440~550kt의 TNT 폭탄이 터진 정도의 에너지를 발산한 것으로 보인다고 한다. 이는 지난 20년간 일어났던 사건 중에 가장 큰 소행성 폭발 사건이었다. 위의 지도에서 가장 작은 점은 1GJ(기가줄)로 약 TNT 5t급을 의미하며, 100GJ은 TNT 300t, 10,000GJ은 TNT 18,000t, 1,000,000GJ은 TNT 백만 t급으로 설명할 수 있다.

첼랴빈스크 운석은 대략 0.5메가톤급 위력을 지녔다고 볼 수 있는데, 다행히 이런 크기의 소행성은 수십 년에 한 번 정도의 빈도로, 아주 드물게 지구로 진입을 시도한다.

물론 지구 대기권에 떨어지는 큰 소행성이 드물다는 말이지, 지구 주변에 큰 소행성들이 적다는 뜻은 아니다. 지구 주변에는 큰 소행성이 다수 존재한다. 이를 지구 근접 소행성(NEO, Near Earth Object)이라고 부른다.

NASA는 지구 공전 궤도에서 5,000만km 이내에 있는 지름 1km급 이상의 모든 소행성의 궤도를 확인했으며, 140m급 이상 소행성도 90% 이상을 파악하고 있다. 하지만 첼랴빈스크 사건을 일으킨 소행성은 이 경계 대상에서 제외되어 있었고, 그에 대한 발견도 늦었다. 그러니까 경계 대상에서 제외된, 다소 작은 소행성이라도 위협적인 존재가 될 수 있고, 경계 시스템이 완벽하지 않기에, 우리는 이런 종류의 위협에서 결코 자유로운 상태가 아니다.

다행히 가까운 미래에 지구를 위협할 만한 소행성은 없는 것으로 파악되고 있다. 하지만 소행성의 궤도는 안정적이지 않은 경우가 꽤 있고, 저 멀리 어둠 속에서 알지 못했던 소행성이 갑자기 등장할 수도 있기에 이에 대한 경계를 늦출 수 없다.

⊗ NEOs

현재까지 우주 탐사 관련 기관들이 공조해서 발견한 지구 근접 천체(NEOs, Near Earth Object)는 15,000개가 넘는다. 이것들은 지구 궤도에서 4,500만km 이내를 지나가거나, 공전 궤도가 0.983~1.3AU 정도로, 지구와 충돌할 가능성이 있는 천체를 가리킨다.

과학자들은 1km 이상의 지름을 지닌 NEOs의 90%를 찾아냈다고 여기고 있지만, 작은 소행성은 일부밖에 찾지 못했다는 사실도 인정하고 있다. 이제까지 100m급 소행성은 10%, 40m급 소행성은 1%만을 찾아낸 거로 추산하고 있다. 따라서 첼랴빈스크 운석 사건 같은 일은 앞으로도 얼마든지 발생할 수 있다.

다만 1km급 소행성을 대부분 찾아낸 것은 정말 다행스러운 일이다. 이 정도의 소행성이 지구에 충돌하면 엄청난 재앙이 발생할 것인데, 당분간 이런 일이 발생할 가능성은 희박하다. 물론 소행성의 궤도는 불안정할 수 있는데, 이미 궤도를 알고 추적 중인 소행성이라면, 위험한 궤도로 이동할 경우, 사전에 경로를 예측할 수 있어서, 주민들이 대피하는 방식으로 피해를 줄일 수 있고, 더 나아가 소행성의 궤도를 변경시키거나 소행성을 파괴하는 방법을 선택할 수도 있다.

위험을 적극적으로 해소하는 방안이 아직 개발되어 있지는 않으나, 핵무기를 사용하여 파괴하는 방법보다는 중력 견인이나 충돌체를 사용하는, 온건한 방법에 대해 집중적으로 연구하고 있다. 물론 어떤 방법을 사용하든, 소행성의 크기와 궤도에 대한 꾸준한 추적이 선행되어야 가능하다.

⊗ 소행성 침입에 대한 방어

주지하다시피 현재 각국의 주요 우주 기관과 과학자들은 협력을 통해서, 지구를 위협하는 소행성의 리스트를 작성하여 꾸준히 위험도를 파악하고 있다. 다행히 현재 지구와 충돌 궤도에 있는 대형 소행성은 없지만, 불안한 궤도를 가진 소행성의 수가 적지 않고, 작은 소행성들의 위치와 궤도는 정확히 파악하지 못한 상황이다.

소행성의 궤도를 변경하거나 파괴하기 위한 연구는, 여러 가지가 진행되고 있으나 아직은 이론적인 단계이다. 그렇기에 큰 소행성이 지구에 충돌한다면, 현재로서는 대응 수단이 없는 거나 마찬가지다. 과연 우리는 소행성이 지구로 돌진해 올 경우, 어떻게 해야 할까?

이 문제에 대비하기 위해서 NASA와 미연방 재난관리청(FEMA, Federal Emergency Management Agency)은 모의 도상 훈련을 진행했다. 2020년에 지름 100~250m 정도의 소행성이 충돌하는 경우를 가정한 시뮬레이션에서는, 영화에서처럼 핵무기 공격을 하거나 유사한 방법으로 소행성을 파괴하는, 공격적인 방법을 찾는 게 아니라, 예상 충돌 지점을 빠르게 파악하고 그 피해를 최소화하는 방법을 찾는 데 중점을 뒀다.

이 모의 훈련에서는 소행성의 예상 충돌 지점이 캘리포니아 남부 지역으로 가정되었다. 충돌 지점이 어디든, 사람들을 빠르게 대피시키자면, 예상 충돌 지점에서 멀지 않은 위치에 있는 대피소를 선택해야 하는데, 많은 사람이 대피할 장소가 주변에 많이 있을까?

현실적으로 그게 가능한지부터가 의문이다. 인구가 희박한 지역에 충돌할 경우에는 인원이 적어서 대피가 가능할 수 있으나, 인구 밀집 지역에 충돌할 경우에는 대피하는 데 시간과 비용이 막대하게 필요할 뿐 아니라, 사전에 대피 시설을 건설하는 데 상상도 못 할 재정이 필요하기에, 이게 현실적으로 가능한 전략인지가 의문스러울 수밖에 없다.

주지하다시피 현재 지름 $1km$ 이상의 지구 근접 천체는 대부분 발견했지만, 100m급 소행성은 10%밖에 발견하지 못했다. 그래서 첼랴빈스크 운석보다 큰 소행성이 지구를 덮칠 가능성과 그것을 미처 인지하지 못할 가능성은 여전히 낮지 않은 상태다.

앞으로 조기 경보 시스템 구축과 함께 소행성의 경로를 변경하거나 파괴할 수 있는 기술이 개발되어야, 소행성 충돌의 공포에서 벗어날 수 있게 될 것이다.

⊗ 소행성 궤도를 수정하는 HAMMER

최근에 미국 로렌스 리버모어 국립 연구소의 과학자들이 지구에 충돌할 위험이 있는 소행성의 궤도를 변경할 수 있는, 아주 놀라운 방법을 제시했다.

HAMMER(Hypervelocity Asteroid Mitigation Mission for Emergency Response vehicle)라고 불리는 높이 9m, 무게 8.8톤인 물체를 소행성에 충돌시켜 궤도를 수정하는 방법이 그것이다. 물론 돈은 많이 들겠지만, 이 정도 물체는 현재 기술로도 충분히 발사할 수 있다.

연구팀은 101955 Bennu가 지구 충돌 궤도에 진입하는 시나리오를 토대로 이 과정을 모의 실험했다. 주지하다시피 베뉴는 근지구 소행성으로 2135년에 지구에 충돌할 확률이 2,700분의 1 정도다.

새로운 관측 결과에 의하면, 베뉴는 대략 지름 500m의 소행성으로, 지구에 충돌하게 되면 다이너마이트 1,200메가톤의 폭발력을 발산할 것으로 예상된다. 연구팀은 베뉴의 궤도를 의미 있게 변경하려면, 적어도 지구 충돌 예상 시점보다 7.4년 전에 해머를 발사해야 한다고 여기고 있고, 소행성의 궤도를 변경하려면 한 개의 해머로는 효과를 얻기 어렵다고 보고 있다.

충돌 시점이 발사 10년 후라고 가정할 때, 한 개의 해머는 대략 90m 지름의 소행성을 지구 지름의 1.4배 정도 궤도를 수정할 수 있는 운동에너지를 가지고 있다.

연구팀은 베뉴 크기의 소행성이 지구를 피해 가게 하려면 34~53개의 해머가 필요하다고 보는데, 만약 10년이 아니고 25년 정도 전이라면 7~11개 정도면 충분하다. 이는 먼 거리에서 미리 궤도를 수정하면, 시간이 지나면서 궤도가 더 크게 변하기 때문이다. 그렇기에 어떤 천체가 지구와 충돌 가능성이 있다면, 될 수 있는 한 빠르게 조치하는 게 좋다.

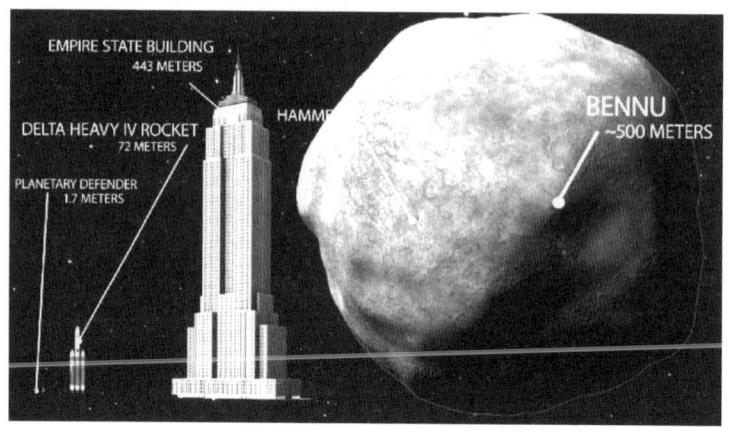

현재는 대형 소행성이 지구와 부딪힐 가능성이 작지만, 미래의 일은 누구도 확실히 알 수 없기에, 다양하고도 충분한 대비가 필요하다. 영화에서 나오는 장면처럼 핵무기를 사용하는 것 역시 대안 중 하나지만, 여러 가지 이유로 선호되는 것 같지는 않다.

⊗ 소행성 포획 계획

소행성 포획 계획이 구체적으로 진행된다는 뉴스도 들려온다. 물론 아직은 시놉시스 단계지만, NASA의 예산에 2014년 회계년부터 ARM(Asteroid Redirection Mission, 소행성 궤도 변경 임무) 관련 예산이 1억500만 달러 포함되고 있다고 한다. 그리고 현재는 제안 단계를 벗어나, 구체적인 실행 방법과 후보를 검토하며, 기술적 타당성을 논의하는 단계로 들어갔다고 한다.

ARM은 지구에 근접하는 작은 소행성을 아래 그림 같은 장치로 포획해 달 궤도 근방으로 이동시켜 탐사하는 것이다. 물론 목표는 지구에 충돌 위험이 있는 소행성을 안전하게 처리하고, 소행성에 관한 과학적 탐사, 더 나아가 미래 소행성 자원 재취까지 염두한 연습을 하려는 것이다.

 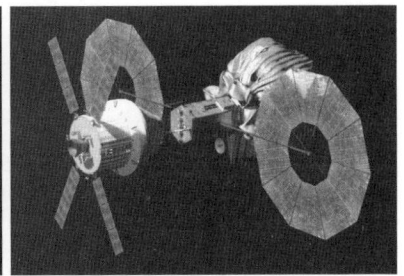

소행성 포획용 우주선(ARV, Asteroid Redirect Vehicle)을 발사하는 것은 NASA의 차세대 대형 로켓인 SLS(Space Launch System)이다. ARV에는 질량이 큰 암석을 이동시키기 위해서, 기존의 화학 로켓 대신에 연료 효율이 우수한 이온 추진 로켓을 사용하는 방안이 검토되고 있다.

포획을 위한 캡처 백의 크기는 지름 20m에 길이 15m급이 제안되고 있는데, 지름이 8.2m 정도인 소행성을 포획할 수 있을 것으로 보인다. 이 정도 크기의 바위라면 사실 수백t 이상의 질량을 가지고 있기에 궤도를 변경시킬 수 있는 추진 장치는 상당히 커야 한다.

현재 제안되고 있는 ARV의 제원은 Dry Mass: 3,950kg, Propulsion: 40kW, 3000-s Hall thruster-based SEP with four 10kW thrusters plus one spare, Propellant: 12t Xenon, Power: 50kW ROSA 혹은 MegaFlex solar arrays 등이다.

즉 두 개의 태양전지로 전력을 공급하고, 이 전력으로 40kw급 이온 추진 엔진에 동력을 제공한다는 것이다. 화학 반응 대신 이온을 가속해서 추진력을 얻는 이온 로켓은, 이미 여러 탐사선에 사용되었는데, 대표적인 것이 던(Dawn) 탐사선이다. 그러나 던 탐사선은 연료로 0.43t의 제논(Xenon)이 있으면 되지만, ARV는 최대 12t이나 되는 제논이 필요하다. 이는 엄청나게 질량이 큰 소행성을 이동시켜야 하기 때문이다.

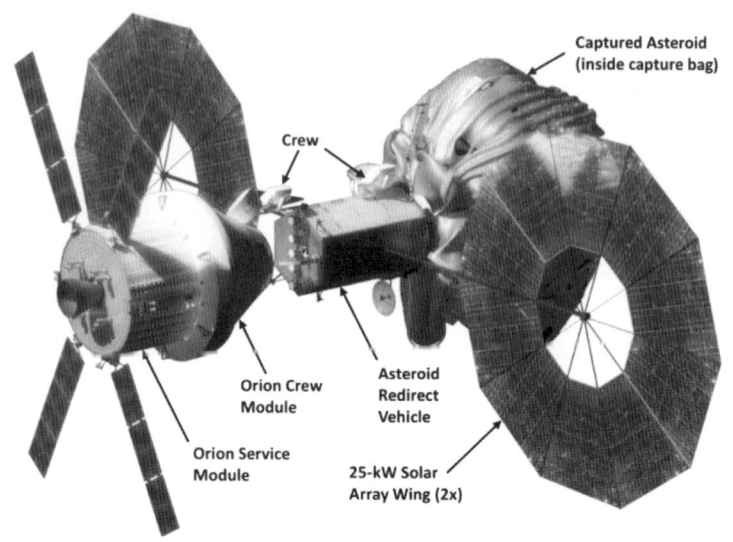

오리온 우주선과 ARV의 모습

소행성을 원하는 목적지에 이동시키면, 오리온 우주선이 여기에 랑데부하여 여러 탐사를 진행하고 샘플을 지구로 가져오게 된다. 소행성 자체는 달 주변 궤도에서 지구를 공전하게 되며, 이후의 탐사에서 사용될 수 있고 다른 용도로 이용될 수도 있다. 필요에 따라서는 지구-달 라그랑주점으로 이동시킬 수도 있다.

ARM이 성공하기 위해서는 현재 NASA가 개발 중인 오리온 우주선과 SLS(Space Launch System, 우주 발사 시스템)가 성공적으로 개발되어야 한다. 이를 위해 26억 달러에 달하는 예산이 필요하며, 프로젝트가 진행됨에 따라 재원이 더 필요할 수도 있다. 또한 미션의 대상이 될 적당한 소행성을 찾는 일도 쉽지 않다. NASA의 과학자들은 대략 6~12m급의 작은 소행성들이 매년 수십 개씩 지구 달 궤도 사이를 지나간다고 보고 있으나, 실제로 확인하기가 쉽지 않은 상황이다.

제 4 장

혜성
Comets

근대 문명 이전에는 혜성을 예고 없이 나타났다가 사라지는 '나그네 별'로만 여겼다. 규칙적으로 하늘에 나타나 예측이 가능한 행로를 따라 이동하는 행성이나 달에 비하여, 혜성은 아무 곳에나 떠올랐다가 제멋대로 사라지는 낯선 존재에 지나지 않았다.

갑작스럽게 나타나는 이질적이고 수상한 혜성의 특성 때문에, 고대 사회에서는 혜성을 불길한 재앙의 징조로 여기기도 했다. 절대적 존재가 인류에게 무언가를 계시하려고 새로운 별을 내보낸 것이리라는 상상력에다가, 그 출현 이후의 사건을 연관 지으려던 억측이, 혜성이 재앙의 징조라는 선입견을 유발한 것으로 보인다.

아리스토텔레스는 우주를 질서정연한 운행 법칙에 따라 움직이는, 불변하는 시스템으로 인식했다. 하지만 혜성은 이러한 우주의 법칙을 위배하는, 임의적인 특성을 가진 것처럼 보여서, 아리스토텔레스는 혜성을 우주의 천체라기보다 대기권 현상으로 간주했는데, 이런 아이디어는 그 후에도 상당히 오랫동안 유지되었으며, 심지어 갈릴레이마저도 한때 혜성이 대기권 현상이라 믿었다고 한다.

근대 이후, 천문학 관측 자료가 축적되면서, 천문학자인 에드먼드 핼리는 혜성의 출몰에도 일정한 규칙성이 있다는 사실을 알게 됐다. 그는 1456년 6월, 1531년 8월, 1607년 10월, 1682년 9월에 출현한 혜성의 궤도가 거의 일치하고, 75~76년의 주기가 있음에 착안하여, 이 혜성들이 같은 천체이며, 다가오는 1758~1759년에 다시 돌아오리라고 예측했다.

본인은 이를 보지 못하고 1742년에 사망했지만, 후학들은 혜성이 그의 예측대로 돌아오는 것을 확인했다. 이 일은 밤하늘의 떠돌이 나그네였던 혜성도 규칙적으로 운행하는 천체임을 증명하는 효시가 되었고, 후세 사람들은 이 혜성을 핼리 혜성이라 부르게 되었다.

혜성의 궤도는 천차만별이다. 대체로 타원 궤도, 포물(Parabola) 궤도,

쌍곡선(Hyperbola) 궤도를 그리기는 하는데, 태양 가까이 접근하는 도중에 활동을 일으키거나, 행성의 섭동을 받아 궤도가 변하는 경우가 허다하다.

혜성들의 궤도 특성이 자주 변하기 때문에, 태양에 가까이 오기 전에 궤도 장반경(Semi-major axis)이 어떠했는지, 이심률이 어떠했는지, 그리고 태양에서 멀어지면서 궤도가 어떻게 될지 알아내기 어렵다. 그래서 현시점의 관측값을 기준으로, 혜성 핵이 태양에 대해 케플러 운동을 한다고 가정하고, 이심률, 궤도 장반경, 주기 등을 추정하지만, 큰 의미가 있는 것은 아니다.

일례로 현재 시점에서 태양에 대해 쌍곡선 궤도로 움직이고 있는 맥노트 혜성의 경우, 궤도 시뮬레이션을 해보면, 행성들의 영향권에서 벗어나는 2050년 시점에 궤도 장반경이 약 2,000AU의 타원 궤도로 바뀔 것으로 계산된다. 물론 계산에 고려되지 못한 변수도 많기에, 도출된 값들을 그대로 믿을 수는 없지만 말이다.

궤도 장반경이 40~10,000AU에 해당하는 혜성이 일반적으로 말하는 외부 혜성(External comets)이다. 이들은 대략 250년 이상의 공전 주기를 가지고 있는데, 이들의 고향으로 오르트 구름이 상정되어 있다.

궤도 장반경이 40AU 이내인 혜성들은 핼리형 혜성인데, 이들은 카이퍼대 일부분이다. 비주기 혜성, 외부 혜성, 핼리형 혜성들의 궤도는 황도면 상에 집중되어 있지 않고, 랜덤하게 모든 방향에 퍼져있는데, 이는 천체들이 카이퍼대에서부터 오르트 구름까지 그런 형태로 분포하기 때문으로 추정된다.

주기가 짧은(대략 20년 이내) 혜성들은 대부분 그 궤도가 황도면에 몰려있다. 이들 중 궤도가 목성 궤도와 교차하는 혜성이 목성족 혜성, 궤도가 목성 궤도 바깥에 있는 혜성이 키론형 혜성, 궤도가 목성 안쪽에 있는 혜성이 엔케형 혜성이다. 그런데 존재와 주기가 알려진 혜성의 대부분은 목성족 혜성이다. 당연하지만 그 주기도 목성과 비슷하다.

이들은 카이퍼대에 있던 천체 중 일부가 해왕성의 중력에 영향을 받아 궤도가 바뀌는 과정에서, 태양계 안쪽으로 들어오게 된 것으로 보이는데, 그 와중에도 상당히 많은 천체가 목성 궤도와 교차하는 궤도에 계속 머무르고 있다.

이들은 평균적으로 목성 근처 궤두에 10~20만 년쯤 머무르다 튕겨 나가게 되는데, 태양이나 행성에 충돌하기도 하고 소행성대로 들어가기도 하지만, 대부분은 행성들의 영향권 바깥의 먼 궤도로 튕겨 나가게 된다.

앞에서 엔케형 혜성들도 카이퍼대에서 기원했다고 했는데, 대부분의 엔케형 혜성의 경우는 그렇지만, 막상 엔케 그 자체에 대해서는 그 기원을 설명하기 쉽지 않다. 엔케는 카이퍼대에서 시작한 시뮬레이션으로 궤도를 설명하기에는 태양에 너무 가까이 있다.

사실 엔케보다 더 가까운 곳에 소행성들과 유사한 궤도를 가지는 혜성들도 존재한다. 이들을 보통 활동 소행성이라고 부르는데, 소행성과 혜성 사이에 큰 차이가 있는 것이 아니기에, 이 천체들의 정체성이 모호하다.

일반적인 혜성의 경우와 같이, 표면에서 휘발성 물질이 승화하면서 혜성처럼 보이는 소행성도 있는데, 표면에 있던 휘발성 물질이 가려져서 혜성 활동이 멈추었다가, 이것들이 다시 드러나게 되어 활동이 재개되는 것이 아닌가 싶다.

휘발성 물질과는 관계없이 충돌이나 과한 회전으로 소행성 표면에서 물질이 뿜어져서 혜성처럼 보이는 경우도 있는데, 이들은 혜성이 아니다. 문제는 이러한 상황을 알 수 없는 경우도 종종 있다는 것이다.

어쨌든 소행성대에 존재하는 이 천체들은 그 궤도가 안정적이어서 최소 수백만~수천만 년은 소행성대에 머무르리라 예상된다.

혜성이 소멸되는 경우도 꽤 있다. 목성과 같은 거대한 중력을 가진 행성에 포획되어 위성이 되어버리기도 하고, 태양에 너무 가까이 가는 바람에 모두 증발해 버리거나 조각들로 해체되기도 하며, 다른 천체와 충돌해 사라지기도 한다.

충돌해서 사라진 대표적인 예로, 1994년에 목성과 충돌한 슈메이커-레비 9(Shoemaker－Levy 9) 혜성이 있다. 이 혜성은 목성에 충돌하여 거의 지구 크기만 한 충돌 흔적을 남겼다.

지구상에서 혜성을 관측하기 수월한 때는, 혜성이 태양에 접근하면서 꼬리를 길게 늘어뜨릴 때인데, 태양과의 거리가 가까워지고 근일점이 될수록 꼬리가 점점 길어지며, 때로는 그 꼬리 길이가 무려 1AU를 넘기기도 한다. 1996년 5월 1일에 관측 이래 가장 긴 꼬리를 달았던 햐쿠다케(Hyakutake) 혜성은 무려 3.8AU를 기록했다.

웬만큼 큰 혜성들은 꼬리가 두 갈래로 갈라지는데, 푸르고 옅은 것은 이온화된 가스로 이루어진 꼬리이고, 밝고 짙은 것은 먼지와 얼음이 섞인 먼지 꼬리이다. 두 개의 꼬리가 서로 갈라지는 이유는, 태양풍에 의해 밀려나는 물질들의 속도가 서로 다르기 때문이다. 이온 꼬리 쪽이 좀 더 태양 반대 방향으로 뻗친다.

그리고 이러한 꼬리가 생기는 이유는, 혜성이 태양에 접근하면서 쉽게 녹아 증발할 수 있는 물질들을 많이 함유하고 있기 때문이다. 물, 일산화탄소, 이산화탄소, 메테인 등이 그것들이다.

혜성은 수분을 다량 함유하고 일부 유기물질도 품고 있어서, 지구 표면에 다량의 물이 존재하게 되고 생명체가 번성하게 된 근원을 혜성에서 찾는 계기가 되었다.

태양계가 갓 형성된 수십억 년 전부터, 초기 원시 지구에 '흙투성이 얼음덩이' 천체가 무수히 충돌하면서, 다량의 수분이 뜨거운 지각과 대기를 식히고, 여러 유기물이 바닷물 속에 대량으로 녹아들어 감으로써, 초기 생명체가 발생할 조건을 갖추어 놓았다는 가설이 오랫동안 지지를 받아왔다.

그러니까 혜성의 출현을 재앙의 징조로 여기고 두려워했던 게 고대의 시각이었고, 근대 문명부터는 혜성이 생명을 싹트게 한 기원일 수도 있다고 여겨왔다.

일반적으로는 장주기 혜성의 꼬리가 단주기 혜성보다 규모가 큰데, 단주기 혜성은 태양에 자주 접근하기 때문에 그만큼 자주 물질들이 떨어져 나가기 때문이다. 예를 들어 단주기 혜성인 엥케 혜성은 꼬리를 찾아보기도 힘들지만, 75년의 주기를 가진 핼리 혜성이나 3,000여 년의 주기를 가진 것으로 추정되는 헤일-밥 혜성은 밝기도 밝을 뿐만 아니라, 꼬리가 상당히 길다.

꼬리는 태양의 복사열과 태양풍으로 인해 생성되므로 항상 태양의 반대 방향으로 뻗게 된다. 얼핏 생각하기엔 마치 로켓처럼 혜성에서 뿜어져 나온다고 여길 수도 있지만, 실제로는 혜성의 궤도에서 진행 방향으로 꼬리가 뻗을 수도 있다. 또한 지구에서 봤을 땐 방향에 따라 마치 태양의 방향으로 고리가 뻗은 듯한 모습도 볼 수 있다.

한편, 혜성의 생성에 관해서는 여전히 논쟁 중인데, 이에 관해서는 크게 두 가지 이론이 대립하고 있다. 첫 번째는 태양계 외곽에서 얼음과 일산화탄소, 먼지 등을 포함한 작은 천체들이 합체를 반복해서 지금의 해왕성 궤도 밖에 있는 TNOs(Trans-Neptunian Objects)가 되고, 이 중에 지름이 $400km$가 넘는 천체는 내부의 방사성 동위원소의 열과 압력으로 내부가 녹게 되어 왜행성급 천체로 발전하게 되는데, 이 과정에서 천체들이 충돌하게 되면서 그 파편들이 혜성이 되었다는 것이다.

두 번째는 작은 얼음 천체가 서서히 합체를 해서 혜성이 된다는 이론이다. 물론 더 크게 합체하면 TNOs가 된다고 보는데, 로제타의 관측 데이터는 두 번째 가설을 강력하게 지지하고 있다. 이 이론에 따르면, 혜성 내부는 거대한 잡석 더미처럼 공간이 많을 것이고, 실제로도 그럴 것 같은 모양을 하고 있다.

초기 태양계 외곽에서 빠른 속도로 성장한 얼음 천체는, 현재 우리가 보고 있는 TNOs가 되면서, 이 궤도에 있는 물질들을 대부분 흡수한 것으로 보인다. 혜성은 그 이후 남은 물질들이 천천히 합체된 것으로 생각된다. 실제로 67P 혜성 역시 두 개의 큰 덩어리가 아주 느린 속도로 합체되면서 현재의 아령 같은 모양이 된 것으로 보인다.

이 이론이 맞는다면, 혜성은 태양계 초기 해왕성보다 먼 궤도에 있었던, 작은 천체들의 집합이므로, 여기에 태양계 생성의 비밀이 많이 담겨 있을 것이다.

1. 혜성의 상징, 핼리 혜성

핼리 혜성(1P/Halley)은 대중 사이에서 가장 유명한 혜성인데, 그 이유는 비교적 주기가 짧은 혜성 중에서 망원경과 같은 도구 없이 맨눈으로 볼 수 있는 유일한 혜성이기 때문이다. 약 76.03년을 주기로 타원에 가까운 궤도를 그리는 해왕성족 주기 혜성으로, 멀어질 때는 태양으로부터 약 35AU 정도까지 가는데, 그래도 태양에서 명왕성까지의 평균 거리보다 짧다.

76년의 주기가 긴 것처럼 느껴지지만 혜성 중에는 주기가 만년을 넘어가는 것도 많기에 짧은 편이라 할 수 있다. 이 혜성은 인간 한 명의 일생에서 두 번 맨눈으로 볼 수 있는 거의 유일한 혜성이다. 주기가 더 짧은

궤도 특성	
원일점	35.14AU
근일점	0.59278AU
Semi-major axis	17.737AU
Eccentricity	0.96658
공전 주기	74.7yr
Mean anomaly	0.07323°
Inclination	161.96°
Longitude of ascending node	59.396°
근일점의 시간	2061년 7월 28일
Argument of perihelion	112.05°
Earth MOID	0.075au
물리적 특성	
크기	14.42km × 7.4km × 7.4km
평균 지름	11km
Mass	$(2.2 \pm 0.9) \times 10^{14}$kg
평균 밀도	0.55 ± 0.25g/cm^3
탈출 속도	~0.002km/초
Synodic rotation period	52.8 시간
반사율	0.04
겉보기 크기	28.2 (2003년)

혜성도 있으나 너무 어두워 맨눈으로 볼 수 없다.

이 혜성이 주기적으로 나타나는 것은 적어도 기원전 240년부터 천문학자들에 의해 관측되고 기록되었지만, 1705년이 되어서야 이것이 동일한 혜성의 재출현이라는 것을 이해했다. 최초로 이 사실을 이해한 천문학자는 영국의 에드먼드 핼리 (Edmond Halley)였다.

그는 과거 관측 자료를 살펴본 후에, 일정한 시간 간격으로 1456년, 1531년, 1607년, 1682년에 나타난 혜성의 궤도가 거의 일치하는 것에 주목하여, 이들 혜성이 같은 천체이며, 다가오는 1758~1759년에 다시 돌아오리라고 예측했는데, 당시에는 허언이라고 무시하는 학자들이 대부분이었다.

하지만 핼리 자신은 비록 1742년에 죽었기에 직접 확인하지 못했지만, 후세 사람들이 돌아온 혜성을 확인하게 되면서, 핼리 혜성의 존재와 주기가 밝혀지게 되었다.

한편, 핼리 혜성은 1986년에 태양계 내부를 방문했을 때, 우주선에 의해 자세히 관측되어, 핵의 구조와 코마 및 꼬리 형성 메커니즘에 대한 관측 데이터를 제공한 최초의 혜성이 되었다.

이러한 관측은 혜성 형성에 관한 여러 가지 가설 중에, 프레드 휘플(Fred Whipple)의 '더러운 눈덩이(Dirty snowball)' 모델을 강력히 뒷받침했는데, 선각자인 핼리 역시 물, 이산화탄소, 암모니아와 같은 휘발성 얼음과 먼지의 혼합물로 구성되어 있을 것이라고 정확하게 예측한 바 있다.

핼리의 공전 주기는 기원전 240년 이래로 74년에서 80년 사이로 변해왔다. 궤도는 타원형이고, 궤도 이심률은 0.967이며, 근일점과 원일점이 각각 0.59AU, 35AU로, 명왕성의 궤도 거리와 비슷하다.

그리고 태양계의 대다수 천체와 달리, 역행 궤도를 가지고 있다. 핼리 혜성은 태양의 북극 위쪽에서 볼 때 시계 방향으로 태양을 공전하며, 궤도는 황도에 대해 18° 기울어져 있는데, 이러한 역행 궤도는 핼리가 실제보다 빠른 속도로 이동하는 것처럼 보이게 한다.

핼리는 단주기의 주기적 혜성으로 분류되며, 궤도가 수천 년 동안 지속되는 장주기 혜성과 대조된다. 한편, 주기적 혜성은 황도에 대한 평균 경사도가 10도에 불과하고 공전 주기가 6.5년에 불과하기에, 핼리의 궤도는 전형적이지 않다고 할 수 있다.

하지만 핼리 혜성을 닮은 단주기 혜성들이 여럿 있는 것도 사실이다. 이들은 공전 주기가 20년에서 200년 사이이고 경사도는 0도에서 90도 이상까지 뻗어있다. 2024년 기준으로 핼리 타입의 혜성이 105개 관측되었다.

이러한 핼리 타입의 혜성은, 그들이 원래는 장주기 혜성이었음을 시사하며, 그 궤도는 거대한 행성의 중력에 의해 교란되어 지금처럼 바뀌었을 것이다. 핼리 역시 한때 장주기 혜성이었을 가능성이 크다. 만약 그렇다면 핼리 혜성은 태양으로부터 약 20,000-50,000AU 떨어진 오르트 구름(Oort cloud)에서 기원했을 가능성이 높다.

한편, 핼리 혜성의 예상 수명은 약 1천만 년으로 추산해 왔다. 궤도 역학은 케플러 맵이라고 알려진 2차원 심플렉틱 맵(Symplectic map)을 통해 대략 계산할 수 있으며, 이는 고도로 편심한 궤도에 대한 제한된 3체 문제에 대한 솔루션이다. 1910년의 출현 기록을 바탕으로, 데이비드 휴즈는 1985년 핼리 핵의 질량이 지난 2,000~3,000회 회전 동안 80~90% 감소했으며, 근일점을 2,300회 더 통과하면 완전히 사라질 가능성이 높다고 계산해 냈다.

그런데 아주 최근 연구에 따르면, 핼리는 앞으로 수만 년 안에 증발하거나, 수십만 년 안에 태양계에서 방출될 것으로 예상된다고 한다.

2. 딥 임팩트 실험 목표, 템펠 1

템펠 1(9P/Tempel)은 빌헬름 템펠(Wilhelm Tempel)이 발견한 목성 계열 혜성으로, 5.6년마다 태양 궤도를 한 바퀴 도는데, 혜성에 고의로 고속 충돌하여 혜성의 특성을 알아내는, 딥 임팩트(Deep Impact) 실험의 목표가 된 적이 있다.

1867년 4월 3일에 마르세유에서 템펠이 발견할 당시는 5.68년마다 한 번씩 근일점에 접근하는 것으로 확인됐다. 하지만 1898년과 1905년에 다시 관측을 시도했을 때, 모습을 완전히 그려내는 데 실패했기에, 일부 천문학자들은 혜성이 붕괴했을 수 있다고 추측했다. 그러나 실제로는 궤도가 바뀌어, 더욱 멀고 어두워진 상태였다.

궤도 특성	
원일점	4.757AU
근일점	1.545AU
Semi-major axis	3.151AU
Eccentricity	0.5097
공전 기간	5.59yr
Inclination	10.474°
Longitude of ascending node	68.64°
Argument of periapsis	179.54°
Earth MOID	0.52AU
물리적 특성	
Dimensions	7.6km×4.9km
Mass	$7.2×10^{13}$ to $7.9×10^{13}$kg
평균 밀도	0.62g/cm³
Synodic rotation period	40.7시간

템펠 1의 궤도는 때때로 주기가 변화될 만큼 목성에 아주 가까워지기도 한다. 그래서 1881년(목성에 가장 가까운 0.55AU에 접근)에는 궤도 주기가 6.5년으로 길어졌다. 근일점도 5,000만 km 증가하여 2.1AU로 변경되면서 지구에서 훨씬 더 멀어졌다.

그래서 1967년에 영국의 천문학자 브라이언 G. 마스덴(Brian G. Marsden)이 목성의 섭동을 고려하여 혜성의 궤도를 정밀하게 계산한 후 재발견하였다. 재발견 당시에는 1941년(0.41AU)과 1953년(0.77AU)에 목성에 더 가까이 접근한 후로, 근일점 거리와 공전 주기가 처음 발견되었을 때보다 감소한 상태였다.

재발견된 후에 한동안 무관심 속에 방치되어 있다가 로머(Roemer)와 L. M. 본(L. M. Vaughn)이 1972년 1월 11일에 스튜어드 천문대에서 다시 추적하면서, 널리 관측되기 시작하였다. 같은 해 5월에 최대 밝기 11에 도달했으며 7월 10일에 마지막으로 목격되었다.

템펠 1은 특별한 특징이 있거나 눈에 띄는 밝기를 가진 혜성은 아니다. 발견 이래 가장 밝은 겉보기 등급이 11로, 맨눈으로 볼 수 있는 수준보다 훨씬 낮고, 허블 우주 망원경이 가시광선에서 측정하고, 스피처 우주 망원경이 적외선에서 측정한 결과도 알베도가 4%에 불과했다. 다만 이 혜성은 핵에서 흘러나오는 가스로부터 전하 교환을 통해, 전자를 제거하는

고 하전 태양풍 이온으로, 엑스선을 방출하고 있다는 특징이 있다.

이것이 딥 임팩트의 대상으로 선정된 이유가 되었는지는 모르지만, 템펠 1에 탐사선이 고의로 충돌하는 실험이 이뤄진 것은 사실이다. 근일점 하루 전인 2005년 7월 4일 05:52(UTC)에 NASA 탐사선의 일부가 고의로 부딪혔다. 충격은 프로브의 다른 기기에 의해 촬영되었는데, 충돌 지점에서 밝은 스프레이가 관측되었다. 이 충돌은 지구와 우주 망원경으로도 관측되었다.

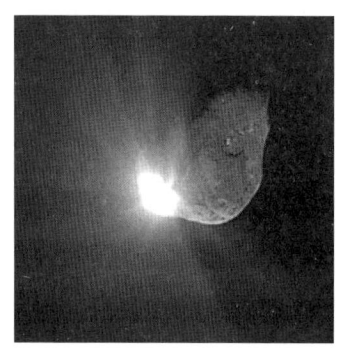

9P/템펠과 임팩터의 충돌

이때 형성된 분화구는, 충돌로 발생한 먼지구름으로 인해, 당시에는 잘 보이지 않았지만, 지름이 100~250m, 깊이는 30m 정도로 추정되었다.

스피처 우주 망원경으로 분출물을 관측한 결과, 규산염, 탄산염, 스멕타이트, 금속 황화물, 비정질 탄소 및 다환 방향족 탄화수소가 발견됐다.

또한 분출물에서 물 얼음이 감지됐는데, 이는 딥 임팩트의 분광계 장비로 감지된 지표수 얼음과 구성 성분이 일치했다. 물 얼음은 표면 지각(핵 주위의 탈 휘발성 층)의 1m 아래쪽에서 튀어나왔다.

앞에서 언급했지만, 딥 임팩트로 형성된 분화구는 실험 당시에는 이미 지화할 수 없었기에, 2007년 7월 3일에 템펠 1호에 관한 새로운 탐사 임무가 승인됐다. 이 임무에는 2004년 와일드 2 혜성을 연구했던 스타더스트 우주선이 활용됐다.

스타더스트는 새로운 궤도로 템펠 1에 접근해서, 2011년 2월 15일에 약 $181km$ 떨어진 거리를 통과하면서 사진 촬영을 시도했다. 특정 혜성에 탐사선이 두 번 방문한 것은 이것이 처음이었다.

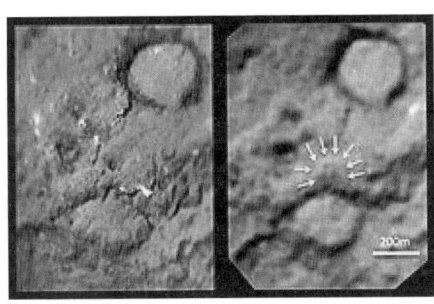

Deep Impact와 Stardust의 비교 전후 이미지로, 오른쪽 이미지에 Deep Impact에 의해 형성된 분화구가 보인다.

NASA 과학자들은 스타더스트(Stardust)의 이미지에서 딥 임팩트로 형성된 분화구를 확인했다. 분화구의 지름은 150m 정도였고, 중앙에 충돌 후에 다시 떨어진 물질로 생성된 것으로 여겨지는, 밝은 둔덕이 보였다.

이 외에도 스타더스트가 플라이바이를 위한, 새로운 궤적으로 접근했기에, 처음 탐사했을 때보다 훨씬 더 많은 3차원 정보를 얻을 수 있었다.

이 혜성은 2011년 11월 11일에 왜행성 세레스(Ceres)에서 0.04AU 떨어진 지역을 통과했는데, 목성 계열 혜성으로서 거대한 목성과 상호 작용하면서 궤도를 그리다가, 2084년 10월까지 근일점인 1.98AU까지 다가올 것으로 보인다. 그런 다음 다시 멀어지기 시작하여, 2183년 10월 17일에 화성에서 0.0191AU 떨어진 지역을 통과할 것이다.

3. 최장주기 핼리 타입, 허셜-리골렛

궤도 특성	
원일점	56.9AU
근일점	0.74 AU
Semi-major axis	28.843 AU
Eccentricity	0.974
궤도 주기	155년
기울기	64.207°
마지막 근일점	1939-08-09

35P/Herschel-Rigollet은 궤도 주기가 155년이고 궤도 경사가 64도인 주기 혜성으로, 1788년 12월 21일에 캐롤라인 허셜(Caroline Herschel)이 발견했다.

궤도 주기가 155년으로 알려져 있으나, 1939년의 천체 관측이 현재 관측만큼 정확하지 않았다는 점을 고려할 때,

2092년에 있을 다음 근일점 통과는 한 달 정도 차이가 날 수 있을 거로 보인다.

캐롤라인 허셜이 이 혜성을 가장 먼저 발견한 것은 사실이지만, 그로부터 한 달도 지나지 않은, 1789년 1월에 그리니치 천문대의 네빌 마스켈린(Nevil Maskelyne), 파리 천문대의 샤를 메시에(Charles Messier)도 찾아냈다.

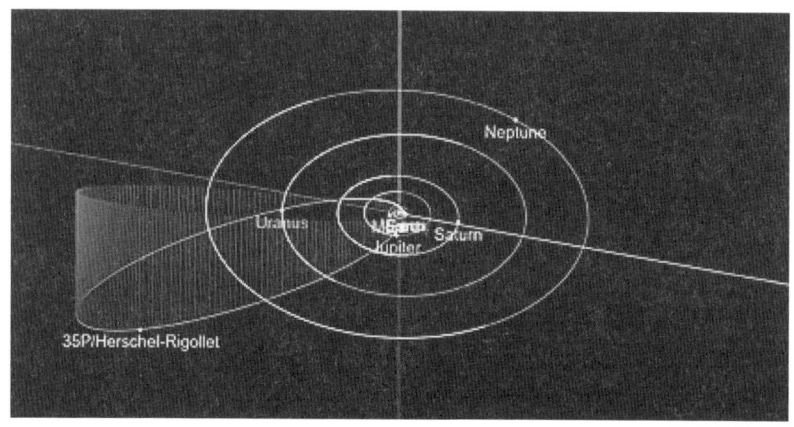

Herschel-Rigollet의 궤도

그리고 오랜 세월이 흐른 후, 1939년 7월 28일에 로저 리골렛(Roger Rigollet)이 재발견했는데, 이때 이 혜성의 등급은 8.0이었다. 그리고 다음 날, 토리노 천문대의 알폰소 프레사(Alfonso Fresa)와 예르크스 천문대의 조지 반 비스브룩(George van Biesbroeck)도 이 혜성을 발견했다.

재발견한 이후, 궤도의 모양과 주기에 대해서 Jens P. Möller(덴마크 코펜하겐), Katherine P. Kaster와 Thomas Bartlett(미국 버클리) 등이 다시 조사했는데, 당시 근일점이 1939년 8월 9일로 나타났다.

그 후, 1974년에 브라이언 G. 마스덴이 실시한 궤도 계산에서는,

1788년과 1939~1940년의 혜성 출현에 나타난 75개 위치와 행성의 섭동을 고려한 결과, 근일점이 1939년 8월 9일이고 궤도 주기가 155년인 것으로 나타났다.

4. 고리계를 거느린 키론

궤도 성질	
Semi-major axis	13.648AU
근일점	8.4311 AU
원일점	18.865 AU
공전 주기	50.42yr
평균 공전 속도	7.75km/s
Inclination	6.9497°
궤도 이심률	0.3823
Longitude of ascending node	209.20°
Argument of perihelion	339.68°
물리적 성질	
분광형	B(톨른 분류), Cb(SMASS)B-V=0.704U-B=0.283
지름	215.6±9.9km(허셜 2013) 233.4±14.6km(스피처)
자전 주기	5.918시간
겉보기 등급	18.93
절대 등급	5.80±0.27
Angular diameter	0.035″(최대)

95P/Chiron은 토성과 천왕성 사이에 있다. 1977년에 찰스 코왈(Charles Thomas Kowal)이 발견하였고, 최초로 켄타우로스군으로 분류된 천체다. 발견 당시에는 소행성체로 분류되어 소행성체명 '2060 키론'을 부여받았지만, 이후 코마가 발견됨에 따라 혜성으로도 분류되어, '95P/키론'으로도 불리게 됐다.

키론은 고리계(Ring system)를 지닌 4개의 소행성 중 하나이며, 알려진 혜성 중에는 유일하게 고리계를 지니고 있다.

발견 당시 키론은 원일점 근방에 있었으며, 당시 발견된 소행성체 중 가장 멀리 있었는데, 몇몇 언론에서는 키론을 열 번째 행성이라고 부르기도 하였다.

키론은 1945년에 근일점에 도달했으나 당시에는 학자들의 관심이 적었고, 멀리서 느리게 움직이는 천체를 감지할 만한 장비나 기술이 확보되지 못해서 관찰할 수도 없었다.

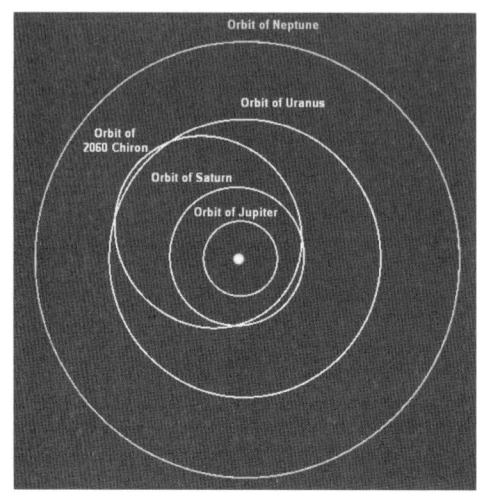

키론의 궤도 이심률은 0.37로 매우 높으며, 근일점은 토성 안쪽이나 원일점은 천왕성 바깥이다. Solex(태양계 천체의 위치와 역학을 계산하고 표시하는 무료 애플리케이션)에 따르면, 키론이 토성에 가장 근접했을 때가 720년 5월로, 토성에 0.204±0.013AU까지 근접했고, 토성의 중력으로 인해 궤도 장 반지름이 14.55±0.12AU에서 13.7AU까지 감소하였다. 키론은 천왕성의 궤도도 통과하지만, 천왕성의 궤도 장 반지름보다 키론의 근일점 거리가 더 가깝다. 키론은 최초로 발견된, 궤도가 완전히 소행성대 바깥에 있는 천체였기에, 집중 조명을 받았으며, 켄타우로스군으로 최초로 분류되었다.

그런데 켄타우로스 천체들의 궤도는 불안정하여, 몇백만 년 후에는 섭동으로 다른 궤도로 옮겨가거나, 태양계 바깥으로 튕겨 나갈 것으로 추정되며, 백만 년 내에 단주기 혜성이 될 것으로 예상된다.

키론의 가시광선 및 근적외선 스펙트럼은 중성이고, 핼리 혜성의 핵 및 C형 소행성과 매우 유사하나, 그것들과 달리, 근적외선 스펙트럼에서 물얼음이 나타나지 않는다.

키론의 크기 추정치는 절대 등급(H)과 반사율에 따라 결정됐다. 1984년에 레보프스키(Lebowski)는 키론의 지름을 약 180km로 추정했으며, 1990년대에는 $150 km$ 정도로 추정했다. 그리고 2007년의 스피처 우주 망원경 및 2011년의 허셜 우주 망원경 자료를 조합한 결과, 지름이 약 $218 \pm 20 km$로 계산되었다. 이처럼 키론의 지름은 정확하게 측정하기 힘든데, 이는 키론에서 일어나는 혜성 활동으로 정확한 절대 등급을 측정하기 어렵기 때문이다.

한편, 1988년 2월에 키론이 태양으로부터 12AU 지점에 있을 때, 갑자기 밝기가 75% 증가하였다. 이런 현상은 소행성에서는 일어나지 않고, 혜성에서만 가끔 일어나는 현상이다.

1989년 4월에 있었던 추가 관측 결과, 키론에서 코마가 발견되었으며 1993년에는 꼬리가 발견되었다. 키론 코마의 주성분은 다른 혜성과 다르게 물이 아닌데, 이는 물이 승화하기에는 키론이 태양에서 너무 멀리 떨어져 있기 때문이다. 1995년에 키론에서 일산화탄소가 소량 발견되었으나, 이것으로도 관측된 코마 양을 설명하기에 충분했다.

주지하다시피 키론은 소행성과 혜성 둘 모두로 분류되어 있으며, 혜성과 소행성의 구분이 모호함을 나타내는 대표적 사례이다. 이러한 천체를 간혹 원시 혜성(Proto-comet)이라고 부르기도 한다. 키론은 키론족 혜성의 첫 구성원으로, 다른 키론족 혜성으로는 39P/오테르마, 165P/LINEAR, 166P/NEAT, 167P/CINEOS 등이 있다.

한편, 키론에는 고리 2개가 존재할 가능성이 크다. 1993년 11월 7일, 1994년 3월 9일, 2011년 11월 29일에 키론에서 예측되지 못한 항성 엄폐가 관측되었는데, 당시에는 키론의 혜성 활동으로 인한 것이라고 여겼으나, 현재는 고리가 원인이었던 것으로 추정하고 있다. 키론 고리의 반지름은 $324 \pm 10 km$로 추정되는데, 이는 상당히 정밀한 추정치이다.

보는 각도가 다르면, 고리가 다르게 보인다는 점을 통하여, 키론의 밝기, 반사율, 크기 변화를 설명할 수 있다. 또한 키론의 고리가 얼음으로 되어있다고 가정해 보면, 키론의 스펙트럼에서 얼음의 흡수선이 나타난 현상과 2001년에 이 흡수선이 사라진 현상도 설명할 수 있다.

고리의 너비, 분리, 광학적 깊이는 커리클로(10199 Curryclaw)의 고리와 유사하기에, 구조도 비슷할 것이고 본다. 그리고 두 고리 시스템 모두 모 천체의 로슈 한계 내부에 있는데, 이것은 정말 특이한 사실이다.

5. 수성보다 태양에 더 가까운 마홀츠 1

궤도 특성	
원일점	5.944AU
근일점	0.1160AU
반장축	3.030AU
이심률	0.9617
공전 주기	5.27년
공전 속도	122km/s
Inclination	57.49°
마지막 근일점	2023년 1월 31일
다음 근일점	≈2028년 5월 12일

혜성 96P/Machholz 1은 1986년 5월 12일에 아마추어 천문학자 Donald Machholz가 130mm 쌍안경을 사용하여 발견한 단주기 혜성이다.

1986년 6월 6일에 지구에서 0.404AU 떨어진 공간을 통과했고, 2023년 1월 31일에 근일점에 도달한 바 있다.

96P/Machholz는 여러 면에서 특이한 혜성이다. 작은 SOHO 혜성을 제외하면, 번호가 매겨진 단주기 혜성 중에서 가장 작은 근일점 거리를 가지고 있어, 수성의 궤도보다 태양에 훨씬 더 가까우며, 높은 궤도 경사와 큰 이심률을 가진, 유일한 단주기 혜성이다.

Machholz는 현재 목성과 9:4 궤도 공명 상태에 있고, 2028년까지는 지구에 접근하지 않을 것이며, 지구에 가장 근접할 거리는 0.3197AU 정도 될 것이다.

Machholz는 2028년에 0.116AU의 근일점에 이르러, 초속 122km로 태양 근처를 통과할 것인데, 그것은 321P/SOHO 미만의 번호가 매겨진 혜성보다 태양에 더 가까운 거리다. 1897년에서 2102년 사이에 근일점은 0.17AU에서 0.09AU까지 점차 감소할 것이며, 2081년에는 0.1AU 미만의 근일점에 이를 것이다.

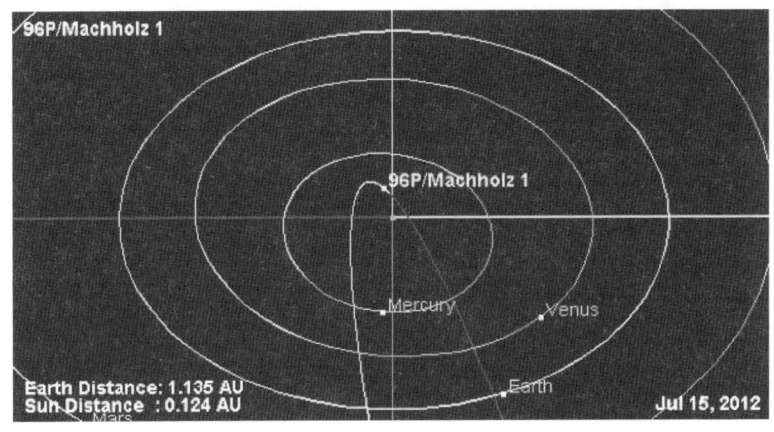

Machholz는 궤도만 특이한 게 아니고 화학 조성도 특이하다. 코마 상태에 대한 분광 분석이 2007년에 로웰 천문대의 혜성 장기 관측 프로그램의 일부로 이루어졌는데, 그들의 데이터베이스에 있는, 다른 150개 혜성의 코마 상태에서 측정된 5개 주요 분자 종의 풍부도와 비교했을 때, Machholz가 훨씬 적은 탄소 분자를 가지고 있었고, 사이아노젠(Cyanogen) 역시 그러했다. 탄소 분자와 사이아노젠 모두에서 이와 유사한 상태를 보인 혜성은 Machholz 외에 C/1988 Y1(Yanaka)이 있을 뿐이다.

이러한 96P/Machholz의 특이한 화학적 구성을 설명하는 데는 세 가지 가설이 있다. 그중에 가장 주목받고 있는 가설은, Machholz가 태양계 밖에서 온 성간 혜성이었는데 태양에 포획되었다는 것이다.

다른 가능성은 태양계의 극도로 추운 지역(대부분 탄소가 다른 분자에 갇힐 정도)에서 형성되었다는 것이다. 근일점에서 태양에 극도로 가깝게 접근하는 사실을 고려해 보면, 태양이 사이아노젠을 대부분 제거했을 수 있다. 그러나 어느 학설이든 학자들 다수가 적극적으로 공감을 드러내는 것은 없다.

6. 가장 긴 꼬리를 가진 이케야-장

153P/Ikeya-Zhang은 2002년에 일본과 중국의 두 천문학자가 거의 같은 때에 독자적으로 발견한 혜성으로, 번호가 매겨진 주기 혜성 중에서 단연코 가장 긴 궤도 주기를 갖고 있다. 2002년 10월에 마지막으로 관측되었는데, 이때 태양으로부터 약 3.3AU 떨어져 있었다.

궤도 특성	
원일점	101.92AU
근일점	0.50714 AU
Semi-major axis	51.213AU
이심률	0.99009
공전 주기	366.51yr
최대궤도 속도	59km/s
최소궤도 속도	0.29 km/s
Inclination	28.119°
마지막 근일점	2002년 3월 18일
다음 근일점	2362년 9월 1일

2002년 2월 1일에 카이펑(Kaifeng)의 천문학자 장다칭(Zhang Daqing)은 고래자리에서 새로운 혜성을 발견하고 IAU에 보고했다. 그는 곧 일본의 천문학자 이케야 가오루(Kaoru Ikeya)가 그보다 조금 일찍 발견했다는 것을 알게 됐는데, 일몰 후 거의 같은 시간에 혜성을 포착했으나, 일본의 일몰 시각이 중국보다 빠르기에, 자신이 최초 발견자라고 주장할 수는 없었다.

하지만 국제 표준시를 기준으로 하면, 누가 먼저 발견했는지 가려내기도 곤란해서, 그들이 거의 동시에 독립적으로 발견했다고 보고, 두 사람의 이름을 모두 빌려서 명명하였다.

그러나 이 혜성은, 그들이 발견하기 341년 전인 1661년에, 이미 폴란드 천문학자 요하네스 헤벨리우스가 관측한 바 있고, 같은 해에 중국 학자들이 이것의 관측에 관해 기록해 놓은 문서도 있다.

이 혜성은 모든 주기 혜성 중에 가장 긴 공전 주기(366.51년)를 가지고 있고, 태양 주위를 도는 궤도 속도는 근일점에서 $59km/s$, 원일점에서 $0.29km/s$로, 다양하고 편차도 심하다.

이 혜성은 2002년 3월 18일에 근일점을 지나갔는데, 당시 겉보기 등급이 2.9였다. 비대칭 가스 분출을 하고 있어 예측이 불확실할 수 있으나, 다음 근일점 통과는 2362~2363년쯤 될 것으로 보인다.

2002년 3월~4월 동안에, 혜성 꼬리의 양성자가 카시니 우주선에 의해 감지되었는데, 혜성 꼬리의 길이가 7.5AU보다 길게 측정되었다. 이는 지금까지 발견된 것 중 가장 긴 것이다.

7. 활동성이 강한 에케클러스

60558 Echeclus는 지름이 약 $84km$인 켄타우로스(Centaurs, 궤도 긴 반지름이 목성형 행성들 사이에 있는 태양계 소천체를 말하며, 궤도가 목성형 행성의 궤도와 한 번 이상 교차하기 때문에 궤도가 수백만 년 정도밖에 유지되지 않을 만큼 불안정하다)로 태양계 외곽에 있다. 2000년 스페이스워치(Spacewatch, 1980년 톰 게렐스와 로버트 S. 맥밀란에 의해 설립, 애리조나 대학교 망원경으로 소행성 연구를 전문으로 하는 천문 조사)에 의해 발견되었으며, 처음에는 '2000 EC98'이라는 명칭을 가진 소행성으로 분류되었다.

2001년 프랑스 브장송 천문대에서 루셀로(Rousselot)와 프티(Petit)의 연구 결과로 혜성이 아닌 것으로 밝혀졌지만, 2005년 12월에 혜성의 코마 상태가 감지되어, 2006년 초에 CSBN(Committee on Small

궤도 성질	
Observation arc	36.31yr
원일점	15.544AU
근일점	5.8168AU
Semi-major axis	10.680AU
이심률	0.45537
공전 주기	34.90yr
평균 궤도 속도	8.58km/s
Mean anomaly	7.51102°
Mean motion	0°1ᵐ41.657°/일
Inclination	4.3445°
Longitude of ascending node	173.335°
Argument of perihelion	162.889°
Jupiter MOID	0.838867AU
물리적 성질	
평균 지름	84km
Synodic rotation period	26.802h
Geometric albedo	0.04
온도	~85K
스펙트럼 유형	B-V=0.841±0.072V-R=0.502±0.065
겉보기 크기	~18.4
절대 등급	9.6

Bodies Nomenclature, 소천체 명명 위원회)이 이 천체에 174P/Echeclus라는 이름을 부여했다.

소행성으로도 명명된 두 번째 혜성(키론 이후)인데, 키론 역시 켄타우로스이고, 이것들 외에 다른 켄타우로스 중에도 혜성의 코마 상태가 관찰되는 게 적지 않다.

현재 Echeclus 외에 혜성과 소행성으로 교차 인정받고 있는 게 8개 있는데 다음과 같다. 2060 키론(95P/키론), 4015 윌슨-해링턴(107P/윌슨-해링턴), 7968 엘스트-피사로(133P/엘스트-피사로), 118401 리니어(176P/LINEAR), 2003 BM80(282P/2003 BM80), 2006 폭스바겐 139(288P/2006 폭스바겐 139), 2008 바둑 98(362P/2008 GO98), 2005 QN173(433P/2005 QN173).

한편, Echeclus는 종종 독특한 폭발을 일으킨다. 2005년 12월 30일에 태양으로부터 13.1AU 떨어져 있을 때 큰 덩어리가 떨어져 나오면서 거대한 먼지구름을 일으키는 것이 관찰되었는데, 천문학자들은 이것이 충격이나 휘발성 물질의 폭발적인 방출로 발생했을 것이라고 추측했다.

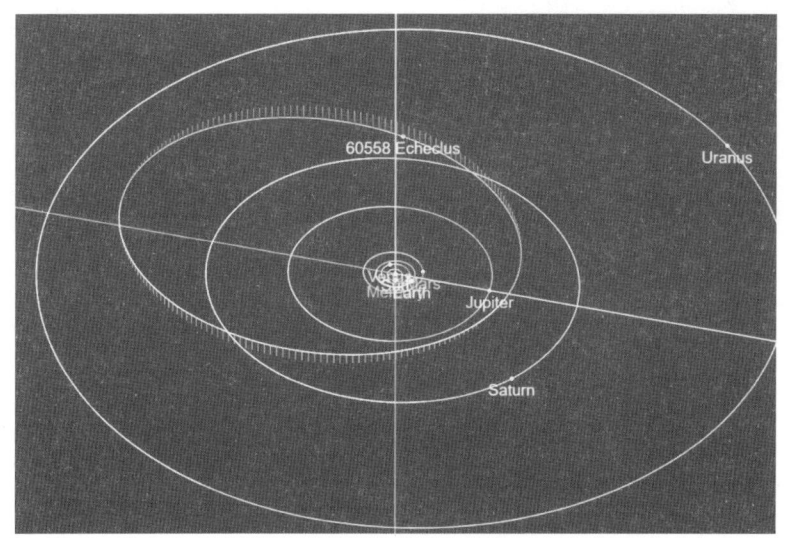

2011년 6월경에 태양으로부터 8.5AU 떨어진 곳에서 다시 폭발했고, 2017년 12월 7일경에는 태양으로부터 7.3AU 떨어진 곳에서 또다시 폭발했는데, 이때는 4등급이나 더 밝아졌다.

이렇게 활동성이 강한 Echeclus이지만, 활동성에 비해서 일산화탄소가 매우 적게 감지되는데, 종종 멀리 있는 켄타우로스로 분류되는, 또 다른 활성 혜성인 29P/스위스맨 1호(29P/Schwassmann-Wachmann)에서 관찰되는 것보다 훨씬 적은데, 그 이유는 아직 알아내지 못했다.

8. 혜성 물리학의 이정표, 이케야-세키

공식적으로 C/1965 S1, 1965 VIII, 1965f로 지정된 이케야-세키(Ikeya-Seki)는 장주기 혜성이다.

1965년 9월 18일에 망원경을 통해 처음 발견된 후에, 관찰자들이 10월 21일에 태양 표면에서 450,000km 떨어진 지점을 통과하며 매우 밝아질

궤도 특성	
Observation arc	115일
Orbit type	Kreutz sungrazer
원일점	183AU
근일점	0.007786AU
Semi-major axis	91.6AU
이심률	0.999915(A) 0.999925(B)
공전 기간	795년(A) 946년(B)
Inclination	141.8642°(A) 141.861°(B)

것이라고 예상했는데 그대로 움직였다.

이케야-세키 혜성은 1965년 9월 18일에 일본의 아마추어 천문학자 이케야 카오루와 세키 쓰토무에 의해 약 15분 간격으로 독립적으로 발견되었다. 발견 당시, 혜성은 히드라에서 서쪽으로 10° 떨어진 곳에 있는 8등급 밝기로, 하루에 약 1°씩 하늘을 가로질러 동쪽으로 이동하고 있었다.

이 혜성은 10월 7일까지 4등급으로 밝아졌고, 꼬리의 길이가 1° 이상으로 확장되었으며, 10월 중순이 되자 꼬리의 길이가 10°까지 늘어났다. 혜성이 태양에 접근함에 따라 시각적으로 점점 더 낮은 고도와 더 밝은 하늘에 놓이게 되어, 혜성의 밝기를 추정하는 것이 더 어려워졌다.

그렇지만 이케야-세키가 점점 더 밝아지는 것은 분명했다. 근일점 무렵에, 혜성의 가시성이 유리한 남반구에서, 관측자들은 10월 18일까지 이케야-세키가 등급 0만큼 밝다고 보고했다.

혜성은 10월 18일 이후 60시간 동안 상당히 밝아졌고, 10월 20일쯤에는 낮에도 맨눈으로 쉽게 볼 수 있게 되었다. 이케야-세키는 근일점이 가까워지면서 계속 밝아져 보름달과 비슷한 밝기를 갖게 되었으며, 약간 구부러진 꼬리를 돌출시켰다.

1965년 10월부터 11월까지는 주로 하와이 마우나케아에서 관측이 이루어졌다. 이때의 주요 발견 중 하나는, 혜성의 급격한 밝아짐과 핵의 단편화(Fragmentation)를 감지한 것이다. 이때 촬영된 이미지는 혜성과 태양 복사의 강렬한 상호작용을 연구하는 자료가 되었다.

이케야-세키는 10월 21일 21시 18분(UTC)에 근일점에 도달했다. 지구에서 보았을 때, 혜성과 태양은 단지 몇 분의 각도 밖에 떨어져 있지 않은 것으로 보였는데, 이때 혜성의 핵이 분리되기 시작하여, 핵에서 분리된 두 개의 파편이 곧 증발하는 것이 목격됐다.

10월 26일까지 코마가 등급 +3으로 어두워졌으나, 꼬리는 길어져서 최소 15°의 길이에 도달했고, 1965년 11월 초에는 거의 30°까지 도달했다. 이케야-세키의 분열된 핵은 서로 가깝게 유지되었지만, 분리의 형태와 조각의 밝기 차이를 충분히 구별할 수 있는 상태였다.

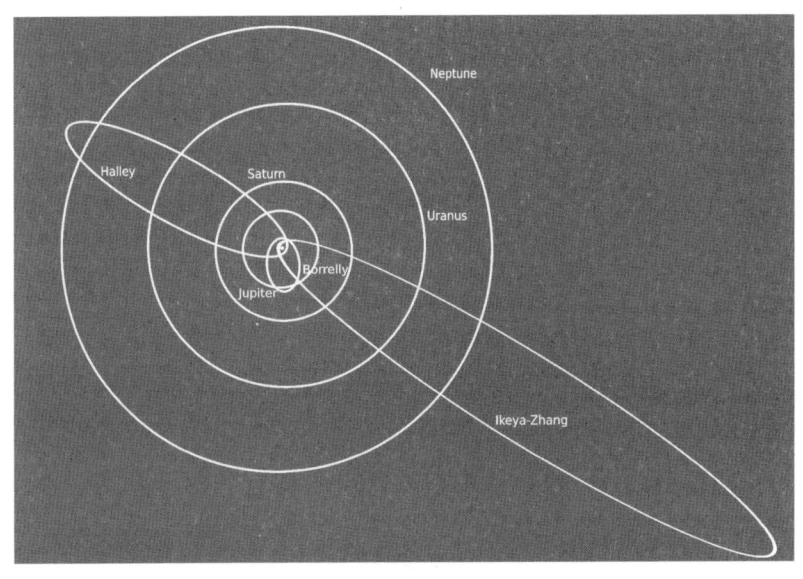

핼리(Halley), 보렐리(Borrelly), 이케야-장(Ikeya-Zhang) 등 3개의 혜성 궤도는 외계 행성의 궤도와 대조를 이룬다. Ikeya-Zhang은 오른쪽에 있다.

11월 27일에 혜성의 코마는 7.4등급으로 더욱 희미해졌지만, 10°에 이르는 꼬리는 여전히 맨눈으로 볼 수 있었다. 그러나 12월 초가 되자 맨눈으로 볼 수 없게 어두워졌다. 이케야-세키의 분열된 핵의 두 구성 요소

는 시각적 분리가 증가함에 따라, 약 14m/s의 속도로 멀어져 갔고, 하나는 다른 하나보다 더 밝았으며, 외관상 더 확산해 있었다.

즈데넥 세카니나(Zdenek Sekanina)가 두 핵의 위치를 역추적한 결과, 핵은 10월 26일에 분리된 것으로 나타났다. 미국 지질조사국의 폰(H. Pohn)도 계산을 통해, 분리일을 10월 26일로 추정했다.

이케야-세키의 밝기는 1882년의 대혜성과 매우 유사했지만, 근일점 이후 훨씬 더 빠르게 어두워졌다. 1882년 혜성은 근일점 이후 최대 8개월 동안 관찰되었지만, 마지막 사진은 1966년 2월 중순 이전에 촬영되었으며, 그 후 혜성은 등급 +13보다 더 희미해졌다. 그리고 1966년 3월 중순이 지나자, 미국 해군 천문대 플래그스태프 기지에서 40인치 반사 망원경으로 60초 동안 노출해도 찾을 수 없게 되었다.

하지만 주지하다시피 이케야-세키는 태양에 매우 가깝게 지나가며 혜성을 천체물리학적으로 세밀히 관측할 기회를 제공해 줬다. 더구나 혜성 궤도의 지구에 대한 방향이 관측하는 데 아주 이상적이었다.

키트 피크 국립 천문대(Kitt Peak National Observatory), 릭 천문대(Lick Observatory), 오트 프로방스 천문대(Haute-Provence Observatory)를 포함한 여러 천문대가 근일점 근처에서 혜성의 분광 관측을 수행하여, 이온화된 칼슘, 철, 나트륨 및 기타 금속과 관련된 강한 방출선을 확인했다. 또한 White Sands Missile Range에서 발사된 로켓으로 자외선에서 혜성을 관측하여 스펙트로그램을 얻었다.

그리고 하와이에서 NASA가 운영하는 Convair 990과 로스앨러모스 국립연구소의 과학자들이 탑승한 보잉 707도 이케야-세키의 관측 활동에 참여했다.

이렇게 광범위한 관측으로, 한 혜성에서 많은 데이터를 얻어내는 일은 아주 드문 경우였기에, 엘리자베스 로머는 "이케야-세키 혜성의 출현이 혜성 물리학의 랜드마크로 자리 잡을 것임에는 의심의 여지가 없어 보인다"라고 언급했다.

9. 위대한 혜성, 웨스트

공식적으로 C/1975 V1로 명명된 웨스트 혜성은 1976년에 내부 태양계를 통과한, 가장 밝은 천체 중 하나로, 종종 '위대한 혜성'으로 묘사된다.

궤도 특성	
원일점	1,500AU
근일점	0.197AU
이심률	0.99997
공전 주기	최대 558,000년으로 추정
Inclination	43.0664°
마지막 근일점	1976년 2월 25일

1975년 8월 10일에 유럽 남부 천문대(European Southern Observatory)의 리처드 M. 웨스트(Richard M. West)가 이 혜성을 발견했다. 근일점을 지나는 동안, 혜성은 최소 6.4°의 태양 이각(Solar elongation, 지구에서 관측되는 천체와 천체 간의 각거리)을 보였고, 전방 산란(Forward scattering)의 결과로 겉보기 등급은 -3에 도달해서, 2월 25일에서 27일까지는 관측자들이 정오에도 관찰할 수 있을 정도로 충분히 밝았다.

그 정도로 밝았으나 의외로 대중 매체에는 그 존재가 거의 보도되지 않았다. 그 이유는 1973년의 코호우텍(Kohoutek, C/1973 E1)이 기대치에 비해서 너무 실망스러운 모습을 보였기 때문이었는데, 과학자들은 대중의 기대를 높였다가 혹여 다시 실망에 빠뜨릴까 두려워했다.

이 혜성의 궤도는 거의 포물선 모양이기에, 공전 주기에 대한 추정치가 254,000년에서 558,000년까지 매우 다양하다. 이런 장주기 혜성의 최적 궤도를 계산하는 것은, 궤도 교란(Perturbation of the orbit)을 일으키는 분열 사건(Splitting event)을 겪었기 때문에, 어려울 수밖에 없다.

그래도 공전 주기 측정을 포기할 수는 없었기에, 근일점 통과 이전인 1975년 8월 10일부터 1976년 1월 27일 사이에 얻어진 28개의 위치를 이용하여, 약 254,000년의 공전 주기를 가진 것으로 추산해 냈다.

1976년 3월, 웨스트 혜성, 밝기가 최고조에 달할 무렵.

한편, 이 혜성이 태양으로부터 3천만 km 정도 떨어진 공간을 지나갈 때, 핵이 네 개의 조각으로 갈라지는 것이 관측되었다. 분열에 대한 첫 번째 보고는 1976년 3월 7일 12시 30분경에 있었다. 스티븐 오메라(Steven O'Meara)가 9인치 하버드 굴절 망원경을 사용하여, 3월 18일 아침에 두 개의 파편이 형성되었다고 보고했다. 이것은 당시 관찰된 얼마 안 되는 혜성 분열 중 하나였으며, 주목했던 대표적 사례 중 하나는 1882년의 대혜성이었고, 당시와 가까운 시기의 사례에는 Schwassmann-Wachmann-3(73P), C/1999 S4 LINEAR, 57P/du Toit-Neujmin-Delporte 등이 있을 뿐이었다.

어쨌든 웨스트 혜성은 1976년 봄을 지나자, 재회의 기약 없이 멀어지기 시작했다. 웨스트 혜성은 원일점이 매우 먼 혜성 중 하나로, 원일점 값이 무려 ~70,000AU로, 거의 1.1광년에 달한다.

웨스트 혜성이 다시 돌아왔을 때 지구의 모습은 어떨까? 인류가 그때도 존속하고 있을까?

10. 20세기 최고의 인기 스타, 헤일-밥

궤도 특성	
Observation arc	29.2년
궤도 유형	장주기 혜성
원일점	354AU
근일점	0.914AU
Semi-major axis	177AU
Eccentricity	0.99498
공전 기간	2364~2520yr
Inclination	89.3°
마지막 근일점	1997년 4월 1일
다음 근일점	4383~4387년
물리적 특성	
Dimensions	40~80km
평균 지름	60km
평균 반경	30km
Geometric albedo	0.01-0.07

헤일-밥 혜성(C/1995 O1)은 20세기에 널리 관측된 혜성 중 하나로, 가장 밝은 혜성 집단에 속한다. 앨런 헤일(Alan Hale)과 토마스 밥(Thomas Bopp)이 1995년 7월 23일에 독립적으로 발견했는데, 그 후 누구나 맨눈으로 볼 수 있을 만큼 밝은 얼굴로 지구의 하늘을 관통하기 시작했다.

최대 밝기를 확실하게 예측하기는 어렵지만, 1997년 4월 1일에 근일점을 통과할 무렵에 약 -1.8등급에 도달했다. 이 혜성을 무려 18개월 동안 맨눈으로 볼 수 있었는데, 그 이유는 밝기도 했지만, 핵 크기가 워낙 거대했기 때문이다.

사실 앨런 헤일(Alan Hale)은 새로운 혜성을 찾기 위해 수백 시간을 보냈으나 성공하지 못하다가, 뉴멕시코에 있는 그의 집에서 이미 알려진 다른 혜성을 추적하던 중에 우연히 헤일-밥을 만났다. 당시 이 혜성은 겉보기 등급이 10.5였으며 궁수자리에 있는 구상성단 M70 근처에 있었다.

헤일은 먼저 M70 근처에 다른 심원 천체(Deep sky object)가 없다는 것을 확인했고, 알려진 혜성의 목록을 살펴보며 이 하늘 영역에 알려진 혜성이 없다는 것도 확인했다. 그 후에 그 물체가 배경의 별들에 대해 상대적으로 움직이고 있다는 것도 충분히 확인하고 나서야, 중앙천문 전보국(Central Bureau for Astronomical Telegrams)에 이메일을 보냈다.

한편, 또 다른 발견자인 밥은 친구들과 함께 애리조나주 스탠필드 근처에서 성단과 은하를 관찰하던 중에, 친구의 망원경을 보다가 우연히 이 혜성을 발견했다. 그는 헤일처럼 M70 근처에 알려진 다른 심원 천체가 있는지 확인하기 위해, 별 지도를 살펴본 후에, 자신이 새로운 혜성을 발견했다는 사실을 알게 되어, 중앙 천문 전보국에 그 사실을 알렸다.

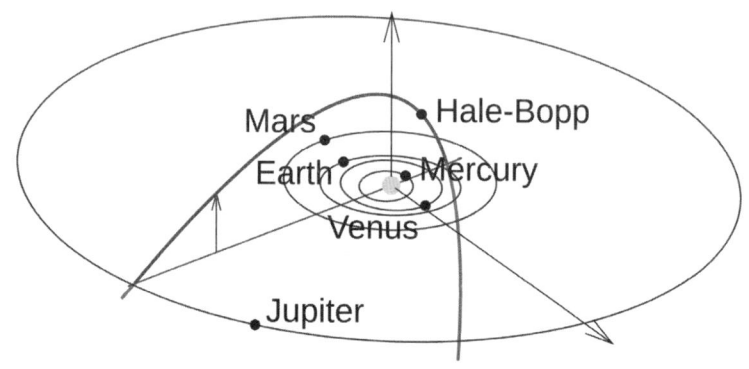

1997년 4월 1일 근일점에서의 Hale-Bopp

당시 헤일-밥 혜성은 태양으로부터 7.2AU 떨어진, 목성과 토성 사이에 있었다. 이 거리에 있는 대부분의 혜성은 매우 희미하고 눈에 띄는 활동을 보이지 않지만, 헤일-밥은 이미 관측이 가능한 코마 상태에 있었다.

헤일-밥은 1996년 5월에 맨눈으로 볼 수 있게 되었고, 그해 하반기부터는 밝아지는 속도가 조금 느려졌지만, 과학자들은 앞으로 더 밝아질 것이라고 낙관했다. 1996년 12월에는 태양과 너무 가깝게 정렬되어 있어서 관측할 수 없었지만, 1997년 1월에 다시 나타났을 때는 인공적인 빛으로 오염된 대도시 하늘에서도, 그것을 찾는 사람이라면, 누구나 볼 수 있을 만큼 밝았다.

혜성은 태양에 접근하면서 계속 밝아졌고 2월에는 2등성으로 빛나며 한 쌍의 꼬리가 점점 커지는 모습을 보였는데, 파란색 가스 꼬리는 태양 반대 방향으로 거의 직선을 그렸고, 노란색 먼지 꼬리는 궤도를 따라 구부러졌다.

그리고 1997년 4월 1일에 근일점을 통과할 무렵, 이 혜성은 장관을 이루었다. 그것은 시리우스를 제외하고는 하늘의 어떤 별보다도 밝게 빛났고, 먼지 꼬리는 하늘을 가로질러 40~45도로 뻗어있었다. 혜성은 하늘이 어두워지기 훨씬 전에 보이기 시작하여 북반구 관측자들에게 밤새도록 자신을 드러냈다.

근일점을 통과한 후, 혜성은 천구의 남반구로 이동했다. 남반구에서는 북반구에서보다 덜 인상적이었지만, 1997년 하반기까지 자신을 계속 드러냈다.

마지막으로 관측한 것은 1997년 12월이었는데, 이 혜성은 약 569일 동안 별다른 장치 없이 관측할 수 있는 상태를 유지했다.

한편, 이 혜성은 대략 기원전 2215년에 이전의 근일점을 만들었을 가능성이 있다. 지구에 가장 가까이 접근한 것으로 추정되는 지점은 1.4AU였으며, 파라오 페피 2세(재위: 기원전 2247년~기원전 2216년경)의 제6왕조 통치 기간에 고대 이집트에서 관측되었을 수 있다. 사카라(Saqqara)에 있는 페피의 피라미드에는 하늘에 있는 파라오의 동반자로서 'nhh-star'를 언급하는 텍스트가 포함되어 있는데, 여기서 'nhh'는 긴 머리를 뜻하는 상형 문자다.

헤일-밥은 기원전 2215년에 목성과 거의 충돌할 뻔했을 수 있고, 이 때문에 극적인 변화가 궤도에 일어났을 수 있으며, 기원전 2215년은 오르트 구름에서 내부 태양계를 처음으로 통과했을 수 있다.

혜성의 현재 궤도는 황도면에 거의 수직이므로 행성에 더 가까이 접근할 가능성은 희박하다. 그러나 1996년 4월에 혜성은 목성에서 0.77AU 떨어진 공간을 지나갔는데, 이는 궤도가 목성의 중력에 의해 측정될 수 있을 만큼 충분히 가까운 거리였다. 이제 궤도 주기가 대략 2,399년으로 상당히 짧아졌으며, 4385년경에 태양계 내부로 돌아올 것으로 보인다.

헤일-밥이 태양계 내부를 통과할 미래의 지구에 충돌할 것으로 추정되는 확률은 궤도당 약 2.5×10^{-9}로 희박하지만, 혜성 핵의 지름이 약 60km라는 점을 감안할 때, 만약 충돌한다면 지구의 모든 생명체는 멸절할 것이다.

한편, 핵의 거대한 크기로 인해 헤일-밥 혜성은 근일점을 통과하는 동안 천문학자들에 의해 집중적으로 관찰되었으며, 이러한 관측으로 인해 혜성 과학 분야에 몇 가지 중요한 발전이 이뤄졌다.

이 혜성의 먼지 생성 속도가 매우 높았기에(최대 $2.0 \times 10^{6} kg/s$), 내부 코마를 광학적으로 두껍게 만들었을 수 있다. 천문학자들은 먼지 입자의 특성(고온, 높은 알베도 및 강력한 10μm 규산염 방출 특징)을 기반으로, 먼지 입자 크기가 다른 혜성에서 관찰된 것보다 작다는 결론을 내렸다.

헤일-밥은 어떤 혜성에서도 본 적이 없는, 가장 높은 선형 편광을 보여주었다. 이러한 편광은 혜성의 코마 상태에 있는 먼지 입자에 의해 태양 복사가 산란한 결과이며, 코마에 있는 먼지 알갱이가 다른 어떤 혜성에서 추론된 것보다 작았다는 사실을 방증해 준다.

주목할 만한 또 하나의 발견은, 헤일-밥 혜성이 세 번째 꼬리를 가지고 있었다는 사실이다. 잘 알려진 가스 꼬리와 먼지 꼬리 외에도 희미한 나트륨 꼬리를 보여주었다. 나트륨 방출은 이전에 다른 혜성들에서 관측된 적이 있었지만, 꼬리에서 나온 것은 처음이었다. 나트륨 꼬리는 중성 원자로 구성되어 있었으며, 길이는 약 5천만km에 달했다.

이 나트륨 원자의 근원을 확실히 알지는 못하지만, 몇 가지 가능한 메커니즘을 그릴 수는 있는데, 여기에는 핵을 둘러싼 먼지 입자 간의 충돌, 자외선에 의한 먼지 입자에서의 나트륨 '스퍼터링(Sputtering)' 등이 있다.

혜성의 먼지 꼬리는 혜성의 궤도 경로를 대략 따라갔고, 가스 꼬리는 태양의 반대편으로 멀어졌으며, 나트륨 꼬리는 둘 사이에 있는 것처럼 보였다. 이것은 나트륨 원자가 복사 압력에 의해 혜성의 머리에서 멀어진다는 것을 의미한다.

한편, 헤일-밥 혜성에 중수 형태로 풍부하게 존재하는 중수소는 지구의 바다의 약 두 배에 달하는 것으로 밝혀졌다. 만약 헤일-밥의 중수소 풍부함이 모든 혜성의 일반적인 현상이라면, 이것은 혜성이 지구 물의 핵심 원천이 될 수는 없다는 것을 의미한다.

중수소는 혜성의 다른 많은 수소 화합물에서도 검출되었다. 중수소와 일반 수소의 비율은 화합물마다 다른 것으로 밝혀졌는데, 천문학자들은 이것이 혜성 얼음이 태양 성운에서가 아니라 성간 구름에서 형성되었음을 의미한다고 본다. 성간 구름에서의 얼음 형성에 대한 이론적 모델링은, 헤일-밥이 약 25~45K의 온도에서 형성되었다고 본다.

헤일-밥의 분광 관측은 많은 유기 화학 물질의 존재를 밝혀냈으며, 그 중 일부는 다른 혜성에서 발견된 적이 없는 것이었다. 이러한 복잡한 분자는 헤일-밥 혜성의 핵 내에 존재하거나 화학반응으로 합성된 것일 수 있다.

비활성 아르곤 가스가 최초로 검출된 혜성도 헤일-밥이다. 비활성 가스는 화학적으로 불활성이며 낮은 휘발성에서 높은 휘발성을 가진 것까지 다양하다. 이런 원소는 서로 다른 승화 온도를 가지고 있고 다른 원소와 상호작용을 하지 않기 때문에, 혜성 얼음의 변화 기록을 조사하는 데 사용할 수 있다.

크립톤은 승화 온도가 16~20K인데 태양에 비해 25배 이상 빨리 고갈되고 있으며, 승화 온도가 높은 아르곤은 태양에 비해 더 풍부했다. 이러한 관측 결과들을 종합해 볼 때, 헤일-밥 내부는 35~40K보다 더 춥지만, 어느 시점에서는 20K보다 더 따뜻했다는 것을 알 수 있다.

한편, 1995년 10월에 관측된 헤일-밥 혜성의 먼지 방출 패턴을 설명하기 위해, 쌍성의 존재를 가정한 논문이 1997년에 발표된 바 있다. 1997년 말과 1998년 초에 적응 광학을 사용한 관측은 핵의 밝기에서 이중 피크를 보여주었지만, 그러한 관측이 쌍성 핵에 의해서만 설명될 수 있는지에 대한 논란은 여전히 존재한다. 또한 혜성이 해체되는 것이 관찰된 적은 꽤 있지만, P/2006 VW139가 발견될 때까지는 안정적인 쌍성의 사례가 발견된 적이 없을 정도로 드물다.

어쨌든 헤일-밥은 인류에게 우주와 천체에 관한 풍부한 영감을 불어넣어 주었다. 하지만 대중들의 뇌리에는, 혜성과 함께 대형 UFO가 날아온다는 마니아들의 선동적인 주장과 그에 얽힌 집단 자살 사건이 더 선명하게 남아있을 수 있다.

1996년 11월에 텍사스 휴스턴의 아마추어 천문학자 척 슈라멕(Chuck Shramek)은 혜성의 CCD 이미지를 찍었는데, 그 사진에는 혜성 아래쪽에 길쭉한 물체가 흐릿하게 담겨있었다. 그의 관측 프로그램은 별을 식별하지 못했기 때문에, 슈라멕은 Art Bell 라디오 프로그램 'Coast to Coast AM'에 전화를 걸어 헤일-밥을 따라다니는 '토성과 같은 물체'를 발견했다고 말했다. 그러자 에모리 대학교의 정치학 교수인 코트니 브라운과 같은 UFO 애호가들이 그것이 헤일-밥 혜성을 따라오는 외계 우주선이라고 주장하였고, 이 선정적인 선언은 삽시간에 세계적인 이슈가 되었다.

물론 앨런 헤일을 포함한 몇몇 천문학자들은, 사용자 기본 설정을 잘

못 설정하여 나타난 오류일 뿐, 슈라멕의 컴퓨터 프로그램에 물체가 나타난 것이 아니라고 지적했고, 하와이 대학의 천문학자 올리비에 하이노(Olivier Hainaut)와 데이비드 톨렌(David Tholen)은 그 사진이 변형된 사본이라는 사실도 알려주었다.

하지만 1997년 3월에 헤븐스 게이트(Heaven's Gate) 교단의 신도 39명이 집단 자살하는 사건이 벌어지고 말았다. 우주선이 혜성 속에 숨어서 날아온다고 확신했고, 집단 자살하면 그곳으로 순간 이동할 수 있다는 교주의 황당한 선동을 믿었던 것이다.

그들 외에도 헤일-밥 혜성과 관련된 음모론은 수없이 많았다. 특히 자신의 뇌에 이식된 임플란트를 통해, 외계인으로부터 메시지를 받는다고 주장하는 낸시 리더(Nancy Lieder)는, 헤일-밥이 지구의 자전을 방해하여 대격변을 일으킬 행성인, '니비루(Nibiru)'의 지구 침범으로부터 인적 피해를 줄이기 위해, 고안된 허상이라고 말했다. 그러니까 니비루가 침범하기 전에 대중들을 피신시킬 시간을 벌어주기 위해 당국에서 헤일-밥이라는 허상을 만들었다는 것이다. 근거 없는 허무맹랑한 주장이었으나 의외로 그 말을 믿는 대중들이 적지 않았다.

그녀가 예고한 전 지구적 대격변이 일어날 날짜는 2003년 5월이었고, 아무런 사고 없이 그날이 지나갔지만, 다양한 음모론 웹사이트는 피해망상에서 벗어나지 못한 채 니비루의 도래를 계속 주장했다.

오랜 기간 눈에 띄었고 언론에 광범위하게 보도된 탓에, 헤일-밥 혜성만큼 대중들의 주목을 받았던 혜성도 없을 것이다. 1986년의 핼리 혜성 귀환보다 대중들이 더 큰 관심을 가졌기에, 예전에 핼리 혜성을 관측한 사람보다 이 혜성을 관측한 사람들이 훨씬 더 많다.

헤일-밥은 아마추어 천문학자가 발견한, 태양에서 가장 멀리 있는 혜성으로, 95P/Chiron 다음으로 큰 혜성 핵을 가지고 있으며, 이전 기록 보유 혜성보다 두 배 더 오랫동안 맨눈으로 볼 수 있었다. 또한 8주 동안 등급 0보다 더 밝았는데, 다른 어떤 혜성보다 오래 지속된 경우이다.

11. 긴 꼬리를 가진 햐쿠타케

햐쿠타케 혜성(C/1996 B2)은 1996년 1월 31일에 발견되어, 1996년 대혜성으로 불렸다. 3월 25일에 지구에서 0.1AU 이내로 접근했는데, 이는 지난 200년 동안 지구에 가장 근접한 사례 중 하나였다.

겉보기 등급이 0에 도달하고 거의 80도에 걸쳐 있는 햐쿠타케 혜성은 밤하늘에 매우 밝게 나타나 전 세계적으로 널리 목격되었다.

햐쿠타케는 1996년 5월 1일에 근일점을 통과했는데, 태양계를 통과하기 전 궤도 주기는 약 17,000년이었지만, 통과한 후에는 중력 섭동으로 이 주기가 70,000년으로 늘어났다.

한편, 햐쿠타케는 X선 방출이 감지된 최초의 혜성으로, 이는 혜성의 코마에 있는 중성 원자와 이온화된 태양풍 입자가 상호작용을 한 결과일 가능성이 높다.

궤도 특성	
원일점	~1320AU(인바운드) ~3500AU(아웃바운드)
근일점	0.2301987 AU
Semi-major axis	1700AU(아웃바운드)
이심률	0.9998946
공전 주기	~17,000년(인바운드) ~72,000년(아웃바운드)
Inclination	124.92246°
Longitude of ascending node	188.05766°
Argument of perihelion	130.17218°
물리적 특성	
Dimensions	4.2km
Sidereal rotation period	6시간

태양 무인 탐사선인 율리시스(Ulysses)는 태양으로 가는 추진력을 얻기 위해 목성으로 스윙바이를 하러 가던 중에, 의도와는 무관하게 혜성의 핵에서 5억km가 넘는 거리에서 혜성의 꼬리를 통과하게 됐는데, 이는

햐쿠타케가 가장 긴 꼬리를 가지고 있다는 강력한 증거다.

발견 당시 이 혜성은 11.0등급으로 빛나고 있었고 약 2.5분 간격으로 코마 상태에 빠졌으며, 태양으로부터 약 2AU 떨어져 있었다. 이후 1월 1일에는 태양에서 약 2.4AU 떨어졌고 등급은 13.3이 되었다.

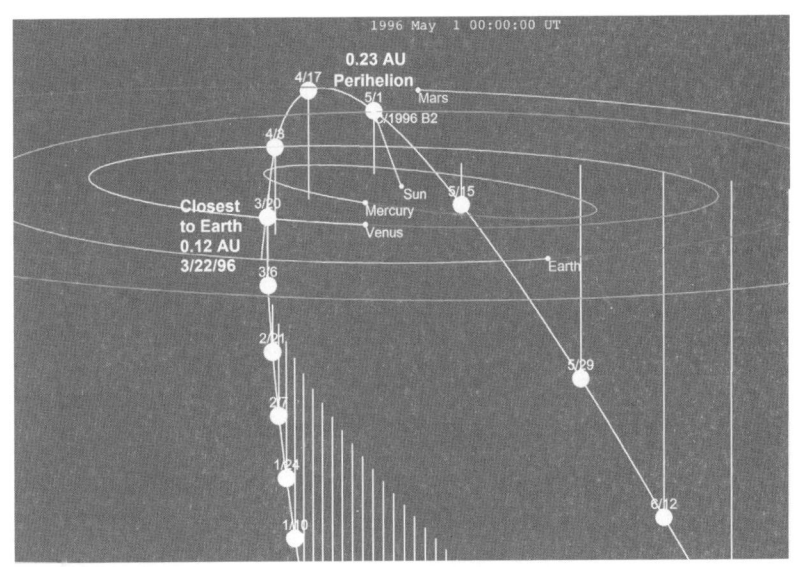

햐쿠타케 혜성의 궤도는 1996년 3월 말에 높은 경사로 지구에 가장 가깝게 지나가 지구의 북극을 통과했다. 5월 1일 근일점에서였다.

햐쿠타케 혜성은 1996년 3월에 높은 경사로 지구에 가장 근접하여 북극 위를 통과했다. 이 무렵에 혜성의 궤도에 대한 첫 번째 계산이 이루어졌는데, 과학자들은 혜성이 3월 25일에 지구에서 단지 0.1AU만 떨어진 상태로 지나갈 것으로 추정했다. 실제로 그렇게 움직였는데, 이전에는 단지 네 개의 혜성만이 이보다 더 가까이 지나갔다.

햐쿠타케 혜성의 궤도는 약 17,000년 전에 내부 태양계에 도달했을 것이며, 이전에도 태양에 여러 번 가까이 접근한 적이 있었을 것이다. 내부 태양계에 처음으로 진입하는 혜성은 휘발성이 높은 물질 층이 증발하기 때문에, 태양 근처로 갈수록 빠르게 밝아질 수 있고, 오래된 혜성들은 일관된 속도로 밝아지는 패턴을 보인다. 따라서 어떤 상황이든 햐쿠타케 혜성은 밝게 빛날 수밖에 없었다.

햐쿠타케는 1996년 3월 초에 드디어 맨눈으로 볼 수 있게 되었다. 3월 중순까지만 해도 이 혜성의 핵은 여전히 눈에 띄지 않았으며, 약 5도 길이의 꼬리를 가진 4등급으로 빛나고 있었다. 지구에 가까이 다가올수록 빠르게 밝아졌고 꼬리도 길어졌다. 3월 24일에 혜성은 밤하늘에서 가장 밝은 천체가 되었는데, 눈에 띄게 푸르스름한 녹색을 띠고 있었고, 혜성의 꼬리는 35도 뻗어있었다.

앞에서도 말했지만 가장 가까운 접근은 3월 25일에 태양에서 0.1AU 거리 떨어진 지점이었다. 밤하늘을 가로질러 빠르게 움직이고 있었기에 단 몇 분 만에 그 움직임을 감지할 수 있었다. 관찰자들은 그 등급을 약 0으로 추정했으며, 꼬리 길이는 최대 80도까지 보고되었다. 북반구 중위도의 관찰자에게는 천정에 가까운 코마가 약 1.5~2도 폭으로 나타났는데, 이는 보름달 지름의 약 4배였다. 혜성의 머리는 뚜렷한 청록색이었다. 이는 먼지 입자에서 반사된 햇빛과 결합한 이원자 탄소(C_2)의 방출 때문일 가능성이 크다.

햐쿠타케 혜성은 가장 밝았을 때가 불과 며칠이어서, 헤일-밥 혜성이 그랬던 것처럼 대중의 상상력을 자극할 시간이 없었다. 특히 유럽 관측자들은 불리한 기상 조건 때문에 혜성이 정점에 도달하는 것을 보지도 못했다.

혜성은 지구에 근접한 후 약 2등급으로 희미해졌다가, 1996년 5월 1일 근일점에 도달하여 다시 밝아졌고, 지구를 지나갈 때 보였던 가스 꼬리 외에 먼지 꼬리를 드러냈다. 그러나 이때쯤에는 태양에 너무 가깝게 있어 쉽게 볼 수 없었다.

그래도 태양 관측 위성인 소호(SOHO)에 의해 근일점을 통과하는 것이 관측되었으며, 근일점에서 혜성과 태양의 거리는 0.23AU로, 수성 궤도 안쪽에 있었다. 근일점이 통과한 후에는 급격히 멀어져서 5월 말에는 맨눈으로 볼 수 없게 되자, 대중의 관심이 급격히 줄어들었다.

한편, 율리시스 우주선은 1996년 5월 1일에 햐쿠타케 혜성의 꼬리를 예기치 않게 통과하게 됐다. 하지만 그 만남의 증거를 1998년까지 자각하지 못했고, 한참 후에야 오래된 자료를 분석한 천문학자들이 율리시스 기기가 햐쿠타케 꼬리의 양성자 수가 많이 감소한 것과 국부 자기장의 방향과 강도의 변화를 감지해 냈다는 사실을 알게 됐다.

2000년에는 두 팀이 동일한 이벤트를 독립적으로 분석했는데, 자력계 팀은 위에서 언급한 자기장 방향의 변화가 혜성의 이온 또는 플라스마 꼬리에서 예상되는 '드레이핑(Draping)' 패턴과 일치한다는 것을 깨달았다. 자력계 팀은 유력한 용의자를 찾았다. 위성 근처에는 알려진 혜성이 없었지만, 범위를 더 확장해 본 결과, 1996년 4월 23일 5억km 떨어진 햐쿠타케가 율리시스의 궤도면을 통과했다는 사실을 알게 됐다. 태양풍의 속도는 약 750km/s였는데, 이 속도라면 우주선이 위치한 3.73AU, 즉 황도면에서 약 45도 떨어진 곳까지 꼬리를 운반하는 데 8일이 걸렸을 것이다. 자기장 측정에서 추론된 이온 꼬리의 방향은 햐쿠타케 혜성의 궤도면과 일치했다.

우주선의 이온 조성 분광계(Ion composition spectrometer)의 데이터를 연구하던 다른 팀은, 감지된 이온화된 입자의 수준이 갑자기 급증하는 것을 발견했다. 검출된 화학 원소의 상대적 풍부함은 원인이 된 물체가 혜성임을 시사하는 것이었다.

율리시스의 조우에 따르면, 혜성의 꼬리 길이는 최소 5억7천만km인 것으로 알려져 있다. 이것은 이전에 가장 길다고 알려진 1843년 대혜성의 2AU보다 거의 두 배나 길다. 그러나 이 기록은 2002년 153P/Ikeya-Zhang 혜성에 의해 깨졌다. 이 혜성의 꼬리 길이는 7.46AU였다.

한편, 지상 관측자들은 혜성에서 에테인과 메테인을 발견했는데, 이 가스가 혜성에서 감지된 것은 처음이었다. 화학 분석 결과, 에테인과 메테인의 함량은 거의 같았으며, 태양에서 멀리 떨어진 성간 공간에서 형성되었을 것이다. 20K 이하의 온도에서 형성되었음에 틀림없고, 아마도 평균보다 밀도가 높은 성간 구름에서 형성되었을 것으로 보인다.

주지하다시피 햐쿠타케에서 발견한 것 중 놀라운 또 하나는 X선을 방출하고 있다는 사실이었는데, ROSAT 위성을 사용하여 관측한 결과, 매우 강한 X선 방출이 밝혀졌다. 혜성이 그렇게 하는 것을 본 것은 처음이었지만, 천문학자들은 곧 대부분의 혜성이 X선을 방출하고 있다는 것을 알게 되었다.

X선 방출의 원인은 우선 에너지 넘치는 태양풍 입자와 혜성 핵에서 증발하는 물질 사이의 상호작용이 이러한 결과에 기여하는 것으로 보인다. 하지만 혜성의 대기가 매우 미약하고 확산되어 있어서, 햐쿠타케에서 관찰된 플럭스 대부분을 설명할 수는 없기에, 아직 밝혀내지 못한 또 다른 원인이 더 있을 것 같다.

한편, 아레시보 천문대(Arecibo Observatory)의 레이더 결과에 따르면, 혜성 핵의 지름은 약 $4.8km$였으며 초당 몇 미터의 속도로 분출되는 조약돌 크기의 입자로 둘러싸여 있었다. 이 크기는 적외선 방출 및 전파 관측을 사용한 간접 추정치와 일치했다.

이러한 결론은 햐쿠타케가 매우 활동적이라는 사실을 시사한다. 대부분의 혜성은 표면의 작은 부분에서 가스가 방출되지만, 햐쿠타케는 표면 대부분 또는 전부가 활동적이었던 것으로 보인다. 먼지 생성 속도는

3월 초에 약 $2 \times 10^3 kg/s$로 추정되었으며, 혜성이 근일점에 접근함에 따라 $3 \times 10^4 kg/s$로 증가했다. 같은 기간 동안 먼지 분출 속도는 50m/s에서 500m/s로 증가했다.

천문학자들은 원자핵에서 물질이 분출되는 것을 관찰함으로써 원자핵의 자전 주기를 규명할 수 있었다. 혜성이 지구를 통과할 때, 6.23시간마다 태양 방향으로 물질 덩어리가 분출되는 것이 관찰되었다.

12. 비주기적 대혜성, 맥노트

C/2006 P1이라는 명칭이 부여된 맥노트 혜성은 2006년 8월 7일에 Robert H. McNaught가 움살라 남부에서 슈미트 망원경을 사용하여 발견한 비주기적 혜성이다.

허블 우주 망원경으로 본 하쿠타케 혜성의 핵 주변 지역.
일부 파편이 떨어져 나가는 것을 볼 수 있다.

이 혜성은 40년 만에 맞이한 가장 밝은 혜성이어서, 2007년 1월과 2월에는 남반구의 관측자들이 맨눈으로 쉽게 볼 수 있을 정도였다. 추정 최고 등급은 -5.5로, 1935년의 대혜성 이래 두 번째로 밝은 것이었고, 근일점 부근인 1월 12일에는 대낮에도 볼 수 있었다.

사실 맥노트는 지구에 충돌 위협이 될 수 있는, 지구 근접 물체를 찾는 Siding Spring Survey의 정기 관측 CCD 이미지에 이미 들어있었다. 하지만 +17등급으로 너무 희미해서 그 존재를 미처 알아채지 못하고 있었을 뿐이다.

2006년 8월부터 11월까지, 혜성은 뱀자리와 전갈자리를 통과하면서 +9등급까지 밝아졌다. 그리고 나서 12월에 태양의 눈부심 속으로 사라졌다.

궤도 특성	
Observation arc	338일
Number of observations	331
Orbit type	오르트 구름
원일점	~67,000AU(인바운드) ~4,100AU(아웃바운드)
근일점	0.1707AU
Semi-major axis	~33,000AU(인바운드) ~2,000AU(아웃바운드)
Eccentricity	1.000019
Orbital period	~600만 년(인바운드) ~92,600년(아웃바운드)
Max. orbital speed	101.9km/s(228,000mph)
Inclination	77.82768004°
마지막 근일점	2007년 1월 12일

다시 나타난 후에는 매우 빠르게 밝아져, 2007년 1월 초에는 맨눈으로 볼 수 있게 되었다. 근일점은 1월 12일에 도달한 0.17AU 지점이었다. 이것은 SOHO(Solar and Heliospheric Observatory)가 관측할 수 있을 만큼 태양에 아주 가까운 거리였다. 이 혜성은 1월 12일에 SOHO의 LASCO C3 카메라의 시야에 들어온 후부터는 웹을 통해서 실시간으로 볼 수 있게 되었다.

그러다가 1월 16일에 SOHO의 시야를 벗어났고, 태양과의 근접성으로 인해, 북반구의 지상 관측자들은 볼 수 있는 시간이 짧아져, 황혼 동안만 볼 수 있게 되었다.

근일점 근처에 이르자 이케야-세키 혜성 이후 가장 밝은 혜성이 되어, Space.com에 의해 2007년의 대혜성이라고 불리기 시작했다. 2007년 1월 13일에 -5.5의 최대 겉보기 등급에 도달했다. 1월 12일부터 14일까지 태양에서 남동쪽으로 약 5°~10° 떨어진 지점에 있었는데, 낮에 볼 수 있을 만큼 충분히 밝았다. 지구에 가장 가까이 접근한 것은 2007년 1월 15일의 0.82AU의 거리였다.

이 혜성은 내부 태양계를 통과하는 동안 쌍곡선 궤적(진동 이심률이 1보다 큰)을 그렸지만, 행성의 영향권을 벗어난 후에는 이심률이 1 이하로 떨어졌다.

한편, 율리시스 우주선은 2007년 2월 3일에 이 혜성의 꼬리를 예기치 않게 통과하게 됐다. 그러니까 햐쿠타케 꼬리뿐 아니라 맥노트의 꼬리 역시 의도와는 상관없이 절묘하게 통과하게 되었다는 것이다. 아무튼 이 만남의 증거는 2007년 10월 1일의 《천체물리학 저널(The Astrophysical Journal)》에 발표되었다. 율리시스는 혜성의 중심에서 2억 6천만km 떨어진 맥노트의 이온 꼬리를 통과했고, 기기 판독 결과 그곳에 복잡한 화학물질이 있음을 알아냈다.

율리시스에 탑재된 태양풍 이온 조성 분광기(SWICS)는 맥노트 혜성의 꼬리에서 예상치 못한 이온을 감지해 냈다. 오존과 산소 이온이 혜성 근처에서 검출된 것은 그때가 처음이었다. 이것은 태양풍 이온이 혜성의 대기를 통과하면서 전자를 얻었음을 시사한다.

SWICS는 또한 태양풍의 속도를 측정한 결과, 혜성의 핵에서 2억 6천만km 떨어진 곳에서도 꼬리가 태양풍의 속도를 절반으로 늦췄다는 것을 발견했다. 태양풍은 일반적으로 태양으로부터 그 거리에서 초당 약 700km여야 하지만, 혜성의 이온 꼬리 내부에서는 초당 400km 미만이었다. 이렇게 된 원인은 정확히 알지 못한다. 태양풍이 이 작은 혜성에 교란된 것 같은데, 이 현상을 물리학으로 풀어내는 것은, 과학자들에게 큰 도전이 될 것으로 보인다.

2007년 1월 20일, 서호주 라울러스에서 촬영한 맥노트

한편, 과학자들은 이 혜성의 관찰을 통해서, 혜성의 구성에 대한 정보를 제공하는 원시 물질의 샘플을 얻었다. SWICS의 수석 연구원인 조지 글로클러(George Gloeckler) 교수는 혜성의 구성이 태양계가 형성된 약 45억 년 전의 상태를 알려주기 때문에, 이 발견이 아주 중요하다고 말했다.

13. 근일점에서 붕괴된 엘레닌

C/2010 X1(엘레닌)은 러시아의 아마추어 천문학자 레오니드 엘레닌

(Leonid Elenin)이 2010년 12월 10일에 미국 뉴멕시코주 메이힐 근처에 있는, 국제 과학 광학 네트워크의 로봇 천문대에서 발견한 오르트 운 혜성이다.

궤도 특성	
궤도 유형	오르트 구름
원일점	~97,000AU(inbound)
근일점	0.48242AU
Semi-major axis	~48000AU
Eccentricity	1.000067(heliocentric) 0.999990(inbound)
공전 기간	수백만 년(inbound)
Inclination	1.8396°
마지막 근일점	2011년 9월 10일

이 발견은 자동화된 소행성 발견 프로그램인 CoLiTec을 사용하여 이루어졌으며, 발견 당시에 혜성의 겉보기 등급은 19.5등급이었다. 발견자인 엘레닌은 혜성 핵의 지름이 3~4km라고 추정했지만, 최근의 추정치는 2km 정도이다.

그런데 이 혜성은 2011년 8월에 갑자기 붕괴하기 시작해서, 2011년 10월 중순부터는 지상에서 관측할 수 없는 상태가 되었다.

2011년 8월 이전까지는 아주 건강했다. 2011년 4월에 이 혜성은 약 15등급이었으며, 지름이 약 80,000km인 것으로 추정되는 코마가 있었다. 2011년 5월 21일에는 코마가 100,000km를 넘어섰다. 2011년 7월 말에는 10등급에 육박했으며, 2011년 8월 중순에는 8.3등급이 되었다.

그런데 2011년 8월 19일에 코로나 질량 방출(CME, coronal mass ejection,)에 치명상을 입어, C/1999 S$_4$ 혜성과 마찬가지로 붕괴하기 시작했다. 2011년 9월 중순에는 더욱 어두워져, STEREO-A에서 볼 때 12등급으로 나타났으며, 2011년 10월에는 약 14등급으로 소멸의 징후가 나타나기 시작했다.

2011년 10월 중순부터 지상 관측이 거의 불가능해져, 심지어 2.0미터 포크스 망원경 노스(Faulkes Telescope North)를 사용해도 관측할 수 없었다.

엘레닌의 잔해는 2011년 10월 16일에 상대 속도 86,000km/h로 지구에 0.2338AU까지 접근했다. 혜성이 붕괴하기 전인 8월에는 밝았던 혜성이어서, 2011년 9월과 10월에 약 6등급에 도달할 것으로 예상되었지만, 붕괴하였기 때문에 육안이나 쌍안경으로는 볼 수 없었다.

엘레닌의 잔해는 10월 8일 아침에 밤하늘에서 45P/Honda-Mrkos-Pajdušáková 혜성에 가장 가깝게 지나갔고, 10월 15일에는 화성에 근접했다.

이 물체의 궤도는 이심률이 크고 행성의 중력에 의해 자주 교란되기 때문에 주기 측정이 무의미하다. 더구나 붕괴한 혜성이기에 변수가 더욱 심해진 상태이기에 추적 자체가 어려워졌고, 그 일에 의미를 부여하기도 어려워졌다. 엘레닌은 이제 모두의 기억 속에 잊혀 갈 것으로 보인다.

14. 처음이자 마지막 만남, 판스타스

C/2011 L_4는 PANSTARRS 혜성으로도 알려져 있으며, 2011년 6월에 발견된 비주기적 혜성으로, 2013년 3월 근일점 근처에 있을 때 맨눈으로 볼 수 있게 되었다.

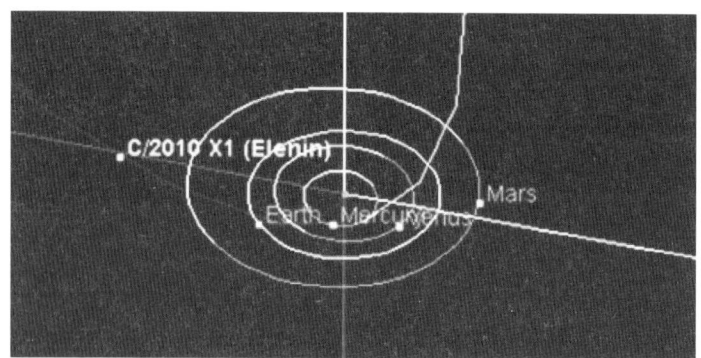

이 혜성은 하와이 마우이섬(Māui)의 할레아칼라 정상 근처에 있는 Pan-STARRS 망원경을 통해서 발견되었다. 오르트 구름에서 온 것으로 보이는데, 거기에서 빠져나오는 데 아마도 수백만 년이 걸렸을 것이다.

궤도 특성	
Observation arc	3.27 년도
궤도 유형	오르트 구름
원일점	68000AU(inbound) 4500AU(outbound)
근일점	0.30161AU
이심률	1.000087
공전 기간	수백만 년(inbound)
최대 궤도 속도	76.7km/s
Inclination	84.199°
마지막 근일점	2013년 3월 10일

하와이 대학 천문학연구팀은 "C/2011 L_4로 명명된 이 혜성은 오는 2013년 2월이나 3월께 태양에서 약 5,000만km 거리까지 접근할 것으로 보인다. 이 거리는 태양과 수성 사이의 거리와 같다"라고 전했다.

연구팀의 리처드 웨인 스콧(Richard Wayne Scott) 박사는 보고서를 통해 "새로 발견된 혜성은 포물선에 가까운 궤도를 가지고 있다. 이는 이 혜성이 태양에 처음 접근한다는 의미이고, 한 번 지나치면 다시 돌아오지 않을 수 있다는 뜻이다"라고 말했다.

이 혜성의 이름은 기존의 경우와 달리, 발견자의 이름을 따르지 않고, 이것을 발견한 망원경의 이름을 빌려왔는데, 이런 선택을 한 데는 발견 관련자들이 너무 많았던 탓도 있다.

판-스타스 1 망원경은, 지구에 충돌할지도 모를, 위험한 소행성들을 감시하던 중에 이 혜성을 발견했다. 하지만 이 혜성은 지구에 어떤 위험을 주지 않을 것 같다.

이 혜성은 2011년 6월에 발견되었을 때 겉보기 등급이 19였으나, 2012년 5월 초에는 13.5등급으로 밝아져, 해가 진 후에 대형 망원경을 사용하면 어디서든 볼 수 있었다.

이 혜성은 2013년 3월 5일에 지구에 가장 가까운 거리인 1.09AU를 통과했고, 2013년 3월 10일에 근일점에 도달했다. 2012년 10월의 추정치에 따르면, -4등급(대략 금성과 동일)으로 밝아질 것으로 예측되었는데, 2013년 1월부터 눈에 띄게 밝아지는 속도가 느려졌다. 그래도 +1등급까지는 밝아질 것으로 보았으나, 2월에는 밝기 곡선이 더욱 느려져 근일점에서의 등급이 약 +2로 나타났다.

부채꼴 모양의 꼬리를 가진 C/2011 L4

그런데 광 곡선을 사용한 연구에 따르면, 태양으로부터 3.6AU 떨어져 있을 때부터 밝기가 떨어졌다고 한다. 밝기 증가율이 감소하여 근일점에서의 추정 등급이 +3.5로 예측되면서, 애초에 예상과는 다른, 어린 아기 혜성(혜성의 측광 연령이 4년 미만인 혜성)으로 결론지어졌다.

2013년 3월에 근일점에 도달했을 때, 실제 최고 등급은 +1로 밝혀졌다. 그러나 낮은 고도는 밝기 추정을 어렵게 만들었다. 더구나 해당 지역에 적합한 기준 별도 부족하고, 차별적인 대기 소멸 보정이 필요하여, 정확한 판별이 더욱 어려웠다.

C/2011 L_4는 궤도의 낮은 고도 때문에, 일몰 후 약 40분 후에 가장 잘 보였다. 3월 17일과 18일에 2.8등급의 Algenib(Gamma Pegasi) 근처에 있었고, 5월 28일까지는 계속 북쪽으로 이동했는데, 그 후에는 지상 관측이 거의 불가능해졌다.

15. 대혜성의 파편, 러브조이

러브조이 혜성은 C/2011 W3로 명명된 장주기 혜성으로, 2011년 11월에 호주의 아마추어 천문학자 테리 러브조이(Terry Lovejoy)에 의해 발견되었다. 2011년 12월 16일에 근일점을 통과했으며, 태양의 코로나에 큰 영향을 받았으나 손상되지는 않았다.

SOHO 위성 발사 16주년을 맞아 러브조이 혜성의 존재가 발표되면서 '2011년 대혜성'으로 불리게 되었고, 크리스마스 연휴 동안 지구에서 볼 수 있어 '크리스마스 혜성(The Great Christmas Comet)'이라는 별명도 붙었다.

궤도 특성	
원일점	157.36±0.50AU
근일점	0.00555AU
Semi-major axis	78.68±0.25AU
Eccentricity	0.99993
공전 기간	~622yr
최대궤도 속도	565km/s
Inclination	134.36°±0.002°
Longitude of ascending node	326.369°
Argument of periapsis	53.5092°
Mean anomaly	359.986°
마지막 근일점	2011년 12월 16일

러브조이 혜성은 테리가 발견한 세 번째 혜성이다. 그는 그것이 '13등급의 빠르게 움직이는 흐릿한 물체'라고 일단 보고해 놓고, 그 후 며칠 밤 동안 추가 관측을 했다.

이 혜성에 대한 독립적인 확인은, 2011년 12월 1일에 뉴질랜드의 마운트 존 대학 천문대에서 앨런 길모어(Alan Gilmore)와 파멜라 킬마틴(Pamela Kilmartin)이 100cm 매클렐런 망원경을 사용하여 관측할 때까지 이루어지지 않았다.

그들의 확인 후에 중앙 천문 전보국(CBAT, Central Bureau for Astronomical Telegrams)에 공식 보고가 이루어졌고, 12월 2일에 소행성 센터(Minor Planet Center)에서 이 혜성의 존재를 발표했다. 이 혜성은 40년 만에 지상 관측으로 발견된 최초의 크로이츠군(근일점을 통과할 때 태양에 아주 가까이 접근하는 혜성의 집단) 혜성이었다.

러브조이 혜성은 가장 밝았을 때 겉보기 등급이 -3~-4 사이였는데,

이는 금성만큼 밝은 것으로, SOHO가 관측한 혜성 중 가장 밝은 것이었다. 이 혜성은 2007년 맥노트 혜성 이후 가장 밝은 혜성으로 시각 등급 -5.5로 빛났으나, 밝기가 최고조에 이를 무렵에 태양에 근접해 있어 맨눈으로는 볼 수 없었다.

러브조이 혜성은 2011년 12월 16일 00:17(UTC)에 근일점에 도달했는데, 태양 표면에서 약 140,000km 떨어진 공간을 536km/s 속도로 통과했다. 100만 켈빈 이상에 달하는 온도와 거의 한 시간이나 되는 노출 시간 때문에, 태양과의 만남을 견딜 수 없을 것으로 예상했으나, 태양 역학 관측소(SDO)와 다른 태양 모니터링 우주선이 혜성이 코로나에서 온전하게 나오는 것을 확인했다.

2011년 12월 22일 파라날 천문대에서 포착된 러브조이

학자들은 근일점에 이르기 전에 이 혜성의 핵 지름을 100~200m 정도로 추정했다. 하지만 혜성이 근일점에서 살아남았기 때문에, 핵이 아마도 500m까지 부풀어 올랐을 것이나, 혜성의 상당 부분이 타버렸을 것이

다.

 한편, 세카니나(Sekanina)와 초다스(Chodas)가 2012년에 연구한 바에 의하면, 러브조이는 1329년경 근일점에 도달한, 기록되지 않은 대혜성의 파편이다. 이들이 제시한 파편화 역사는, 467년에 관찰된 거대 모 혜성이 태양 근처를 지나가는 동안, 조석력으로 인해 분열되면서 시작된다. 주요 파편이나 조석에 의해 분열되지 않은 부분은 1106년에 대혜성으로 돌아왔지만, 2차 파편은 더 긴 궤도 주기를 부여받아 1329년경에 돌아왔다.

 그리고 이 2차 파편이 근일점에서 다시 분열되었고, 그 주요 파편은 2200년경에 집합체로 돌아올 것인데, 러브조이는 이에 해당하기보다는, 근일점 이후 어느 시점에서 이 2차 파편이 비조석력으로 인해 분해될 때 생긴 파편 중 하나일 가능성이 크다고 한다. 그러니까 분리된 시점은 불분명하지만, 러브조이가 대혜성의 파편 조각은 확실하다는 뜻이다. 정말 그럴까?

16. 해체되어 가는 ATLAS

 C/2019 Y4(ATLAS) 혜성은 약 5,000년 간격으로 찾아오는 비주기 혜성으로, 2019년 12월 28일 ATLAS(소행성 지구 충돌 최종 경고 시스템, Asteroid Terrestrial-impact Last Alert System) 탐사에서 발견된 혜성이다.

 2월 초~3월 말 사이에 겉보기 등급이 +17에서 +8로 증가했는데, 이는 대략 4,000배 이상으로 밝아졌다는 것을 의미한다. 그렇게 밝기 증가세가 유지된다면, 5월 말에 도달하는 근일점 부근에서는 -4.4등급을 넘어설 것으로 보았다.

 C/2019 Y4는 1844년 대혜성에 버금가는 밝기여서 언론의 주목을 받

궤도 특성	
Observation arc	115일
원일점	660.9626±3.2491AU
근일점	0.2528 AU
Semi-major axis	330.6077±1.6252
이심률	0.99924
공전 기간	6011.43±44.33년
Eccentricity	45.3839°
Longitude of ascending node	120.5721°
Argument of periapsis	177.4084°
마지막 근일점	2020년 5월 31일
Earth MOID	0.631177AU
Jupiter MOID	1.39373AU
Comet total magnitude (M1)	9.9±0.9
Comet nuclear magnitude (M2)	13.1±0.7

았지만, 2020년 3월 22일부터 갑자기 혜성이 붕괴하기 시작했다. 이러한 단편화 현상은 크로이츠 썬그레이저(Kreutz Sungrazers)에서 종종 일어난다.

혜성은 계속 희미해지더니 마침내 맨눈으로 볼 수 없게 되었고, 5월 중순에 망원경을 통해서 관찰한 결과, 매우 확산한 것처럼 보였으며, 2020년 5월 21일 이후에는 어떤 장비를 사용하더라도 지상에서는 볼 수 없게 되었다.

ATLAS는 3월 30일에 가장 밝았는데, 겉보기 등급이 약 7등급이었으나, 주지하다시피 해체되기 시작하면서 희미해져, 5월 21일 이후에는 관측할 수 없게 되었다.

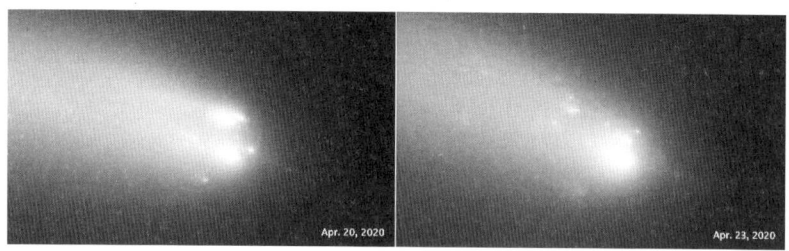

2020년 4월 20일과 23일에 촬영된 NASA/ESA 허블 우주 망원경이 촬영한 C/2019 Y4 혜성의 이미지는 혜성의 고체 핵이 붕괴된 것을 보여준다.

한편, 천문학자들은 이미 2020년 4월에 텔레그램에서 아틀라스 혜성의 붕괴 가능성을 보고했으며, 4개의 조각으로 나뉜 후에는, NASA가 4월 20일에 30개, 4월 23일에 25개로 조각날 수 있다고 보고했는데, 이런 단편화 현상이 일어나는 이유는 혜성의 원심력을 증가시키는 가스 방출 때문일 가능성이 크다.

주지하다시피 아틀라스 혜성은 2019년 12월 28일에 하와이 마우나로아 정상에서, 0.5m 반사 망원경으로 촬영한 CCD 이미지를 통해 처음 발견되었는데, 발견 당시 태양으로부터 거의 3AU나 떨어져 있었다. 하지만 곧 첫 번째 궤도 계산이 소행성 전자 회람(Minor Planet Electronic Circular)에 게재되었다. 2019년 12월 28일부터 2020년 1월 9일 사이에 이루어진 관측을 기반으로 했으며, 이 계산 결과에서는 공전 주기가 4,400년, 근일점은 0.25AU로 나왔다.

2020년 3월 말에는 단편화로 인해 파편의 속도가 최대 10m/s까지 변화되었다. 크지 않은 변화라고 할 수 있지만, 부서진 파편의 궤도 주기에는 큰 변화를 일으킬 수 있다.

2020년 1월부터 3월까지 혜성은 큰곰자리에 있었고, 4월에는 기린자리에 있었으며, 5월 12일에는 페르세우스자리로 이동했다. 그리고 5월 23일에 지구로부터 0.78AU 떨어져 있었고, 5월 31일 근일점에 도달했을 때는 태양으로부터 12도 떨어진 황소자리에 있었다. 그 후 6월과 7월에 오리온자리와 외뿔소자리를 통과하면서 아득히 멀어져갔다.

17. 역행 혜성, NEOWISE

C/2020 F3(NEOWISE) 혜성은 2020년 3월 27일에 광시야 적외선 탐사 탐색기(WISE)의 NEOWISE 임무 중 발견된, 유사 포물선 궤도를 가진 역행 혜성이다. 당시 이것은 태양에서 2AU, 지구에서 1.7AU 떨어져

궤도 특성	
Observation arc	113일
궤도 유형	장주기 혜성
원일점	538AU (inbound) 710AU (outbound)
근일점	0.29478AU
Semi-major axis	270AU (inbound) 355AU (outbound)
이심률	0.99921
공전 기간	~4,500년 (inbound) ~6,800년 (outbound)
성향	128.93°
Longitude of ascending node	61.01°
Argument of periapsis	37.28°
마지막 근일점	2020년 7월 3일
Earth MOID	0.36AU
Jupiter MOID	0.81AU
물리적 특성	
Dimensions	~5km

있는 18등급 천체였다.

NEOWISE는 1997년의 헤일-밥 혜성 이후, 북반구에서 발견된, 가장 밝은 혜성으로 알려져 있다. 그것은 전문가는 물론이고 아마추어 연구자들에 의해 널리 촬영되었으며, 도심과 빛 공해가 있는 지역에서도 볼 수 있었다.

근일점에서 자세히 관측하기에는 태양이 너무 가까워 어려웠지만, 그래도 0.5~1등급 정도로 충분히 밝았기에 2020년 7월부터는 맨눈으로 볼 수 있었다.

NEOWISE 혜성은 2020년 7월 3일에 태양에 0.29AU 거리까지 가깝게 접근했는데, 이 영역을 통과하면서 혜성의 공전 주기가 4,500년에서 6,800년으로 늘어났다.

7월 초에 혜성은 북동쪽 지평선 바로 위에서 볼 수 있었다. 그때까지 NEOWISE 혜성은 1등급으로 밝아졌으며, 이는 그해 이전 혜성인 C/2020 F8 (SWAN)과 C/2019 Y4 (ATLAS)가 달성한 밝기를 훨씬 능가하는 것이었다.

7월에는 두 번째 꼬리가 생겨났다. 첫 번째 꼬리는 파란색이었고 가스와 이온으로 만들어진 것이었다. 또한 많은 양의 나트륨으로 인해 꼬리에 붉은색 분리가 발생했다. 두 번째 쌍둥이 꼬리는 황금색이었는데 헤일-밥 혜성의 꼬리처럼 먼지로 만들어진 것이었다.

2020년 7월 13일에 행성 과학 연구소(Planetary Science Institute)가 나트륨 꼬리를 확인했다. 나트륨 꼬리는 Hale-Bopp 및 C/2012 S1 (ISON)과 같은, 매우 밝은 혜성에서만 관찰된 바 있다.

혜성 핵의 지름은 약 $5km$로 추정되었는데, 햐쿠타케 혜성의 크기와 비슷한 것이었고, 이는 7월 5일에 NASA의 파커 솔라 프로브(Parker Solar Probe)가 포착한 이미지를 통해 추정해 낸 것이었다.

2020년 7월 말에는, 코마 형태 및 분광 방출과 관련된 관찰을 포함한, 다른 관측도 보고되었다. 2020년 7월 31일에 아레시보 천문대의 전파 분광 연구에서 OH 18cm 방출을 감지해 냈다.

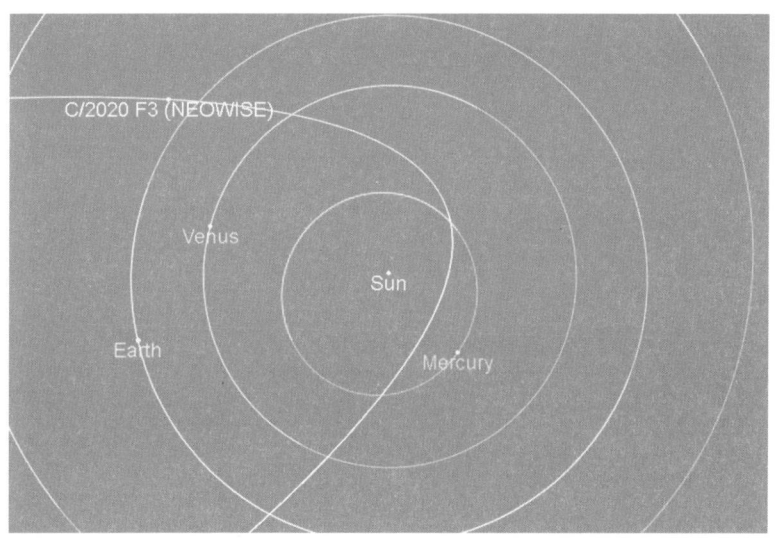

2020년 6월 29일 01:47에 네오와이즈 혜성의 역행 궤도는 약 129도로 기울어져 있는 황도면의 북쪽으로 교차했고, 2020년 7월 3일에 태양에 0.29AU까지 접근했다. 주지하다시피 이 통로는 혜성의 공전 주기를 약 4400년에서 약 6700년으로 증가시켰다.

7월 18일에 혜성은 북위 적위 +48로 정점을 찍었고 북위 42도까지 극지방을 선회했다. 지구에 가장 가까이 접근한 것은, 2020년 7월 23일 01:09였고, 큰곰자리를 지나는 동안 0.69AU 거리에서 이루어졌다.

18. 녹색 혜성 ZTF

C/2022 E3(ZTF)는 2022년 3월 2일에 ZTF(Zwicky Transient Facility, 광학적 야간 하늘을 체계적으로 연구하는 것을 목표로 하는 공공-민간 파트너십)에서 Bryce Bolin과 Frank Masci가 발견한 비주기적 혜성이다. 혜성은 이원자 탄소(Diatomic carbon)와 시아노겐(Cyanogen)에 대한 햇빛의 반응으로, 핵 주위에 밝은 녹색 빛을 띤다.

혜성의 체계적 명칭은 주기적 혜성이 아님을 나타내기 위해 C로 시작하며, '2022 E3'는 2022년 3월 상반기에 발견된 세 번째 혜성임을 의미한다.

핵의 크기는 약 $1km$로 추정되었으며, 자전 주기는 8.5시간이었다. 먼지와 가스의 꼬리는 수백만 km까지 뻗어있었고, 2023년 1월에는 반(反)꼬리(Anti-tail)가 나타났다.

발견 당시, 혜성은 겉보기 등급이 17.3이었고 태양으로부터 약 4.3AU 떨어져 있었다. 처음에는 소행성으로 판단했지만, 이후 관측 결과, 매우 응축된 코마 상태에 빠져있는 것으로 밝혀져, 혜성임을 알 수 있었다.

2022년 11월 초까지 이 혜성은 코로나 보레알리스(Corona Borealis)와 뱀자리(Serpens)에서 느리게 움직이는 것처럼 보였는데, 녹색 코마와 황색 먼지 꼬리, 희미한 이온 꼬리를 달고 있었다. 처음에는 이른 저녁에 보였고 11월 말에는 아침 하늘에 보이기 시작했다.

12월 19일까지 혜성은 녹색 코마, 짧고 넓은 먼지 꼬리, 2.5도 폭의 희

궤도 특성	
Observation arc	456일
궤도 유형	장주기 혜성
원일점	≈2800AU
근일점	1.112 AU
이심률	0.999988
공전 기간	≈50,000년(inbound)
Inclination	109.17°
Last perihelion	2023년 1월 12일
Earth MOID	0.221 AU
Jupiter MOID	1.743AU
물리적 특성	
Dimensions	≈1km
Comet total magnitude	10.5±0.6

미한 이온 꼬리를 발달시켰다. 그 후 북쪽으로 이동하기 시작하여, 목동자리, 용자리, 작은곰자리를 지나, 1월 말에는 북극성에서 10도 이내인 공간을 통과했다.

혜성의 첫 육안 관측은 1월 16일과 17일에 이루어졌으며, 혜성의 추정 등급은 각각 5.4와 6.0이었다. 코로나 질량 방출로 인해 1월 17일에 혜성의 이온 꼬리가 분리된 것처럼 보였고, 1월 22일에 반대 꼬리(Anti-tail)가 보이기 시작했다. 이것은 태양을 향하고, 먼지와 이온 꼬리의 반대편에 있는 것처럼 보이는데, 혜성의 궤도면에 있는 디스크 입자로 인해 발생한 것이다. 그 후 혜성은 빠르게 멀어져갔고, XMM-뉴턴 X선 우주 망원경이 1월 23일에 혜성을 관측해 보았지만, 희미하게만 감지되었다.

이 혜성이 지구에 가장 가까이 접근한 것은 2023년 2월 1일로, 0.28AU 떨어진 공간이었다. 지구에 가장 가까이 접근했을 때, 혜성은 북극점 근처의 카멜로파르달리스 별자리(Camelopardalis constellation)에 있었고, 이때 달은 상현달이었다. 2월 5일 보름달이 뜰 때, 혜성은 밝은 별 카펠라(Capella)에서 1.5도 떨어진 곳을 지나갔고, 2월 6일에는 C/2022 U2(ATLAS) 혜성 근처를 지나갔다. 그리고 2월 10~11일에 화성으로부터 1.5도 떨어진 곳을 통과했고, 2월 13~15일에 하이아데스 성단 앞을 통과했다.

앞에서도 말했지만, 이 혜성의 녹색 빛은 주로 혜성의 머리 주위에 이 원자 탄소가 존재하기 때문일 가능성이 높다. 탄소 분자는 태양 자외선에 의해 들뜰 때 대부분 적외선으로 방출되지만, 삼중항 상태(Triplet state, 전자, 원자 또는 분자와 같은 물체의 양자 상태)에서는 518nm에서 방출된다. 그것은 핵에서 증발한 유기 물질의 광분해에 의해 생성된다. 그런 다음 약 2일 동안 지속되는 추가 광분해를 거치며, 이때 혜성의 머리에 녹색 빛이 나타난다. 하지만 꼬리에는 나타나지 않는다.

혜성 연구자인 매튜 나이트는 이 혜성의 녹색이 가스 함량이 높은 혜성에게는 드문 일이 아니지만, 이런 혜성이 지구에 가까이 접근하는 경우가 드물어, 녹색 광선을 관찰할 좋은 기회였다고 말했다.

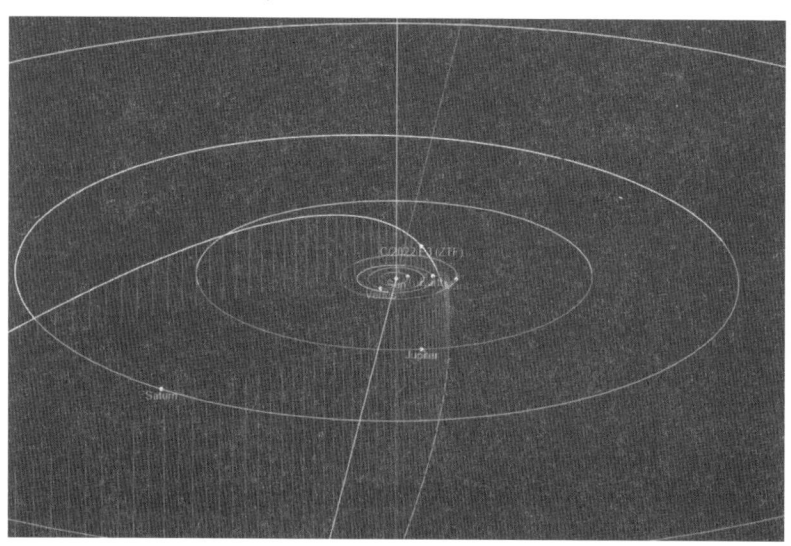

19. 8만 년 만에 다시 온 쯔진산-아틀라스

C/2023 A3(Tsuchinshan–ATLAS)는 2023년 1월 9일에 중국 퍼플

궤도 특성	
Observation arc	1.37yr
원일점	90000AU (inbound)
근일점	0.3914 AU
이심률	0.999992 (epoch 1800) 1.000008 (epoch 2200)
공전 기간	수백만 년 (inbound)
최대궤도 속도	67.33km/s
Inclination	139.1°
Longitude of ascending node	21.56°
Argument of periapsis	308.5°
Last perihelion	2024년 9월 27일
Earth MOID	0.275 AU
Comet total magnitude (M1)	4.3 ± 0.3
Comet nuclear magnitude (M2)	9.2 ± 0.3

마운틴 천문대(Purple Mountain Observatory)와 2023년 2월 22일에 남아프리카공화국 ATLAS에서 독립적으로 발견되었다고 알려졌다.

하지만 이후 이 천체가 2022년 12월 22일에 팔로마 천문대(Palomar Observatory)의 Zwicky Transient Facility(ZTF)가 촬영한 이미지에 이미 담겨있음을 알게 됐는데, 이때 겉보기 등급은 19.2~19.6이었다. 이 사진 속에서는 그것이 매우 응축된 코마 상태와 작고 곧은 꼬리를 가지고 있었는데, 이는 혜성의 특징이다.

2024년 1월까지 혜성은 겉보기 등급이 13.6으로 밝아졌으며, 4월 말쯤에는 약 10까지 밝아졌다. 2024년 5월 31일에 혜성이 태양으로부터 2.33AU 떨어져 있을 때, 혜성의 스펙트럼은 시안화물 방출과 탄소의 고갈을 나타냈다.

5월과 6월에는 혜성의 밝아지는 속도가 느려져 10등급에서 11등급 사이에 머물렀으나, 먼지투성이의 꼬리는 동쪽으로 길게 뻗기 시작했다. 천문학자 즈데넥 세카니나(Zdenek Sekanina)는 이것은 혜성의 핵이 분열되고 있음을 나타내며, 3월 말부터 분열이 시작되어 밝아지는 속도의 증가, 그에 따른 먼지 생성의 감소, 좁은 눈물방울 모양의 먼지 꼬리 증가, 궤도의 비중력적 변화 등이 나타났다고 주장했다. 그러면서 이 혜성이 머지않아 붕괴할 것으로 예측했다.

하지만 그의 예측처럼 될 것 같지는 않았다. 트라피스트 로봇 망원경으로 혜성을 꾸준히 관측한 결과, 혜성의 위상각이 0에 가까웠던 5월에는 먼지 생성량이 최소치가 되었다가, 한 달 후 다시 증가하기 시작했는데, 가스 양이 아주 천천히 증가했다.

6월 중순에 혜성은 사자자리에 들어갔고, 7월 초에 약 1.5도의 희미한 이온 꼬리가 나타났다. 7월 중순 이후에는 태양 빛 속으로 사라져 갔으나, 스테레오(STEREO) 우주선을 통해 계속 관측할 수 있었다.

C/2023 A3는 2024년 대혜성의 유력한 후보이다. 혜성의 예상 밝기는 지구 최근접 시기인 2024년 10월 12일을 기준으로 하여 -0.1등급~-6.6등급이다. 이에 비해 가장 최근의 대혜성이었던 네오와이즈 혜성은 0등급이었고, 헤일 밥 혜성은 -2등급이었다.

더구나 C/2023 A3는 궤도가 수성보다 더 안쪽으로 들어가기 때문에 많은 양의 얼음 입자가 증발하면서 커다란 꼬리가 생길 것으로 보인다. 그러면 훨씬 밝고 멋지게 보일 것이다.

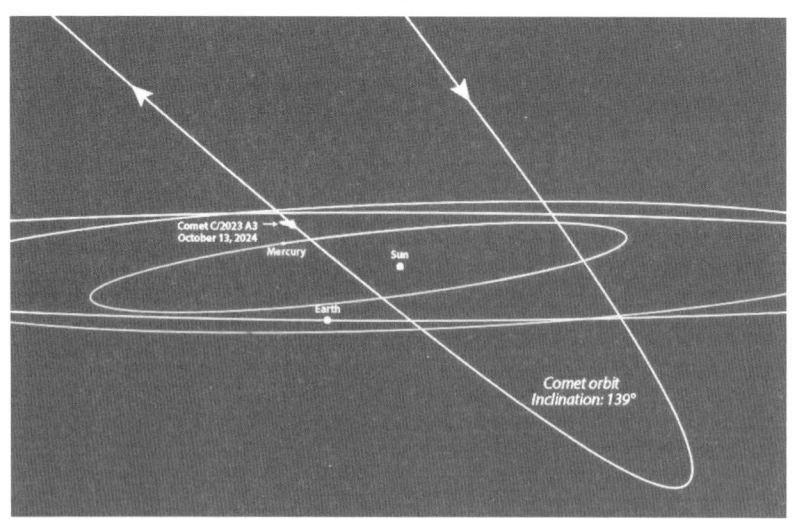

이 혜성은 139°의 경사를 이루는 역행 궤도를 가지고 있고, 2024년 9월 27일에 0.391AU 거리에서 근일점을 형성했다. 행성 섭동으로 인해 Outbound 궤도는 Inbound 궤도보다 더 큰 이심률을 가지며, 이심률은 1.0002로 거의 1에 근접하여 포물선 궤적을 그린다.

그렇기에 혜성이 근일점에 도달한 후에는, 태양에서 멀어지게 될 뿐이며 영원히 돌아오지 않을 것이기에, 8만 년 만에 다시 온 이 혜성을 지구인은 다시 못 볼 가능성이 크다.

20. 진화하는 대혜성, Great September

궤도 특성	
Observation arc	141일
궤도 유형	Kreutz sungrazer
원일점	≈150AU
근일점	0.0078AU
Semi-major axis	≈75AU
Eccentricity	0.999898
공전 기간	≈652년
최대궤도 속도	459km/s
Inclination	142°
Longitude of ascending node	348°
Argument of periapsis	70°
Last perihelion	1882년 9월 17일

'1882년 대혜성'은 공식적으로 C/1882 R1, 1882 II, 1882b로 명명되었으며, 크로이츠 썬그레이저(Kreutz Sungrazers)의 일원이었다. 이 혜성은 근일점에서도 낮에 태양 옆에서 볼 수 있을 만큼 충분히 밝았다. 1882년 9월 16일에 0.99AU 거리까지 가까이 지구에 접근한 후, 다음 날인 9월 17일에 근일점에 도달했다.

기록에 의하면, 이 혜성은 1882년 9월 1일에 희망봉과 기니만에서 처음 관측되었으며, 그 후 남반구의 많은 관측자가 이 새로운 혜성의 등장을 보고하였다.

혜성의 관측을 기록한 최초의 천문학자는 남아프리카 케이프타운

케이프타운에서 촬영한 C/1882 R1

에 있는 왕립 천문대의 수석 보좌관인 핀레이(W. H. Finlay)였다.

핀레이가 9월 7일 16시(GMT)에 발견했는데, 그는 혜성의 겉보기 등급이 약 3등급이고, 꼬리의 길이는 약 1도라고 보고했다. 혜성은 급속히 밝아졌고, 며칠 지나지 않아 아주 밝은 천체가 되었다.

한편, 케이프타운의 천문학자인 데이비드 길(David Gill)은 9월 18일에 태양이 뜨기 몇 분 전에 혜성이 떠오르는 것을 봤다고 보고했다. 그가 처음 관측했을 당시, 이 혜성은 근일점에 빠르게 접근하고 있었다. 근일점에서 혜성은 태양 표면에서 불과 0.0032AU 떨어졌던 것으로 추정된다.

관찰자들은 그것이 태양 표면에 매우 가깝게 지나갈 혜성이라는 사실을 자연스럽게 알게 되었는데, 근일점 전후의 몇 시간 동안, 혜성은 낮에도 쉽게 볼 수 있었다. 추정 등급은 무려 -17에 달했다.

근일점 통과 후에 혜성은 태양에서 멀어지면서 희미해졌으나 여전히 하늘에서 가장 눈에 띄는 물체 중 하나였다. 9월 30일에 핀레이와 E. E. 버나드를 포함한 관측자들은 혜성의 핵이 길쭉하고 두 개의 밝은 공 모양으로 나뉘어 있다는 사실을 알아차리기 시작했고, 10월 17일에는 혜성이 적어도 5개의 조각으로 부서졌다는 것도 알게 됐다. 관찰자들은 파편의 상대적 밝기가 날마다 달라진다고 보고했다.

10월 중순부터 안티 테일을 발달시켰고, 핵은 1882년 12월에 최대 겉보기 크기에 도달했다. 그 후 점차 멀어지며 분열되었으나 1883년 2월까지는 맨눈으로 볼 수 있었다. 혜성의 마지막 목격은 1883년 6월 1일에 코르도바에서 B. A. 굴드(B. A. Gould)에 의해 이루어졌다.

혜성은 C/1843 D1과 C/1880 C1에서 볼 수 있었던 이전의 대혜성과 거의 동일한 경로로 움직이고 있었다. 이 혜성들은 또한 아침 하늘에 갑자기 나타났고, 근일점에서 태양에 매우 가깝게 지나갔기에, 세 혜성 모두 같은 혜성이라는 주장이 나왔다. 하지만 심층 연구에 따르면, C/1882 R1의 공전 주기는 772±3년이고 나머지는 600~800년이어서 사실이 아님이 밝혀졌다.

그렇지만 세 혜성의 연관성에 관한 제안은 쉽게 스러지지 않았다. 하인리히 크로이츠(Heinrich Kreutz)는 세 개의 대혜성의 궤도를 연구한 후에, 이 혜성들이 이전의 근일점 통로에서 부서진, 거대한 원시 혜성의 파편이라는 새 아이디어를 내놓았다.

그가 제시한 근거를 보면, 1882년의 대혜성이 X/1106 C1의 큰 파편이고, 뚜아 혜성(C/1945 X1)과 이케야-세키 혜성(C/1965 S1)이 이 혜성의 단편이라는 것이어서, 모두가 공감하기에는 근거가 불충분했다. 하지만 그의 아이디어에 동조하는 학자들이 적지 않아서 그에 관한 연구가 꾸준히 이어졌다.

그래서 현재는 C/1843 D1, C/1880 C1, C/1882 R1, C/1887 B1, C/1963 R1, C/1965 S1, C/1970 K1 혜성이 모두 한 혜성의 후손이며, 크로이츠 썬그레이저(Kreutz Sungrazers)의 구성원으로 보고 있다.

브라이언 G. 마스텐은 여기서 한 걸음 더 나아가, 기원전 372~371년의 혜성이 이 그룹의 근원일 수 있다고 제안했다. 그러나 이러한 제안에 동의하는 학자는 거의 없다. 마스텐은 아리스토텔레스가 기원전 372~371년의 혜성에 대해 언급한 것을 그 주장의 근거로 삼는 경향이 있는데, 아리스토텔레스가 그에 관한 기록을 남긴 것은 혜성이 지나간

지 한참 후였고, 그 혜성이 나타났을 때는 겨우 12세였다.

그리고 아리스토텔레스의 조카이자 역사가인 칼리스테네스(Callisthenes)가 그 혜성에 대한 기록을 남긴 것은 사실이나, 그는 혜성이 나타난 지 10년 후에 태어났다. 따라서 그들의 기록을 근거로 삼아서는 안 될 것 같다. 더욱이 당시의 혜성에 관한 기록이 많이 남아있는 중국에도 그 혜성에 관한 언급이 없다.

그래서 현대의 천문학자들은 그 혜성 대신에 423년 2월이나 467년 2월의 혜성을 더 주목하고 있다. 그것의 공전 주기는 약 700년으로, 현재 썬그레이저의 시조일 수도 있다고 생각하고 있다.

한편, 최근의 연구에 의하면, C/1882 R1은 네 개로 파편화되어, 개별 혜성으로 진화한 후, 서로 다른 궤도를 돌고 있다고 한다. 천문학자들은 각 파편의 궤도 주기를 A 조각: 669.0년, B 조각: 761.1년, C 조각: 874.0년, D 조각: 952.0년으로 추정하고 있다.

하지만 실제로 확인하는 것이 불가능한 상태여서, 이런 궤도 주기를 확신하지는 못하고 있다.

21. 나폴레옹 혜성, Messier

궤도 특성	
원일점	326.8AU
근일점	0.1228AU
Semi-major axis	163.5AU
이심률	0.99925
공전 기간	~2090yr
Inclination	40.73°

C/1769 P1(Messier)은 맨눈으로 볼 수 있던 장주기 혜성으로, 최상급의 밝기 때문에 위대한 혜성으로 분류된다.

1769년 8월 8일 늦은 저녁에, 파리의 해군 천문대에서 샤를 메시에(Charles Messier)는 망원경으로 혜성을 찾던 중에 지평선 바로 위에 있는 작은 성운 모양을 발견했다. 그리고 이튿날 저녁에 그것이 하늘에서 움직이기에 혜성임을 확신했다.

한편, 조반니 도메니코 마랄디(Giovanni Domenico Maraldi)와 세자르 프랑수아 카시니 드 투리(César François Cassini de Thury)는 8월 22일에 망원경으로 이 혜성을 발견했고, 중국 관측자들은 8월 24일에 남동쪽 하늘에 '빗자루 별'을 발견했으며, 장 프랑수아 마리 드 쉬르빌(Jean François Marie de Surville)은 8월 26일 새벽에 필리핀 앞바다의 선박에서 이 혜성을 발견했다.

관측자들에 따르면, 8월 한 달 동안 혜성은 꼬리가 길어지면서 더 밝아졌다고 한다. 8월 28일에 볼로냐(Bologna)와 유스타키오 자노티(Eustachio Zanotti)는 약 15°인 꼬리를 관측했고, 남태평양의 엔데버(Endeavour)호에 있던 제임스 쿡(James Cook) 선장은 8월 30일 새벽녘에 혜성의 꼬리를 42°로 측정했다. 한편, 8월 31일에 마랄디(Maraldi)와 카시니(Cassini) 부부는 꼬리를 18°로 측정했는데, 아마도 그들의 지역 대기 조건이 쿡이 있는 곳보다 덜 좋았기 때문일 것이다.

Messier는 9월 3일에 꼬리 길이를 36°, 9월 5일에는 43°로 측정하면서, 혜성의 꼬리가 약간 구부러져 있고 머리가 붉게 보인다고 보고했다. 그 후에는 꼬리는 더욱 길어져, 9월 9일에는 꼬리 길이가 55°가 되었다고 기록해 놓았다.

혜성이 지구에 가장 가까이 접근했던 9월 10일에, 메시에는 꼬리 길이가 최대 60°에 이르는 것을 확인했고, 9월 11일에 테네리파(Teneriffa)와 카디스(Cádiz) 사이를 오가는 배에 타고 있던 알렉상드르 기 핑그레(Alexandre Guy Pingré)는 꼬리 길이가 90°가 넘을 것을 확인했다. 하지만 머리에서 가까운 앞부분 40°만이 밝았고, 꼬리 끝은 매우 어두웠다.

9월이 되자 코마를 보기가 어려워졌고 꼬리도 줄어들었다. 9월 16일에 메시에는 마지막으로 혜성을 보았다. 하지만 9월에 제롬 라랑드(Jérôme Lalande)는 예측 궤도 요소(Orbital elements)를 계산했는데, 근일점이 10월 7일에 발생할 것으로 나타났다. 천문학자들은 라랑드의 예측을 믿고 10월 중순에 다시 혜성을 찾기 시작했다.

10월 23일에 로열 그리니치 천문대(Royal Greenwich Observatory)에서 매스켈린(Maskelyne)은 혜성의 짧고 약하게 보이는 꼬리를 발견했다. 11월이 되자 혜성은 훨씬 어두워졌다. 그래도 여전히 많은 관측자가 이를 추적했다. 11월 17일에 이르자 핵은 매우 어두워졌지만, 꼬리의 길이는 여전히 1.5°였다. 11월 18일 이후에는 망원경으로만 혜성을 볼 수 있었다.

중국 관측자들은 11월 25일쯤에 '빗자루 별'이 완전히 사라졌다고 보고했고, 12월 3일에 페르 빌헬름 바르젠틴(Pehr Wilhelm Wargentin)이 이 혜성을 목격한 마지막 관측자가 되었다.

1769년 암스테르담 상공의 대혜성

한편, C/1769 P1은 나폴레옹 혜성이라고도 불린다. 특별한 이유가 있어서 그렇다기보다는, 혜성을 위대한 통치자와 연관 짓는 전통 때문에 그렇게 관련지은 것으로 보인다.

나폴레옹 보나파르트는 1769년 8월 15일에 태어났는데, 그건 메시에가 대혜성을 처음 목격한 지 일주일 후였다. 연관성이 그렇게 느슨한데도 그런 별칭이 붙은 것은 누군가의 의도가 작용한 듯하다. 카우플(Käufl)과 스테르켄(Sterken)에 따르면, 나폴레옹 보나파르트는 혜성이 위대한 통치자와 관련이 있다는, 전설적인 전통을 알고 있었기에, 로마 제국 때처럼 혜성의 상징주의를 채택함으로써, 그의 통치에 정당성과 공명을 부여하려 한 것 같다고 한다.

그리고 이 혜성이 나폴레옹 혜성으로 불린 데는, 최초의 발견자인 Messier의 아부도 적지 않게 작용했던 것 같다. 그의 삶이 끝나갈 무렵, 혜성의 발견을 나폴레옹의 탄생과 연결하는 소책자(회고록)를 출판했는데, 그 첫 페이지에서 대혜성의 출현과 함께 나폴레옹 대왕의 시대가 시작되었다고 주장했다.

22. 부채꼴 꼬리를 가진 1744 대혜성

1744 대혜성은 공식 명칭이 C/1743 X1이며, Comet de Chéseaux 또는 Klinkenberg-Chéseaux 혜성으로도 알려져 있다. 1743년 11월 말에 얀 드 뭉크(Jan de Munck), 12월 둘째 주에 클링켄베르크(Dirk Klinkenberg), 그리고 그로부터 4일 후에 셰소(Jean-Philippe de Chéseaux)가 각각 독립적으로 발견했다.

이 혜성은 몇 달 동안 맨눈으로 볼 수 있었고, 하늘에서 극적이고 특이한 모습을 보이면서, 겉보기 등급이 -7까지 올라갔기에 대혜성으로 분

발견	
발견자	Jan de Munck, Dirk Klinkenberg, Jean-Philippe de Chéseaux
발견 날짜	1743년 11월 29일
궤도 특성	
Observation arc	71일
근일점	0.22AU
이심률	1.0
Inclination	47°

류되었다. 이 혜성은 근일점에 도달한 후, 6개의 꼬리로 부채꼴 모양을 만든 것으로 유명하다.

이 혜성은 근일점에 가까워지면서 점점 밝아져, 1744년 2월 18일에는 금성(겉보기 등급 -4.6)만큼 밝아졌으며, 이때 다중 꼬리를 보이기 시작했다.

혜성은 1744년 3월 1일경에 근일점에 도달했는데, 이 무렵에는 낮에도 맨눈으로 관찰할 수 있을 만큼 밝았다. 혜성이 다시 근일점에서 멀어짐에 따라, 혜성의 머리는 보이지 않게 되었으나, 화려한 꼬리는 지평선 위로 그대로 드러났다.

그리고 1744년 3월 초에 셰소(Chéseaux)와 몇몇 관찰자들은 지평선 위로 여섯 개의 꼬리가 부채꼴을 그리는, 특이한 현상을 발견하고 이를 널리 알렸다. 이러한 꼬리 구조는 천문학자들에게 수수께끼였다. 다른 혜성들도 때때로 여러 개의 꼬리를 보였지만, 이 혜성처럼 6개의 꼬리가 특이한 모양을 형성하는 것은 처음 보는 것이었다.

일부 과학자들은 꼬리의 '부채꼴'은 혜성 핵의 세 가지 활성 소스에 의해 생성되었으며, 핵이 회전함에 따라 태양 복사에 차례로 노출되며, 이런 형상을 만들었을 거라고 제안했다. 그리고 이러한 현상은 웨스트 혜성과 McNaught 혜성의 꼬리에서 볼 수 있는 '먼지 줄무늬' 현상과 유사하다고 주장했으나, 동료들의 공감을 얻지는 못했다.

3월 9일에 Chéseaux는 북반구에서 혜성을 본 마지막 관찰자였지만, 남반구의 관찰자들은 여전히 혜성을 볼 수 있었는데, 그중 일부 관찰자는 3월 18일에 꼬리 길이가 약 90도라고 보고했다. 하지만 남반구에서도

1744년 4월 22일 이후로는 혜성을 볼 수 없게 되었다.

이 혜성을 본 사람 중에는 13세의 샤를 메시에가 있었는데, 그는 그 혜성에게 영감을 받아, 훗날 현대 천문학의 창시자 중 한 명이 되어서 많은 혜성을 발견했다.

23. 서천의 녹색 혜성, Nishimura

C/2023 P1(Nishimura)은 2023년 8월 12일에 니시무라 히데오(Hideo Nishimura)가 발견한 장주기 혜성이다. 이 혜성은 2023년 9월 17일에 근일점을 통과하면서 2.5등급의 겉보기 등급에 도달했다.

일본의 아마추어 천문학자 니시무라 히데오는 이 혜성이 태양에서 1.0AU 떨어져 있을 무렵, Canon EOS 6D에 장착된 200mm f/3 망원 렌즈로 촬영한 이미지에서 이 혜성을 찾아냈다. 발견 당시 혜성은 새벽하늘에서 태양 쪽으로 이동하고 있었는데, 겉보기 등급은 약 10~11로 추정되었다.

궤도 특성	
Observation arc	232일
원일점	114AU
근일점	0.225AU
Semi-major axis	57AU
이심률	0.9961
공전 기간	≈431년(inbound)≈ 406년(outbound)
최대궤도 속도	88.7km/s
Inclination	132.5°
Longitude of ascending node	66.8°
Argument of periapsis	116.3°
마지막 근일점	2023년 9월 17일
다음 근일점	≈2430 2월
Earth MOID	0.078AU
Jupiter MOID	2.3AU
Comet total magnitude (M1)	12.7

그 후 혜성은 급격히 밝아져, 8월 27일에는 겉보기 등급이 7.3등급에 이르렀는데, 이때 코마 지름이 5아크분(arcminutes) 정도였으며, 1.5~2도 길이의 얇은 이온 꼬리를 가지고 있었다. 이 혜성은 9월 8일에 피오트르 구직(Piotr Guzik)에 의해 다시 확인되었는데, 겉보기 등급은 4.7로 추정되었고 꼬리는 7.5도였다.

2023년 9월 12일에 이 혜성은 지구에서 0.84AU 떨어진 지점을 지나갔고, 9월 17일에 태양으로부터 0.22AU 떨어진 근일점에 도달했다.

이 혜성은 9월 중순 저녁 하늘에 잠깐 나타났는데, 북위 35°에서 일몰 30분 후 지평선 5도 위에 있었다. 약 +2등급에 도달했지만, 태양의 눈 부심 때문에 위치를 정확히 찾기는 어려웠다. 근일점을 지난 이후에도 혜성은 붕괴의 징후가 없었고, STEREO의 코로나 사진을 통해 계속 관찰할 수 있었다.

이 혜성의 이심률은 0.996이고, 준장축(Semi-major axis)은 약 57AU로, 이는 에리스의 평균 거리와 비슷한 수준이다. 이 혜성은 2227년에 원일점에 도달한 후에 2430년경에 다시 돌아올 것으로 보인다.

24. 지구에 가장 근접했던 Lexell's comet

궤도 특성	
원일점	5.6184±0.0409AU
근일점	0.6746±0.003AU
Semi-major axis	3.1465±0.0206AU
이심률	0.7856±0.0013
공전 기간	5.58yr
Inclination	1.550±0.004°
Longitude of ascending node	134.50±0.12
Argument of periapsis	224.98±0.12
Longitude of perihelion	359.48±0.24
Last perihelion	1770년 8월 14일
물리적 특성	
Dimensions	~4-30km

D/1770 L1(Lexell's comet)은 안데르스 요한 렉셀(Anders Johan Lexell)의 이름이 붙어있으나 그가 발견한 것은 아니며, 1770년 6월에 천문학자인 샤를 메시에(Charles Messier)가 발견했다.

이 천체는 다른 어떤 혜성보다 지구에 가깝게 통과한 것으로 유명하며, 0.015AU까지 접근했으나, 1770년 이후로는 목격되지 않아서 잃어버린 혜성으로 간주하고 있다.

렉셀 혜성이 지구에 가장 가깝게 접근한 혜성이라는 기록은 여전히 유지되고 있는데, 궤도 계산으로 추론된 혜성을 포함하면, 1999년 6월 12일에 지구에서 약 0.012AU 떨어진 공간을 지나갔을 수 있는 P/1999 J6(SOHO)가 이겼을 수 있지만, 크기가 너무 작아 실제로 관측되지 않았기에, 기록을 공인받지 못하고 있다.

이 혜성은 1770년 6월 14일에 궁수자리 방향에서 발견되었는데, 당시 메시에는 목성 관측을 막 마치고 여러 성운을 조사하고 있었다. 발견 당시에는 매우 희미했으나, 그 후 며칠 동안 그 크기가 급격히 커져서 6월 24일에 코마의 폭이 27분에 이르자, 여러 천문학자가 주목하기 시작했다.

그 후에 지구 쪽으로 점점 다가와 1770년 7월 1일에 지구로부터 0.015AU 떨어진 지점을 지나갔는데, 이는 달 궤도 반지름의 6배 정도였다. 샤를 메시에는 코마의 지름을 2° 23'로 추정했는데, 이는 달의 겉보기 각도 크기의 약 4배 정도다.

Lexell's comet

당시 영국의 한 천문학자는 이 혜성이 24시간 동안 하늘에서 42° 이상을 가로지르는 것에 주목했다. 그는 핵이 목성만큼 크고 은빛의 코마로 둘러싸여 있으며 가장 밝은 부분이 달만큼 컸다고 설명했다.

한편, 당시 과학자들은 혜성이 태양계 밖에서 날아왔다고 믿었기에, 혜성의 궤도를 모델링하려는 초기 시도는, 8월 9일~10일에 근일점에 이르는, 포물선 궤적을 가정했다. 그러나 곧 이 포물선 솔루션이 적합하지 않다는 사실이 밝혀지자,

Anders Johan Lexell은 혜성이 타원 궤도일 거라고 제안했다. 수년에 걸쳐 이루어진 그의 계산에 따르면, 근일점이 8월 13일에서 14일 사이였고, 공전 주기는 5.58년이었다.

또한 Lexell은 당시로써는 가장 짧은 궤도임에도 불구하고, 1767년 3월에 목성의 중력에 의해 궤도가 급격히 바뀌었기 때문에, 이전에 볼 수 없었을 것이라는 사실을 지적했다. 따라서 그것은 가장 초기에 확인된 목성 가족 혜성인 동시에, 최초로 알려진 지구 근접 천체이기도 하다.

Lexell은 피에르 시몽 라플라스(Pierre-Simon Laplace)와 협력하여 추가 작업을 수행한 후, 목성과의 후속 상호작용으로 인해 궤도가 더욱 교란되어, 지구에서 너무 멀리 떨어져 볼 수 없게 되거나, 태양계에서 완전히 방출될 수 있다고 예상했다.

그의 말처럼 렉셀 혜성이 태양계에서 방출되었는지는 확인되지 않았으나, 다시는 볼 수 없게 된 것은 사실이다. 하지만 그에 관한 천문학자들의 관심은 도리어 늘어났다. 특히 파리 과학 아카데미는 혜성의 궤도를 정밀하게 조사한 공로를 기리는 상을 만들었는데, 요한 칼 부르크하르트(Johann Karl Burckhardt)가 이 혜성의 궤도를 연구하여 1801년에 이 상을 받았다.

1840년대에는 Urbain Le Verrier가 이 혜성의 궤도에 관한 추가 연구를 수행하여, 혜성이 목성에 3.5km까지 접근할 수 있음에도 불구하고, 목성의 위성이 될 수 없음을 입증했고, 목성과의 두 번째 만남 이후 관측의 불확실성을 고려할 때, 많은 다른 궤도가 가능하며, 이 혜성이 태양계에서 방출될 수도 있음을 보여주었다.

비교적 최근인 2018년의 논문에서, Quan-Zhi Ye는 궤도를 다시 계산하기 위해 조사된 관측 결과를 근거로, Le Verrier의 1844년의 계산이 매우 정확했다는 것을 확인해 주었다.

25. 절명한 혜성, 322P/SOHO

P/1999 R1, P/2003 R5, P/2007 R5, P/2011 R4로도 알려진 322P/SOHO 혜성은 SOHO(SOlar and Heliospheric Observatory, 태양광 및 태양권 관측소)가 발견한 첫 번째 주기 혜성이다.

궤도 특성	
Observation arc	15.9년
원일점	4.967AU
근일점	0.0507AU
Semi-major axis	2.509AU
이심률	0.9798
공전 기간	3.97년
최대궤도 속도	187km/s
최소궤도 속도	1.9km/s
Inclination	11.46°
Last perihelion	2019년 8월 31일
Next perihelion	2023년 8월 21일
Earth MOID	0.092AU
물리적 특성	
Dimensions	~100-200m
Comet total magnitude(M1)	19.00 ± 0.09

2023년 8월 21일에 겉보기 등급 6 정도로 근일점에 도달했는데, 태양으로부터 단지 3도밖에 떨어져 있지 않았으며, 근일점이 수성보다 태양에 6배 더 가까웠다.

이 혜성의 주기성은 2006년 독일의 세바스찬 회니히(Sebastian Hönig)에 의해 예측되었으며, 이 존재에 대한 발표는 2007년 9월 10일에 SOHO와 관측자 보 저우(Bo Zhou)에 의해 다시 확인된 후에 이루어졌다.

SOHO가 관측한 약 1,350개의 썬그레이저 혜성(Sungrazer comets) 중 단주기 혜성으로 확인된 첫 번째 혜성인데, 대부분의 썬그레이저는 거의 포물선 궤도에 있는 장주기 혜성이다.

스피처 우주 망원경, 로웰 천문대 망원경 등에서 촬영된 혜성의 사진을 분석한 결과, 이 혜성에서는 코마나 꼬리 발생 등의 혜성 활동이 일어난 흔적이 전혀 없었고, 하다못해 혜성에서 흔하게 방출되는 먼지도 발견되지 않았다.

표면의 색 변화도 관찰하였으나 자전함에 따라 색이 바뀌지는 않았고,

표면 반사율은 0.09에서 0.42 사이에서 변화했다. 밀도는 1g/cm^3 미만이었으나 이 값은 혜성의 평균 밀도(0.6g/cm^3)보다는 훨씬 높은 것이었다.

일부 연구팀은 혜성의 자전 속도가 다른 혜성들과 다르게 매우 빠르고, 밀도가 높으며, 혜성에서 흔히 보이는 활동이 전혀 일어나지 않고 있다는 점에서, 이 혜성이 오히려 소행성에 가까울 것이라는 추정을 내놓았으나, 태양에서 790만 km 떨어진 곳까지 접근하면서 약 100만 배 밝아졌기에, 그렇게 속단할 수도 없었다. 그건 혜성의 전형적인 특성이었기 때문이다.

P/2007 R5의 성질을 종합하여 보면, 절명한 혜성(Extinct comet)인 듯하다. 절명한 혜성은 휘발성 얼음을 대부분 방출하였고, 꼬리나 코마를 형성할 다른 물질도 거의 남지 않은 혜성이다. 이러한 천체들은 태양 근처를 공전하는 천체들 사이에서 종종 보인다.

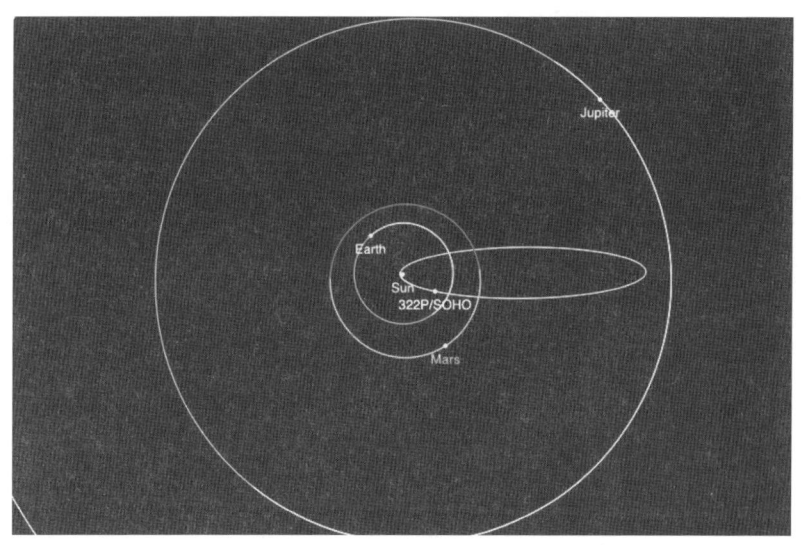

P/2007 R5는 2.8시간의 광도곡선(Light curve) 주기를 가지고 있기에

회전하고 있는 것은 확실한데, 이것을 죽은 혜성으로 분류해야 할지 소행성으로 분류해야 할지는 아직 결정되지 않은 상태다.

26. 거대 혜성, 버나디넬리-번스타인

궤도 특성	
관찰 호	8.41yr
궤도 유형	오르트 구름
원일점	≈39,600AU(inbound) ≈55,000AU(outbound)
근일점	10.9502AU
Semi-major axis	≈19,800AU(inbound) ≈27,500AU(outbound)
이심률	0.99945(inbound) 0.99960(outbound)
공전 기간	≈279만년(inbound) ≈456만년(outbound)
Inclination	95.460°(outbound)
Longitude of ascending node	190.003°(outbound)
Argument of periapsis	326.280°(outbound)
Next perihelion	≈2031년 1월 23일
Jupiter MOID	6.173AU
물리적 특성	
평균 지름	119±15~137±17km
Synodic rotation period	20.6±0.2d
Geometric albedo	0.033±0.009~ 0.044±0.012
Comet total magnitude (M1)	6.2±0.9
Comet nuclear magnitude (M2)	8.63±0.11

C/2014 UN271(Bernardinelli-Bernstein) 혜성의 정확한 크기는 얼마 전에야 밝혀졌다. 2014년에 발견된 이 혜성은 장주기 혜성으로, 엄청나게 큰 크기여서 과학자들의 관심을 집중시킨 바 있다.

발견 당시 너무 멀리 있어서, 정확한 크기를 알 수는 없었다. 근일점이 2031년이었기에 관측할 시간이 충분하다고 볼 수 있었으나, 그때에도 토성 궤도 안쪽으로 들어오지는 않기에 한계가 있을 수밖에 없다.

이 혜성을 처음 발견한 페드로 버나디넬리(Pedro Bernardinelli)와 게리 번스타인(Gary Bernstein)이 이끄는 연구팀은, C/2014 UN271의 지름이 대략 150km 정도라고 최근에야 관측 결과를 발표했다.

한편, 파리 천문대 및 스페인 안달루시아 천체물리학 연구소의 연구팀도 강력한 전파 망원경인 ALMA(Atacama Large Millimeter Array)를 이용해, C/2014 UN271을 정밀하게 측정했다. 온도가 낮은 만큼 가시광선보다 파장이 긴 전파 영역에서 관측이 쉽고, 크기가 클수록 반사되는 전자기파의 양이 많기에 전파 망원경을 이용한 것인데, 그 결과 C/2014 UN271의 지름은 137km로 측정되었다고 한다. 두 연구팀의 측정 결과가 다소 차이가 있으나, 역대급으로 거대한 것은 확실해 보인다.

이 혜성은 최근에 주변으로 물질을 분출하면서 서서히 활동을 시작하고 있는데, 워낙 커서 태양에서 멀리 떨어져 있어도 상당한 물질을 방출할 거로 예상된다.

150km 정도 크기면, 관측한 혜성 가운데 가장 큰 축에 속한다. 세기의 혜성으로 주목받았던 헤일 밥(Hale-Bopp) 혜성도 지름이 80km를 넘지 않았다. 다만 C/2014 UN271이 헤일 밥 혜성처럼 지구 궤도 근방까지 오지 않기에 그 생생한 모습을 보기는 여전히 어려울 것 같다.

27. 태양계 비밀을 알려준 C/2012 K1

궤도 특성	
궤도 유형	오르트 구름
원일점	~52000AU(inbound) ~14000AU(outbound)
근일점	1.0545AU
Eccentricity	1.00021
공전 기간	수백 만년(inbound) ~600000yr(outbound)
Inclination	142.43°
Last perihelion	2014년 8월 27일
Jupiter MOID	1.5 AU

C/2012 K1(PanSTARRS)은 2012년 5월 17일에 하와이 마우이섬 할레아칼라(Haleakalā) 산 정상 근처에 있는 Pan-STARRS 망원경을 사용하여 발견했다.

이 혜성은 2014년 4월 말에 약 8.8배 밝아져 소형 망원경을 사용하는 관측자들의 표적이 되었고, 그해 6월에 이 혜성은 레오의 낫(Sickle of Leo 사자자리의 일부) 근처까지 이동했다.

이 혜성은 2014년 8월 27일에 태양으로부터 1.05AU 떨어진 근일점에 도달했고, 2014년 9월 15일에 천구 적도를 가로지르는 바람에 북반구 천체에서 남반구 천체로 되고 말았다.

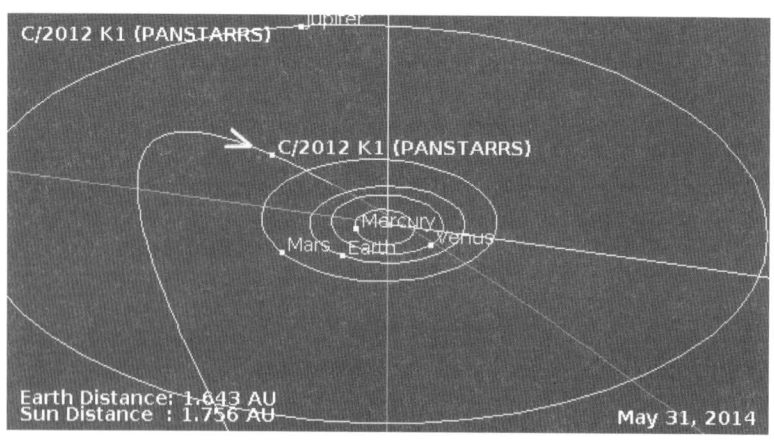

한편, NASA는 공중 망원경인 소피아(SOFIA, Stratospheric Observatory for Infrared Astronomy, 성층권 적외선 관측기)를 통해, 태양계 안쪽으로 처음 진입하는 C/2012 K1을 관측한 바 있다. 오르트 구름에 있다가 태양계 안쪽으로 처음 진입하는 혜성의 경우, 태양에너지에 의해 증발되지 않은 표면을 지니고 있어서, 이 혜성이 내뿜는 가스와 먼지에는 중요한 정보가 담겨있다.

미네소타 대학의 찰스 우드워드(Charles Woodward)는 소피아에 탑재된 FORCAST(Faint Object infrared Camera for the SOFIA Telescope, 희미한 물체 촬영을 위한 적외선 카메라) 장치를 이용해서, 먼지와 가스를 관측했다. 그 결과, 예전의 다른 혜성 관측 결과와는 달리, 규산염(Silicate) 먼지 대신 탄소 성분이 많은 것으로 드러났다.

연구팀은 이와 같은 관측 결과가 기존의 오르트 구름 생성 모델과 상당히 다르다며, 새로운 이론이 필요하다고 주장했다. 만약 혜성마다 표면의 구성 물질이 크게 다르다면, 이들의 기원이 서로 다를 가능성이 크다. 물론 오르트 구름에 있는 모든 천체를 확인한 것은 아니지만 말이다.

28. 가장 멀리 있는 활동 혜성 C/2017 K2

NASA의 허블 우주 망원경이 역대 가장 먼 거리에 있는 혜성을 발견했다. C/2017 K2(PANSTARRS)가 그것으로, 약자로 K2라고 명명된 그것은 토성보다 먼 24억km 떨어진 거리에서 포착되었으며, 발견 당시 이미 지름이 12만 8,700km에 달하는 코마를 형성하고 있었다.

거리를 생각하면 극저온 환경인데, 대체 뭐가 증발해서 그렇게 큰 코마와 꼬리를 형성했는지 불분명하지만, 과학자들은 휘발성 물질이 승화되는 상황은 분명하다고 말했다.

궤도 특성	
Observation arc	9.46yr
궤도 유형	오르트 구름
원일점	~50000AU(inbound) ~1400AU(outbound)
근일점	1.7969 AU
이심률	~0.99992(inbound) ~0.9975(outbound)
공전 기간	수백만 년 (inbound) ~19,000년(outbound)
Inclination	87.563°
Longitude of ascending node	88.26730
Last perihelion	2022년 12월 19일
Earth MOID	1.10AU
Jupiter MOID	1.29AU

질소나 산소는 워낙 낮은 온도에서 승화되기에 이런 현상이 가능하다는 것인데, 이런 물질이 풍부하다는 것은, 이 천체가 오르트 구름처럼 먼 곳에서 오랜 세월 있다가 태양 근처로 이동하는 중이라는 것을 시사한다.

이 천체는 이번에 처음으로 태양을 향해 이동하는 혜성일 가능성이 크다. 그렇기에 한 번 태양 근처 궤도를 돌고 나면, 휘발성 물질은 거의 승화되어 사라지게 될 것이다.

연구팀장인 데이비드 주위트(David Jewitt)는 K2의 표면에 휘발성이 강한 물질이 고체상태로 덮여있을 것이고, 오르트 구름 속의 대부분 천체가 이런 모습일 것으로 추정했다.

그런데 사실 이 천체는 2013년에 이미 포착된 적이 있다. 하와이에 있는 CFHT(Canada-France-Hawaii Telescope)가 2013년에 촬영 이미지에 K2가 이미 존재했는데, 당시에는 눈치채지 못했다.

캐나다-프랑스-하와이 망원경(CFHT)을 사용한 연구에 따르면, 핵의 반경이 $14~80km$로 추정되므로 C/1995 O1(헤일-밥)만큼 클 가능성이 있다. 그러나 허블 우주 망원경을 사용한 연구에 따르면, 핵의 원형 등가 지름이 $18km$ 미만으로 추정된다고 한다.

2020년 9월 12일에 관찰된 내부 코마 상태에 관한 형태학적 연구가 9월 17일에 보고되었는데, 핵에서 두 개의 제트 스트림 구조가 방출되며 꼬리 길이가 약 80만 km에 달한다고 한다.

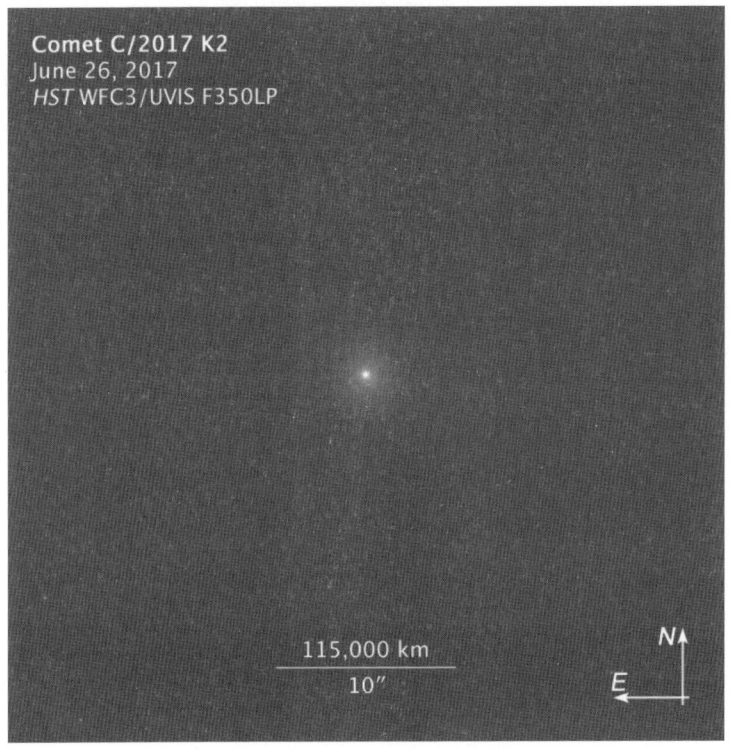

이 혜성은 2022년 1월 11일까지 지구에서 5AU 이내에 있었다. 그 후, 2022년 7월 6일경에 천구 적도를 통과하였고, 2022년 7월 14일에 지구에서 1.8AU 떨어진 공간을 통과하며 9.0등급 정도의 빛을 발했으며, 2022년 12월 19일에 화성 궤도에 근접한 근일점에 이르렀다.

이 혜성의 궤도 주기는 약 19,000년이고 원일점은 약 1,400AU이다. 이 혜성이 태양계 내부에 처음 진입한 것인지에 대한 논란은 아직 잦아들지 않았지만, 그 궤도를 보면, 성간 기원 혜성이며, 지난 300만 년 이내 태양계에 포획되었을 확률이 29%다.

29. 태양에 녹아버린 아이손

2012년 9월 21일에 러시아의 키슬로보츠크(Kislovodsk)에서 비탈리 네브스키(Vitali Nevski)와 아르티옴 노비초노크(Artyom Novichonok)는 40cm 구경의 반사 망원경을 이용해 새로운 혜성을 발견했다.

이들은 국제 과학 광학 네트워크(ISON, International Scientific Optical Network)에 속해있다는 이유로, 이것을 아이손 혜성(Comet ISON)으로 불렀는데, 정식 명칭은 C/2012 S1이다.

궤도 특성	
Observation arc	2.15yr
궤도 유형	오르트 구름
근일점	0.01244AU
이심률	1.000000086
공전 기간	방출 궤적
최대 공전 속도	337.3km/s
Inclination	62.4°
Last perihelion	2013년 11월 28일

나중에 알게 된 일이지만, 아이손 혜성은 이미 다른 망원경의 촬영 이미지에 담겨있었다. 당시에는 미처 알아채지 못하고 지나쳐 버렸지만 말이다. 아무튼 이 혜성은 그해 발견된 다른 혜성들에 비해 특히 주목받았는데, 그 이유는 대혜성일 가능성이 컸기 때문이다. 그리고 실제로 2013년이 되자, 아이손 혜성은 21세기 초의 최대 혜성이 될 가능성이 점차 커졌다.

아이손 혜성은 혜성들의 고향으로 불리는 오르트 구름(Oort cloud)에서 기원한 것으로 보였다. 아마도 태양계가 형성될 당시인 46억 년 전에 같이 형성되어 태양에서 수만 AU 떨어진 궤도를 공전하다가, 다른 천체와의 상호작용으로 갑자기 태양계 안쪽 궤도로 들어서게 된 것 같았다.

그런데 불운하게도 첫 번째 태양계 내부 여행이 마지막이 될 상황이었는데, 그 궤도 모양이 태양에 근접한 후 영영 태양계 안쪽으로 돌아올 수 없는 궤적이었기 때문이다. 즉 태양의 중력에 의해 태양계 밖으로 튕겨 나가는 궤도로, 마치 보이저 1호나 2호처럼, 우주선이 지나가는 행성에 flyby 하는 것과 비슷한 모양이었다.

2013년이 시작되자 수많은 우주 망원경 및 지상 망원경이 아이손 혜성을 추적했는데, 그 결과로 확실히 밝혀진 사실은 이 혜성이 썬그레이징 혜성(Sungrazing comet)이 되리라는 것이었다. 근일점이 0.01244AU로, 이 지점을 통과하는 순간에 표면 온도가 2,700℃까지 달아오를 것으로 예상되었는데, 태양의 거대한 중력이 작용하는 공간이어서, 여기서 그냥 부서지게 될 가능성도 있어 보였다.

2013년 11월 15일경 가장 관측하기 좋을 때 찍은 아이손 혜성의 사진

혜성이 그 시련을 견뎌내지 못하게 되면, 지구인은 그 혜성의 쇼를 볼 수 없게 되기에, 아이손 혜성이 부서질지 아닐지가 초미의 관심사로 떠올랐다. 그야말로 세기의 스타가 되든지, 태양에 의해 절명되든지, 둘 중 하나의 극단적인 운명이 아이손을 기다리고 있었다. 이것은 아이손 혜성이 얼마나 큰 크기를 가지고 있고, 얼마나 견고한지에 달린 것으로, 크고 단단할수록 중력과 불의 시련을 견뎌낼 가능성이 크다고 할 수 있다.

아이손 혜성이 지구에 가까이 올수록 더 자세한 관측이 가능하긴 하지만, 반대로 태양에 가까워 짐에 따라 혜성의 핵은 점차 더 많은 먼지와 가스를 내뿜기 때문에, 정확한 크기를 예측하는 데 방해하는 요소가 늘어나기도 한다. 따라서 정확한 크기를 측정하는 일이 어려울 수밖에 없다. 다만 멀리서부터 꽤 큰 꼬리를 만들고 있었으므로, 근일점에서 살아남기만 하면, 21세기 초 가장 밝은 혜성이 될 가능성은 충분했다.

2013년 4월 10일에 아이손 혜성은 목성 궤도 안쪽으로 들어왔는데, 이미 머리 부분이 지름 5,000km, 꼬리의 길이는 9만km 이상이었고, 머리 안에 감춰진 핵의 크기는 4~6km에 달할 수 있을 것으로 여겨졌다.

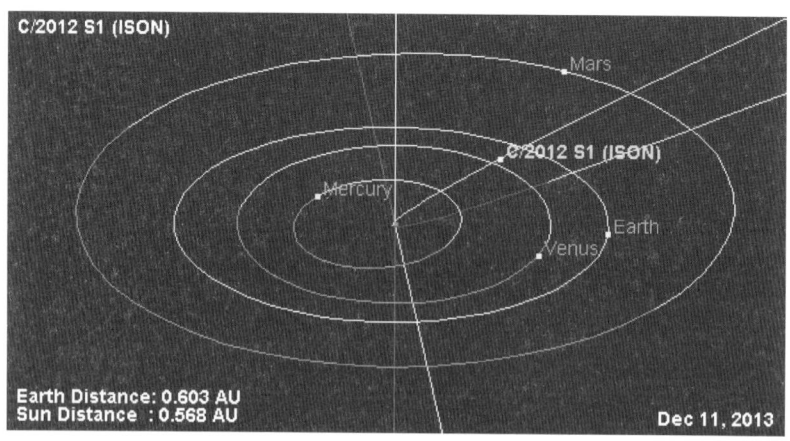

아이손 혜성의 궤도- 여기서는 근일점을 지난 이후에도 살아남는 경우를 가정했다

하지만 날이 갈수록 아이손 혜성의 핵이 애초 생각했던 것보다 작아 보였기에, 근일점에서 겪을 시련을 극복할 수 있을지는 아무도 장담할 수 없었다. 마침내 근일점에 근접하자, 여기서부터는 보통 망원경으로는 자세한 관측이 불가능해서, STEREO 및 SOHO 관측 위성이 아이손을 관측했다.

근일점에 도달한 11월 말에 혜성이 사실상 파괴된 것으로 보이는 정황이 발견되었다. 그러나 핵 일부나 혹은 파편이 살아남았을 수 있는 것처럼 보이기도 해서 혼란이 있었다.

혜성이 있어야 할 근일점에서 아무것도 보이지 않았으나, 이후 SOHO 이미지에서는, 근일점을 돌고 난 후에도 무엇인가 남은 게 있는 것처럼 보여 다시 혼동이 일어났는데, 진실은 시간이 좀 더 흐른 후에 밝혀졌다.

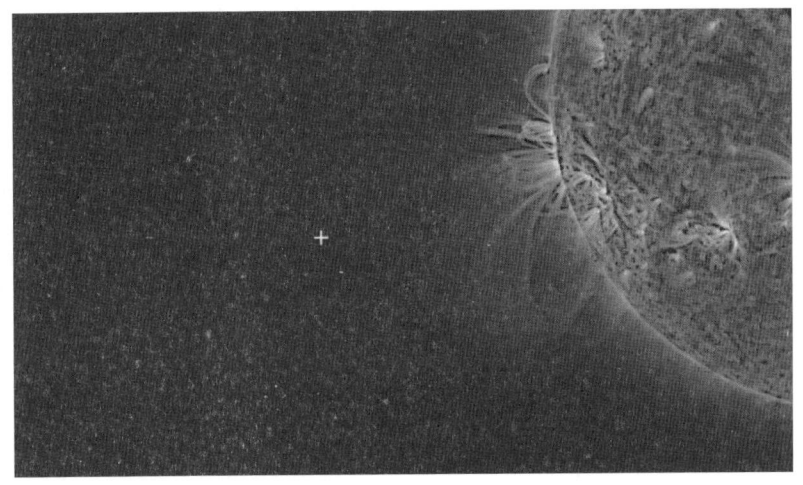

근일점에서 혜성이 있어야 할 자리(십자가 표시)에 아무것도 발견되지 않았다

그 희미한 흔적은 아이손 혜성의 극히 일부 파편이 그 궤도를 따라가면서 태양풍에 의해 일시적으로 밝아진 것에 불과했다. 결국 2013년

12월 2일에 각국의 천문대와 연구소들은 아이손 혜성이 근일점에 도달하기 전에 파괴되었다고 결론을 내렸다.

이로써 사실상 세기의 혜성은 더 볼 수 없게 되었다. 하지만 허블 망원경을 비롯한 여러 우주 망원경은 아이손 혜성의 파편을 찾기 위한 노력을 지속했는데, 그런 이유는 남은 파편 역시 중요한 정보를 담고 있을 수 있기 때문이었다.

남은 조각 중 암석 부분이 많고 특정 성분이 많다면, 오르트 구름에 있는 천체에 대한 중요한 정보를 얻을 수 있었지만, 추적 결과는 실망스러웠다. 아마도 아이손 혜성은 추정했던 것보다 작은 혜성이었으며, 대부분 얼음, 드라이아이스, 작은 먼지로 구성된 연약한 혜성이었던 것으로 보인다. 따라서 태양의 중력에 의해 아주 잘게 부서지거나 증발해 버린 것 같았다. 다만 남은 것이 전혀 없지는 않기에, 유사한 운명을 거쳤던 다른 혜성과 마찬가지로, 아이손 혜성이 남긴 먼지들이 지구인에게 유성우 쇼를 보여줄 여지는 여전히 남아있다.

30. 숨어있는 위협, Encke

2013년 말에 과학계가 가장 주목한 혜성은 아이손(ISON) 혜성이었지만, 같은 시기에 태양에 근접한 혜성이 아이손 하나만은 아니다. 아이손 혜성이 태양에 근접해서 금세기 최고의 혜성 쇼를 보여줄 수 있을지에 천문학계 시선이 쏠려 있었으나, 많은 저널이 대중의 관심을 아이손으로 이끄는 바람에, 대중들에게 백안시당한 혜성이 있었으니, 엥케 혜성(공식 명칭: 2P/Encke)이 바로 그것이다.

엥케 혜성은 1786년에 프랑스의 피에르 메생(Pierre Mechain)에 의해 처음 스케치 되었으나, 당시에는 그 정체를 확실히 몰랐다가, 1819년

궤도 특성	
원일점	4.098AU
근일점	0.33960AU
Semi-major axis	2.2187AU
Eccentricity	0.8469
공전 기간	3.30yr
최대 공전 속도	69.5km/s
Inclination	11.34°
Argument of periapsis	187.3°
마지막 근일점	2023년 10월 22일
다음 근일점	2027년 2월 9일
Earth MOID	0.17AU
물리적 특성	
Dimensions	4.8km

독일의 요한 프란츠 엥케(Johann Franz Encke)에 의해 3.3년의 아주 짧은 주기를 가진 단주기 혜성이라는 사실이 밝혀졌다.

엥케 혜성은 대표적인 단주기 혜성으로, 그중에서도 아주 짧은 편에 속한다. 원일점이 4.11AU, 근일점이 0.3302AU인 공전 궤도를 가지고 있으나, 태양계의 내행성들과 비교적 근접해서 공전하기 때문에, 다소 변동성이 있다. 특히 수성, 금성, 지구, 화성과 공전 궤도가 겹치는 부분이 있어, 상당히 위협적으로 느껴지는 혜성이다. 혜성의 지름은 약 $4.8km$ 정도로, 만약 지구에 충돌한다면 엄청난 재앙이 될 것이다.

엥케 혜성은 지난 1997년에 지구에서 불과 0.19AU 정도 떨어진 공간을 지났으며, 33년마다 1번씩 지구에 근접하게 된다. 하지만 이미 여러 차례 이 혜성이 태양에 근접했기 때문에, 상당히 많은 물질이 증발한 상태라서, 큰 코마나 꼬리를 만들지는 못한다. 그리고 그런 탓에 지구에서 맨눈으로 볼 수 없다. 앞으로 다시 지구에 근접하는 것은 2172년으로, 이때는 0.1735AU 정도의 거리까지 근접할 것으로 보인다.

이 혜성은 지구보다 훨씬 더 가까운 거리로 수성에 근접한 적이 있다. 2013년 11월 18일에 엥케 혜성은 수성에서 불과 0.002496AU까지 근접했다. 수성에서 관측했다면 맨눈으로도 확인할 수 있을 만큼 가까이 간 것이다.

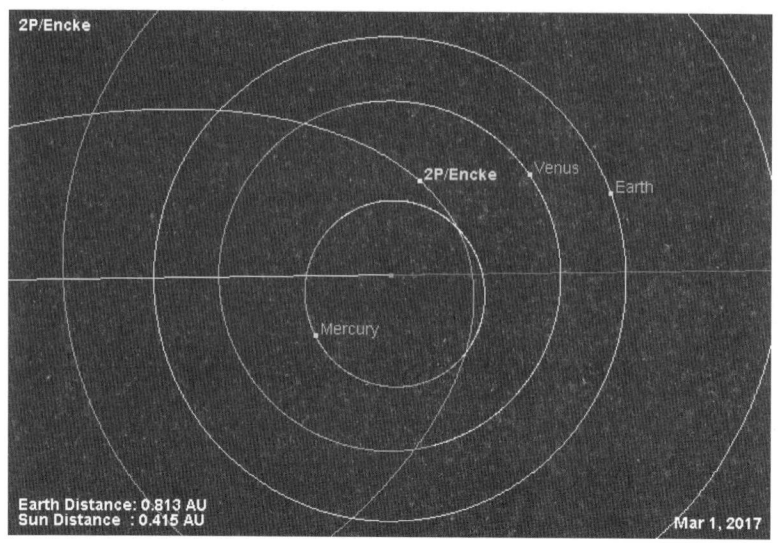

이런 식으로 태양계 내행성에 근접하는 이벤트가 많아, 그 중력에 영향을 받아 궤도가 변할 수밖에 없기에, 먼 미래에 운 나쁜 행성에 충돌할 가능성도 배제하기 힘들다. 다행히 큰 이변이 없는 한, 2172년 이전에는 지구에 근접할 가능성은 없다.

엥케 혜성의 핵은 크나 혜성 표면이 어두운 편이어서, 가장 밝을 때도 맨눈으로 찾기 힘들다. 하지만 그렇다고 우주쇼를 벌이지 않는 것은 아니다. 황소자리 유성군(Taurids)은 이 엥케 혜성이 남긴 자취인 것으로 알려져 있는데, 지구의 북반구에서 10월 말에서 11월 초 사이에 볼 수 있어서, 서양에서는 헬로윈 불꽃(Halloween fireballs)으로 불리고 있다.

엥케 혜성의 잔해가 지구와 충돌할 가능성은 여전히 있고, 생각보다 큰 잔해가 떨어지면 위험할 수 있다. 일부 과학자들은 1908년에 있던 퉁구스카 폭발이 엥케의 파편일 것으로 추정한 적도 있다. 실제로 NEO 중 하나인 2004 TG_{10}은 대략 350~780m 정도 되는 천체로, 그 공전 궤도로 볼 때 엥케 혜성에서 떨어져 나온 조각일 가능성이 크다.

대중들의 시선이 아이손에 쏠려 있는 동안에, 엥케는 근일점을 통과해서 다시 태양에서 멀어져 갔다. 그러나 아이손은 다시 올 일이 없지만, 엥케 혜성은 적어도 수만 년 이상 태양 주변을 공전할 것이기에, 우리가 정말 주목해야 할 혜성은 엥케다.

31. 크로이츠 썬그레이저

크로이츠 썬그레이저(Kreutz Sungrazers)는 근일점에서 태양에 매우 가까운 궤도를 도는 썬그레이저 중 대표적인 혜성군이다. 원일점에서는 지구보다 100배 이상 태양에서 멀어질 수 있으나, 근일점은 태양 반경의 두 배 미만일 수 있다.

이 혜성들은 몇 세기 전에 분열된 대형 혜성의 파편으로 추정되며, 독일 천문학자 하인리히 크로이츠의 이름을 따서 명명되었다. 이 천체들은 멀리 떨어진 외부 태양계에서 태양 근처의 근일점까지 이동한 다음, 다시 내부 태양계를 떠나 원일점으로 돌아간다.

1995년에 SOHO 위성 발사된 이후, 폭이 불과 몇 미터밖에 되지 않는 4,000개 이상의 작은 개체들이 포착되었다. 이 작은 혜성 중에 근일점 통과에서 살아남은 혜성은 없으나, 1843년 대혜성, 2011년 C/2011 W3와 같은 대형 썬그레이저들은 근일점을 통과한 후에도 살아남았다.

궤도를 태양에 매우 가깝게 접근하는 것으로 밝혀진 최초의 혜성은 1680년 대혜성이었다. 이 혜성은 태양 표면에서 20만km 떨어진 지점을 통과했는데, 이는 지구와 달 사이 거리의 절반밖에 되지 않는다.

그리고 그로부터 163년 후인 1843년에 대혜성이 나타나 태양에 매우 가까이 접근했다. 궤도를 계산해 본 결과, 이 혜성의 주기가 몇 세기에 달한다는 사실이 밝혀졌으며, 일부 천문학자들은 이 혜성이 1680년 혜성의 귀환일지도 모른다고 생각했다.

　그 후, 1880년에 목격된 밝은 혜성은 1882년의 대혜성과 마찬가지로, 1843년 혜성과 거의 같은 궤도를 돈다는 사실이 밝혀졌다. 이에 대해서 일부 천문학자들은 이들이 모두 태양을 둘러싸고 있는 밀도 높은 물질에 의한 지연으로, 각 근일점 통과마다 궤도 주기가 급격히 짧아지고 있을 수 있다고 제안했다.

　다른 제안은 이 혜성들이 모두 초기 태양을 방문했던 혜성의 파편이라는 것이었다. 이 아이디어는 1880년에 처음 제안되었으며, 1882년 대혜성이 근일점 통과 후에 여러 조각으로 분열되면서, 그 타당성이 충분히 입증되었다. 그러자 1888년에 하인리히 크로이츠는 1843년(C/1843 D1, 3월의 대혜성), 1880년(C/1880 C1, 남방의 대혜성), 1882년(C/1882 R1, 9월의 대혜성)의 혜성이 거대 혜성의 파편일 가능성이 높다는 논문을 발표했다.

　그 후, 1887년에 크로이츠 썬그레이저가 또 한 번 목격된 후(1887년 C/1887 B1, 1887년 그레이트 서던 혜성), 한동안 뜸하다가 1945년에야 하나가 나타났다. 그리고 1960년대에 두 개의 썬그레이저 혜성이 나타났다. 1963년의 페레이라 혜성과 1965년에 근일점을 통과한 후에 세 조각으로 깨진 이케야-세키(Ikeya-Seki) 혜성이 그것들이다. 두 개의 썬그레이저 혜성이 연속으로 나타나자 썬그레이저 연구에 힘이 실렸다.

　'썬그레이저(Sungrazer)'이라는 이름을 애초에는 크로이츠 그룹에만 적용했는데, 대부분의 썬그레이저 혜성은 크로이츠 계열에 속하긴 해도 모두 그런 것은 아니다.

　크로이츠 그룹은 일반적으로 이심률이 1에 가깝고, 궤도 경사가 139~144°, 근일점 거리가 0.01AU 미만, 원일점 거리가 약 100AU, 공전 주기가 대체로 500~1,000년인데, 태양에너지에 의해 혜성이 침식되면 궤도가 점진적으로 변하기도 한다.

대부분의 크로이츠 썬그레이저의 반경은 100m 미만이지만, 1~10km에 달하는 것도 있다. 대체로 모양 자체는 불규칙하고, 핵을 구성하는 물질의 인장 강도가 낮으며, 초기 이동 과정에서 대부분의 휘발성 물질을 잃었기 때문에, 저농도의 휘발성 물질만 가지고 있어서 태양 근처에서만 활동한다.

이들의 밝기는 근일점 직전에 정점에 달했다가 그 이후에는 어두워지는 경향이 있다. 이는 올리빈(Olivine)과 파이록센(Pyroxene)과 같은 광물이 증발하기 때문일 것이다. 혜성의 물과 유기물이 먼저 증발하면, 먼지 꼬리를 형성하는 부드러운 올리빈 덩어리가 노출된다. 그리고 이 혜성의 먼지는 태양 자기장과 상호 작용한다.

크로이츠 썬그레이저의 가장 밝은 것들은 낮 하늘에서 쉽게 볼 수 있을 정도이다. 가장 인상적이었던 예는 1843년 대혜성, 1882년 대혜성, X/1106 C1인데, 지금까지 관찰된 모든 크로이츠 썬그레이저의 조상은 기원전 371년의 대혜성이거나, 기원전 214년, 서기 423년, 서기 467년에 목격된 혜성일 수 있다.

한편, 이 그룹의 시조 혜성을 확인하려는 최초의 시도는 1967년에 시작된 브라이언 G. 마스덴의 연구라고 할 수 있다. 1965년까지 알려진 그룹 구성체의 궤도 경사는 약 144°로 거의 동일했고, 근일점 경도는 280~282°로 매우 유사했으며, 상승 노드의 근일점(Longitude of the ascending node)과 경도 인수(Argument of perihelion)는 범위가 넓다는 것이 일반적인 견해였다.

하지만 마스덴은 크로이츠 썬그레이저가 궤도 요소가 약간씩 다른 두 그룹으로 나뉜다는 것을 발견했다. 이것은 아주 중요한 발견이었다. 두 개 이상의 근일점에서 파편화 현상이 발생했다는 것을 의미하기 때문이었다.

마스덴은 이케야-세키와 1882년 대혜성의 궤도를 역추적하여, 이전 근일점 통과 시, 궤도 요소 간의 차이가 이케야-세키가 쪼개진 후의 파편 요소 간의 차이와 같은 크기였음을 발견했다. 이는 두 혜성이 한 궤도 전에 분해된, 같은 혜성의 두 부분이라는 것을 의미하기에, 그 조상 혜성의 가장 유력한 후보는 1106년 대혜성이었다. 이케야-세키의 유도 궤도 주기(Ikeya – Seki's derived orbital period)는 이전 근일점이 1106년의 근일점과 일치했다. 1882년 대혜성의 유도 궤도는 수십 년 후에도 이전 근일점을 가질 것이다.

하지만 1668년, 1689년, 1702년 및 1945년의 태양을 스쳐 지나간 혜성은 1882년 및 1965년의 혜성과 밀접한 관련이 있는 것으로 여겨지나, 이들의 궤도가 1106년에 모 혜성에서 분리되었는지 또는 그 이전인 서기 3~5세기 어느 시점에 근일점 통과에서 분리되었는지 확인하기가 쉽지 않았다. 이 허들이 결코 낮지 않아서, 크로이츠 썬그레이저의 시조를 찾는 것은 여전히 난제로 남아있다.

한편, 1995년에 SOHO 태양 관측 위성이 발사된 이후로는, 일 년 중 언제든지 태양과 매우 가까운 혜성을 관측할 수 있게 되었다. SOHO는 태양 주변을 지속해서 볼 수 있었기에, 수백 개의 새로운 썬그레이저 혜성을 발견했는데, 그중 일부는 불과 몇 미터 크기였다.

SOHO가 발견한 썬그레이저 중 약 83%는 크로이츠 그룹에 속하며, 그 외의 것은 Meyer, Marsden, Kracht 1, 2 계열이다. 그런데 러브조이 혜성을 제외하면, SOHO가 발견한 썬그레이저 중 근일점 통과를 견뎌낸 것이 없다. 일부는 태양 자체로 돌진했을 수 있지만 대부분은 단순히 증발해 버렸을 가능성이 크다.

원심력 분열은 더 작은 크로이츠 혜성을 파괴하는 또 다른 중요한 과정이며, 일부 크로이츠 혜성이 근일점을 통과하고 태양으로부터 멀어진 후 오랜 시간이 지나서야 늦게 분열되는 이유를 설명할 수 있게 해준다.

2020년까지 아마추어 천문학자들이 인터넷을 통해 SOHO의 관측치를 분석하여 식별한 4,000개 혜성 중 85%가 크로이츠 썬그레이저였다. 2024년의 NASA JPL 소천체 데이터베이스에는 약 1,300개의 크로이츠 썬그레이저가 나열되어 있다.

한편, 가까운 미래에 또 다른 매우 밝은 크로이츠 혜성이 얼마나 나타날지는 알 수 없으나, 적어도 10개가 지난 200년 동안 맨눈으로 볼 수 있게 되었다는 사실을 감안하면, 크로이츠 가족의 또 다른 대혜성이 나타날 가능성은 높아 보인다.

32. 혜성의 광물과 유기물

두 연구팀이 독립적으로 유럽 남방 천문대(ESO)의 VLT 망원경 데이터를 분석해, 혜성에서 중금속을 검출해 냈다.

혜성은 태양에 가깝게 다가오면 물 얼음이나 드라이아이스 같은 휘발성 성분을 방출하면서 거대한 꼬리를 만드는 경우가 많다. 이때 방출되는 물질을 여러 장비로 분석해 보면, 구성 성분이 대부분 가벼운 원소다.

그런데 벨기에 리에주 대학의 쟝 만플로이드(Jean Manfroid)가 이끄는 연구팀이 VLT의 UVES(Ultraviolet and Visual Echelle Spectrograph, 자외선 및 가시광선 에셸 분석기)로 일부 혜성에서 방출되는 물질의 종류를 분석해 본 결과, 놀랍게도 C/2016 R2(PANSTARRS)에서 극소량의 철과 니켈이 검출되었다. 더구나 그 위치는 태양에서 4억 8천만km나 떨어진 지점이었다.

연구팀은 혜성에서 이런 중금속의 존재를 확인한 것이 처음이었기에,

검출 당시에는 자신들도 이 결과를 믿기 어려웠다고 한다. 따라서 과학자들 대부분이 그렇듯이 여러 번 검증을 거치면서, 발표를 미뤘다. 하지만 반복된 연구 끝에, 이 혜성의 대기에 0.001% 수준의 니켈이 있다는 결론을 내릴 수밖에 없었다.

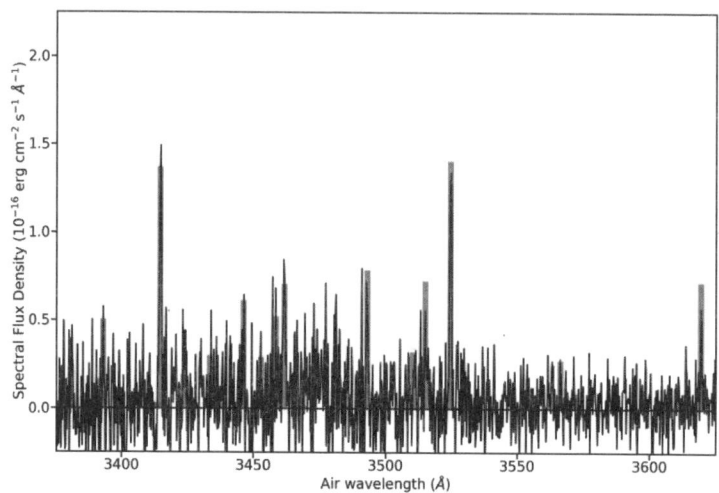

한편 독립적인 폴란드 과학자팀이 VLT에 설치된 X-shooter spectrograph (X-슈터 분광기) 데이터를 분석해, 외계 혜성인 보리소프(2I/Borisov)에서 니켈 성분을 검출했다. 이것 역시 태양에서 거리가 3억km 떨어진 먼 곳에서 검출되었기에, 연구팀은 이 결과를 여러 번 확인한 후에 발표했다.

이렇게 무거운 원소가, 휘발성 물질과 먼지가 주성분인, 혜성 주변 가스에서 검출된 이유는 아직 모른다. 물론 아무리 무거운 원소라도 자연계에 미량으로 존재할 수 있기에 이변이라고 할 수 없을지는 모르지만, 더 자세한 정보를 얻기 위해서는 다른 혜성에 얼마나 많은 중금속이 있는지 확인해야 하는데, 과학자들은 현재 건설하고 있는 초대형 지상 망원경인 ESO의 ELT(Extremely Large Telescope)에 설치될 METIS(Mid-infrared ELT Imager and Spectrograph) 장치가 그 역할을 해줄 거로 기대하고 있다.

가벼운 물질과 먼지로 구성되어 있다고 생각했던 혜성 꼬리에 중금속도 포함되어 있다는 사실은 정말 놀랍다. 어쩌면 어떤 혜성의 꼬리에는 금이나 백금같이 비싼 귀금속이 숨어있을지도 모른다.

한편, 아직도 논란의 여지가 많지만, 대체로 과학자들은 혜성이 초기 지구에 물과 더불어 많은 유기물을 전달했다고 믿고 있다. 혜성의 구성 물질 자체가 그런 것이고, 태양계 초기에는 그런 혜성이 빈번하게 지구에 충돌했기 때문이다. 혜성이 지구에 충돌하면서 전달했다고 믿는 물질에는 아미노산 및 인 화합물도 포함되어 있다.

과거에도 가장 단순한 단백질인 글라이신(Glycine, NH2CH2COOH)이 혜성에 있다는 보고가 있었으나, 직접 혜성에서 관측한 것이 아니어서, 지구에서 오염되었을 가능성이 제기되었다. 그런데 최근 ESA의 로제타 탐사선이 ROSINA(Rosetta Orbiter Spectrometer for Ion and Neutral Analysis) 질량 분광기를 이용해서, 혜성 67P 주변의 가스에 실제로 글라이신과 더불어 인(Phosphorus) 성분이 존재한다는 사실을 밝혀냈다.

이러한 관측 결과는 우주에서 아미노산과 같은 생명의 기초 물질이 생성된다는 가설을 다시 확인시켰다. 상식적으로 생각해도 생명체의 탄생은 구하기 어려운 물질이 아닌 구하기 쉬운 물질을 기반으로 진행되었을 것이어서, 이런 물질이 우주에 흔하다는 사실은 놀라운 것은 아니다. 하지만 그것의 존재를 혜성에서 직접 확인했다는 사실에는 큰 의의가 있다.

글라이신과 더불어 DNA를 만드는 데 필요한 인 성분까지 혜성에서 발견되었다는 것은, 혜성이 지구 생명체 탄생에 영향을 주었을 가능성을 시사할 뿐 아니라, 혜성 벨트가 형성되어 있는 외계 행성계에서도 비슷한 일이 일어났을 가능성도 시사한다.

로제타 미션이 실제 혜성 주변에서 다양한 물질을 검출하고 검증함으로써, 이전에는 이론적으로만 생각했던 가설들을 검증해 낸 것이다. 어쩌면 인간을 구성하는 원자 가운데 적어도 일부는 혜성에서 기원한 것일 수 있다.

한편, 이와 유사한 이유로 러브조이 혜성도 새로운 명성을 얻게 되었다. 당 성분과 알코올 성분이 발견되었기 때문이다. 특히 이런 분자들은 생명 현상과 연관성이 깊을 수 있기에, 과학자들의 비상한 관심을 끌 만하다.

혜성은 태양계 형성 과정에서 중요한 역할을 해 온 것으로 보인다. 일부 과학자들은 생명 탄생에 필요한 물질을 행성에 공급했거나, 더 나아가 생명 자체가 혜성에서 탄생했다고 믿고 있다. 혜성이 상당히 많은 탄소와 유기물을 지니고 있기 때문이다.

보통 사람들은 혜성이 눈덩이 같은 형태일 거로 생각하지만, 67P 혜성에서 보듯이, 표면이 흙과 같은 먼지로 덮여있는 혜성도 적지 않다. 쉽게 기화되는 얼음이나 이산화탄소와 달리, 비휘발성 물질들은 표면에서 농축되는 경향이 있기에, 이런 모습을 갖추게 된 것이다. 이러한 표면에 태양에너지가 가해지면, 화학 반응이 일어나 생명체가 발생할 수도 있지 않을까?

이는 아직 검증되지 않은 가설이고, 검증할 만한 마땅한 아이디어가 없는 것도 사실이지만, 한 가지 확실한 것은 이미 혜성에서 상당한 유기물의 존재를 확인했다는 사실이다. 67P 혜성에서는 무려 16가지나 되는 유기물질이 확인되었다.

그리고 러브조이 혜성에는 우주선을 보내지 못했지만, 그 대신에 전파 망원경을 이용해, 여러 유기물질의 존재를 추정해 냈다. 화학물질마다 발산하는 고유의 파장이 있어서 얻어낼 수 있는 성과였는데, 이 연구를 진행한 이들은 파리 관측소의 니콜라스 비버(Nicolas Biver)와 그의 동료들이다.

그들은 피코 벨레타 30m 구경 전파 망원경(IRAM 30-meter radio telescope)을 이용해, 러브조이가 방출하는 가스에서 에틸알코올과 단순한 당류인 글리콜알데하이드(Glycolaldehyde)를 발견하여, 그 성과를 《어드밴스드 사이언스(Advanced Science)》에 발표한 바 있다.

이 물질들은 물론 생명체 자체는 아니지만, 이런 유기물이 혜성에 풍부하다는 사실을 간과해서는 안 된다. 지금으로부터 38억 년 전에 태양계는 후기 대 폭격기(Late Heavy Bombardment)를 겪었다. 이 시기에 수많은 소행성과 혜성이 태양계 안쪽으로 밀려들면서 지구를 포함한 여러 행성은 격심한 고난을 겪었다.

크고 작은 혜성들이 행성에 떨어졌는데, 이 중에는 유기물과 물이 매우 풍부한 것들도 존재했을 것이다. 따라서 혜성이 지구 생명체 탄생에 중요한 역할을 했을 거라는 가설은 허언이 아니다.

하지만 이런 가설에 대해서 과학자들이 의견의 일치를 보지는 못하고 있는 것도 사실이다.

33. 혜성의 무덤

1996년에 천문학자 에릭 엘스트(Eric Elst)와 귀도 피자로(Guido Pizzaro)는 소행성대에서 특이한 혜성 하나를 발견한다. 나중에 '133P/Eist-Pizzaro'라고 명명된 이 혜성은 단주기 혜성도 아니고, 장주기 혜성도 아닌, 소행성대를 공전하는 천체였다. 이 천체의 근일점은 2.65AU, 원일점은 3.67AU, 궤도 장반경 3.16AU로, 태양에 근접하기보다는 주로 소행성대에서 태양 주위를 공전하고 있었다.

이와 같은 공전 궤도는 일반적인 혜성의 공전 궤도와는 많이 다른 것이다. 단주기 혜성이든 장주기 혜성이든 간에, 일단 태양에 근접하는 궤도를 돌면서, 태양에 가까워질 때마다 많은 물질을 증발시켜 거대한 꼬리를 만드는데, 이 혜성은 그런 것 없이, 근일점 근처에서 희미한 꼬리를 흔들며 태양 주위를 공전하고 있었다.

이 천체의 발견을 계기로, 학자들은 지난 10년간 소행성 같은 궤도를 도는 혜성을 12개 발견했다. 이들은 'Main-belt comet'이나 'Lazarus Comet'이라고 불리는데, 제트 추진 연구소의 기준에 따르면, 궤도 장반경이 2AU 이상이고 3.2AU 이하여야 하며, 근일점이 1.6AU보다 멀어야 한다. 즉 소행성대 혜성이란, 혜성 같은 천체로 태양에 가까워지면 꼬리를 만들지만, 그래도 여전히 소행성대에 걸쳐있는 천체를 의미한다.

한편, 페린 교수(Ignacio Ferrin)와 그의 동료들이 최근 옥스퍼드 대학의 저널인 《Monthly Notices of the Royal Astronomical Society》에 발표한 내용에 의하면, 100만 개 이상의 물체(지름 1미터에서 1,000킬로미터까지)가 존재하는 소행성대에는 과거 수천 개의 혜성들이 존재했다고 한다. 그러니까 현재 우리가 보고 있는 것은 그 잔해들로 혜성의 무덤이라고 할 수 있다는 주장이다.

혜성은 태양에 다가올수록 물질을 점점 잃어, 나중에는 태양에 흡수되거나 다른 행성에 충돌하기도 하고, 일부는 더 이상 증발시킬 물질이 없는 죽은 혜성(Dormant comet)이 되어 태양 주위를 공전하기도 한다. 그런데 이들 중 일부는 증발시킬 물질이 더 남아있어, 충분한 에너지가 공급되면 다시 부풀어 오를 수 있는 것들도 있을 것이다.

이런 죽은 혜성들이 현재 주 소행성대에 몸을 숨기고 있을 수 있다는 것이 페린 교수의 생각인데, 그중 일부는 행성과 태양의 중력으로 궤도가 소행성과 비슷하게 변했을 것이다.

그래서 페린 교수는 태양계에 혜성이 많았을 때는 소행성대에 더 많은 혜성이 존재했을 것이고, 현재의 상태는 과거에 있었던 영광의 잔해로 생각하고 있다.

그의 생각이 맞는다면, 혜성의 잔해에서 물과 이산화탄소 등의 자원을 찾아낼 수도 있다. 물론 실제 탐사선을 보내어, 그 구성 성분을 직접 확인하기 전에는 확신할 수 없지만 말이다. 아무튼 전통적인 단주기 혜성과 장주기 혜성 외에도, 흥미로운 혜성들이 많이 존재하는 것은 사실로 보인다.

제 5 장

67P
Comet 67P

67P 혜성(추류모프-게라시멘코 혜성) 역시 혜성 중 하나다. 그런데도 혜성 챕터에 넣지 않고 별도로 소개의 장을 마련한 것은, 너무도 특별한 혜성이고, 이것에 관한 학자들의 관심이 각별하기 때문이다. 어떤 면들이 그렇게 특별한지 지금부터 찬찬히 살펴보기로 하자.

현재는 목성 가족에 속해있으나, 원래 고향은 카이퍼대로, 공전 주기는 6.45년이고 자전 주기는 약 12.4시간이다.

궤도 특성	
원일점	5.704AU
근일점	1.210AU
Semi-major axis	3.457AU
Eccentricity	0.64989
궤도 주기	6.43년
Mean anomaly	73.57°
Inclination	3.8719°
Longitude of ascending node	36.33°
근일점 시간	2021년 11월 2일
Argument of perihelion	22.15°
물리적 특성	
용량	18.7km³
Mass	$(9.982\pm0.003)\times10^{12}$kg
Mean density	0.533±0.006g/cm³
Synodic rotation period	12.4043±0.0007h
Axial tilt	52°
알베도	0.06

이 혜성은 1969년에 소련 천문학자 클림 이바노비치 추류모프(Klim Ivanovych Churyumov)와 스베틀라나 이바노브나 게라시멘코(Svetlana Ivanovna Gerasimenko)가 처음 발견했기에, 그들의 이름을 따서 추류모프-게라시멘코 혜성으로 명명되었다.

67P는 좁은 목으로 연결된 두 개의 로브로 구성되어 있다. 큰 로브는 약 $4.1km\times3.3km\times1.8km$이고, 작은 로브는 약 $2.6km\times2.3km\times1.8km$이다. 두 로브 모두 시간이 지남에 따라 물질을 잃고 있는데, 품고 있는 가스와 먼지가 태양 빛에 증발하기 때문이다.

현재처럼 두 로브가 붙어있는 모양을 갖추게 된 것은, 두 물체가 저속 충돌한 결과인 것으로 보인다. 외부가 부분적으로 벗겨지면서 드러난, 혜성 내부 층인 '테라스'가 서로 다른 방향을 향하고 있는 사실이, 두 물체가 융합하였다는 사실을 뒷받침한다.

67P를 탐사하기 위해 보내진 로제타호는, 혜성이 근일점에 가까워졌을 때 많은 데이터를 얻어냈다. 여기에는 하루에 몇 미터씩 크기가 커지는 원형 패턴의 변화가 포함되어 있고, 목 부위의 굵기가 변하는 것도 포함되어 있다. 이뿐 아니라, 지형지물의 심한 변화도 나타나, 수십 미터 너비의 바위가 이동하거나, 절벽이 무너지는 광경이 포착되기도 했다.

2015년 12월에는 거대한 빛의 확산이 로제타호의 NAVCAM에 촬영되었는데, 과학자들은 절벽을 무너뜨린, 강력한 폭발에서 유발된 빛으로 추측했다. 비교적 최근인 2021년 11월 14일에도 강렬한 빛의 확산이 관찰되었다.

목성의 인력에 예속된 다른 혜성과 마찬가지로, 67P도 카이퍼대에서 유래하여 태양계 안쪽 공간으로 방출되었다가, 나중에 목성과의 조우로 궤도가 변경된 거로 보이며, 현재는 궤도가 안정화되어 그 경로 변화를 예측할 수 있다.

67P는 1959년 2월 4일에 목성에 0.0515AU 거리까지 근접하는 바람에, 근일점이 2.7AU에서 1.28AU로 변화하여, 오늘날까지 유지되고 있는데, 2220년 11월에는 목성에서 약 0.14AU 떨어진 지점을 통과하면서, 태양으로부터 약 0.8AU 정도 떨어진 곳으로 이동하게 될 것이다.

한편, 2009년의 근일점 통과 전에는 자전 주기가 12.76시간이었다가, 근일점을 통과하는 동안 12.4시간으로 감소했는데, 이는 내부 물질의 승화로 유발된 토크(Torque)의 변화 때문일 가능성이 높다.

2021년에는 1982년 이후 지구에 가장 근접하여, 11월 12일 00:50(UTC)에 6,100만km까지 다가온 적이 있다. 물론 이 정도의 거리는 지구가 위협을 느낄 거리는 아니다.

1. 67P는 로제타석

로제타호가 2014년에 67P 혜성에 접근하며 촬영한 그 모습은 예상과 너무 달랐다. 지름 수 킬로미터인 '우주 감자' 모양을 예상했으나, 예상과는 너무도 다른, 아령 모양의 몸체가 드러났는데, 다가갈수록 고무 오리 모양에 가깝게 변해갔다.

표면이 부드럽지 않았고 여러 개의 테라스로 덮인 구조인 것으로 보아, 전체적으로 양파와 같은 내부 구조가 그려져, 과학자들은 그 특이한 구조의 기원에 대해서 궁금해했다. 하지만 모두가 공감할 만한 학설이 제시된 것은 아니나, 그에 관한 아이디어조차 없는 것은 아니다.

과학자들은 두 가지 가능성을 그려냈다. 몸이 둘로 갈라졌으나 서로의 중력에서 완전히 벗어나지 못해서 붙고 떨어짐을 반복하는 상태이거나, 독립된 두 개의 개체가 우연히 가까워져 중력에 의해 결합한 상태로 보는 것인데, 학자들 대부분은 후자를 지지하고 있다.

로브의 두 끝이 서로 다른 구성 성분을 가지고 있고, 두 부분의 밀도가 약 10% 차이가 나기에, 이것이 두 물체가 각각 형성된 후에 합쳐졌다는 이론을 강력히 뒷받침해 준다. 물론 앞에서 언급했듯이, 혜성 내부 층인 테라스가 서로 다른 방향을 향하고 있다는 사실도 증거가 될 수 있다.

로제타호는 67P에서 물(얼음 형태)과 일산화탄소, 이산화탄소, 산소뿐만 아니라, 에테인, 메테인, 질소, 아르곤 등도 감지해 냈다. 그러면서 핵을 구성하는 물질을 화학적으로 분석하여, 핵이 −250℃의 온도에서 형성되었다는 사실을 알아냈다.

이 극도로 낮은 생성 온도는 이 혜성이 태양에서 멀리 떨어진 곳에서 태어났음을 의미하며, 이는 원시 행성 원반의 가장자리에서 형성되었을 거라는, 일반적인 견해와 일치한다. 태양은 46억 년 전쯤에 행성계를 탄생시켰다. 원시 구름의 먼지와 가스 입자는 서로 달라붙어 점점 더 큰 덩어리를 형성했고, 이 중의 일부가 차가운 바깥 지역에서 수백만 년 동안 혜성의 핵으로 성장했다.

긴 시간이 흐르는 동안 큰 물체 사이에 충돌이 일어나기도 했을 것인데, 이런 사건으로 지름 수 킬로미터에 달하는 혜성의 핵을 생성하거나, 반대로 그 씨앗을 파괴해 버리기도 했을 것이다. 그리고 충돌 속도가 적절했다면, 서로 달라붙어서 67P와 같은, 특이한 모양의 샴쌍둥이도 됐을 것이다.

로제타호 탐사의 핵심 목표 중 하나는, 혜성이 태양에 가까워짐에 따라, 혜성을 쫓아가면서 활발해질 변화를 관찰하는 것이었다. 물론 변화가 활발해지는 이유는, 혜성이 태양에 접근할 때 태양 광선이 혜성의 표면을 가열하기에 유발되는 것이다. 핵 일부는 녹고, 휘발성 물질은 액체 상태를 거치지 않고, 고체에서 바로 기체 상태로 전환될 것이다.

발산하는 가스는 먼지 입자를 동반하고, 그것은 핵을 감싸며 최종적으로 코마 상태를 형성한다. 또한 혜성이 태양에 더 가까워지면, 자외선 복사가 코마 상태의 가스를 이온화하고, 태양풍이 가스 꼬리를 잡아당기며, 전형적인 가스 꼬리를 그리게 되고, 여기에 태양의 광자 압력이 먼지에 작용하여 먼지 꼬리도 형성하게 될 것이다.

한편, 물 분자에 관한 관찰도 매우 중요하다. 과학자들이 수십억 년 전에 혜성들이 어린 지구에 불시착하여, 많은 양의 물을 지구의 바다로 가져왔을 것으로 생각해 왔기 때문이다.

그래서 이를 확인하기 위하여, 연구자들은 로제타호가 수집한 데이터를 바탕으로, 중수소와 일반 수소의 비율을 비교해 보았다. 혜성이 물의 주요 공급원이라면, 이 비율이 지구의 바다와 거의 같아야 하는데, 무려 3배의 편차가 드러났다. 주류 학자들의 예상이 틀린 것이다.

그래서 지구 물의 근원이 혜성의 물과 깊은 관련이 있을 거라는 믿음은 거의 부서졌지만, 지구 생명체의 기원과 혜성의 연관성마저 깨어진 것은 아니다. 로제타호에 탑재된 분광계는, 다양한 탄화수소뿐만 아니라, 글리신을 포함한 수십 개의 서로 다른 유기 분자도 발견했기 때문이다.

스타더스트 우주 탐사선은 이미 2004년에 와일드 2 혜성의 먼지에서 아미노산을 발견한 바 있고, 성간 구름에서도 150개 이상의 유기 분자를 찾아냈기에 그리 놀라운 일은 아닌데, 이런 발견은 혜성이 먼 과거에 지구로 생명의 씨앗을 가져왔을 거라는 추정에 힘을 실어준다.

한편, 달은 겨우 대기의 흔적만 가지고 있어서, 표면에 많은 충돌 분화구와 그로 인한 흉터가 있는데, 소행성의 표면도 사정이 이와 비슷하다. 따라서 혜성 핵도 크레이터로 덮여있을 가능성이 있다고 여겨왔는데, 67P에도 실제로 크레이터와 유사한 구조가 보였다.

하지만 정밀하게 관측해 본 결과, 달과는 생성 원인이 다르다는 사실을 알게 되었다. 67P의 그것은 원형에 가까운 구덩이 또는 지름이 수백 미터인 자연 통풍구였는데, 외부의 충격으로 형성된 분화구와 달리, 핵의 내부에서 바깥쪽으로 힘이 작용하여 형성된 것으로 보였다.

67P 코어의 구덩이

그것들은 혜성이 태양에 접근했을 때, 혜성에서 나오는 가스나 먼지 흐름과 관련된 것으로 여겨졌다. 핵이 가열되면 표면 아래에 있는 물질의 승화로, 일산화탄소나 이산화탄소 같은 가스가 유리되어 빠져나가고, 그 여파로 공동이 형성된다. 그래서 시간이 지남에 따라 내부의 상당

부분이 비워져, 위의 물질들이 무너져 내리고 땅이 함몰되면서 구덩이와 통풍구가 형성된다.

이 아이디어에 따르면, 혜성의 핵은 많은 수의 공동으로 덮이고 스펀지처럼 다공성이 되는데, 로제타호가 이러한 사실을 실제로 확인했다.

핵 표면의 약 80%는 분명히 그러한 공동으로 구성되어 있다. 현재 연구원들은 혜성이 탄생하던 시기에 동공이 생성되고 캡슐화되었는지, 활동 단계에서 확장되었는지 등에 관해 연구 중이다.

2. 로제타호

67P에 관한 얘기를 더 진행하기 전에, 이쯤에서 로제타호를 소개해야 할 것 같다. 로제타호는 유럽항공우주국(ESA)이 혜성에 우주선을 착륙시켜서 탐사한다는 목표로, 10억 유로를 들여 제작한 혜성 탐사선이다.

로제타호에는 무게 100kg의 탐사로봇 필레(Philae)가 탑재됐는데, 필레에는 사진 촬영 및 토양, 먼지, 수증기 성분 분석 등을 위해 10가지 측정 장비와 카메라가 장착되어 있으며, 태양에너지를 동력으로 사용하기 위해, 표면이 태양 전지판으로 덮여있다.

로제타호는 2004년 3월 2일에 프랑스령 기아나 우주센터에서 발사됐다. 그 후 2008년 9월에 지구에서 약 3억 6,000만km 떨어진 스타인스(2867 Šteins) 소행성에 800km까지 접근하여, 표면을 근접 촬영함으로써, 원거리 혜성 탐사의 첫 임무를 성공적으로 마쳤다. 이어서 2010년 7월에 루테티아(21 Lutetia) 소행성에 3천여km까지 접근하여, 이 천체가 최소 600km나 되는 두꺼운 먼지 이불을 덮고 있음을 밝혀냈다.

그 후에 태양 주위를 타원형으로 돌다가, 에너지 소모를 줄이기 위해, 2011년 6월부터 우주 동면에 들어가 31개월간 송수신을 중단했다. 동면은 1년에 걸쳐, 탐사 장비의 작동을 끄고, 동력장치를 끄는 순서로 진행되었다. 그리고 동면을 시작한 지 957일이 지난 2014년 1월에 깨어나, NASA 수신기지에 신호를 보낸 후에 활동을 재개하여, 그해 8월에 67P 혜성의 궤도에 진입하였다.

그 후에 품고 있던 탐사로봇 필레가 2014년 11월 12일(한국 시간)에 역사상 처음으로 혜성 표면 착륙에 성공하였으나, 20시간 만에 그늘진 지역으로 떨어지는 바람에, 충전할 수 없는 상태에 빠지게 되었다. 하지만 다행히 완전히 방전되기 전에 그간 수집한 정보를 지구로 보내왔다.

로제타호의 분석에 따르면, 67P의 수증기 구성은 지구에서 발견된 것과 상당히 다르다. 중수소와 수소의 비율이 지구 물의 3배다. 이것은 지구 물이 67P와 같은 혜성에서 기원하지 않았을 개연성을 높게 만든다. 그리고 수증기에 상당한 양의 포름알데히드와 메탄올이 혼합되어 있었는데, 그 농도는 태양계 혜성의 일반적인 범위에 속하는 것이었다.

필레가 고장 나기 전에 측정한 혜성 지면의 먼지층의 두께는 최대 20cm에 달했다. 그 아래는 단단한 얼음 또는 얼음과 먼지가 섞인 상태였고, 다공성은 혜성의 중심으로 갈수록 증가하는 것으로 보였다.

67P의 핵은 필레가 하강하는 동안에 ROMAP과 로제타호의 RPC-MAG으로 측정한 결과, 자체 자기장은 없는 것으로 밝혀졌다. 이것은 이전에 가정했던 것처럼 자기가 태양계의 초기 형성에 역할을 하지 않았음을 시사한다.

로제타호의 ALICE 분광기는, 물 분자의 광이온화로부터 생성된 전자가 이전에 생각했던 것처럼 태양에서 유래된 것이 아니라, 물과 이산화탄소의 분해에서 비롯됐을 개연성을 높였다.

그리고 필레의 COSAC(Cometary Sampling and Composition)과 Ptolemy 장비는 16개의 유기 화합물을 찾아냈다. 그중 4개는 67P에서

처음으로 발견되었는데, 아세트아미드, 아세톤, 메틸 이소시아네이트(Isocyanate), 프로피온알데히드(Propionaldehyde) 등이 그것들이다.

우주생물학자인 찬드라 위크라마싱헤(Chandra Wickramasinghe)와 맥스 월리스(Max Wallis)는, 로제타호와 필레가 혜성의 표면에서 감지한, 유기물이 풍부한 지각과 같은, 물리적 특징은 외계 미생물 존재의 증거일 수 있다고 주장했으나, 로제타 프로그램 참여 과학자 대부분은 과도한 추측일 뿐이라고 일축했다.

탄소가 풍부한 화합물은 태양계에서 흔히 볼 수 있으나, 이것이 유기체 존재의 직접적인 증거일 수는 없다. 67P뿐 아니라 다른 혜성에서 방출된 먼지 입자에서도 고체 유기 화합물이 발견된 바 있는데, 이 유기물질의 탄소는, 탄소질 콘드라이트 운석의 불용성 유기물질과 유사한, 매우 큰 분자 화합물과 결합해 있었다. 과학자들은 혜성의 탄소질 고체 물질이 운석 불용성 유기물질과 같은 기원을 가질 수는 있지만, 혜성에 통합되기 전이나 후에 약간의 변형을 겪었을 수 있다고 생각한다.

이 외에 로제타호 탐사의 큰 수확 중 하나는, 혜성 주변에 있는 대량의 자유 분자 산소를 감지한 것이다. 태양계 모델은 67P가 생성될 당시인 약 46억 년 전에, 격렬한 과정을 거쳐 산소가 수소와 반응하여 물을 형성했을 때 분자 산소가 사라졌을 것으로 여기고 있었고, 이전에 탐사했던 혜성 코마에서 감지된 적이 없었기에, 정말 뜻밖의 발견이었다.

현장 측정 결과, 코마에서 O_2/H_2O 비율이 등방성이며, 태양과의 거리에 따라 체계적으로 변하지 않는 것으로 나타났기에, 혜성이 형성되는 동안 원시 O_2가 핵에 통합되었다고 해석할 수 있다.

하지만 이러한 해석은, 규산염 및 기타 산소 함유 물질과 물 분자가 충돌하여, 혜성 표면에서 O_2가 생성될 수 있다는 학자들에게 도전받았다. 그래서 연구자들은 67P의 표면에서 산소가 충분한 양으로 생성되지 않앉을 수 있다는 가설을 다시 세우게 되었고, 이 때문에 혜성의 기원에 대한 미스터리가 더욱 깊어지게 되었다.

3. 밝혀진 미스터리

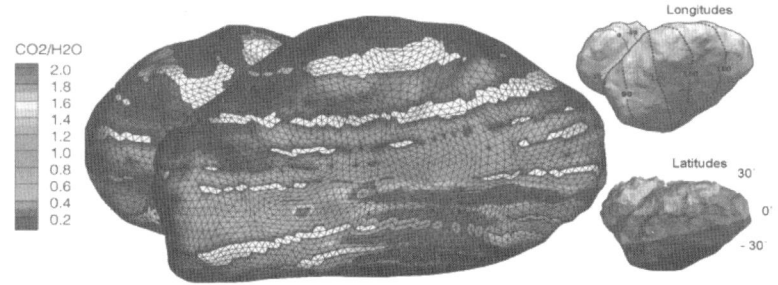

67P 핵 표면의 이산화탄소/물의 비율 분포

이산화탄소 물 분포

풀지 못한 67P의 미스터리가 아직 많이 있으나, 로제타호가 장기간 그 주변을 공전하면서 보내온 데이터 덕분에, 새로운 사실들이 많이 밝혀진 것도 사실이다.

혜성은 일종의 더러워진 눈 덩어리로 얼음과 드라이아이스로 구성되어 있으며, 여기에 일부 암석과 유기물질이 섞여 있다는 것이 기존의 견해였다. 이것은 누적된 혜성 관측 결과에 토대를 두고 있으며, 로제타의 관측 결과 역시 여기에서 크게 벗어나지는 않는 듯했다. 하지만 로제타호를 통해 67P를 세부적으로 분석해 본 결과, 기존의 견해와는 상당히 다른 면이 드러났다.

《Science》에 〈67P 혜성 코마 내부의 시간에 따른 변화와 이질성 (Time Variability and Heterogeneity in the Coma of 67P/Churyumov-Gerasimenko)〉이라는 제목의 논문을 발표한 미샤 헤시그(Myrtha

Hässig) 박사는, 67P 혜성의 핵 부분에서 나오는 물질의 구성이 예상과 너무 다르다며, 이에 대해서 자세히 언급했다. 우선 혜성 핵에서 나오는 물질이 예상했던 것과는 달리, 변화가 아주 심했다고 한다.

혜성의 표면에서 나오는 물질은 대부분 증발보다는 승화(Sublimition)라는 과정을 거쳐 바로 고체에서 기체로 변하게 된다. 나오는 성분은 주로 물, 이산화탄소, 일산화탄소인데, 이 물질들의 구성이 시간에 따라서, 그리고 계절적 변동(혜성이 태양 주위를 공전하는 시점)에 따라서 큰 변화를 보일 뿐 아니라, 혜성의 모든 부분에서 고르게 일어나는 것이 아니라, 특정 부위에서 집중적으로 일어난다는 것이다. 이것은 67P의 구조와 구성이 예상했던 것과는 달리, 매우 이질적임을 시사한다. 그렇기에 궤도에 따라 태양에너지를 받는 위치가 달라지면, 나오는 물질의 양과 구성이 크게 변하는 것이다.

처음에는 연구자들이 이것이 잘못된 데이터 측정일 수 있다고 의심했으나, 여러 번 반복 측정하여 확인한 후에는, 기존의 예상이 잘못되었다는 것을 인정할 수밖에 없게 되었다.

67P의 구성은 이전에 생각한 것처럼 단순하지 않았는데, 거대한 오리처럼 생긴 구조 자체가 이미 생성에 복잡한 역사가 얽혀있음을 암시하고 있었는지도 모른다. 지구와는 비교도 할 수 없을 만큼 작은 천체지만, 그 역사는 단순하지 않은 게 확실했다.

로제타호는 혜성 67P에 도착한 후, 필레 착륙선의 착륙 후보 지점을 조사했다. 세심한 준비 후에 필레가 11월 12일에 혜성의 표면으로 내려갔으나, 바위와 얼음으로 이뤄진 절벽의 표면에 부딪혀, 그늘진 절벽 아래로 떨어지는 바람에, 태양 광선을 제대로 받을 수 없게 되어 곧 동면 상태로 접어들었다.

다행히 모선인 로제타호에는 별다른 문제가 발생하지 않아, 2016년까지 지속해서 임무를 수행했다. 로제타호의 메인 카메라는 혜성 표면의 70%를 촬영하면서, 기괴한 절벽과 구덩이, 들쭉날쭉한 암석의 노두, 바람에 날리는 것처럼 보이는 먼지 등이 포함된, 다양한 풍경을 관찰했다.

그 덕분에 과학자들은 코마의 표면에 흐르는 가스가 먼지 입자를 표면에서 이동시켜서, 지구의 모래 언덕과 같은 지형을 만들 수 있다는 사실을 알게 되었다.

Rosetta의 OSIRIS(Optical, Spectroscopic, and Infrared Remote Imaging System) 협각 카메라의 이 이미지는 혜성 67P의 목에 있는 큰 균열의 일부를 보여준다.

그리고 67P는 오리의 머리와 몸통을 닮은 좁은 목으로 이어진 두 개의 로브를 가지고 있는데, 이것이 67P가 한때는 큰 천체였으나 태양계 46억 년 시간 동안 침식된 증거이기보다는, 처음에 별도로 형성되었던 두 물체의 융합일 개연성을 높여주는 증거에 가까웠다. 67P 혜성의 목에서는 균열이 발견됐는데, 이는 혜성의 머리와 몸체를 잇는 영역이 구부러지거나 응력이 가해져 나타나는 현상으로 보였다.

한편, 과학자들은 고대 이집트인들이 사용한 상형 문자 텍스트의 잠금을 해제한, 로제타 스톤의 이름을 따서 명명된, 로제타호의 위대한 발견을 기리며, 67P의 여러 지역에 이집트 신의 이름을 붙였다. 지질을 근거로 19개의 지역으로 구분했는데, 각 지역의 질감이나 구조가 확연히 다르다.

그리고 로제타에 탑재된 장비로 측정한 결과, 여러 곳에서 물 성분이 쏟아지고 있는 것으로 나타났다. NASA 제트 추진 연구소의 MIRO 기기 수석 조사관 굴키스(Sam Gulkis)는 "3개월 동안(2014년 6월부터 8월까지) 관찰한 결과, 혜성이 우주로 버리는 증기 형태의 물의 양이 약 10배 증가했다"라고 주장하며, 수증기와 먼지구름이 혜성이 태양에 가까워짐에 따라 더욱 두꺼워질 것으로 예상했다.

또한 그는 "오랫동안 혜성을 가까이서 관찰하는 것은, 차갑고 얼음이 많은 혜성에서 태양에 가까워짐에 따라, 가스와 먼지를 분출하는, 활동적인 물체로 변모하는지 확인할 수 있는, 전례 없는 기회를 제공했다"라는 말을 덧붙였다.

그러나 우리가 이보다 더 주목해야 할 사실은, 67P의 물이 지구와 같지 않다는 사실이다. 로제타호의 ROSINA 장비로 물에 있는 일반 수소에 대한 중수소의 비율을 측정했는데, 중수소 대 수소 비율은 지구의 물 수치보다 3배 이상 높은 것으로 밝혀졌으며, 이는 지구의 바다가 혜성에 그 기원을 두고 있지 않고, 다양한 유형의 유입으로 형성되었다는 사실을 암시한다.

한편, 과학자들이 혜성에 관심을 두는 주된 이유는, 혜성에 유기 분자와 물 등 생명에 필수적인 요소가 풍부하기 때문인데, 가시광선 및 적외선 이미징 분광계(VIRTIS 센서)를 결합하여 관찰한 결과, 67P에서 아미노산을 구성하는 카복실산(Carboxylic acid)과 유사한 유기 화합물을 감지해 냈다.

전문가들은 지구에 떨어진 운석에서 아미노산을 발견한 뒤, 67P에서도 이 정도의 발견이 이뤄지길 기대했는데, 그 기대의 범위를 넘어서는 아주 다양한 고분자 화합물 신호가 나타났다. 이탈리아 국립천체물리학 연구소가 발표한 보도자료에 따르면, 로제타호가 감지한 신호는 혜성의 핵을 형성한 물질에 복잡한 유기 분자가 아주 풍부하다는 것을 나타낸다고 한다.

우주 천체물리학 및 행성학 연구소 VIRTIS(Visible and Thermal Infrared Thermal Imaging Spectrometer) 기기 운영자인 파브리지오 카파치오니(Fabrizio Capaccioni)는 "이러한 화합물을 형성하려면 매우 낮은 온도에서만 어는 메탄올, 메테인 또는 일산화탄소와 같은 휘발성 분자의 얼음이 필요하다. 따라서 이러한 화합물은 태양계 구축의 초기 단계에서 태양으로부터 먼 거리에서 형성되었을 것이다"라고 주장했다.

4. 이중 로브

LESIA(Laboratoire d'Etudes Spatiales et d'Instrumentation en Astrophysique, 천체물리학 우주 연구 및 계측 연구소)의 연구원들이 로제타호가 2년 동안 수집한 데이터를 분석하여, 67P 혜성이 다른 두 개의 물체가 결합한 천체라는 증거를 구체적으로 제시했다.

혜성은 태양계가 시작된 이래 거의 진화하지 않은 원시 천체다. 그래서 원시 태양계와 그 진화에 대한 귀중한 정보를 보존하고 있기에, 혜성을 연구함으로써, 다른 천체의 구성과 구조의 진화를 이해하는 데 많은 아이디어를 얻을 수 있다.

특히 생명체의 구성 요소인 아미노산을 포함한 여러 유기물을 품고 있는 혜성이 적지 않아서, 생명체 기원에 관한 이론을 검증할 기회도 제공한다.

로제타호의 67P 탐사에 이에 관한 임무가 포함되어 있어서, 혜성의 표면과 환경을 특징짓는 데이터를 수집하여 연구했다. 또한 67P가 태양에 접근함에 따라, LESIA 연구원들은 67P 핵의 기원을 추적할 절호의 기회를 얻었고, 혜성의 미래를 예측할 수 있는 데이터도 구할 수 있게 되었다.

연구원들이 가장 먼저 주목한 것은, 혜성의 작은 로브에 있는 Wosret 지역의 표면 변화, 구성, 얼음 분포였다. 그들은 Wosret 지역이 코마의 남쪽에 있는 지역처럼, 근일점을 통과하는 동안, 강렬한 태양 플럭스에 노출되면서 다양한 활동을 보일 것으로 예상했다.

하지만 Wosret 지역은 40개 이상의 활동 소스가 있는데도, 예상만큼 폭발적인 변화가 나타나지 않았다. 근일점을 통과하는 동안에 물질의 가스 방출이 조금 강하게 나타났을 뿐이다. 그런데 상대적으로 큰 기대를 걸지 않았던, 큰 로브의 안후르(Anhur)와 콘수(Khonsu)에서는 많은 변화가 관찰되었다. 이곳들도 Wosret와 같은 가열 조건에 노출되었는데, 형태의 변화가 Wosret 지역보다 훨씬 심해서, 표면이 5천만~1억 7천만kg 정도 손실되면서, 먼지층 아래 있던 많은 양의 서리와 얼음이 드러났다.

결과적으로 2개의 로브가 서로 연결된 형태의 67P이지만, 부분별로 서로 다른 물리적 및 기계적 특성을 가지고 있다는 사실이 확실히 밝혀졌다. 작은 로브는 큰 로브보다 더 단단하고 상대적으로 깨지기가 어려운 물질로 구성되어 있으며, 표면의 수십 센티미터 깊이까지는 휘발성 물질이 상대적으로 적다. 이러한 결과는, 67P가 초기 형성 단계에서, 독립적인 두 물체가 저속으로 충돌하여 병합된 물체라는 사실을 강력히 시사한다.

로제타호는 거의 2년 동안 67P의 주변을 돌았으며, 대체로 혜성의 표면을 관찰할 수 있는 거리에 있었다. 그러는 동안 67P가 근일점에 도달함에 따라, 가장 활동적이었던 근일점 전후의 변화를 관찰할 수 있었는데, 일시적으로 발생한 독특한 변화이든, 비교적 장기간에 걸쳐 발생한 변화이든, 모두 풍화와 침식, 수빙의 승화, 혜성의 회전으로 인해 발생하는 기계적 응력과 관련이 있는 것이었다.

엘 마리(Mohamed El-Maarry)가 휴스턴에서 열린 제48회 달 및 행성 과학 회의(LPSC)에서 발표한 내용을 보면, 이 혜성이 근일점에 접근함에 따라, 혜성이 '오버드라이브' 상태가 되어 표면에 놀라운 변화가 나타났다는 연구 결과가 들어 있다.

풍화 과정은 혜성 전체에서 발생하며, 여기에서 발생한 물질은 시간별 또는 계절별 가열 및 냉각 주기에 따라 파편화되기도 한다. 그리고 지하 얼음의 가열로 발생한 가스 유출과 결합하여, 절벽의 붕괴를 초래할 수도 있고, 그 증거들은 혜성의 여러 곳에 드러나 있다.

승화로 인한 침식과 폭발 또는 먼지의 비산은, 숨겨진 표면을 드러내거나, 다른 지역에 물질을 퇴적시키는 등 다양한 방식으로 풍경을 새롭게 조성한다.

그런데 이러한 변화는, 로제타호가 관찰하는 중에는 대체로 국지적으로 발생하여, 혜성의 전체적인 모습이 크게 변화되지는 않았다. 그렇기에 로제타호 미션 중에 촬영한 주요 지형의 큰 변화 흔적은, 당시가 아닌, 로제타가 67P에 방문하기 전에 이미 조성되어 있었다고 봐야 한다.

5. 표면의 특이한 변화

과학자들은 로제타호를 통해, 67P 표면의 균열 확산, 무너지는 절벽, 구르는 바위 등을 오랫동안 지켜보다가, 2017년 3월 21일의 《Science》에 2년 동안 관찰한 표면 변화의 유형을 요약해서 게재했는데, 혜성이 태양에 가장 가까운 지점에 도달했을 때 일어난 활발한 변화와 근일점 도달 전의 모습을 비교함으로써, 그 차이를 명확히 알게 해주었다. 혜성 연구자인 엘 마리(Mohamed El-Maarry)는 "혜성이 태양계 내부를 가로지르는 동안 지속해서 관찰하면서, 혜성이 태양에 가까워질 때의 변화뿐만 아니라, 이러한 변화가 얼마나 빨리 일어나는지에 대한 중요한 데이터를 얻었다. 이러한 변화는 풍화 및 침식, 수빙의 승화, 혜성의 회전에서 발생하는 기계적 응력 등, 다양한 지질학적 과정과 관련되어 있다. 그리고 혜성의 풍경은 매혹적이었다. 그것들은 느린 침식과 극적인 폭발을 통해 이뤄졌다. 이번 관찰 결과의 특징 중 하나는, 변화의 크기는 작으나 상대적으로 미묘하다는 것이다. 큰 구멍과 같은 정도의 변화는 발견되었으나, 더 격렬한 변화는 드물었다"라며 개인적인 소감을 덧붙였다.

풍화 작용은 혜성 전체에서 발생하며, 통합되어 있던 물질의 결합이 약해져, 주기적으로 가열과 냉각이 반복되면서 균열이 발생한다. 이것이 지하 얼음의 가열에 영향을 받아서 절벽의 갑작스러운 붕괴를 초래할 수 있으며, 그 증거는 혜성의 여러 곳에 분명하게 드러나 있다.

하지만 2014년 8월에 아누켓 지역에서 일어난 500m 길이의 균열은 완전히 다른 과정에 의해 발생한 것으로 보인다. 이 균열은 2014년 12월까지 30m 정도 더 확장되었는데, 이것은 근일점에 이르기까지 증가한 혜성의 회전 속도와 관련이 있으며, 2016년 6월에 촬영된 영상에서는, 기존의 균열과 평행하게 150~300m 길이의 새로운 균열이 확인되었다.

그리고 2015년 5월과 2016년 2월에 촬영된 영상을 비교해 보면, 균열 근처에서 폭 4m의 바위가 약 15m 이동했고, 콘수 지역에서는 폭이 약 30m이고 무게가 12,800t인 바위가 140m 정도 이동했는데, 이것은 또 다른 프로세스로 발생한 것으로 보인다.

근일점 부근을 지나는 동안 여러 번의 폭발이 감지되었기에, 아마 이 폭발이 일어나는 동안에 바위가 움직였을 것으로 보인다. 그 이동 방법은 둘 중 하나로 촉발되었을 것이다. 표면이 많이 침식되어 바위가 아래로 굴러갔거나, 강력한 폭발력이 바위를 단번에 새로운 위치로 옮겼을 것이다.

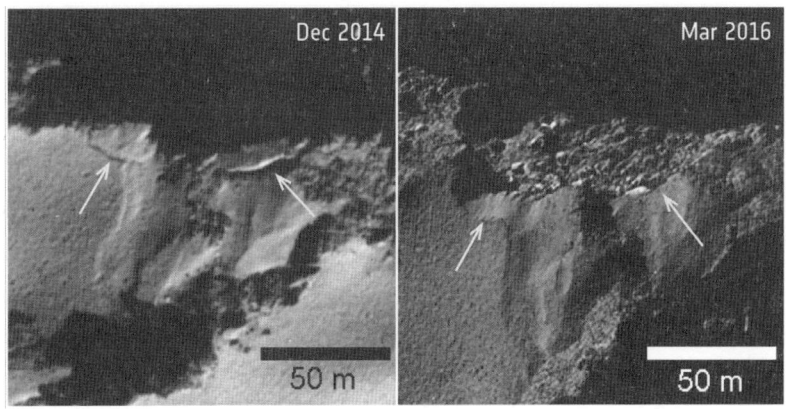

이 외에 또 다른 풍경의 변화는, 물질의 승화로 인한 침식과 폭발로 인해 떨어지는 먼지의 퇴적 등이 원인으로 보이는데, 이 역시 근일점 근처에서 활발하게 일어났다. 예를 들어, 상대적으로 매끄러운 평원들의 급경사는, 근일점 주위에서 하루에 최대 몇 미터의 속도로, 수십 미터 후퇴했다.

엘 마리는 "2005년에 NASA의 딥 임팩트(Deep Impact)와 2011년에 Stardust-NExT가 저공비행 중에 촬영한 이미지를 비교해 보면, 템펠 1 혜성에서 급경사 후퇴를 확인할 수 있다. 로제타호로 우리는 비슷한 변화를 더 높은 해상도로 지속해서 관찰할 수 있었는데, 우리의 분석으로는, 급경사 후퇴가 혜성, 특히 매끄럽게 보이는 퇴적물에서 주로 일어나는 것 같다"라고 주장했다.

한편, 아임호텝(Imhotep) 지역의 매끄러운 평원에서는, 숨겨져 있던 원형 지형과 작은 바위들이 표면이 제거되면서, 자연스럽게 노출되었다. 한 곳에서 약 3m 깊이의 표면이 제거되었는데, 아마도 지표면 밑에 있는 얼음의 승화가 원인이었을 것이다.

혜성의 매끄러운 목 부분에서도 큰 변화가 나타났다. 처음 확인된 곳은, 지구의 모래 언덕과 유사한, 독특한 잔물결 모양의 지형 근처였다. 이곳에서는 3개월 정도의 시간 동안에 지름 100m 정도의 원형 지형이 드러났다. 그 후에 그것들은 이후에 사라지고, 새로운 잔물결이 그곳에 다시 나타났다.

연구원들은 같은 지점에서 이러한 특징이 반복적으로 일어나는 것은, 승화 가스의 흐름이 있는 목 부분의 곡선 구조와 관계있을 것으로 본다.

또 다른 특별한 변화는, 혜성의 작은 로브에 있는, 마트 지역의 먼지투성이 지형에서 발견되는 벌집 모양으로, 근일점에 이르기까지 6개월 동안 이런 모양이 꾸준히 증가했다. 이러한 특징은 근일점을 지난 후에 사라졌는데, 아마도 이 활동 기간 동안 남반구에서 방출된 입자가 누적되면서 표면이 재포장된 결과일 것으로 보인다.

로제타 프로젝트 과학자 매트 테일러(Matt Taylor)는 "시간 경과에 따른 지형 변화에 대한 관측은 로제타 미션의 핵심 목표였는데, 혜성의 표면이 계절적 및 일시적 시간 척도에서 지질학적으로 활동적임을 보여줬다"라고 말했다.

하지만 과학자들은 국지적 변화는 발생했으나, 혜성의 전체적인 모습을 크게 변화시킨 사건은 없었다는 사실을 간과하지 않았다. 근일점 근처에서 있는 동안 이러한 사실을 확인했으므로, 로제타호가 67P를 돌면서 관측한, 특이한 지형들은 당시가 아닌, 다른 때에 형성된 거로 봐야 한다. 그렇다면 그 특이한 지형의 형성에는 어떤 메커니즘이 작용한 것일까?

6. 싱크홀

67P 혜성에서 싱크홀이 발견되었다. 최근 독일 막스 플랑크 연구소가 중심이 된 국제공동연구팀은, 로제타호가 보내온 자료를 분석하던 중

에 지구의 것과 비슷한 모양의 싱크홀을 찾아내어, 그 사실을 과학 저널 《Nature》에 발표했다.

이 싱크홀은 지름 200m, 깊이 180m로, 피라미드 하나를 삼킬만한 크기였다. NASA 제트추진연구소 폴 와이즈만(Paul Weisman) 박사는 작은 혜성에서 이렇게 거대 구덩이가 발견된 것은 정말 놀라운 일이고, 어떻게 혜성이 형성되고 변화해 왔는지를 연구할 수 있는 좋은 자료가 될 것이라고 말했다.

이 싱크홀은 도대체 어떻게 생성된 것일까? 일반적으로 지구에서 자연적으로 생기는 싱크홀은, 석회석 지층이 지하수와 같은 물과 화학적으로 반응해 침식되며 발생한다. 하지만 67P 혜성의 경우, 지구의 것과는 전혀 다르게, 태양과 가까워지면서 혜성 내부에 있던 얼음 상태의 물질이 녹아, 먼지와 가스로 터져 나오는 과정에서 생긴 것으로 추정된다.

막스 플랑크 연구소의 장-밥티스트 빈센트(Jean-Baptiste Vincent) 박사는 혜성의 구덩이 안 벽에서 제트 기류가 일어나는 것이 목격되었고, 다른 혜성 표면에서도 이와 유사한 모양의 구덩이가 발견된 적이 있다며, 이와 같은 견해에 힘을 실어주었다.

7. 폭발

Growth-India 망원경으로 67P 혜성을 관측한 연구팀은 2021년의 근일점 날짜로부터 -3.12일 및 +15.81일에 두 번의 폭발이 일어나는 것을 확인한 바 있다.

첫 번째 폭발의 밝기는 방사형 범위가 최대 8farcs5인 조밀한 소스로 나타났다. 67P는 이 폭발로 0.26 ± 0.03mag 만큼 밝아졌고, 유효 기하학적 단면이 27% 증가했으며, 폭발로 발생한 총 먼지 질량은 약 $5.3 \times 10^5 kg$이었다.

두 번째 폭발은 유효 기하학적 단면이 첫 번째 이벤트보다 2.5배나 더 커서, 0.49 ± 0.08mag의 밝기를 유발했다. 이것은 2015년에 로제타호가 67P 궤도에서 직접 관찰한 가장 강력한 폭발보다 무려 10배나 큰 것이었다.

67P는 2021년 11월에 근일점을 지나갔는데, 당시 $10^4 \sim 10^5 kg$의 먼지가 분출되었으며, 근일점 근처에서는 대략 2.4회전(~29시간)마다 폭발이 일어났다.

대규모 폭발이 비교적 자주 일어난다는 사실을 알게 된 학자들은, 이 현상에 대한 증거를 찾기 위해, 근일점 근처에서 이 혜성을 집중적으로 관찰하던 중에, 2021년 10월 29일과 11월 17일에 두 번의 큰 폭발을 더 감지하게 되었는데, 이때 사용된 장비는 GIT였다.

GIT는 인도 천체 물리학 연구소(IIA)와 봄베이 기술 연구소(IITB)가 DST-SERB 및 IUSSTF의 자금 지원을 받아 설치한 망원경으로, IIA에서 운영하는 인도 천문대에 있다. Andor iKon-XL 2304k 이면 조사 CCD가 장착된, GIT의 기본 카메라는 0farcs67 해상도의 0fdg7 시야각을 갖고 있다. 야간 평균 측광은 8farcs5 반경 조리개 내에서 계산되며,

PanSTARRS-1 측광 카탈로그에 의해 보정된다.

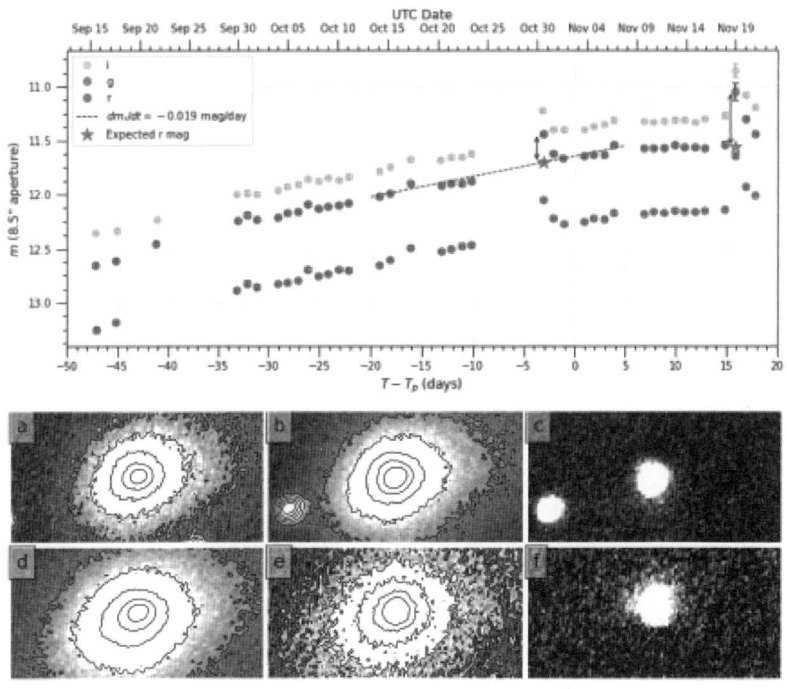

67P의 광 곡선과 폭발 이미지

한편, 혜성의 색은 외부에서 측정할 때 g-r=0.617±0.003mag 및 r-i=0.236±0.004mag였다. 2021년 9월 15.901 UTC(T-T_p=-47.16일)부터 2021년 11월 19.935 UTC(T-T_p=17.88일)까지 관측된 광 곡선은 위 그림에 표시되어 있다.

첫 번째 폭발은 2021년 10월 29.940 UTC(T-T_p=-3.12일)에 일어났고, 이때 혜성의 등급은 r=11.71±0.02등급이었으며, 혜성은 r=11.45±0.02mag로 밝아졌다.

그림의 상단은 8farcs5 반경 구멍 내에서 측정된 67P 혜성의 광 곡선으로, 일반적인 측광 오류는 0.03mag 미만이다. 아래 그림 중 윗줄은 첫 번째 폭발에서 혜성의 변화를 보여주는 r-밴드 이미지이다. 이미지 (a)는 2021년 10월 22.847 UTC 때의 형태를 보여주는데, 지역 최적 광도 추세를 사용하여 폭발 시기에 예상되는 밝기로 조정된 것이다. (b)는 2021년 10월 29.918 UTC 때의 폭발 이미지이고, (c)는 첫 번째 폭발을 분리한 (b)와 (a)의 차이를 보여주는 이미지다.

아랫줄 그림은 두 번째 폭발에 대한 이미지 시퀀스로, (d)는 2021년 11월 16.850 UTC에 관측한 것이고, (e)는 2021년 11월 17.865 UTC에 관측한 것이며, (f)는 (e)와 (d)의 차이를 나타낸 것이다.

과학자들은 67P에서 특이한 형태의 폭발이 종종 일어난다는 것을 확인했기에, 모든 이미지를 공통 영점으로 조정한 후에, 하늘 배경을 제거하고 혜성 위치에서 천체 정렬을 수행했다.

그리고 첫 번째 폭발을 연구하기 위해, 10월 22일 r-밴드 이미지를 참조로 사용하여, 초기 폭발 이미지에서 무부하 코마를 뺐다. 두 번째 폭발에서는 11월 16일의 이미지가 참조로 사용되었고, 각 참조 이미지는 예상되는 혜성의 플럭스와 일치하도록 크기가 조정되었다.

연구 대상이 된 이미지들에서는, 10월 29일에 꼬리가 약간 과도하게 나타났는데, 아마도 변화하는 기하학적 상황 때문일 것이다. 폭발 물질은 거의 대칭이며 방사형 범위는 8farcs5이었다. 코마 상태를 관찰한 10월 30일과 31일의 이미지를 추가로 검사했는데, 10월 30일 정지 상태의 코마 광 곡선으로 복귀한 것과 일치했다.

두 번째 폭발에서도 급속한 변화가 관찰되었는데, 여기서 혜성은 2021년 11월 17.864 UTC(T-T_p=15.81 days)에서 2021년 11월 19.935 UTC(T-T_p=17.88일)에 r=11.44±0.02mag(T-T_p=17.88일)로 바뀌어, 정지 상태의 코마 상태 광 곡선으로 거의 돌아갔다.

연구원들은 혜성의 핵과 유사한 먼지 r-밴드 기하학적 알베도를 6%로 가정하여, 관측 데이터로부터 유효 기하학적 단면적(G)을 계산했다. $T-T_p=-20$일과 -10일 사이의 기하학적 단면은 $dG/dt=+4.5km^2/day$의 비율로 증가하고 있으며, 예상 $G=319\pm6km^2$가 $T-T_p=-3.12$일에 있을 것으로 보았으나, 실제로는 $G=406\pm6km^2$가 관찰됐으며, 이는 $87\pm8km^2$의 유효 폭발 단면적을 초래했다.

유효 기하학적 단면을 먼지 질량으로 변환하면, 입자 밀도가 $1,000kg/m^3$, 먼지 입자 크기는 1~10μm이다. 그리고 두 이벤트에서 발생한 폭발 먼지 질량은 각각 ~5.3×10^5 및 ~$1.3\times10^6 kg$이다. 이것은 로제타호가 직접 관찰했던 폭발보다 1~2배 더 큰 규모다.

8. 표면의 물 얼음

과학자들은 로제타호에 탑재된 특별한 장비 덕분에 67P 표면에서 큰 얼음 조각을 발견할 수 있었다. 《Nature》에 발표된 논문에 의하면, 이 발견 덕분에 혜성의 물 얼음에 대한 수수께끼가 상당 부분 풀렸다고 한다.

과학자들은 혜성의 핵을 둘러싸고 있는, 거대한 가스 구름인 코마가 물 분자에 의해 지배된다는 것을 이미 알고 있었고, 얼음이 핵의 주요 구성 요소 중 하나라는 것도 알고 있었다. 그러나 실제로 혜성 표면에서 물 얼음의 존재를 직접 확인하기는 쉽지 않았다.

대부분의 혜성과 마찬가지로 67P의 표면은 거의 검게 보이는 어두운 유기 물질로 덮여있다. 그것은 혜성이 태양에 접근하면서 그 열기에 노출되어, 햇빛이 닿지 않는 일부를 제외하고는, 얼음과 같은 휘발성 물질이 모두 승화해 버리기 때문이다.

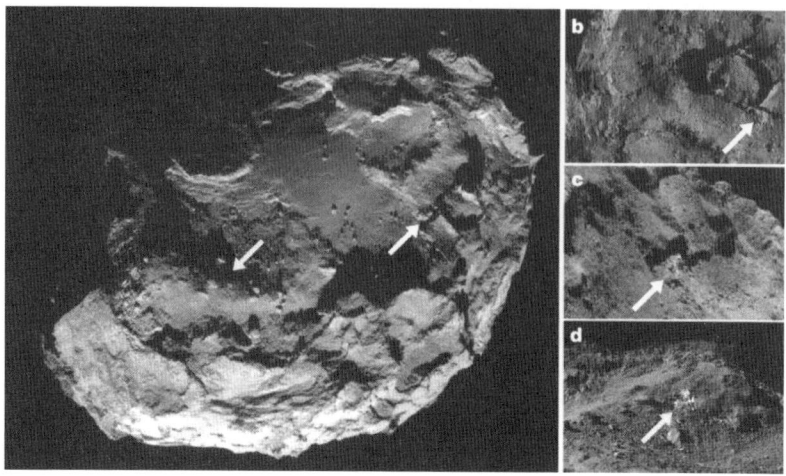

검게 보이는 유기 물질은 크러스트에 남아있는 내화물로, 지구상의 암석, 모래 및 흙과 유사한 규산염 및 탄소질 물질이 포함되어 있다. 이러한 물질은 승화되지 않기에 혜성의 표면은 시간이 지남에 따라 규산염이 더욱 풍부해진다.

한편, 얼음은 큰 로브(Main lobe) 바닥 부분에 있는 임호텝(Imhotep)으로 알려진 지역 내부의 두 곳에서만 발견되었다. 그것은 2014년 가을에 로제타호가 67P를 따라잡은 지 얼마 지나지 않아, VIRTIS 적외선 기기를 통해 발견했다.

두 곳 모두 얼음이 절벽에서 드러났는데, 표면의 파편이 떨어져 나가 아주 밝게 나타났다. VIRTIS 데이터를 추가로 분석한 결과, 새로 노출된 지역의 물 얼음 알갱이는 두 가지 크기였다. 이 중에 마이크로미터 크기의 작은 알갱이는, 혜성의 회전에 따라 형성되는, 얇은 서리층과 관련이 있을 가능성이 높다. 이 영역은 태양으로부터 멀어짐에 따라, 물 얼음이 코마 상태에서 알갱이로 응축된 것으로 보이는데, 낮 동안에 물은 다시 코마 상태로 돌아갈 것이다.

지름이 수 밀리미터인, 상대적으로 큰 얼음 알갱이는 아마도 더 복잡한 형성 메커니즘을 가지고 있을 것이다. 확실하지는 않으나 한 가지 가능성은, 혜성이 태양에 가까이 다가가면서, 혜성의 얕은 지하 표면에 있는 물 얼음이 기화한 다음, 공극에서 다시 응축되는 더 차가운 하부 표면으로 내려갈 수 있다는 것이다.

제트 연구소의 Gudipati는 "혜성이 솜사탕처럼 다공성이라는 점을 염두에 둬야 한다. 67P의 70%는 공허이기에, 표면에서 나오는 열이 강하지 않을 것이다"라고 말했다.

한편, 로마에 있는 우주 천체 물리학 및 행성학 연구소의 Gianrico Filacchione 연구팀은 로제타 미션에서 캡처한 데이터를 분석하여, 혜성이 태양에 가까워짐에 따라 표면에 노출된 얼음의 양이 어떻게 변해갔는지를 파악하고 있다.

9. 눈보라

67P에 '눈보라'가 휘몰아치고 있는 듯한 영상이 공개되었다. 로제타호와 필레 착륙선의 탐사는 이미 종료되었으나, 그들이 보내온 데이터는 현재도 분석이 계속 이어지고 있고, 이 영상은 그 데이터 일부를 편집한 것이었다.

러시아의 천문학도가 SNS에 공개한 이 GIF 동영상은 2년간의 관측 이미지를 조합한 것인데, 여기에는 절벽과 비슷한 지형 아래에 눈보라가 춤추는 광경이 담겨있다.

하지만 냉정하게 생각해 보면, 최대폭 $3km$, 길이 $5km$ 정도의 혜성은, 땅속의 얼음이 데워져 수증기가 분출될 수는 있어도, 표면에 액체가 존재할 수 없고 허공에 구름이 만들어질 수도 없기에, 비나 눈이 내릴 수 없다.

그래서 이 눈보라로 보이는 현상의 정체에 대해, ESA의 수석고문 마크 매코그레인(Mark McCaughrean)은 "우주 공간을 고에너지 상태로 난무하는 입자에 우주 광선이 비친 광경을 GIF 이미지 제작자가 90도 회전시켰기 때문에 눈보라처럼 보인 것이다. 이런 조작이 없었다면, 입자가 수평으로 날리고 있는 광경이 나타났을 것이다"라고 설명해 주었다.

로제타호는 혜성의 표면에서 13km 떨어진 상공을 선회하면서 촬영하고 있었기에, 눈보라처럼 보이는 것이 나타났을 뿐, 사실 이것은 눈보라가 아니라, 관측 장치의 앞을 가로지르는 먼지 등의 미립자이다.

이에 대해 마크는 가짜가 아닌 실제 관측 영상인 것은 사실이나, 우리의 뇌는 지구상의 현상과 흡사한 사건이 보이면, 지구와 연관 지으려 한다며, 이것은 환상에 가깝다고 말했다.

10. 아미노산과 황

지구 생명의 기원에 대한 혜성의 역할은 오랫동안 주요 연구 대상이었다. 아미노산은 화학 작용의 핵심 성분으로, 생명체를 이루는 데 아주 중요한 역할을 하는데, 많은 원시 운석에 여러 종류의 아미노산이 포함되어 있었기에 그럴 수밖에 없었고, 혜성 탐사선이 발사된 것도 당연한 귀결이었다.

혜성 탐사선인 미국의 스타더스트호는 2004년 1월에 혜성 와일드 2로부터 표본을 채취해 지구로 돌아왔는데, 이 에어로젤 및 호일 표본에서, 가장 단순한 형태의 아미노산인, 글리신이 전구체 분자인 메틸아민 및 에틸아민과 함께 발견되었다.

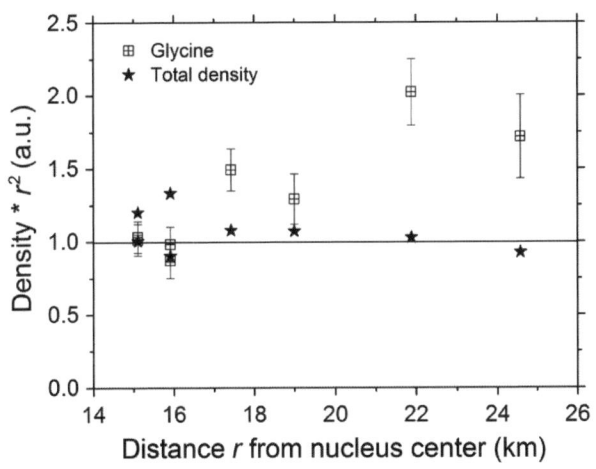

혜성으로부터의 거리 함수로 2015년 3월 28일 근접 비행 동안 인바운드 및 아웃바운드 거리의 제곱을 곱한 총 중성 가스 밀도 및 글리신 풍부도

또한 67P 탐사선인 로제타호기 ROSINA(Rosetta Orbiter Spectrometer for Ion and Neutral Analysis)로 측정한 67P 코마에서도 메틸아민 및 에틸아민과 함께 휘발성 글리신이 확인되었다.

이러한 다수의 유기 분자의 검출은, 혜성이 지구상의 생명체 출현에 중요한 역할을 한 증거일 수 있기에, 우리는 혜성에 더 깊은 관심을 기울일 수밖에 없다.

한편, ROSINA는 혜성 물질 구성에 대한 우리의 이해를 개선하는 데 중요한 역할을 했다. 《Science Advances》에 발표된 새로운 보고서에, Ahmed Mahjoub, CalTech의 Jet Propulsion Lab, 콜로라도 우주 과학 연구소, 스위스 베른 대학의 행성 과학자팀 등은 ROSINA 데이터를 분석하여, 휘발된 먼지 입자를 연구한 결과를 발표했다.

그들은 먼저 혜성 표면에서 대형 유기황을 발견한 사실부터 보고했다. 그들은 황화수소가 포함된 혼합 얼음을 조사하면서, 이 물질의 형성 메커니즘을 알아내기 위한 시뮬레이션을 수행한 바 있다.

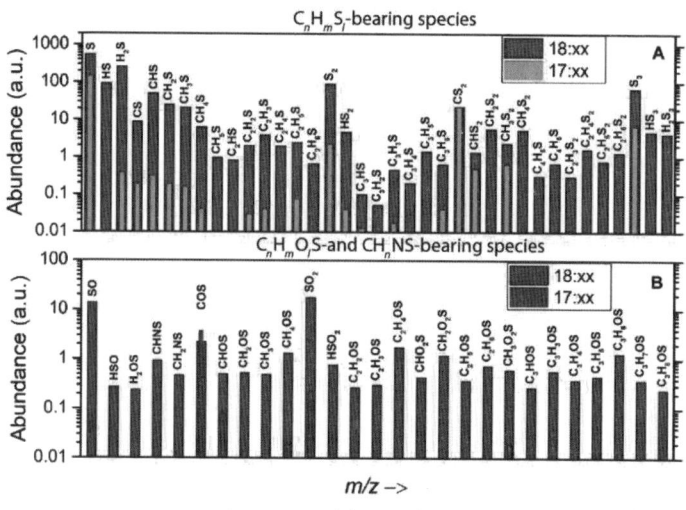

ROSINA가 검출한 유황 함유 종

이러한 연구 결과는 제임스 웹 우주 망원경을 사용하여 다른 혜성과 작은 얼음덩어리에서 유기황 물질의 탐지하는 데 도움을 줄 것이고, 혜성에서의 유황 화학의 중요성과 다른 혜성 물질의 존재를 파악하는 데도 도움을 줄 것이다.

한편, 로제타호가 67P를 방문했을 때도 혜성에서 다양한 분자를 탐지해 냈다. 연구원들은 원격 감지 기기, 가시광선 및 적외선 열화상 분광법, ROSINA, 프톨레마이오스, 혜성 샘플링 및 구성 실험을 포함한 여러 방법으로 유기물을 감지해 냈다. 특히 ROSINA를 사용하여 수행된 측정은, 67P 혜성의 반 휘발성 단계 구성에 대한 추가 정보와 함께, 혜성 물질의 복잡한 유기 화학에 대한 실질적인 정보를 얻게 해주었다.

측정 결과, 암모늄염의 검출이 추가로 밝혀졌다. 이 작업에서 Mahjoub와 동료들은 로제타 프로브와 ROSINA에서 수집된 데이터 중에서 늘어난 먼지를 특히 주목했다. 그들은 데이터를 해석하여 67P의 먼지 알갱이에 박혀있는 낮은 휘발성 유기황 분자를 찾아냈다.

로제타는 혜성에 착륙하기 전에, 마지막 몇 주 동안 중심 고도가 점차 낮아지는 타원형 궤도를 비행해서, 2016년 9월에 혜성과 가장 가까운 거리에 도달하며, 약 3시간 동안 먼지 뭉치와 고밀도 가스 플룸을 관측했다.

먼지에는 다양한 유황 함유 분자가 풍부했다. 연구팀은 질량 분석 측정을 수행하여, 황화카보닐(Carbonyl sulfide)과 이황화탄소가 약 2배 증가한 이산화황과 비교할 때 더 많이 증가하지 않았음을 알아냈다.

한편, 먼지에 관해 분석하는 동안에 얻은 ROSINA 이중 초점 질량 분석기(ROSINA-DFMS) 데이터는, 지금까지 알려지거나 가정했던 것보다 황 화학이 더 복잡하고 다양하다는 것을 보여주었다.

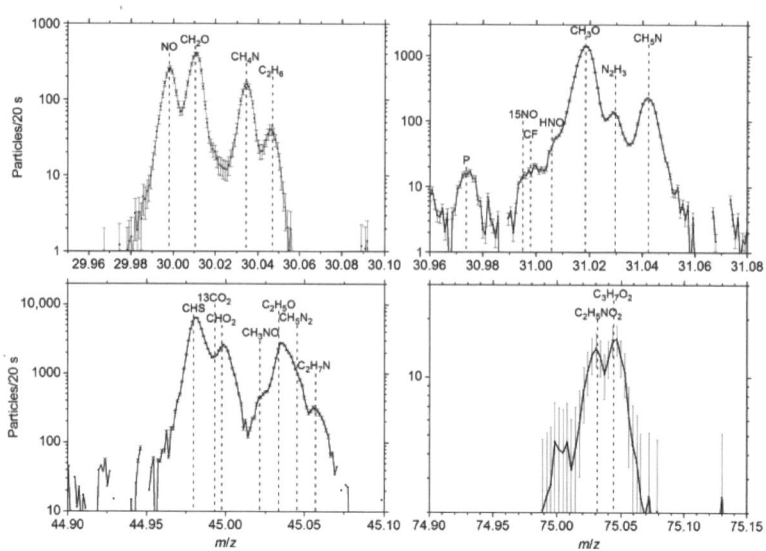

질량 30, 31, 45 및 75 달톤에 대한 ROSINA DFMS 질량 스펙트럼. 통합 시간은 스펙트럼 당 20초이다. 오차 막대는 1-σ 계수 통계를 나타낸다.

질량 스펙트럼

  Ahmed Mahjoub와 동료들은 이 결과가 황화수소를 품고 있는 얼음과 관련 있을 것으로 가정하고, 이를 확인하기 위해, 얼음 혼합물에 대한 전자 조사 실험을 수행했다.

  이 실험을 수행하기 위해, 헬륨 저온 유지 장치의 콜드 핑거에 부착된 금 기판에 얼음을 증착한, 고진공 스테인리스 스틸 챔버가 사용되었고, 챔버의 전자 이득과 전자빔 전류를 지켜보기 위한 패러데이 컵도 사용되었다.

  연구팀은 푸리에 변환 적외선 분광기로 샘플의 변화를 관찰했다. 유사한 실험에서 사용된 메탄올 및 물 샘플과 비교하며, 황화수소의 빠른 해리를 강화하여, 고농도의 반응성 황 함유 라디칼을 생성했다. 이러한 방식으로 그들은 작은 성간 얼음 알갱이와 얼음 몸체에서 유기 헤테로폴리머(Heteropolymer, 단백질과 같이 여러 개의 다른 구성단위로 이루어진 거대 분자)를 특성화했다.

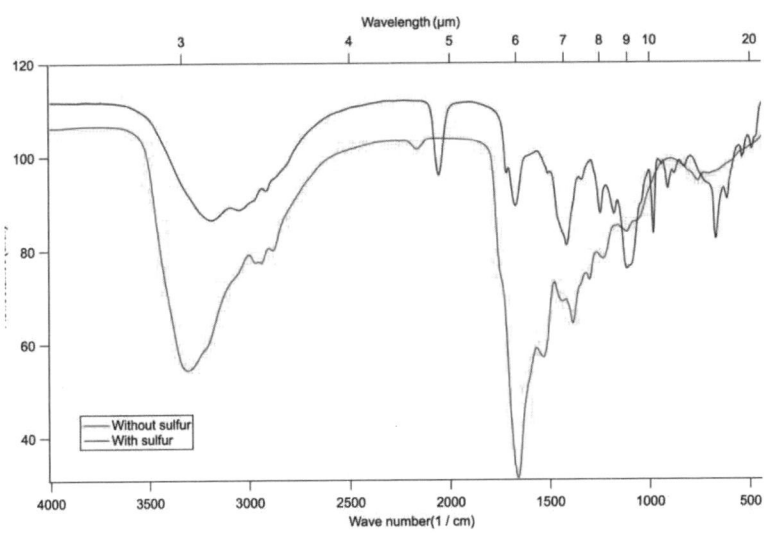

황이 없는 잔류물의 적외선 스펙트럼 간의 비교

또한 그들은 확산된 성간 매질과 태양 성운에서 유기황 화합물을 형성하는 경로를 주목해, 실험실 내 시뮬레이션을 통하여, 황 함유 유기 화합물이, 탄소, 산소 및 질소 성분을 포함하는 천체물리학적 얼음의 황 이온 자극을 통해, 형성될 수 있음을 보여주었다.

이러한 작업에서는 통합된 제임스 웹 우주 망원경을 함께 사용하면, 혜성과 소행성을 포함한 태양계의 화학에 대한 이해를 더욱 높일 수 있다. 또한 이러한 장비를 사용한 실험은 여러 연구의 유사점 또는 차이점과 함께, 다양한 성간체의 구성을 밝히고, 태양계의 형성과 진화를 이해하는 데 도움을 줄 수도 있다. 물론 여기서의 집중적인 관심 대상은 유황 화학이다.

유황의 운명은 혜성과 성간 얼음 물체의 진화에 핵심적인 역할을 하지만, 태양계의 빌딩 블록에서 유황의 역할은 아직 많이 알려져 있지 않다. 그러나 이 원소는 그러한 작은 얼음덩어리의 기원과 진화에 답할 수 있는 잠재적인 근거를 가지고 있다.

11. 인(燐)

주지하다시피 로제타호는 67P의 대기에서 아미노산 성분을 발견한 바 있다. 이 때문에 혜성이 지구와 충돌하면서 생명체의 구성 물질을 뿌렸을 것이라는 가설에 더욱 무게가 실리게 되었다. 지구에 생명체가 출현하기 위한 필수 요소가 혜성에서 온 것으로 볼 수 있는 증거가 더 생겼기 때문이다.

또한 그동안 인간의 DNA와 세포막에 존재하는 생명체의 필수 구성 물질 중 하나인 인(燐)만은 어느 혜성에서도 발견된 적이 없었는데, 핀란드 투르크대 연구진이 67P에서 인도 발견했다고 밝혔다. 그렇다면 이제 생명체에 필요한 중요 원소를 모두 혜성에서 찾아낸 게 된다.

생명체 기원의 연관성 여부가 아니더라도, 혜성은 태양계 바깥 오르트 구름이나 카이퍼대에 뿌리를 두고 있기에, 중요한 연구 대상이 될 수밖에 없다. 그곳은 태양계가 형성될 때 열적 변성을 받지 않은 영역이어서, 그곳이 고향인 혜성은 태양계 초기 정보를 품고 있다. 그래서 혜성은 일종의 타임캡슐이라고도 할 수 있다.

생명체의 탄생에는 탄소, 수소, 질소, 산소, 인, 황이라는 6개 원소가 중요한 역할을 했을 것이다. 이 중에 탄소, 수소, 질소는 혜성에서 흔히 볼 수 있는 성분이고, 황은 67P에서 발견한 바 있다. 다만 인(燐)만은 우주 전체에서도 매우 드문 원소여서, 지금까지 어느 혜성에서도 발견되지 않았고, 만일 이를 찾지 못할 경우, 생명의 구성 물질을 혜성이 가져왔을 것이라는 가설이 흔들릴 수밖에 상황이었다.

그런데 핀란드 투르크대 연구진이, 로제타에 탑재된 혜성 2차 이온 질량 분석기(COSIMA, Comet Secondary Ion Mass Spectrometer)로, 혜성 근처에서 수집한 먼지 입자를 분석하여, 인 이온(P^+)을 감지해 냈다는 것이다. 그런데 이 연구에서는 인산염 광물이 인의 공급원이 아닌 것으로 나타났기에, 발견된 인은 환원돼 용해성이 높은 형태가 됐다는 것을 의미한다.

어쨌든 생명에 필수적인 6개의 원소인 탄소, 수소, 질소, 산소, 황, 인이 모두 발견된 혜성은 67P가 처음이고, 이 고귀한 발견은 혜성이 아직 젊었던 지구에 생명체 구성의 기반이 된 원소들을 가져왔다는, 결정적 증거가 될 수 있다.

또한 투르크대 연구진은 이번 연구에서 혜성의 먼지 속에서 불화탄소 이온(CF^+)도 감지해 냈다. 이 불화탄소 이온이 혜성 환경에서 어떤 역할을 하고 있는지 알아내지 못했으나, 아주 특별한 발견인 것은 분명한 것 같다.

12. 외계 미생물

혜성에 외계의 미생물이 존재할 수도 있다고, 영국의 천문학자들이 주장하고 있다. 영국 카디프대 맥스 윌리스(Max Wallace) 박사는, 영국왕립천문학회(RAS)에 발표한 성명에서, 지금까지 67P 혜성 표면에 나타난 여러 특징을 살펴보면, 미생물이 존재할 수도 있는 환경이라고 주장했다.

월리스와 그의 동료들은 이 혜성에 커다란 암석이 흩어져 있고, 평평한 크레이터가 곳곳에 있으며, 최근 가스 분출 관측을 통해, 표면 밑에 얼음 호수가 있을 거로 추정할 수 있기에, 이 혜성이 단지 얼어붙은 비활동성 천체가 아니라, 계속 지형적 변화를 겪고 있는 활동성 천체라고 믿고 있다.

그들은 초속 32.9km의 속도로 태양을 공전하고 있는 이 혜성의 환경이 지구의 남·북극보다 미생물이 생존하는 데 더 적합할 수 있다고 주장하는데, 맥스 월리스와 찬드라 위크라마싱(Chandra Wickramasinghe) 교수는 영국 웨일스 랜디드노에서 열린 RAS 연례 회의에서 위와 같은 내용을 담은 논문을 발표한 바 있다.

로제타호가 혜성 표면에서 관측한, 놀라울 정도로 어두운 부분은 빛에 대한 반사가 적은 곳으로, 유기 물질이 있을 것으로 추정되는 곳인데, 이런 유기 물질의 존재는 생명체 존재의 근거가 될 수 있다고 위크라마싱 교수가 지적했다. 그는 관측된 가스 분출을 이와 관련지으며, 이 혜성은 아직 태양에서 멀리 떨어져 있으므로, 단순한 물리적 승화 현상이 아닐 거라고 주장한 바 있다.

그에 따르면, 혜성 표면 밑에 실제로 미생물이 존재하면, 고압의 가스 주머니가 만들어져, 그 위에 있던 얼음이 깨지는 등의 이유로 유기 입자가 방출될 수 있다고 한다.

혜성에 미생물의 서식지가 있다면, 미생물들이 액체 상태의 물을 사용하고 있을 수 있고, 혜성이 태양에 접근하면서 따뜻해지는 기간에는 이런 물이 얼음에 균열을 만들어 눈(Snow)을 형성할 수도 있다.

그리고 이곳에 유기체가 있다면, 염분을 품고 있을 수 있어, 춥고 메마른 환경에 적응하는 능력이 뛰어날 것이며, 그들 중에는 -40℃의 극저온 상태에서 활동하는 것도 있을 수 있다.

이들의 주장에 증거가 불충한 것은 사실이지만, 67P가 태양으로부터 약 5억km 거리에 도달한 때, 이미 빛이 닿는 부분에 약한 가스 기류가 방출되었기에, 이들의 주장을 백안시할 수만은 없다.

태양을 타원 궤도로 돌고 있는 이 혜성이 태양에 접근해 온도가 높아지면, 물리적 승화 과정이 일어나고, 이런 연유로 혜성에는 긴 꼬리가 형성된다고 믿어왔다. 그런데 그 꼬리의 발생에 유기체가 영향을 끼치고 있다는 주장이 사실일 수 있기에, 이제는 혜성의 꼬리를 보는 시각을 바꿀 필요가 있을 것 같다.

13. 산소에 관한 미스터리

2015년에 로제타호는 67P를 둘러싼 가스 코마에서 대량의 산소를 감지해 냈다. 혜성에서의 대량 산소 발견은 예상하지 못한 일인데, 이러한 발견은 초기 태양계 화학에 대한 기존의 이론이 틀렸다는 방증일 수 있다.

하지만 추가된 데이터에 대한 새로운 분석에 따르면, 2015년의 발견을 그렇게 과도하게 해석할 필요는 없을 것 같다. 기존 이론을 통째로 무너트릴 정도의 증거는 아니라는 뜻이다.

존스홉킨스 대학교 응용 물리학 연구소의 Adrienn Luspay-Kuti가 이끄는 팀은, 67P 주변에서 감지된 산소는 혜성의 내부 저장소에서 나온 것이어서, 그런 사실을 고려하면 지나치게 많은 양의 산소라고 할 수도 없다는 결론을 내렸다.

Luspay-Kuti는 "우리는 모두가 매우 높다고 생각했던 67P의 산소 농도가 결국 그렇게 높지 않다는 것을 알게 됐다. 산소가 정확히 어떻게 혜성에 들어갔는지는 아직 확실히 알지 못하지만, 진실에 접근하는 데 큰 도약을 이루고 있다"라고 말했다.

이전에도 높은 산소 측정치를 설명하려는 시도는 있었는데, 코마 상태에서 산소와 물이 함께 존재한다는 사실에 초점을 맞춘 것이었다. 그렇게 도출한 결론은, 태양계가 탄생할 때 산소가 물과 결합하여 67P에 통합되었거나, 산소가 혜성 내의 물에서 파생되었다는 것이었다.

그러나 이러한 아이디어에는, 혜성이 형성될 때 왜 그렇게 높은 수준의 산소가 존재했는지, 혜성에서 얼마나 많은 양의 산소가 생성될 수 있는지 등에 관해서 설명하지 못했다는, 치명적인 약점이 있다.

Luspay-Kuti와 동료들은 산소와 물의 관계를 이해하기 위해, 67P 산소의 계절적 변화를 연구했다. 지구와 마찬가지로 혜성은 태양 주위를 공전하는 궤도에 대해 기울어진 채 회전하기에 시간에 따라 환경이 변한다. 그러니까 6.5년을 주기로 뚜렷한 계절의 변화를 겪는다는 뜻이다.

연구팀은 계절이 겨울에서 봄으로, 그리고 다시 여름에서 가을로 바뀌는 전환기에 혜성을 집중해서 관찰했다. 이를 통해, 그들은 혜성의 얼음 몸체가 데워져 코마 상태로 가스를 방출할 때 발생하는 변화를 알아낼 수 있었다.

연구팀은 혜성의 표면이 따뜻할 때는 산소와 물이 함께 방출되지만, 표면이 다시 냉각되면 물과 산소의 결합이 사라진다는 사실을 알게 됐다. 그리고 그들은 연구 과정에서, 두 개의 서로 다른 저장소에서 시차를 두고 산소가 방출된다는 사실도 알게 되었다. 하나의 저장소는 혜성 깊은 가슴 속에 있으며, 혜성이 형성된 이후 거기에 있었던 산소를 품고 있다고 보고 있다.

두 번째 저장소는 표면 근처에 있으며, 다공성 동결수와 함께 채워져 있다고 본다. 그래서 코어에서 빠져나가는 산소 일부가 얼어붙은 저장고에 일시적으로 갇혀있다가, 여름에 얼음이 데워지면서 여기에 잡혀있던 산소 일부가 물과 함께 방출되어, 코마 상태에서 관찰되는 높은 산소 수치가 형성되는 것으로 여긴다.

Luspay-Kuti는 "산소저장소 중 하나만이 행성 형성 이전 시대를 볼 수 있는 창이며, 다른 저장소는 산소를 일시적으로 보류, 포획, 축적하는, 표면에 더 가까운 보조 저장소다. 이 후자의 저장소는 산소와 물 사이의 밀접한 연결과 매우 높은 산소 농도와 관련이 있다"라고 말하며, 그러한 분석이 혜성이 형성된 이후로 혜성 깊은 곳에 산소가 있었다는 사실을 내포하고 있다고 덧붙였다.

그리고 그녀는 연구 결과가 로제타 미션의 성공에서 비롯되었다는 사실도 인정했다. "67P에 대한 우리의 측정은, 전례 없이 넓은 공간 및 시간 범위를 가지고 있으며, 이는 이전의 근접 비행 임무보다 충실할 수 있는 연구 환경이다. 혜성이 어떻게 변화하는지 실시간으로 관찰할 수 있는 환경과 첨단 기기가 있었기에, 이전에는 알 수 없었던, 이 혜성과 일반적으로 혜성에 대한 차이점을 배우고 이해할 수 있었다"라고 말했다.

67P가 혜성들 사이에서 얼마나 독특한지는 더 연구해 볼 일이지만, 우주선이 직접 방문한 첫 번째 혜성으로, 67P에 대한 관찰이 Luspay-Kuti에게는 아주 소중했다고 강조했다. "혜성은 본질적으로 행성 및 기타 행성체의 구성 요소였으며, 따라서 행성 형성 전후의 태양계 조건에 대한 핵심 정보를 품고 있다. 따라서 태양계의 기원을 이해하려면, 먼저 혜성이 어떻게 형성되었고, 시간이 지남에 따라 어떻게 진화했는지 이해해야 한다."

사실 로제타 우주선이 처음 67P에서 풍부한 분자 산소를 발견했을 때 과학자들은 무척 당황했다. 그들은 혜성이 그렇게 풍부하게 산소를 방출하는 것을 한 번도 본 적이 없었다. 과학자들은 산소 존재 이유를 설명해야 했는데, 이는 기존에 알고 있는 초기 태양계의 화학적 지식을 모두 재고해야 한다는 것을 의미했다.

앞에서도 말한 바 있지만, 이에 대해 오직 존스홉킨스 대학 응용 물리학 연구소(APL)의 행성 과학자 Adrienn Luspay-Kuti가 이끄는 팀만이 체계가 잡힌 분석을 내놓았다. 그들은 로제타의 발견이 과학자들이 상상했던 것만큼 이상하지 않을 수 있음을 보여주면서, 이 특별한 혜성이 실제보다 더 많은 산소가 있는 것처럼 보이게 만드는, 특별한 저장소를 가지고 있다고 설명했다.

물론 Luspay-Kuti는 이와 같은 현상은 일반적인 일이 아니라는 사실도 분명히 지적했다. 일반적인 혜성의 형성에서는 이렇게 산소가 풍부하지 않다는 것이다. 하지만 혜성이 상층부에 산소를 축적했다가 한꺼번에 방출하는 현상은 생각보다 여러 곳에서 일어날 수도 있다고 말했다.

아래에 혜성 67P 내부의 두 저장소에서, 분자 산소 및 기타 휘발성 분자가 방출되는 광경을 묘사한 그림이 있다. 두 개의 삽입 그림은 혜성 67P에서 내용물을 방출하는 이산화탄소, 일산화탄소, 분자 산소(크림색 점)의 깊은 저장소를 보여준다.

파란색 점은 깊은 저장소에서 표면으로 이동하는 동안 물 얼음에 갇힌 분자 산소로, 표면이 따뜻해지고 혜성 자체도 충분히 따뜻할 때만 내용물이 방출되는, 얕은 저장소를 형성하고 있다.

혜성 앞에 있는 선은 새롭게 분석한 타임라인이다. 근일점 이후의 선이 파란색에서 크림색으로 변한 것은 연구팀이 방출된 분자 산소가 물과 결합에서 벗어났음을 나타낸다.

산소 분자는 지구에서는 흔하지만, 우주 전체에서는 흔한 편이 아니다. 그것은 다른 원자와 분자, 특히 보편적으로 풍부한 원자인 수소 및 탄소와 빠르게 결합하므로, 산소는 단지 분자 구름에 소량만 나타난다. 이런 사실을 바탕으로, 많은 과학자가 태양계를 형성한 태양 성운의 산소가 이와 유사하게 분포되었을 것이라고 여겨왔다.

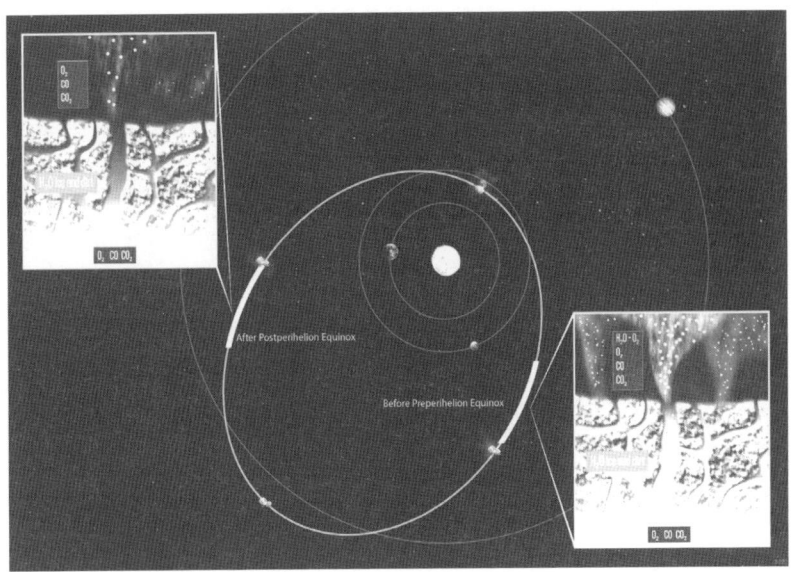

산소저장소

그래서 로제타가 67P에서 산소가 쏟아져 나오는 것을 처음 발견했을 때 학자들이 혼란에 빠진 것이다. 아무도 혜성에서 대량의 산소를 본 적이 없었기에, 이 혜성의 밝은 코마에 산소가 많은 이유를 이해하기 어려웠다.

다만 산소가 물과 함께 혜성에서 떨어져 나온 것처럼 보였기에, 대체로 산소가 태양계가 탄생할 때 물과 묶여 있었다가 나중에 형성될 때 혜성에 축적되었거나, 물에서 형성되었을 거로 막연히 추측했을 뿐이다. 그러나 Luspay-Kuti는 그에 도저히 동의할 수 없어서 연구팀을 조직했던 것이다.

혜성이 회전함에 따라 아령 모양의 반구는 다양한 지점에서 태양을 향한다. 그렇게 혜성에는 계절이 만들어지기에, 산소-물 연결이 항상 유지되지 않을 수 있다. 휘발성 물질은 계절에 따라 해동하고 다시 동결될 수 있기 때문이다.

그래서 연구팀은 이러한 계절에 따른 변화를 염두에 두고, 혜성의 남반구가 여름에 접어들기 직전과 여름이 끝나는 시점에, 장단기 분자 데이터 변화를 조사했다. 《Nature Astronomy》에 발표된 그들의 연구 결과에 의하면, 남반구가 방향을 바꾸고 태양으로부터 충분히 멀어짐에 따라, 산소와 물 사이의 연결 고리가 사라진다. 그래서 혜성에서 나오는 물의 양은 급격하게 줄어들고, 산소는 혜성이 여전히 방출하고 있는 이산화탄소와 일산화탄소와 강하게 연결되는 것 같았다.

Luspay-Kuti는 "이것은 이전에 제안된 방법으로는 설명이 불가능하다. 만약 산소가 형성 과정에서 물과 연결되어 있었다면, 산소가 일산화탄소 및 이산화탄소와 상관관계가 있더라도 물과의 상관관계가 끊기지 않아야 한다"라고 말했다.

그렇기에 67P의 경우, 산소가 물에서 오는 것이 아니라 두 개의 저장소에서 나왔다고 제안한 것이다. 하나는 혜성의 핵 깊숙한 곳에서 산소, 일산화탄소, 이산화탄소를 만들고, 하나는 표면 가까이에서 산소가 물 얼음과 결합하고 있다는 것이다.

그러니까 깊은 저장소에서는, 산소, 이산화탄소, 일산화탄소가 모두 매우 낮은 온도에서 증발하기에 지속해서 가스를 방출하지만, 이 중에 산소는 혜성 내부에서 표면으로 이동하면서 일부가 화학적으로 얼음(혜성 핵의 주요 구성 요소)에 삽입되어 더 얕은 두 번째 산소저장소를 형성한다.

물 얼음은 산소보다 훨씬 더 높은 온도에서 기화하기 때문에, 태양이 표면을 충분히 가열하고 물 얼음을 기화시킬 때까지 산소가 고착된다. 그래서 혜성 표면이 수빙이 기화할 수 있을 만큼 충분히 따뜻해질 때까지 오랫동안 산소가 이 얕은 저장소에 축적되어, 혜성에 실제로 존재했던 것보다 훨씬 더 많은 산소 플룸을 방출하게 된다는 것이다.

그런 이유로 Luspay-Kuti는 "혜성의 코마 상태에서 측정된 산소 농도가 반드시 혜성 핵의 농도를 반영하는 것은 아니다"라고 주장했다. 그녀의 이런 주장이 아주 특이했는데도, 다른 학자들의 반론이 거의 없었다.

그녀의 주장대로, 혜성이 계절에 따라 물과 강하게 결합하거나(태양이 표면을 가열할 때), 이산화탄소 및 일산화탄소와 강하게 결합하는(표면이 태양으로부터 멀어지고 혜성이 충분히 멀리 떨어져 있을 때) 일이 반복적으로 일어난다고 인정해야 할 것 같다. 그러지 않고서는, 67P에서 일어나는 일을 설명할 수 없다. 내부의 산소가 무조건 표면으로 뿜어져 나왔다면, 로제타호가 관찰할 만한 산소가 혜성에 남아있지 않았을 것이다.

또한 뿜어져 나오는 산소가 태양계 초기에 축적된 것뿐이 아니라는 사실도 고려해야 하는데, 이에 대해서는 근거 제시가 다소 부족했다고 여긴 Luspay-Kuti는, 메테인과 에테인과 같은 분자와 산소 및 기타 주요 물질과의 상관관계를 더 깊이 조사하고 싶다고 말했다.

하지만 그녀의 주장이 모두 사실이라 하여도, 산소의 양이 일반적인 분자 구름에서 볼 수 있는 것보다 67P에 너무 많기에, 미스터리가 말끔히 해소되었다고 볼 수는 없다.

14. 전리층

로제타호는 2014년 8월부터 2016년 9월까지 67P의 전리층 변화에 관해 연구하기 위해, 상호 임피던스 프로브로 67P의 플라스마를 측정하였다.

플라스마 밀도 측정은 67P가 플라스마를 방사상으로 발산한다는 가정 아래, 통합 전자수 밀도와 혜성 전리층 총 전자 함량(TEC)을 측정하는 방법으로 이뤄졌다.

그 결과, TEC는 태양까지의 거리(RH)가 줄어들면서 증가하여 근일점 주위에서 $(133 \pm 84) \times 10^9/cm^2$인 피크 값에 도달하는 것으로 나타났다(RH<1.5AU). 반면에 태양으로부터 멀리 떨어진 거리(RH>2.5AU)에서는 TEC가 1/2로 감소했다.

그리고 특이하게도 태양까지의 거리가 거의 같더라도, TEC 값이 근일점 이전의 값에 비해 근일점 이후의 값이 더 크게 나타났고, 근일점 근처에서는 남반구에 비해 북반구가 약 2배 클 정도로, 상당한 반구 비대칭이 관찰되었다.

이 이상한 비대칭은, 근일점 이후 특정 기간(RH>1.5AU) 동안은, 북반구에 비해 남반구에서 약 3배 더 큰 TEC 값으로 역전되어 나타나기도 했는데, 이러한 반구 비대칭 역시 근일점 이전 기간에는 상대적으로 적었다. 그리고 혜성 TEC와 입사 태양 이온화 플럭스의 상관관계는 근일점 전후(1.5AU<RH<2AU)에서 최대였으며, 원거리에서는(RH>2.5AU) 많이 감소했다.

연구 내용을 조금 더 깊게 살펴보자. 주지하다시피 이 연구의 목표는, 태양과의 거리와 혜성의 공전 주기를 기준으로, 혜성 전리층의 변화를 연구하는 것이었다.

로제타호는 2014년 8월 6일부터 2016년 9월 30일까지 혜성 플라스마 환경을 관찰했는데, 이 기간에 67P는 약 3.6AU에서 1.2AU의 근일점 거리에 이르렀다가 3.8AU까지 다시 멀어졌다. 이 동안 67P의 전리층은 약한 활동 상태에서 매우 활동적인 상태로, 그리고 다시 약한 활동 상태로 돌아갔다.

67P 전리층은 H_2O^+, H_3O^+, CO^+, CO 이온과 같은 물 그룹 이온으로 구성되어 있다, 여기에는 따뜻하고(5~10eV) 차가운(<0.1eV) 전자가 섞

여있는데, 혜성 중성자의 광이온화, 전자 충격 이온화, 혜성 중성자의 전하 교환, 태양풍 이온 등이 전자의 주요 공급원인 것으로 나타났다.

이전에 보고된 67P 전리층 연구는, 로제타호가 1,500km 고도 아래에서 자신의 궤적을 따라 플라스마를 측정하는 방법을 택했으나, 사실 혜성 전리층은 고도 범위가 넓고 우주선의 궤도와는 모양이 상당이 다르다. 그리고 플라스마 밀도가 혜성 중심 거리에 따라 크게 달라져서, 이런 방법으로는 전리층에 대한 정확한 데이터를 얻기 어렵다. 이러한 문제점을 잘 알기에, 새로 도입하게 된 것이 혜성 총 전자 함량(TEC)이라고 하는, 고도에 따라 통합 전자수 밀도를 측정하는 방법이다.

이런 방법으로 광범위한 혜성 활동에 대한 전리층 변화를 관측하며, 여기에 혜성 반구, 태양 중심 거리, 태양 활동 등을 연관 변수로 도입하면, 혜성 전리층 변동성에 대한 상당히 정량화된 통계를 낼 수 있다.

총 전자 밀도(N_e)는 우주선에 탑재된, Rosetta Plasma Consortium의 상호 임피던스 프로브에서 얻은, 상호 임피던스 스펙트럼에서 계산해 냈다. 여기에 실제로 사용된 핵심 장치는, 지름 2cm이고 길이 1m인 탄소 섬유 강화 플라스틱 막대에 장착된, 2개의 송신 전기 모노 폴과 1개의 수신 전기 쌍극자로 구성된 선형 4극 전극 어레이다. 각 전극의 길이는 20cm이고 지름은 1.1cm이다. 각 송신 단극은 가장 가까운 수신기에서 40cm 거리에 있으며, 송신기와 수신기 사이의 최대 거리는 1m이다.

상호 임피던스 스펙트럼은 송신기에 서로 다른 주파수의 전류를 공급하여, 측정할 두 전기 쌍극자가 포함된 수신 쌍극자의 전압 차이를 측정하여 생성했다.

플라스마 Debye 길이(λD)가 송신기-수신기 거리보다 짧을 때의 전자 플라스마 주파수(f_p)는 상호 임피던스 스펙트럼의 공진으로 식별할 수 있다. 전자 밀도(N_e)는 f_p에서 $N_e \sim (f_p/8.98) \cdot 1/2$로 추정한다. 여기서 f_p의 단위는 kHz이고 N_e의 단위는 cm^{-3}이다.

플라스마 Debye 길이가 너무 큰 경우(즉, 플라스마 밀도가 너무 작은 경우), 일반적으로 40cm<λD< 4m 범위에서, RPC-MIP는 LAngmuir의 두 Langmuir 프로브 중 하나를 사용할 수 있다. Probe 기기는 RPC-MIP 수신기에서 4m 떨어진 추가 전기 송신기로 사용된다. RPC-MIP 송신기를 사용하는 RPC-MIP 작동 모드를 SDL(Short Debye Length) mode라고 하며, RPC-LAP1을 송신기로 사용하는 mode를 LDL(Long Debye Length)이라고 한다.

위와 같은 방법으로 혜성 전리층 전자 밀도 N_e을 67P 주변을 따라 조사했는데, RPC-MIP 스펙트럼에서 추출된 밀도 측정 수가 해당 시간 동안 적용 가능한 총 스펙트럼 수의 50%를 초과할 때는 320초의 평균 N_e을 활용했다. 이런 방식으로 약 2년 동안 로제타의 핵에서 $1,500km$ 사이의 다양한 거리에서 혜성 플라스마를 관찰했다.

한편, Vigren와 Galand는 최대 전리층 밀도로 N_e 고도 프로필을 조사했다. 로제타호가 67P로 최종 하강하는 동안, 표면 근처의 혜성 전리층 밀도 측정 분석에서 N_e의 피크 중심이 식별되었는데, 혜성 핵 중심에서 $\sim 5km$에 위치하는 것으로 확인되었다. 이 결과는 혜성 전리층 피크 밀도 위치에 대한 이전의 이론적 예상과 같았는데, 이 위치는 핵의 기하학 조건에만 연관되고, 태양이나 기타 외부 조건과는 무관한 것으로 나타났다.

이러한 결과와 N_e이 종속성을 따른다는 사실을 염두에 두고, r_c 종속 전리층을 개략적으로 고려하여, 이것을 기반으로 혜성 TEC 또는 고도 통합 전자수 밀도를 정의해 보면, 다음과 같이 정리할 수 있다.

$$\text{where} N_e(r_c) = \begin{cases} N_p \dfrac{r_p}{r_c} & \text{for } H \geq r_c > r_p \\ N_p \dfrac{r_c - r_o}{r_p - r_o} & \text{for } r_o < r_c \leq r_p \end{cases}$$

$$TEC = \int_{r_o}^{H} N_e(r_c) \, d r_c$$

이 공식에서 r_o는 혜성 67P의 평균 반경이며 일반적으로 $2km$로 간주한다. N_p는 최고 플라스마 밀도를 나타내고, r_p는 $5km$로 간주하는 해당 혜성 중심(Cometocentric) 거리인데, 적분 범위 H의 상한을 $500km$로 설정한다. 이것은 수렴을 보장하고, 혜성 플라스마 밀도가 거리에 따라 가파르게 변동하기에, 합리적인 설정이다.

혜성 중심 거리가 멀 때는 혜성 전리층 TEC에 대한 기여도가 미미하나, 이 TEC 추정은 플라스마가 방사상으로 팽창한다고 가정했다는 점을 염두에 두어야 하고, 일정한 속도의 플라스마에서 방사상 팽창은 특히 활동이 낮은 기간에 수 $100km$까지 이르지 않을 수 있으며, $100km$ 이상의 거리에서 밀도 기여도는 상당히 낮을 수 있다는 사실도 염두에 둬야 한다.

위의 관계를 고려하면, TEC는 최종적으로 다음과 같은 N_e와 r_c의 함수로 표현될 수 있다.

$$TEC = \begin{cases} 4.9 \times 10^5 r_c N_e & \text{for } 500\text{km} \geq r_c > 5\text{km} \\ \dfrac{73.6}{r_c - 2} \times 10^5 N_e & \text{for } 2\text{km} < r_c \leq 5\text{km} \end{cases}$$

여기서 N_e와 rc는 각각 cm^{-3}과 km 단위로 로제타 측정에서 구하고, TEC는 cm^{-2} 단위로 구한다. TEC는 혜성 표면에서 고도 $500km$까지의 수직 전파 경로를 따라, 단위 단면의 열에 포함된 자유 열전자의 총수를 나타낸다.

고도 통합 매개변수이기 때문에 TEC는 측정 시 r_c와 독립적인 혜성 전리층에 대한 설명을 제공해야 한다. 따라서 TEC는 단일점 Ne보다 혜성 전리층의 전체 구조를 연구하기에 더 적합하다. 예를 들어, TEC는 자기장이 없는 혜성 반자성 공동의 고도 범위, 코로나 유입, 태양풍 고속 스트림 및 느린 스트림 사이의 공동 회전 상호작용 영역 등에 관해 더 완전한 아이디어를 제시한다.

한편, 67P 코마에 존재하는 주요 요소는 H_2O, CO_2, CO인 것으로 보인다. 이것들의 이온화 임계 파장은 각각 ~98nm, 90nm, 89nm이고, 그 이하에서는 태양 광자의 흡수가 이온화로 이어질 수 있다. 따라서 혜성 플라스마의 태양 플럭스 의존성은 태양 극자외선(EUV) 복사를 고려하여 연구할 수 있다.

로제타호에는 EUV 태양 플럭스 모니터가 없었기에, TIMED-SEE(Thermosphere Ionosphere Mesophere Energetics and Dynamics-Solar EUV Experiment)에서 얻은 일일 평균 스펙트럼 태양 플럭스를 사용했다.

플럭스는 Earth-Sun-67P 사이의 각도와 26일의 행성 간 태양 회전 기간을 고려하여 67P 궤도에 대해 보정되었으며, 태양 플럭스는 태양으로부터 거리의 역 제곱에 비례하기 때문에, 혜성 핵에 입사하는 실제 플럭스(EUVc)는 혜성 67P의 태양 중심 거리를 고려해 추정되었다.

혜성에서의 분석적 전리층 모델링에 따르면, 태양 이온화 플럭스에 의한, 혜성 구성 요소의 광이온화로 인한, 혜성 중심 거리 r_c에서의 플라스마 밀도는 다음과 같이 추정된다.

$$N_e^{ph}(r_c) = \frac{\nu_l^{ph}(r_c-r_o)}{u_i} n_n(r_c)$$

$$\nu_l^{ph} = \int_{\lambda_{min}}^{\lambda_{th}} \sigma_l^{ph}(\lambda) F_c(\lambda)\, d\lambda$$

각각 이온화 임계치와 최소 파장 λ_{th} 및 λ_{min}을 가지며, $F_c(\lambda)$는 혜성 전리층에서 감쇄되지 않은 태양 이온화 플럭스이다. 위의 관계를 사용하여, 광이온화 주파수, 로제타 궤적을 따른, 전자 밀도 N_e 및 광이온화로 인한 TEC를 추정해서 연구 결과를 도출해 냈다.

15. 일시적 위성

과학자들은 로제타호가 보내온 이미지를 분석하던 중 흥미로운 사실을 발견했다. 67P가 일시적으로 작은 위성을 거느렸다는 사실을 확인한 것이다. 물론 이 위성은 혜성이 태양 근처로 다가가면서 활동성이 늘어나자 지각에 있던 돌이 혜성에서 떨어져 나간 것이다.

ESA의 연구원인 줄리아 마린-예셀리 델 라 파라(Julia Marín-Yaseli de la Parra)는 로제타호가 2015년 7월에서 8월 사이에 보내온 이미지를 확인하던 중에, 지름 4m 정도 되는 암석이 혜성 주변을 공전했다는 사실을 확인했다.

비공식적으로 '추리문(Churymoon)'이라는 명칭을 붙인 이 암석은 12시간 동안 혜성에서 2.4~3.9km 떨어진 궤도를 공전했으나, 67P 활동이 활발한 시기라 곧 분출물에 묻혀버렸다. 하지만 과학자들은 다시 조사하여 암석이 적어도 2015년 10월 23일까지는 위성으로 머물렀다는 사실을 확인했다.

물론 이 작은 위성의 운명은 정해져 있다. 혜성의 중력이 미미하고, 주변으로 가스와 먼지를 뿜어내고 있어서, 결국 궤도에서 멀어진 후 혜성으로부터 독립하여 혜성 궤도를 따르는 파편이 될 수밖에 없다.

16. 풀지 못한 미스터리

67P 혜성에 대한 로제타호의 임무가 종료된 지 거의 5년 후, 과학자들은 미국 화학 학회 2021년 봄 회의에서 천체화학에 대한 새로운 발견을 보고했다.

67P와 같은 혜성에, 태양계가 시작된 이래로 크게 변하지 않았다고 생각되는 물질이 포함되어 있다는 사실을 실제로 확인했다는 내용이었다. 미시간 대학의 천체화학자 메렐 반트 호프(Merel van 't Hoff)는 "행성이

아직 형성되고 있을 때, 태양계가 어땠는지 혜성이 보여주고 있다"라고 주장했다.

로제타호는 67P 궤도를 2년 이상 돌면서, 질량 분석기와 기타 장비로, 태양풍에 의해 혜성에서 증발하는 화학 물질을 분석한 바 있다. 그 데이터를 기반으로 과학자들이 혜성의 요소, 동위원소 및 분자에 대한 상세한 그림을 그리면서, 혜성과 태양계가 어떻게 형성되었는지에 대한 단서를 제공하는, 천체화학에 대한 새로운 지식을 얻게 되었다.

스페인 우주생물학 센터의 Victor M. Rivilla는 지금까지 우주에서 확인된 몇 안 되는, 인 함유 분자 중 일산화인(PO)과 질화인(PN)을 주목했다. 인은 생물학적 분자의 핵심 요소여서, 과학자들은 인의 천체화학 소스에 많은 관심을 두고 있었다. Rivilla는 67P가 PN보다 약 10배 많은 PO를 가지고 있으며, 이 PO가 지구에 존재하는 인의 중요한 공급원이었을 수 있다고 주장했다.

그리고 베른 대학교의 Kathrin Altwegg는 휘발성 분자의 동위원소가 태양계 초기의 구성, 온도, 밀도와 같은, 초기 물리적 조건과 화학 과정을 보여주고 있다고 보고했다. 예를 들어, 67P의 산소 함유 분자에서 관찰된 특정 동위원소 비율이, 혜성의 산소 공급원으로 물을 배제할 수 있음을 시사한다고 말했다.

또한 그녀의 연구팀은 알칸, 알킨, 방향족 분자 및 고리를 포함하는 탄화수소 분자들도 확인했다고 주장했다. 다만 그것이 작은 분자로 만들어지고 있는지 혹은 큰 탄소질 입자가 분해된 잔재인지 알아내기 위해서는, 더 많은 관찰이 필요하다는 사실은 인정했다.

그녀의 협력자인 베른 대학의 수잔 왐플러(Susanne Wampfler)는 질소에 대해서도 유사한 주장을 했다. 과학자들은 67P와 같은 혜성이 우리 태양계와 그 너머의 다른 물체에 14N과 15N의 비율이 다른 이유를 설명하는 데 도움을 줄 거라고 평가하며, 암석 행성이 가스 행성 및 태양에 비해 15N이 더 풍부하다는 사실도 거론했다.

왐플러와 그의 동료들은, 혜성에서 14N/15N 비율을 측정하면, 이러한 차이의 원인을 밝힐 수 있을 거라고 제안했는데, 제안의 유력한 근거 중 하나는, 이러한 물체가 태양계의 초기 단계에서 동위원소인 소스에서 형성되었다는 사실이었다. 하지만 왐플러는 67P의 NH3, NO, N2를 측정한 결과, 거의 동일한 질소 동위원소 비율이 나타나, 질소원에 대해 제안했던 증거가 보이지 않는다며, 초기 태양계와 환경이 유사할 거로 보이는, 우주의 다른 별 형성 지역의 관측 결과와 다르게 보이는 게 당혹스럽다고 말했다.

한편, Paris-Est Créteil University의 Hervé Cottin은 67P에서 떨어져 나온 먼지 알갱이의 유기 분자에 대한 질량 분광 분석했는데, 여기서 개별 탄화수소 분자를 찾지 못했고, 그 대신 불용성 유기 물질, 탄화수소 사슬과 고리의 엉킴을 찾아냈다고 한다. 그는 67P에서 만들어지는 물질이 탄소와 유기 물질의 중요한 소스일 수 있다고 주장했다. 정말 67P는 많은 미스터리를 품고 있는 것 같다.

17. 인공구조물

처음 67P에서 UFO와 유사한 인공구조물이 발견되었다는 뉴스를 접했을 때, 호사가들이 아래와 같은 증거 사진을 제시했음에도 믿지 않았다. 파레이돌리아(Pareidolia)로 여겼기 때문이다.

주지하다시피 이 단어의 뜻은 영상이나 소리 등에서 전혀 관련이 없는 패턴 사이의 연관성을 찾거나, 이에 심적으로 반응하는 심리적 현상을 의미한다.

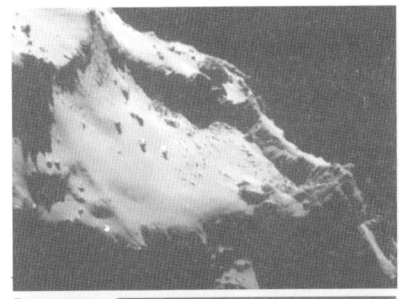

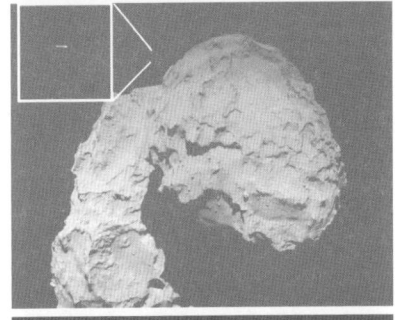

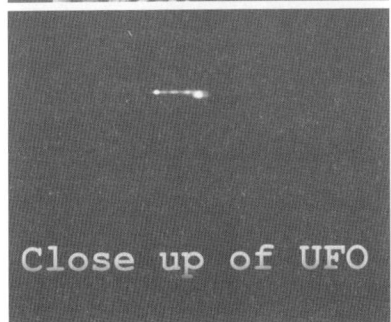

하지만 얼마 후, 왼쪽에 게재된 또 자료를 보고는 생각을 달리하게 되었다. 이것은 착시나 파레이돌리아와는 무관한 게 확실했기 때문이다.

주변에 이런 것이 떠돈다면, 혜성 표면이나 내부도 잘 살펴봐야 하지 않을까? 음모론자들의 주장을 백안시할 게 아니라, 함께 검토해 봐야 한다고 여겨졌다.

주지하다시피 67P는 두 로브가 붙어있는 오리 모양의 혜성인데, 그 등 쪽에서 바라보면, 그 표면에만 10개 이상의 기이한 지형지물이 보인다.

음모론자와 나란히 서서 바라본 탓에 이처럼 많이 보였을 수도 있지만, 그렇게 비판적으로 생각할 게 아니라, 67P가 특별한 구성과 성질을 가진 존재라는 사실을 상기해서, 긍정적으로 바라볼 필요가 있을 것 같다.

67P는 다른 혜성에서는 발견조차 어려운 산소를 주기적으로 내뿜고 있다. 그래서 산소저장소를 2개나 가지고 있다는 학설까지 나온 상태다.

또한 67P의 구성 성분에는 황과 인을 비롯하여 생명체 구성에 반드시 필요한 원소들이 포함되어 있다. 물론 이런 사실들은 인공구조물 존재와 연관성이 있는 증거가 될 수는 없다.

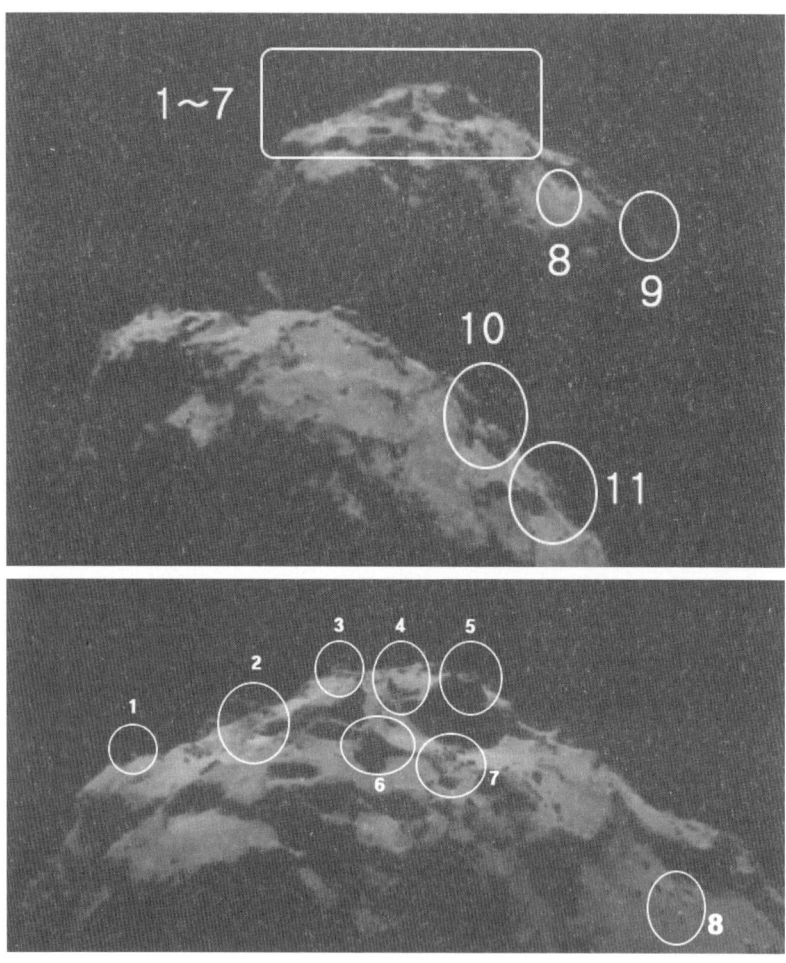

하지만 혜성 주변을 떠도는 UFO의 존재는 어쩔 것인가? 막막한 허공에 인공구조물이 있다면 그와 관련 있는 구조물이 혜성에도 잊지 않을

까? 낯선 주장이어서 의구심이 쉽게 사라지지 않겠지만, 부정적 시각보다는 중립적 시각으로 번호를 붙인 순서대로 지형지물을 살펴보자.

① Tower

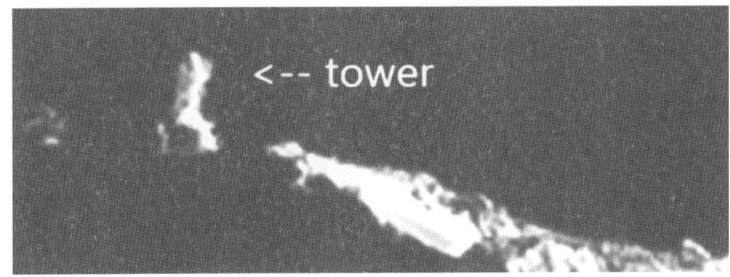

② Tube / Pipe

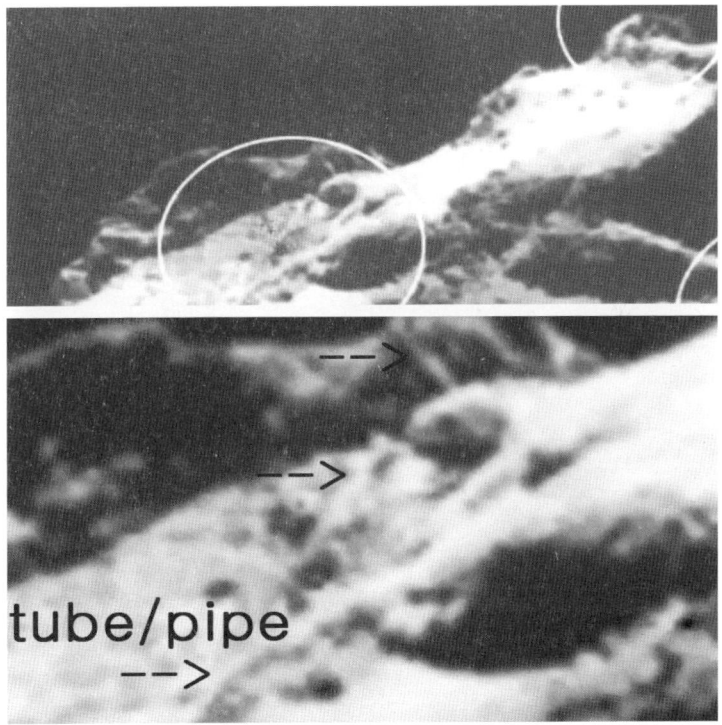

③ **Machine & Gear**

④ Crumbled wall

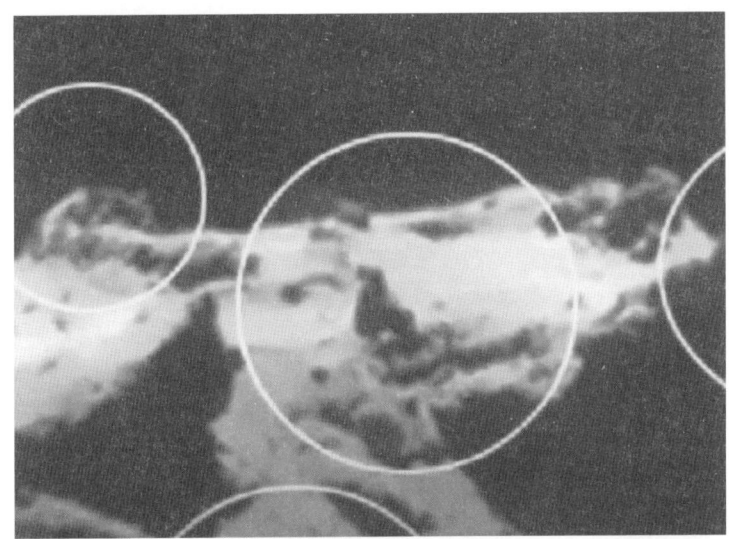

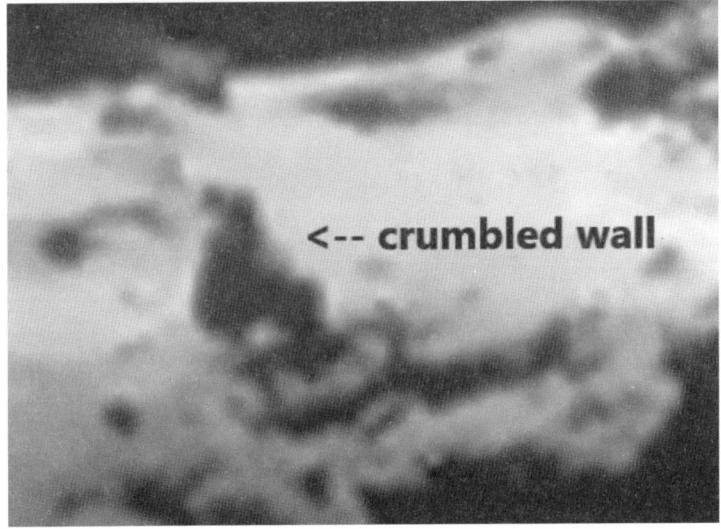

⑤ Castle & Statue

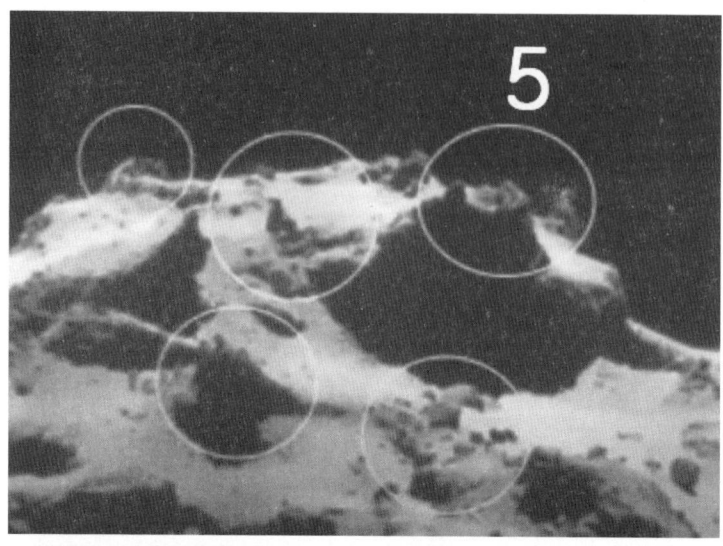

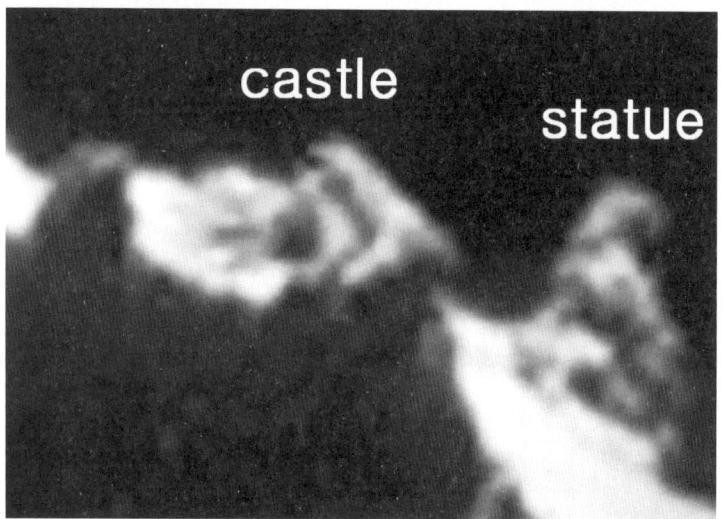

⑥ Antenna / Tower

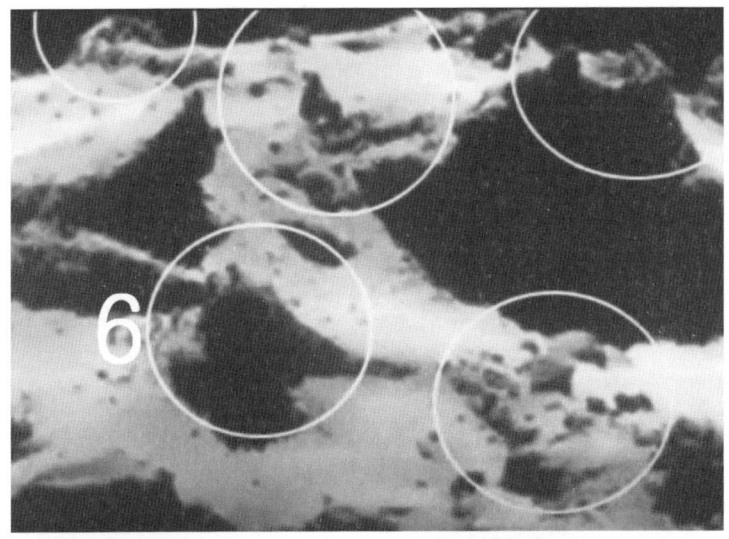

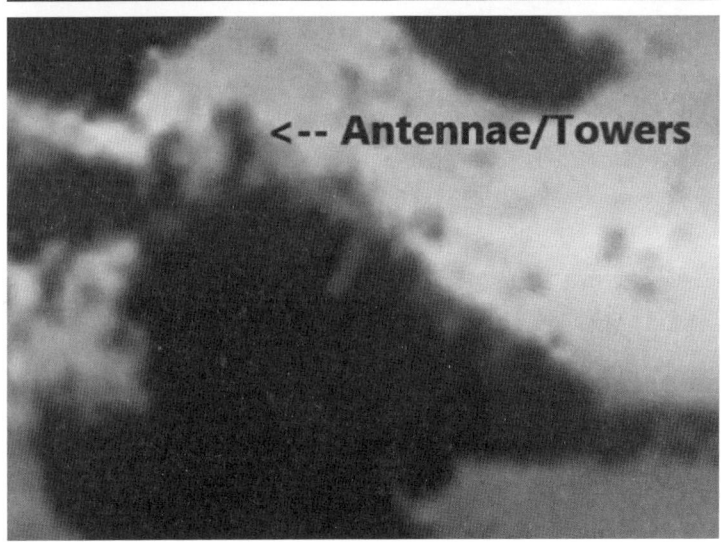

⑦ Arch & Building

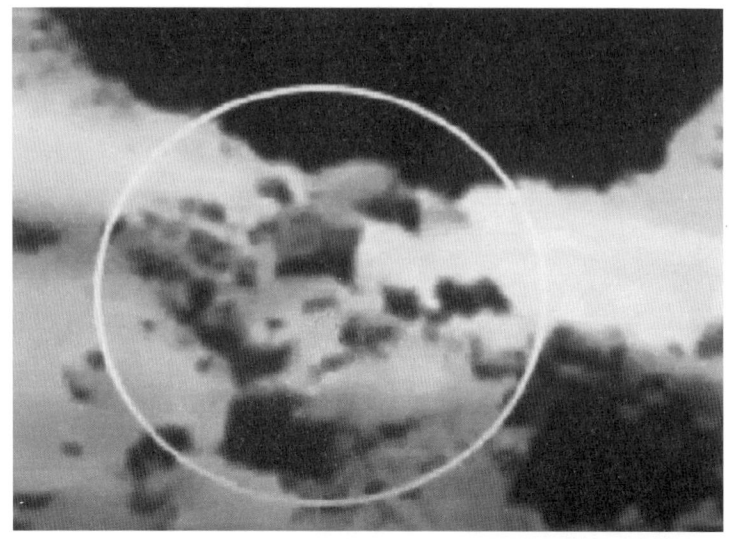

⑧ UFO

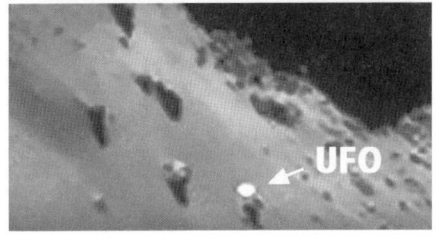

사진 속의 물체는 음모론의 시작이 되었던 구조물이다. 주변의 토양이나 암석과 색깔이 완전히 다르고, 공중에 떠 있는 듯, 그림자도 선명해서 UFO로 보는 호사가들이 많았는데, 같은 장소에서 여러 번 촬영된 것으로 보아, 특이한 구조물일 가능성도 있어 보인다.

67P에서 나오는 소리

특히 로제타호가 67P에 접근했을 때, 전자파(QR코드)가 발산되고 있었는데, 이것의 모양이 안테나처럼 생겨서 주목을 더 받았다. 하지만 학자들은 이 저주파 신호가 이곳에서 나온 게 아니고, 혜성의 자기권과 태양의 간섭으로 만들어진 것이라고 발표했다. 그런데 67P는 자기권이 가지고 있지 않다는 게 문제다.

QR코드에 담긴 소리는 실제의 신호를 500~1,000배 주파수를 높여서, 사람이 들을 수 있게 가청 주파수로 바꾼 것인데, 소리의 근원이 어디인지, 모든 혜성이 이런 특유의 전자파를 발산하는지에 관해, 여러 주장이 제기되고 있으나 아직 공식적으로 확인된 바는 없다.

⑨ Domes & Colosseum

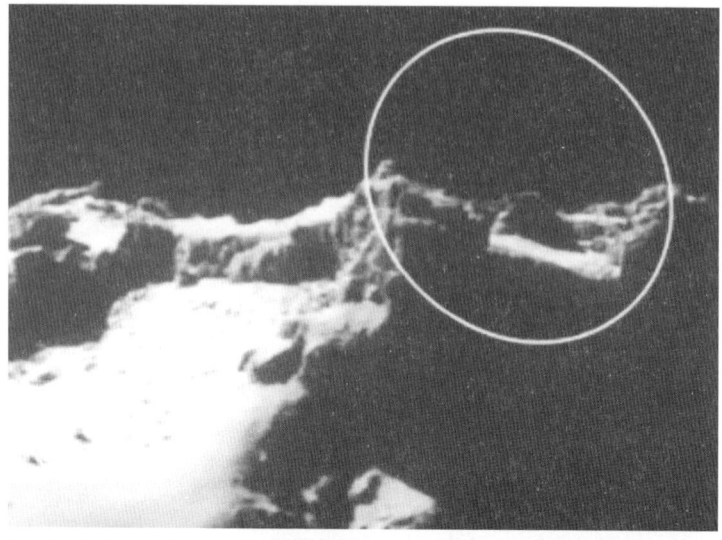

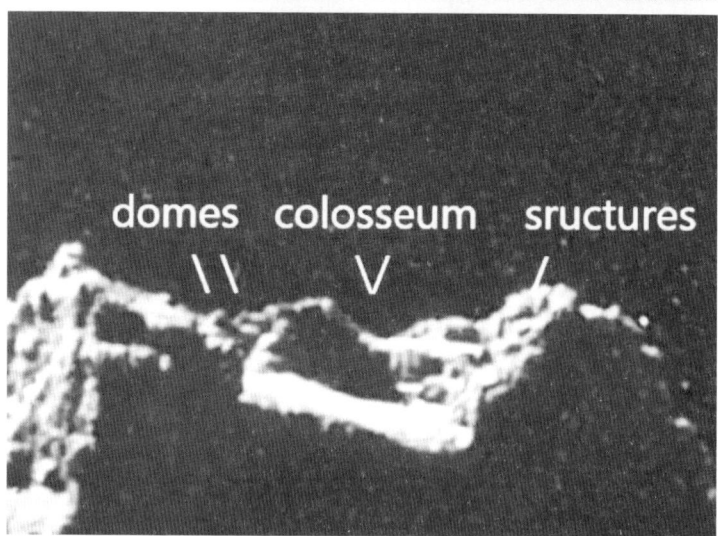

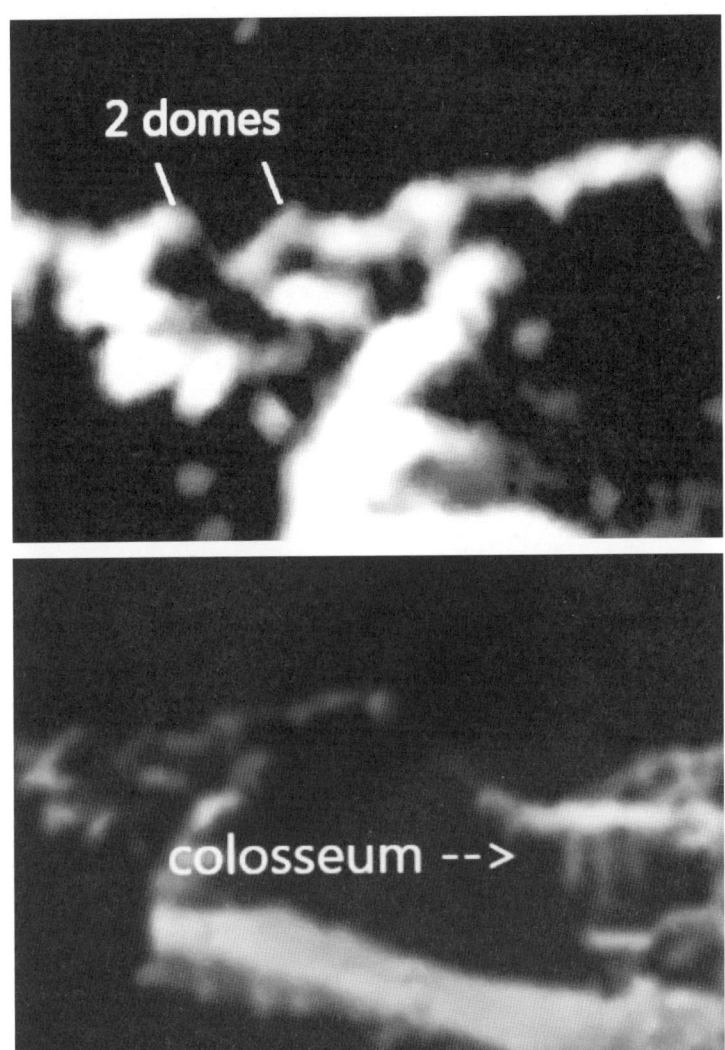

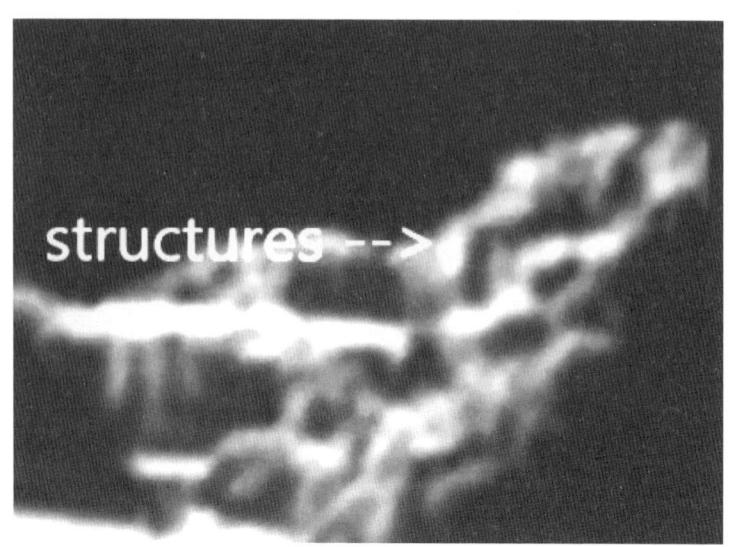

⑩ Beacon

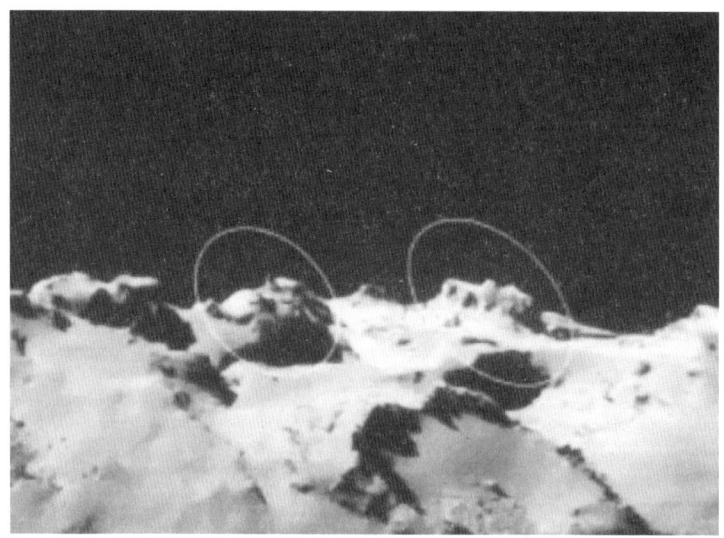

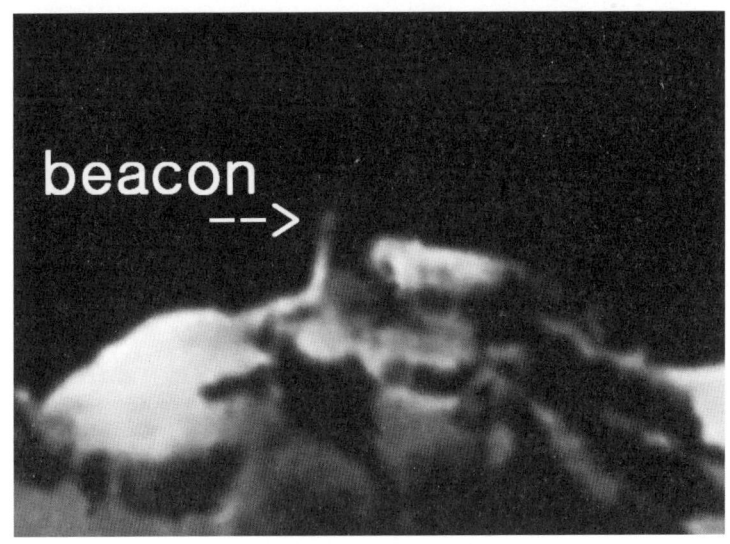

⑪ Caves & Structures

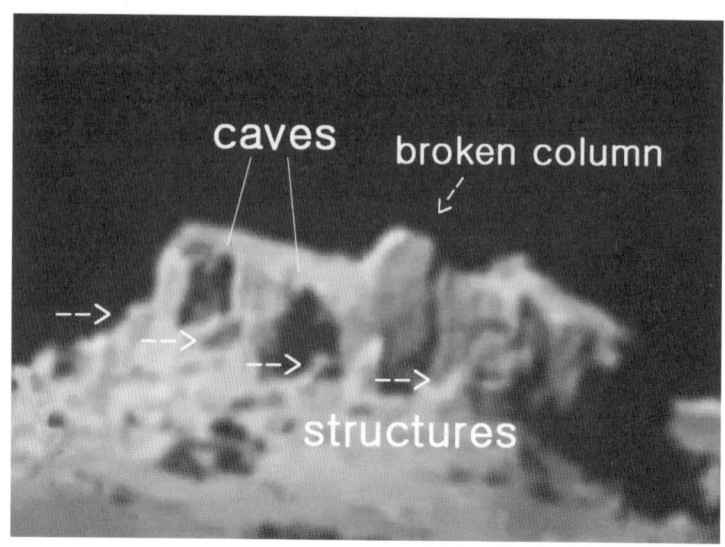

위에서 제시한 오리의 머리와 등 부분의 구조물 외에도 인공구조물로 보이는 것이 여러 개 있다. 특히 두 로브가 접해있는 목 부분의 평지에는 작은 마을과 같은 풍경이 보인다.

얼핏 보기에도 거친 혜성의 야생지가 아닌, 잘 정돈된 어느 행성의 마을처럼 보이는데, 확대할수록 그런 느낌이 더 강해진다.

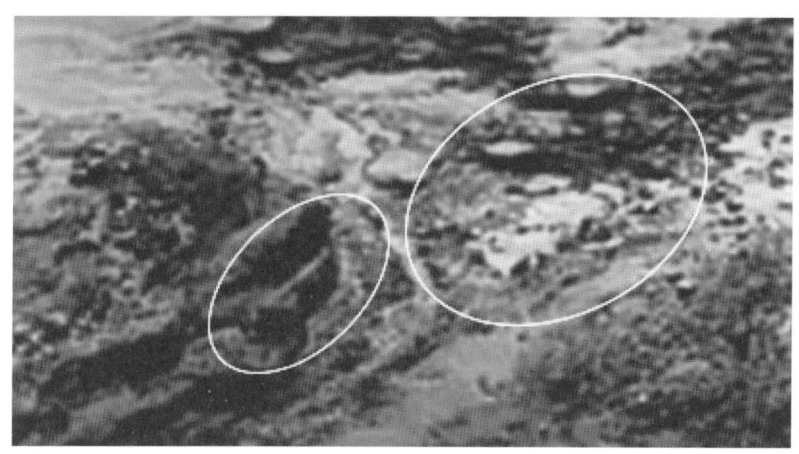

왼쪽 타원 부분을 확대해 보면, 거대한 관로 시설 같은 것이 보인다. 67P에서 주기적으로 분출되는 산소와 관련이 있지 않을까 짐작해 본다. 그것을 이용하는 시설인지, 그것을 조성하는 시설인지는 알 수 없지만 말이다.

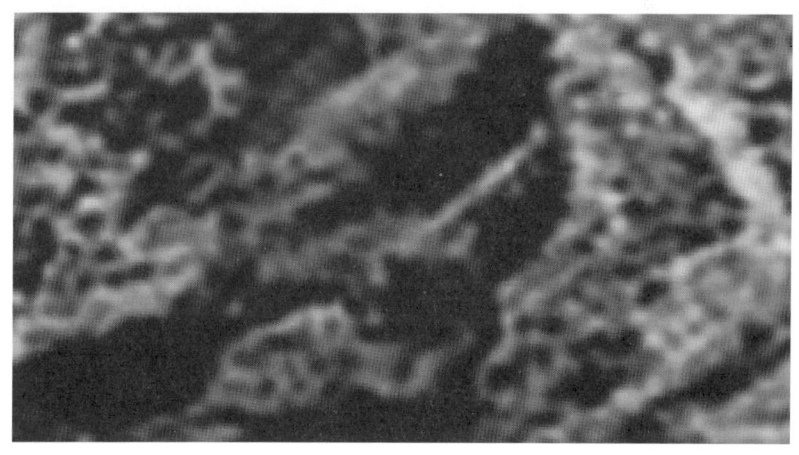

오른쪽 타원 내부를 확대해 보면, 거대한 공업 단지 같은 게 보이는데, 주변에 그 부속 시설로 보이는 것들도 보이는 것 같다.

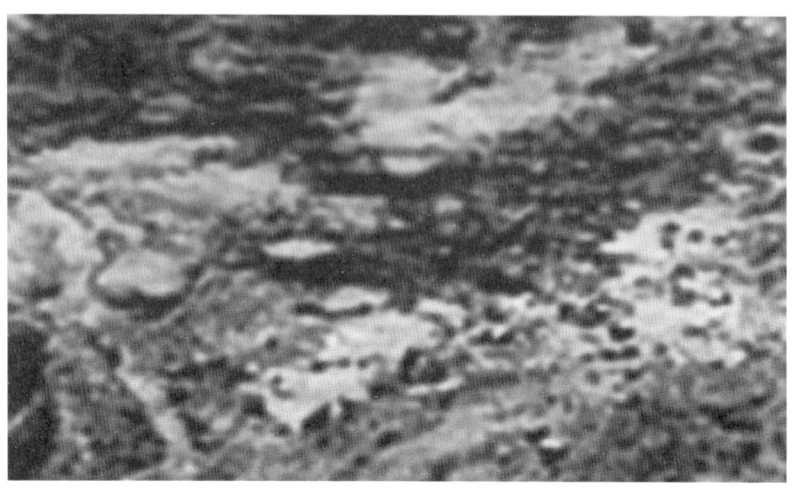

능선 위에 이질감이 느껴지는 물체가 보인다. 주변과 색이 너무 다르고, 인위적인 배열도 보인다.

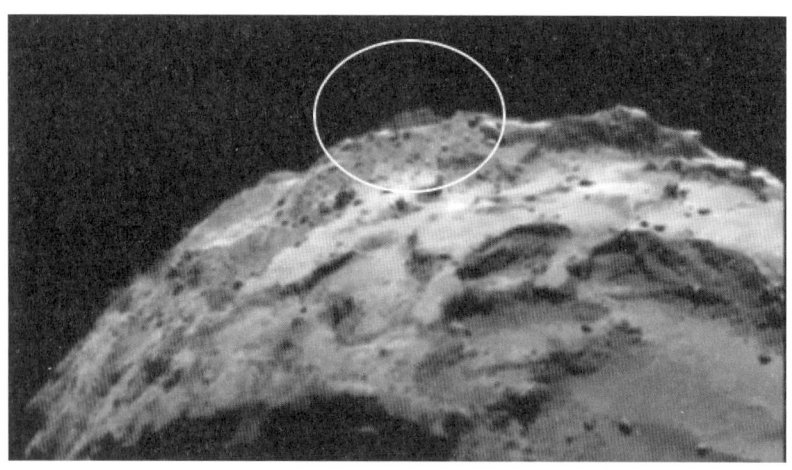

큰 로브의 능선을 확대해 보니 거대한 플랜트 시설이나 큰 창을 가진 건물처럼 보이는 게 있는데, 어떤 용도의 구조물인지 알 수는 없으나 자연적으로 형성된 지형지물은 아닌 것이 분명하다.

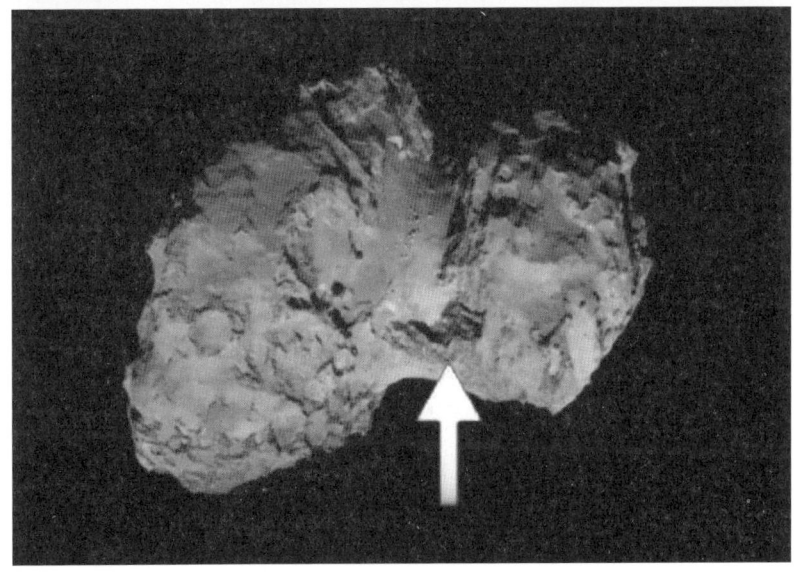

이 외에도 호사가들이 인공구조물이라고 주장하는 게 더 있는데, 사실인지는 알 수 없으나, 백안시하기에도 모호하다.

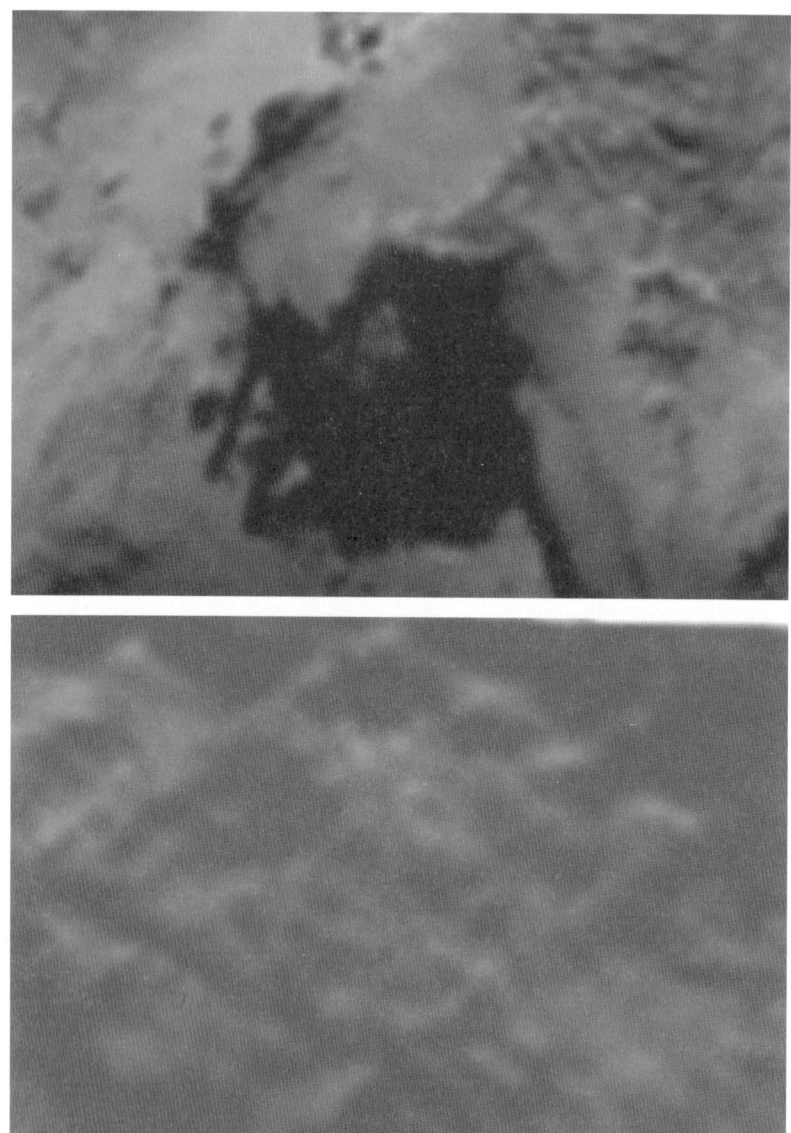

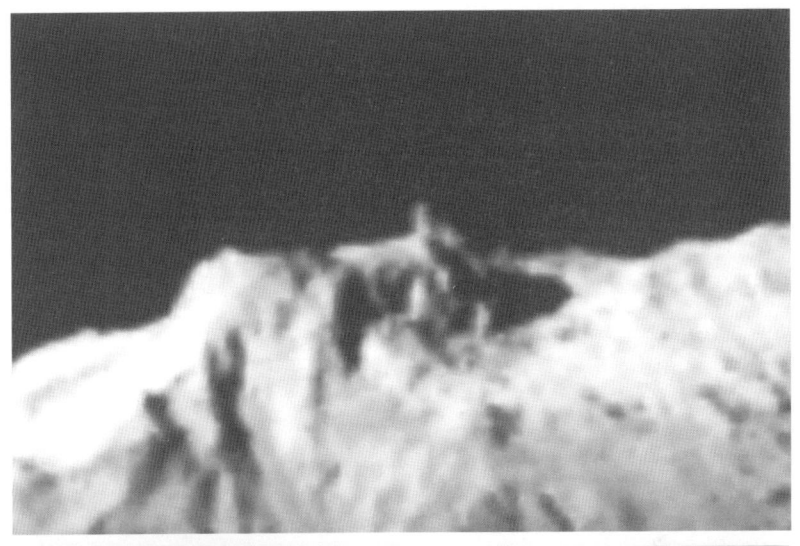

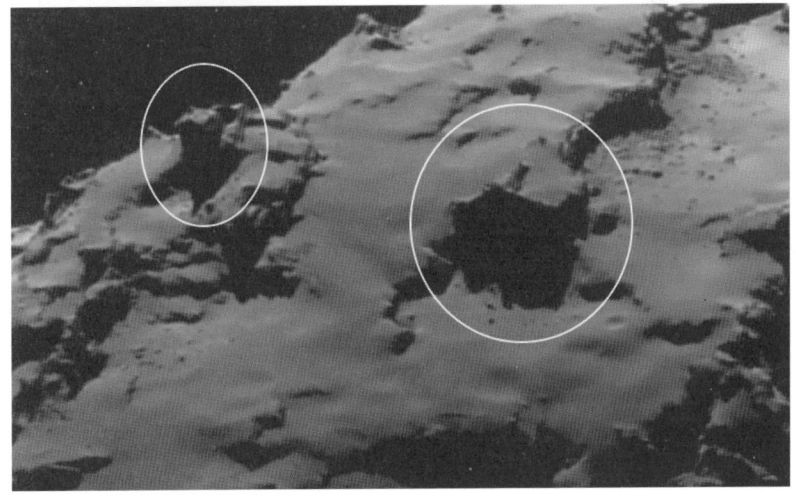

 집처럼 생긴 구조물이 나란히 있는데, 거의 모양이 비슷하고, 특히 매끈하고 얕은 경사를 가진 지붕 모양과 굴뚝처럼 돌출된 물체가 있는 점이 너무 비슷하다. 아래에 확대한 모양을 보면 아주 오래된 오두막이 연상된다.

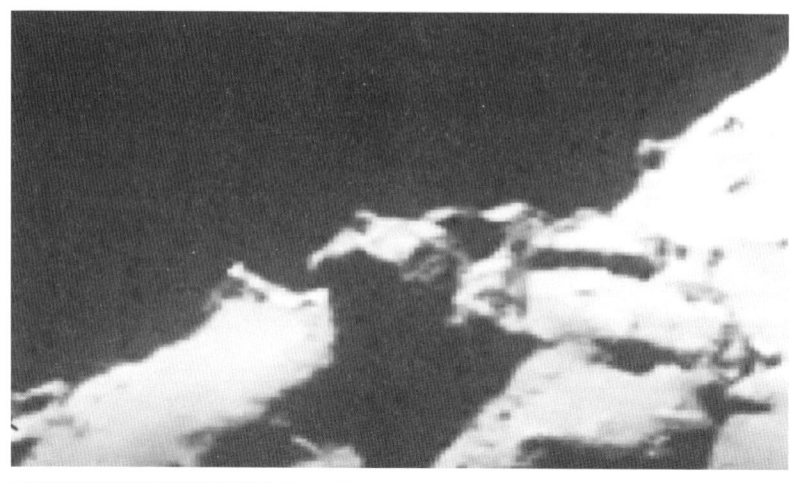

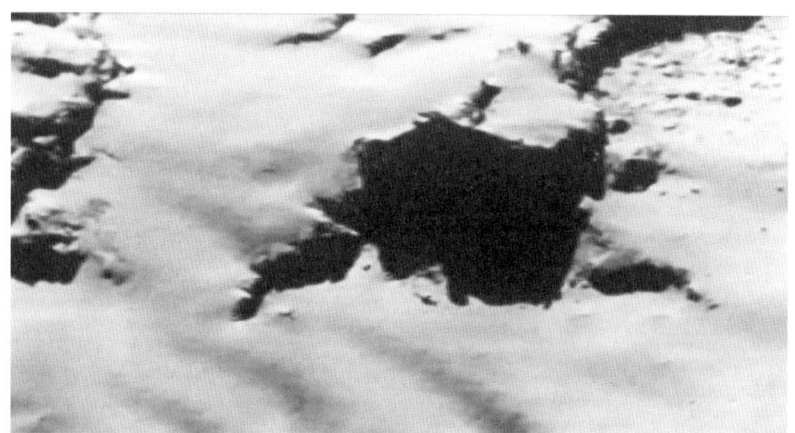

왼쪽 사진을 보면, 인공적인 느낌이 나는 시설물이 돌출되어 있는데, 천체 안에 있는 시설물이 외부로 나온 것인지 거대한 안테나인지는 알 수 없으나,

이와 유사한 구조물은 이 혜성에서 여러 개 볼 수 있다.

혜성이 오리처럼 생겼다고 가정하면, 머리의 왼쪽 뒷부분이다. 타원으로 표시한 부분을 확대해 보면, 아주 기이한 구조물의 집합체가 보인다.

확대해 보면, 인공구조물이라는 느낌이 더욱 강해진다. 이것은 여러 경우의 수를 생각해 봐도 도저히 자연의 힘으로 만들어질 수 없는 것으로 보여서, 개인적으로 가장 기이하다고 여겼던 구조물이다.

제 6 장

Strangers

1. 오우무아무아

궤도 특성	
Observation arc	80일
근일점	0.255916±0.000007AU
Semi-major axis	-1.2723±0.0001AU
Eccentricity	1.20113±0.00002
평균 궤도 속도	26.33±0.01km/s
Mean anomaly	51.158°
Mean motion	0°41^{m}12.12^s/day
Inclination	122.74°
Longitude of ascending node	24.597°
Argument of perihelion	241.811°
Earth MOID	0.0958 AU
Jupiter MOID	1.454 AU
물리적 특성	
Dimensions	115m×111m×19m 길이 100~1,000m
Synodic rotation period	Tumbling (non-principal axis rotation) Reported values include: 8.10±0.02h 8.10±0.42h 6.96(+1.45,-0.39)h
스펙트럼 유형	B-V=0.7±0.06 V-R=0.45±0.05 g-r=0.47±0.04 r-i=0.36±0.16 r-J=1.20±0.11
Apparent magnitude	19.7 to >27.5
절대 등급	22.08±0.45

오우무아무아는 태양계 내에서 최초로 확인된 성간 천체다. 기존의 혜성이나 소행성 등은 모두 태양계 내부에 기원을 두고 있지만, 오우무아무아는 태양계 바깥에서 들어온 천체다.

물론 양성자나 빛, 감마선, 그 외에 다양한 우주 광선 등은 현재도 지속해서 태양계 외부에서 유입되고 있지만, 거대한 물체가 들어온 것을 확인한 것은 처음이다.

첫 발견 당시에는 혜성으로 판단해서 C/2017 U$_1$이라는 명칭이 붙었으나, 코마의 흔적이 없었기에 소행성으로 재분류되어 명칭이 A/2017 U1으로 바뀌었다. 이것은 혜성에서 소행성으로 재분류된 최초의 사례이다.

그 후, 태양계 내부의 천체가 아닌, 성간 천체라는 사실이 확인되고 나서는 1I/'Oumuamua로 지칭하게 되었다. 1은 처음으로 발견되었다는 의미, I는 성간 천체를 분류하는 기호다. 'Oumuamua(오우무아무아)는 하와이어 'Ou와 mua를 합쳐서 만든 단어로 '먼 곳에서 찾아온 메신저'라는 뜻이다.

이 천체는 태양계 내의 소행성들과 비교해 보면, 외형이 상당히 이질적이다. 장축과 단축의 비율이 초기 관측치에 기반한 추정으로 약 6.6:1이다. 어떤 학자는 30:1 정도 비율을 제시하기도 했는데, 어느 것이 옳든, 인공위성과 같은 인공 천체를 제외하면, 그 어떠한 천체에서도 찾아볼 수 없는, 극단적인 비율이다. 장축과 단축의 비율이 높기로 널리 알려진 하우메아 왜행성도 2:1 정도이고, 관측된 소행성 중에서 이 비율이 3:1을 넘는 것은 아주 드물다.

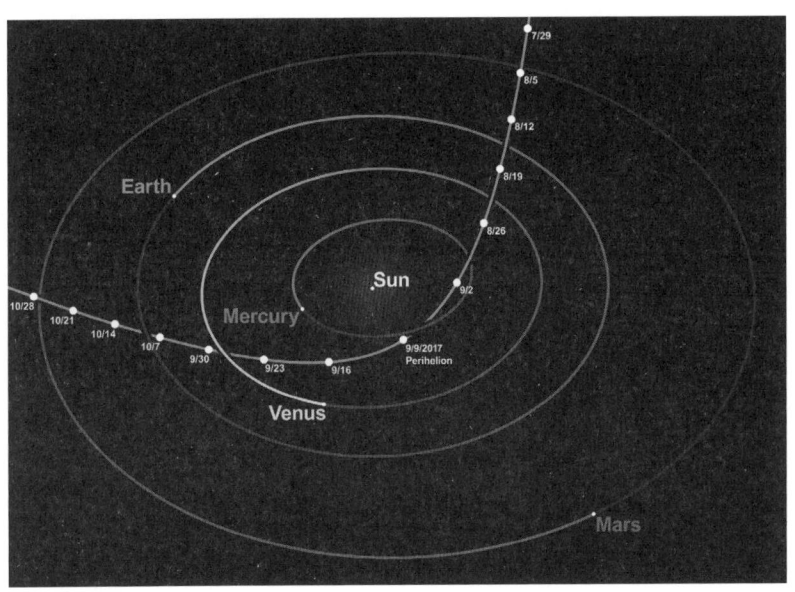

태양을 중심으로 내부 태양계를 통과하는 Oumuamua의 쌍곡선 궤적

외부 생김새는 그렇게 기묘하지만, 표면 구성 물질은 의외로 태양계의 소행성들과 큰 차이가 없어서, 태양계 내의 D형 소행성과 유사하다.

처음 발견했을 당시에, 오우무아무아는 지구 근처에서 44.2km/s라는 무지막지한 속력으로 태양계 바깥쪽을 향하고 있었는데, 지속적인 관측을 통해 거문고자리, 직녀성 베가 방향에서 60만 년 걸려서 태양계에 도달했다는 사실을 알아냈다. 하지만 60만 년 전에 베가는 현재 관측되는 자리에 없었기에, 기원이 어떤 항성계인지는 명확하지 않다.

4개 정도 후보가 있으나, 그중 가장 가까운 2개의 최소 접근 거리가 0.5파섹 이상이다. 다른 후보인 Gaia DR2 2502921019565490176(통칭 home-3)은 최소 거리가 0.3~1.95파섹이어서 관측 정확도가 낮고, HIP 3757은 최소 거리가 0.53~0.67파섹이어서 정확도가 조금 높은 대신에, 최소 접근 기준 속도가 24.1~25.2km/s나 된다. 최소 접근 기준 속도가 낮은 천체는 HD 292249로 9.3~11.2km/s 정도지만, 추정 최소 거리가 1.38~1.87 파섹으로 가장 멀다.

한편, 오우무아무아는 태양-수성 간 거리보다 태양에 더 가까이 접근했음에도 불구하고, 표면에 혜성처럼 증발하는 물질이 없다는 사실을 근거로, 이 천체의 기원이 항성에 매우 근접해서 돌다가, 그 중력에 의해 파괴된 행성의 파편일 것이라고 주장하는 학자가 있다.

그리고 극단적인 장 단축 비율 때문에, 백색 왜성의 조석 작용으로 길쭉하게 늘어나면서 파괴된 행성의 파편이라는 주장도 있다. 모항성 주위를 돌던 행성이, 모항성이 항성 진화를 거쳐 백색 왜성이 되면, 그 조석력에 의해 길쭉하게 늘어나다가 파괴될 수 있기는 하다.

한편, 오우무아무아의 정체에 대해, 미국의 한 연구팀은 오우무아무아의 표면이 200% 이상 물로 덮여있어야 이런 속도를 낼 수 있다는 연구 결과를 내놓았다. 그러면서 "수소 얼음이라면 표면의 6%만 덮여있어도 비슷한 효과를 기대할 수 있다"라며, 오우무아무아가 수소 얼음이 덮인 천체일 것이라고 주장했다. 이에 기반하면 오우무아무아의 기원은 수소가 풍부하면서 우주에서 온도가 가장 낮은 곳으로 알려진 '거대 분자운' 중심부일 가능성이 크다.

하지만 한국천문연구원 이론 천문 연구센터의 티엠 황 박사 연구팀과 미국 하버드-스미소니언 천체 물리 연구센터의 에이브러햄 로브 교수 연구팀은 이런 견해를 부정적으로 평가했다. 거대 분자운에서는 수소 얼음덩어리로 이뤄진 성간 천체가 생겨날 수 없고, 형성됐다고 하더라도, 우주 공간을 장기간 이동하고 태양계에 진입하는 과정에서, 에너지 입자나 태양 빛을 받아 승화될 수밖에 없다는 사실을 강조했다. 계산에 따르면, 수소 얼음이 승화에 걸리는 시간은 약 1천만 년 정도인데, 가장 가까운 거대 분자운도 1만 7천 광년 떨어져 있으므로, 태양까지 수소 얼음덩어리가 도달하기엔 너무 짧은 시간이라고 한다.

한편, 2021년 3월에는 오우무아무아가 질소 얼음으로 된 외계 행성의 잔해일 가능성이 높다는 새로운 연구 결과도 나왔다. 천체 형태도 애초 알려졌던 길쭉한 시가 모양이 아니라 납작한 쿠키에 가까울 것이라고 했다. 하지만 아주 최근 연구에서 이 정도 크기의 질소 얼음이 행성에서 떨어져 나오려면, 일반적인 행성 크기에서는 절대로 불가능하고, 우리 은하계에 존재하는 별 질량의 무려 1,000배가 되어야, 이 정도 크기의 질소 덩어리가 만들어질 수 있다는 사실이 밝혀지면서, 질소 얼음 학설은 폐기되었다.

학계에서 이렇게 다양한 의견이 나오고 있는 사이에, 대중들 사이에는 이것이 고등 생명체의 공작물일 가능성이 꾸준히 회자하였다. 우선 이 물체는 역동적인 자연 천체라고 보기에는 크기가 너무 작다는 것이다. 길어야 230m 정도인데, 이는 미군이 운용하는 니미츠급 항공모함(317m)보다 작은 구조물이다. 즉, 이 정도의 크기라면, 지구인도 충분히 만들 수 있는 크기이다.

그리고 밀도도 너무 높아 보인다고 한다. 성간 공간을 질주하고 있으므로 다른 물체와 만난다면 총알의 수 배~수십 배는 넘는 속도로 마주치게 될 텐데, 최소 수십만 년, 최대 100억 년 이상 동안 우주 공간을 고속으로 이동했을 것인데도, 지금까지 형상을 매끈하게 유지하고 있다는 사실은, 오우무아무아를 구성하는 물질들이 기본적으로 밀도가 높은 물질이거나 다른 물체와 충돌한 적이 없다는 뜻이 된다.

이와 관련해서 하버드 스미스소니언 천체물리학센터의 에이브러햄 러브 교수와 슈무엘 비알리 박사 연구팀은 "오우무아무아는 어쩌면 외계 문명이 보낸 탐사선일 수 있다"라고 제안했다.

그러자 태양을 지나고 속도가 줄어들 것으로 예상되었던 오우무아무아가, 예상외로 속도가 높아진 것을 점을 근거로, 솔라 세일을 이용하는 고등 생명체의 탐사선일 수도 있다는 기사가 나오기도 했다. 항성 주위를 도는 천체의 경우, 최근접 거리에서 가장 빠른 속도로 이동하며, 근일점을 통과한 후 항성에서 멀어질수록 속도가 느려지는데 오우무아무아는 더 빨라졌기 때문이다.

아직 이런 견해는 하나의 추론일 뿐이어서, 여러 학자들의 동조는 얻지 못하고 있다. 하지만 태양을 지나면서 가속된 것이 우주 탐사선이 사용하는 스윙바이처럼 보이고, 거기에 덧붙여 추가적인 가속이 있었다는 점이 대중의 상상력을 꾸준히 자극하고 있는 건 사실이다. 과연 오우무아무아의 정체는 무엇일까?

⊗ 외계 천체의 잔해일까?

외계에서 온 성간 물체인 오우무아무아가 명왕성과 비슷한 천체의 잔해일 가능성이 있다고 CNN이 보도했다. 그러면서 오우무아무아가 애초 생각했던 것처럼 긴 시가 모양이 아니라 납작한 쿠키 형태일 거라는 주장에 동조했다.

이런 보도의 근거는 애리조나 주립대 앨런 잭슨(Alan Jackson)과 스티븐 대쉬(Steven Dash) 교수의 논문이었다. 이 논문에 따르면, 이 이상한 물체의 성분은 해왕성의 가장 큰 위성인 트리톤의 표면처럼 냉동 질소다.

이들은 얼음 질소로 뒤덮인 이 성간 물체가 5억 년 전 충돌로 인해, 그것이 원래 속했던 외부 태양계에서 떨어져 나온 조각이라고 설명했다. 또한 불그스름한 표면은 이 물체의 원래 색깔이며, 우주 복사와 태양 때문에 외부 층이 증발한 것으로 보인다고 주장했다.

오우무아무아는 소행성처럼 생겼으나 혜성처럼 질주했다. 그러나 혜성의 핵심적인 특징인 꼬리를 가지고 있지 않아서, 과학계에서는 혜성인지 소행성인지를 놓고 오랫동안 설전을 벌였고, 이에 덧붙여 외계인이 만든 우주선일 수 있다는 주장도 제시되었다.

그러던 중에 잭슨과 대쉬는 이 물체가 점차 침식되고 있다는 점에 착안해, 질소 얼음덩어리라는 견해를 제시했다. 이들의 논문은 '미국 지구물리학 연합(AGU)'에서 출판됐고, 또한 화상으로 실시된 'Lunar and Planetary Science Conference(달과 행성 과학 회의)'에서 발표되기도 했다. 하지만 이 의견에 동조하는 학자가 많지는 않았다.

특히 하버드대학의 아비 로브(Avi Loeb) 교수는, 이 물체가 인공구조물이며 외계 문명에서 온 것이라는 주장을 굽히지 않았다. 그는 "오우무아무아는 혜성이나 소행성과 다르고, 이전에는 볼 수 없었던 것이기에, 인공 기원설의 여지를 남겨두고, 같은 부류의 물체에 대한 더 많은 증거를 수집해야 한다"라고 강조했다.

오우무아무아는 이미 오래전에 해왕성의 궤도를 넘어갔기에, 허블 우주 망원경으로도 볼 수 없는 상황이다. 점점 멀어져가는 오우무아무아의 정체를 과연 알아낼 수 있을까?

2. 2I/Borisov

2I/Borisov는 최초로 발견된 떠돌이 혜성(Rogue comet)이자, 오우무아무아에 이어 두 번째로 관측된 성간 천체로, 처음에는 C/2019 Q4로 명명되었다.

2019년 8월 29일에 크림반도의 아마추어 천문학자이자 망원경 제작자인 겐나디 보리소프(Gennadiy Borisov)가 발견했다. 이 천체는 태양 중심 궤도 이심률이 3.36이며 태양에 묶여있지 않다. 2019년 10월 말에 황도를 통과했고, 2019년 12월 8일 태양에 2AU까지 접근했다.

그리고 2019년 12월 28일에 지구에 가장 가깝게 지나갔다. 2019년 11월에 예일대 천문학자들은 혜성의 꼬리가 지구의 14배 크기라며 "다른 태양계에서 온 이 방문객 옆에 지구가 얼마나 작은지 깨닫는 것은 겸

궤도 특성	
Observation arc	389일
근일점	2.00662±0.00002AU
Semi-major axis	−0.85132±0.00007AU
이심률	3.3570±0.0002(JPL) 3.357(MPC)
Inclination	44.0535°±0.0001°
Longitude of ascending node	308.1500°±0.0003°
Argument of periapsis	209.1244°±0.0004°
Last perihelion	2019년 12월 8일
Earth MOID	1.09302AU
Jupiter MOID	2.388AU
물리적 특성	
Dimensions	≤ 0.4 km

허한 일"이라고 말했다.

2020년 3월 중순에 이 천체가 파편화되는 것이 관찰되었다. 그리고 그 후인 4월에는 더 많은 분열의 증거가 보고되었다.

2I/Borisov 지름의 초기 추정치는 $1.4km$~$16km$였으나, 태양계 내부 이동 중 눈에 띄게 줄어들어, 근일점에 도달하기 이전에 질량의 최소 0.4%를 잃었다. 이 혜성은 지구로부터 3억km 이내로 접근하지 않았기 때문에, 레이더를 사용하여 혜성의 크기와 모양을 구체적으로 살펴보기는 어려웠다.

데이비드 주위트(David Jewitt)와 제인 루(Jane Luu)는 코마의 크기로 보아 혜성이 $2kg/s$의 먼지를 생성하고 $60kg/s$의 물을 잃고 있다고 추정했는데, 2019년 6월에 태양으로부터 4~5AU에 있을 때 활성화되었을 것으로 추론했다.

한편, 2I/Borisov의 조성은 태양계 혜성에서는 볼 수 없는 것으로, 물과 이원자 탄소(C_2)는 상대적으로 고갈된 상태나, 일산화탄소와 아민(R-NH_2)은 풍부하다. 꼬리에서 일산화탄소와 물의 몰비는 35~105%로, 태양계 혜성의 평균 비율이 4%인 것과 대조적이다.

2I/Borisov는 알려지지 않은 니켈의 휘발성 화합물에 기인한 소량의 중성 니켈을 방출했는데, 니켈 대 철의 풍부도 비율은 태양계 혜성과 비슷했다.

이 천체는 9월부터 11월 중순까지 북쪽 하늘에 있었다. 2019년 10월 26일 레굴루스(Regulus) 근처에서 황도면을 가로질러 남쪽 하늘로 진입했고, 2019년 12월 8일에 근일점에 도달했는데, 소행성대의 안쪽 가장자리 근처였다. 그리고 12월 말에 지구에 가장 가깝게 접근했다.

2I/Borisov는 페르세우스와의 접경 근처 카시오페아(Cassiopeia) 방향에서 태양계로 진입했다. 이 방향은 2I/Borisov가 은하 헤일로(Galactic halo, 은하 후광, 은하계의 확장된 대략 구형 구성 요소로, 눈에 보이는 주요 구성 요소 너머로 뻗어있다)가 아니라 은하면(Galactic plane, 원반형 은하계 질량의 대부분이 있는 평면)에서 유래되었음을 나타내는데, 태양계를 떠날 때는 텔레스코피움(Telescopium, 남천구에 있는 작은 별자리로, 니콜라스 루이 드 라카유가 명명한 12개 별자리 중 하나) 방향으로 나갔다. 2I/Borisov는 성간 공간에서 1광년을 여행하는 데 대략 9,000년이 걸린다.

이것의 궤도는 이심률이 3.36인 쌍곡선이다. 이것은 일반적인 쌍곡선 혜성보다 훨씬 높은 것이다. 또한 쌍곡선 초과 속도를 갖는데, 섭동으로 설명할 수 있는 것보다 훨씬 높다. 이 두 매개변수는 2I/Borisov의 성간 기원을 나타내는 중요한 근거일 수 있다.

이 천체는 발견 당시에는 태양으로부터 3AU, 지구로부터 3.7AU 떨어져 있었고, 태양의 연신율(Solar elongation, 지구의 관점에서 행성과 태양 사이의 각도 거리)은 38°였다. 보리소프는 발견 순간에 대해서 이렇게 기록해 놓았다.

"나는 8월 29일에 그것을 관찰했지만, 그것은 GMT로는 8월 30일이었다. 프레임에서 움직이는 물체를 보았는데, 그것은 주요 소행성의 방향과 약간 다른 방향으로 움직였다. 나는 그 좌표를 측정하고 소행성 센터 데이터베이스를 참조했다. 알고 보니 그것은 새로운 물체였다. 그런 다음 근지구 물체 등급을 측정했는데, 다양한 매개변수로 계산된 결과 100%로 판명되었다. 다시 말해 위험한 물체다. 이런 경우, 위험한 소행성을 확인하기 위해, 즉시 매개변수를 세계 웹 페이지에 게시해야 한다. 나는 그것을 게시하고 그 물체가 확산해 있으며 소행성이 아니라 혜성이라고 썼다."

2I/Borisov의 기원을 확인하는 데는 몇 주가 걸렸다. 초기 관측에 기초한 궤도 확인 솔루션에는, 공전 주기가 1년 미만인 타원 궤도를 가진, 태양에서 1.4AU 떨어진 지구 근접 물체일 가능성이 포함되어 있었다.

NASA 제트 추진 연구소는 12일 동안 151개의 관측 기준에 2.9~4.5의 이심률 범위를 제공했다. 그러나 관측 기간이 12일밖에 되지 않았기에,

관측 결과에 차동 굴절과 같은 데이터 편향이 발생할 수 있어서, 성간 천체가 맞는지 여전히 확신할 수 없었다.

2019년 12월 30일이 돼서야 고도의 편심률 1, 지구 최소 궤도 교차 거리(MOID) 0.34AU, 근일점 0.90AU라는 결론을 내릴 수 있었다. 그러나 적용이 가능한 관측에 따르면, 궤도는 비중력(가스 방출로 인한 추력)이 이전의 어떤 혜성보다 궤도에 더 많은 영향을 미치는 경우에만 포물선이 될 수 있었기에, 더 많은 데이터가 쌓인 후에야, 성간 기원을 나타내는 쌍곡선에 수렴되었다.

한편, 2I/Borisov에 대한 마지막 관측은 근일점 이후 7개월 후인 2020년 7월까지 이루어졌다. 이렇게 장기간 관측할 수 있었던 데는, 이 혜성이 태양계로 들어올 때 감지된 것이 많은 도움이 되었다. 오우무아무아는 태양계를 떠날 때 발견되었기 때문에, 관측 범위를 벗어나기 전까지 80일 동안만 관측할 수 있었지만, 2I/Borisov는 여름 이후에 겨울까지 연구자들에 의해 지속해서 관측되었다. 그래서 일부 학자들은 2I/Borisov에 '크리스마스 혜성'이라는 별명을 붙이기도 했다.

10월 12일부터는 허블 우주 망원경을 사용한 관측이 본격적으로 시작되었는데, 고성능 망원경으로만 관측할 수 있을 만큼 멀어져 갔기에 불가피한 방법이기도 했다. 허블 망원경은 지상 망원경보다 코마의 교란 효과에 덜 영향을 받기에, 2I/Borisov 핵의 회전 광 곡선을 연구할 수 있고, 이것은 크기와 모양을 추정하는 데 도움이 된다.

2I/Borisov의 가시광선 스펙트럼은 일반적인 오르트 구름 혜성과 유사했고, 색 지수는 태양계의 긴 주기 혜성과 비슷했다. 388nm 파장에서의 방출은 일반적으로 핼리 혜성을 포함한 태양계 혜성에서 가장 먼저 감지되는 시안화물(CN)의 존재를 나타내는 것인데, 성간 천체에서도 이 가스가 방출되는 것을 처음으로 감지했다.

이원자 탄소는 2019년 11월에 양성으로 검출되었으며, 측정된 C_2 대 CN 비율은 0.2±0.1이었다. 이는 탄소 사슬이 고갈된 혜성 그룹과 유사하여, 목성 계열 혜성이나 C/2016 R2로 희귀한 파란색 일산화탄소 혜성에 가깝다. 2019년 11월 말까지 C_2 생산량은 급격히 증가하여, C_2 대 CN 비율은 0.61에 달했으며, 이때 밝은 아민(NH2) 밴드가 나타났다.

관찰자들은 태양계 혜성과 비슷한 속도로 물이 유출되는 것으로 추정할 수 있는 산소 원자도 감지했다. 2019년 9월까지는 물이나 OH 라인이 직접 감지되지 않았으나, 2019년 11월 1일에 OH 라인이 처음으로 검출되었으며, 2019년 12월 초에 정점을 찍었다.

한편, 이 천체는 태양으로부터 약 2AU 이내까지 들어왔는데, 이 거리에서 작은 혜성들이 많이 붕괴한다. 혜성이 붕괴할 확률은 핵의 크기에 따라 크게 달라지는데, Guzik 박사는 2I/Borisov에게 이런 일이 일어날 확률을 10%로 추정했다.

주위트(Jewitt)와 루(Luu)는 2I/Borisov를 2019년 5월 태양으로부터 1.9AU 떨어진 곳에서 붕괴한, 비슷한 크기의 혜성인 C/2019 J2(팔로마)와 비교했다. 작은 혜성에서 가끔 볼 수 있듯이 핵이 붕괴하는 경우, 허블을 통해 붕괴 과정을 연구할 수 있다.

2020년 2월에서 3월 사이에 심각한 폭발이 발생하자, 학자들은 핵분열 진행을 의심했는데, 실제로 2020년 3월 30일의 허블 우주 망원경이 촬영한 이미지에는, 2I/Borisov가 큰 파편을 태양이 있는 방향으로 분출한 흔적이 남아있었다. 방출은 3월 7일경에 시작된 것으로 추정되며, 그 무렵에 발생한 여러 폭발 중 하나에서 발생했을 가능성이 크다. 분출 흔적은 2020년 4월 6일쯤에 사라졌다.

2020년 4월 6일에 보고된 후속 연구에서는, 일부 작은 소실도 감지해 냈는데, 나중에 다시 분석해 본 결과, 분출된 먼지와 파편의 총질량은 핵

전체의 약 0.1%에 불과한 것으로 나타났다.

3. 3I/ATLAS

2025년에 3번째 성간 천체가 우리 태양계에 들어왔다. 주지하다시피 2017년에 인류 역사상 처음으로 오우무아무아라는 성간 천체가 태양계에 들어왔고, 2019년에는 두 번째로 들어온 2I/Borisov가 발견되었다. 2019년 8월에 발견되어 같은 해 12월에 태양에 접근한 2I/Borisov는 혜성으로서는 외계에서 최초로 온 천체였다.

그리고 2025년 7월 1일에 칠레에서 고속으로 태양계에 접근 중인 세 번째 성간 천체를 발견했다. 바로 3I/ATLAS이 그 주인공으로, 시속 245,000km 이동하는 이 물체는 태양계 내부에서 발견된 물체 중에서는 가장 빠른 것이었다.

3I/ATLAS 또는 C/2025 N1(ATLAS)는, 칠레의 리오우르타도(Río Hurtado)에 있는 소행성 지상 충돌 최종 경보 시스템(ATLAS, Asteroid Terrestrial-impact Last Alert System)이 2025년 7월 1일에 태양으로부터 4.5AU 떨어진 지점에서 발견한, 상대 속도 61km/s로 이동하고 있는 성간 혜성이다. 이 천체의 궤도 이심률은 6.11±0.09로, 태양 중력에 구속되지 않은, 무한 쌍곡선 궤도를 가지고 있다.

3I/ATLAS는 코마에 둘러싸여 있어 핵의 크기는 정확히 측정하기 어려운 상태다. 지름 추정치는 0.8~24km 범위이지만, 더 작을 가능성이 높다. 3I/ATLAS는 2025년 10월 29일에 태양으로부터 1.35±0.01AU 거리에 있는 근일점에 도달하였다.

전문 천문학자와 아마추어 천문학자 모두가 참여한, 다른 천문대의 후속 관측을 통해, 해당 천체의 궤적이 지구 근처에 오지 않고 쌍곡선 궤

Discovery	
Discovery site	ATLAS-CHL (W68)
Discovery date	1 July 2025
Designations	
MPC designation	C/2025 N1
Alternative designations	A11pl3Z
Orbital characteristics	
Epoch	7 July 2025
Observation arc	55 days (534 obs)
Orbit type	Hyperbolic
Perihelion	1.357±0.0005 AU
Semi-major axis	−0.2638±0.0001 AU
Eccentricity	6.144±0.004
Max. orbital speed	68.3km/s
Inclination	175.11±0.0003° (retrograde and inclined 5°)
Longitude of ascending node	322.16±0.006°
Argument of periapsis	128.00±0.005°
Next perihelion	29 October 2025 11:36± 00:11 UT
Earth MOID	0.3658 AU
Mars MOID	0.018 AU
Jupiter MOID	0.2466 AU
Physical characteristics	
Mean diameter	4~5 km<23.6 km
Absolute magnitude (H)	≈12
Comet total magnitude (M1)	8.8±0.7

적을 가진 성간 천체일 것이라는 사실을 밝힌 바 있다. 여기에는 2025년 6월 28일부터 29일까지의 츠비키 천문 시설(Zwicky Transient Facility, observatory code I41) 관측이 포함되어 있으며, 2025년 6월 14일부터 21일까지의 ZTF 관측, 2025년 6월 25일부터 29일까지의 ATLAS 관측도 포함되어 있다. 아마추어 천문학자 샘 딘(Sam Deen)은 2025년 6월 5일부터 25일까지의 ATLAS 발견 전 관측을 언급하며, 3I/ATLAS가 은하중심의 밀집된 별빛 영역 앞을 지나가고 있어, 식별하기 어려워, 더 일찍 발견하지 못했을 것이라고 추측했다.

3I/ATLAS의 초기 관측에서는 소행성인지 혜성인지 구별하기 쉽지 않았다. Alan Hale을 포함한 여러 천문학자는 혜성 특징을 보고하지 않았지만, 칠레의 Deep Random Survey(X09), 애리조나의 Lowell Discovery

Telescope(G37), 마우나케아의 Canada-France-Hawaii Telescope(T14)가 2025년 7월 2일에 관측한 결과에는, 경계 코마와 각 길이(Angular length) 3초각(3 arcseconds)의 짧은 꼬리가 나타났다고 하며, 이것이 사실이라면 전형적인 혜성의 특징이다.

2025년 7월 2일에 MPC(Minor Planet Center, 소행성 센터)는 3I/ATLAS의 발견을 발표하며 성간 천체 명칭 '3I'를 부여했다. 이는 세 번째로 확인된 성간 천체임을 의미하는 것이었다. MPC는 또한 3I/ATLAS에 비주기 혜성 명칭 C/2025 N1(ATLAS)도 부여했다.

2025년 7월 2일에 북유럽 광학 망원경(Nordic Optical Telescope)을 이용한 데이비드 주위트(David Jewitt)와 제인 루(Jane Luu)의 관측에서는, 3I/ATLAS가 확산한 꼬리를 가지고 있는, '명확하게 활동적'인 혜성임을 밝혀냈다. IAC(카나리아 천체 물리학 연구소)의 미겔 R. 알라르콘(Miguel R. Alarcón)과 IAC(Instituto de Astrofísica de Canarias) 연구진은 테이데 천문대(Teide Observatory)의 2m 트윈 망원경을 사용하여, 같은 날 혜성 활동을 다시 확인했는데, 꼬리가 최소 25,000km였다고 한다.

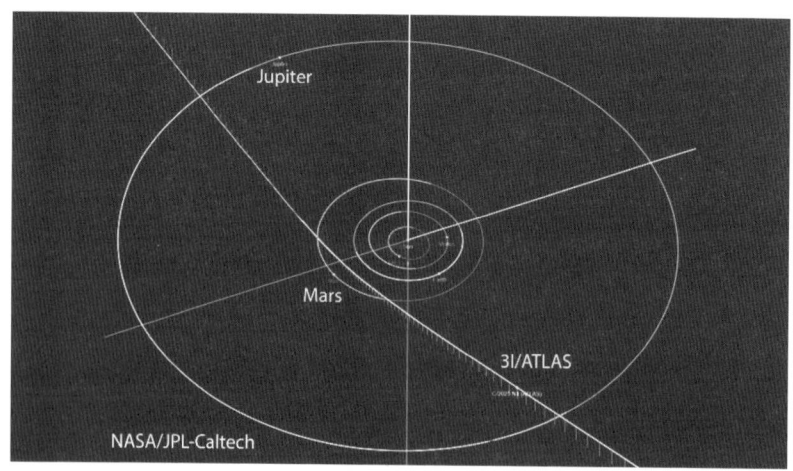

Faulkes Telescope North에서 다양한 광 필터를 통해 3I/ATLAS의 밝기를 측정한 결과, 혜성의 코마는 2I/Borisov와 유사하게 먼지임을 나타내는 붉은색을 띠고 있었다. 그러나 다양한 망원경으로 관측했음에도 3I/ATLAS의 자전 주기는 알 수 없었으며, 밝기 변화가 거의 없다는 사실만 알아냈다(0.2등급 미만). 이는 혜성의 먼지 코마가 자전하는 핵을 가리고 있기 때문일 것이다.

3I/ATLAS는 6.11 ± 0.09의 높은 이심률을 가진 쌍곡선 궤도를 가지고 있다. 이는 관측된 모든 성간 천체 중 가장 높은 이심률로, 오우무아무아나 2I/Borisov($e=3.4$)보다 훨씬 크다. 3I/ATLAS의 공전 궤도는 낙하산처럼 펼쳐진 쌍곡선이다. 태양의 중력에 붙잡히지 않을 만큼 빠른, 시속 21만km로 질주하고 있어, 다른 별세계에서 방출됐음이 확실시된다.

궤적을 역추적한 초기 연구에 따르면, 이 물체는 은하 원반 위아래가 두껍게 부풀어 오른 '두꺼운 원반(Thick disk)' 영역에서 유래했을 가능성이 크다. 두꺼운 원반 영역에는 나이가 많은 별이 몰려있기에, 3I/ATLAS의 형성 시기가 80억~110억 년 전까지 거슬러 올라갈 수 있다는 분석이 나온다.

3I/ATLAS는 근일점에서 태양에 대해 최대 $68km/s$의 상대 속도로 이동했다. 태양으로부터 멀리 떨어져 있을 때 혜성의 속도는 $58km/s$였고, 혜성의 궤적은 여전히 황도에 대해 $175°$ 정도 기울어져 있었다.

3I/ATLAS는 근일점에 접근하면서 2025년 10월 3일에 화성을 0.19 ± 0.02AU 거리로 지나갔다. 근일점을 지난 후, 2025년 12월 19일에 지구에서 1.79 ± 0.07AU($268 \times 106 \pm 10 \times 106 km$) 떨어진 공간을 지나갔고, 2026년 3월 16일경에 목성에서 약 0.37 ± 0.10AU($55 \times 106 \pm 15 \times 106km$;) 떨어져 지나갔다.

혜성이 화성에 근접할 때, 행성에서 겉보기 등급 11등급에 도달하여 화성 궤도선이 관측할 수 있었다. 반면 지구에서는 혜성이 근일점에서 관측되지 않았는데, 그 시점에는 지구와 혜성이 태양을 사이에 두고 서로 반대편에 있었기 때문이다.

관측에 따르면, 3I/ATLAS의 절대 등급(H)은 약 12이며, 이는 3I/ATLAS의 핵이 어두운 소행성이라고 가정할 때 최대 약 $24km$의 지름을 가질 수 있음을 시사한다. 그러나 3I/ATLAS는 코마 또는 반사성 먼지층으로 둘러싸인 활성 혜성이기 때문에, 핵의 실제 크기는 핵과 코마의 통합 절대 등급(M1)에서 계산되면, 훨씬 작을 것으로 보인다.

3I/ATLAS는 2025년 6월 25일에 충(衝)을 통과하였는데, 주변 먼지가 충 효과로 밝아졌기 때문에 특히 밝게 보였다. 하지만 3I/ATLAS는 다른 성간 혜성 2I/Borisov에 비해 활동이 약한 편이어서, 핵의 지름이 2I/Borisov보다 10배 정도 클 것으로 보인다. 참고로 2I/Borisov 핵의 최대 추정 지름은 0.4~$0.5km$ 사이이므로, 3I/ATLAS 핵의 최대 지름은 최대 4~$5km$까지 될 수 있다. 여기에 대해서 아비 로브(Avi Loeb)는 은하계의 암석 물질의 질량 계산을 바탕으로, 3I/ATLAS의 고체 핵이 $0.8km$보다 작아야 한다고 주장했다.

하지만 이것은 3I/ATLAS가 자연 천체라는 전제하에서 나온 주장들이다. 사실 학자들 대부분이 3I/ATLAS가 혜성이라고 여기고 있지만, 이런 주장에 강력하게 반대하는 학자들도 있다.

바로 아비 로브(Avi Loeb)가 대표적 인물인데, 하버드 천체 물리학 교수인 그는 2025년 7월에 〈성간 물체 3I/ATLAS 외계 기술인가?〉라는 제목의 논문을 발표한 바 있다. 오우무아무아가 나타났을 때, 길이가 230m이지만 그 폭은 1/10에 불과해 옆에서 보면 마치 궐련 같은 모양, 황도면에 대해 수직으로 진입하여 수평에 가깝게 궤도를 바꾼 사실, 태양을 스윙바이 하듯이 감으며 지나간 비행, 태양에서 멀어지면서 도리어 가속이 붉은 점 등을 근거로, 외계 탐사선이라는 주장을 했듯이, 로브는 3I/ATLAS 궤도의 특이한 모양을 보고 같은 의심을 비추었다.

그런데 그는 도대체 3I/ATLAS 궤도의 어떤 점들이 특이하다는 것일까? 그는 3I/ATLAS가 태양계를 지날 때의 궤도를 보면, 절묘한 시간과 속도로, 금성, 화성, 목성을 모두 0.1AU 이내의 거리에서 스치듯 지나가는 게 이상하다고 했다. 이에 대해서, 학자들이 제일 중요한 지구는 그 시점에 태양의 반대편에 있지 않으냐고 반론을 펴자, 그 역시 의도적인 것으로 보인다고 대답했다. 3I/ATLAS는 이미 지구에 문명이 존재한다는 사실을 알고 있기에, 자신이 관측당하지 않으려고, 철저한 계산 아래, 그런 비행 계획을 세웠다고 한다.

이런 주장에 대해서도 반론이 또 나왔지만, 생각보다 치열한 수준이 아니어서, 논쟁은 소강상태에 가깝다. 왜 그럴까?

	Description	Details
1	3I/ATLAS orbital plane lies virtually in the Ecliptic, though retrograde, i = 175.11°	p ~ 0.2%
2	3I/ATLAS is too large to be an asteroid	p ≤ 10−6 × 1l
3	3I/ATLAS shows no evidence of cometary outgassing	No spectral signs
4	3I/ATLAS approaches unusually close to Venus, Mars and Jupiter	p ~ 0.005 %
5	3I/ATLAS achieves perihelion on the opposite side of the Sun to Earth	p ~ 7 %
6	The optimal point to do a reverse Solar Oberth and stay bound to the Sun is at perihelion	Refer to Figure
7	3I/ATLAS's incoming radiant made it hard to detect sooner	
8	The ΔV needed to intercept Jupiter is small	Refer to Figure
9	The ΔV needed to intercept Mars is small	Refer to Figure

아비 로브의 견고한 위상 때문일까? 그렇지 않다. 아비 로브는 앞에서

제시한 내용 외에, 논문을 통해, 위 테이블에 나와있는 몇 가지 의구심을 함께 제시했는데, 거기에는 반론을 펼치기 쉽지 않은 내용이 포함되어 있다.

이미 해당 천체를 혜성으로 결론지은 학계 주류 의견에 동의를 표하면서도, 일반적인 혜성에서 나타나지 않는 의심스러운 정황 9가지를 제시하였다.

- 3I/ATLAS의 궤도를 예측해 보면 화성/금성/목성을 굉장히 가까운 거리로 스치고 지나가는데, 이렇게 절묘한 궤도가 자연적으로 나타날 확률은 0.005% 수준으로 계산된다.
- 3I/ATLAS가 10월 29일경 태양과 가장 가까운 지점(근일점)을 통과할 때, 하필 7% 확률로 지구와 태양 반대편에 있어서 관측이 어렵다. 이에 대해 어둠의 숲 가설(Dark forest hypothesis, 우주에 외계 문명이 실존하지만, 다른 문명에게 파괴당할 것을 우려해서 숨어있다는 추측)과 오베르트 효과(Oberth effect, 우주선이 회전체 중심과 근점일 때, 연료를 연소시키는 것이 가장 효율적이다)를 인용하여, 궤도 근일점에서의 효율적인 궤도 변경 및 역탐지 차단을 수행하면서도 지구에 관측되지 않도록 의도했다는 가능성을 제기한다.
- 3I/ATLAS의 궤도면은 황도면과 거의 일치하지만, 역행 궤도이며, 경사각은 175.11도이다. 이 확률은 0.2%로 계산된다.
- 3I/ATLAS의 추정 크기는 20㎞로 오우무아무아에 비해 100배 이상 크며, 태양계로 유입될 확률 또한 오우무아무아의 100만분의 1 수준이다.
- 3I/ATLAS를 혜성으로 판단하기에는 가스 분출 활동을 확인할 만한 관측 자료가 부족하다.

이 외에 테이블에 제시된 다른 의구심들 역시 그 발생 확률과 함께 보면, 주의 깊게 봐야 할 내용 같은데, 동조하는 학자가 많지 않다. 다수의 학자들은 해당 천체가 전형적인 혜성의 성질을 보이고 있다는 입장이며, 논문의 계산이 일부 과장되어 있다며 반론을 제시하고 있다.

하지만 사라 웹(Sara Webb)을 비롯한 일부 천체물리학자들은 아비 로브의 주장을 배제하면 안 된다는 의견을 내고 있다. 비록 해당 천체가 실제로 평범한 혜성이더라도 희귀한 성간 천체이고, 해당 천체를 관측하는 것 자체로 생명의 기원에 대한 연구 등에 큰 영향이 있을 것이며, 교육적인 측면에서 외계 탐사선이라는 주제로 여러 가설을 세우는 것으로도 의미가 있는 것은 사실이다.

사실 아직 3I/ATLAS의 기원이나 정체에 대해 학계의 충분한 합의가 이뤄지지 않은 상태이고, 그 궤도의 모양이나 이동 속도가 학자들의 계산대로 움직이지 않을 가능성도 있다. 이미 오우무아무아 사건 때 그런 경험을 한 적이 있다. 그렇기에 현재는 누가 어떤 주장을 하든 그 토대가 단단할 수 없다.

하지만 확실히 이상한 점이 한가지는 분명히 있다. 최근에 외계에서 이상한 궤적을 그리며, 태양계로 진입하는 물체들이 늘어나고 있다는 사실이다. 마치 새로운 형태의 거대 UFO처럼 말이다.

물론 과거에도 이런 물체가 있었는데 우리가 우민하여 미처 발견하지 못했을 수도 있다. 어쨌든 2025년 겨울에 3I/ATLAS이 근일점에 오면, 이 물체에 대한 정체가 조금은 더 밝혀질 것이다.

4. 켄타우로스

행성 천문학에서 켄타우로스(Centaurus)는 목성과 해왕성 사이에서 태양을 공전하며, 하나 이상의 행성 궤도를 가로지르는 작은 태양계 천체를 말하는데, 일반적으로 불안정한 궤도를 가지고 있다.

거의 모든 궤도의 동적 수명은 수백만 년에 불과하다. 켄타우로스는 소행성과 혜성의 특성을 모두 나타내는 경우가 많아서, 말과 인간이 섞인 신화 속의 켄타우로스 이름으로 명명되었다. 그런데 그 수가 아직 제대로 파악되지 않은 상태다. 지름이 $1km$ 이상인 켄타우로스의 추정치조차 매우 유동적이어서 44,000개에서 10,000,000개 이상까지 아주 다양하다.

최초로 발견된 켄타우로스는 1920년에 발견된 944 이달고(Hidalgo)이고, 가장 큰 켄타우로스는 1997년에 발견된 10199 Chariklo로, 지름이 $260km$이고 고리 시스템을 가지고 있다.

켄타우로스 유사 궤도를 차지하는 것으로 알려진 천체 중 약 30개가 혜성과 유사한 먼지 코마를 보이고 있으며, 2060 키론, 60558 Echeclus, 29P/슈바스만-바흐만 1 등은 목성의 영향권을 벗어난 궤도에서, 감지가 가능한 수준의 휘발성 물질을 분출했다. 그래서 이것들은 켄타우로스이자 혜성으로 분류되어 있다.

켄타우로스는 행성계 외곽(목성과 해왕성 사이)에 근일점 또는 반장축을 가지고 있는데, 궤도가 장기적으로는 불안정하여, 비교적 편안해 보이는 2000 GM137와 2001 XZ255도 실제로는 궤도가 조금씩 변경되고 있다.

천문학자들은 외곽 행성 지역에 반장축이 있는 천체만 켄타우로스로 간주하고, 그 외의 것들은 궤도가 너무 불안정하여 해당 지역에 근일점이 있는 다른 물체로 받아들이는 경향이 있다.

또한 기관마다 물체를 분류하는 기준이, 궤도 요소의 특정 값과 성질을 기반으로 하기에, 일치되지 않은 상태다. 소행성 센터(MPC)는 켄타우로스를 목성의 궤도를 벗어난 근일점($5.2AU \langle q$)과 해왕성($\langle 30.1AU$)

보다 작은 반장축을 가지고 있는 천체로 정의해 왔는데, 요즘에는 켄타우로스와 흩어져 있는 원반 개체를 같은 그룹으로 분류하는 경향을 보인다.

JPL(Jet Propulsion Laboratory)의 경우는 켄타우로스를 목성과 해왕성 사이에 반장축(5.5AU≤a≤30.1AU)을 갖는 물체로 정의한다. 그리고 DES(Deep Ecliptic Survey)에서는 동적 분류 체계를 사용하여 켄타우로스를 정의한다. 이 분류는 1,000만 년 이상 연장되었을 때의 궤도 변화를 기준으로 삼는데, 결국 근일점이 해왕성의 진동하는 반장축보다 작은 비공명 물체로 정의하는 것이다.

그리고 2008년에 출판된 《The Solar System Beyond Neptune》에서는, 목성과 해왕성의 장반경과 티세란드 매개변수(Tisserand's parameter, 상대적으로 작은 물체와 더 큰 섭동체의 여러 궤도 요소에서 계산된 숫자다. 다양한 종류의 궤도를 구별하는 데 사용된다)가 3.05 이상인 천체를 켄타우로스로 정의한다. 이보다 작은 티세란드 매개변수를 갖는 천체를 따로 분류하고, 카이퍼대 천체를 제외하기 위해, 토성 내부의 임의 근일점 차단 거리(q≤7.35AU)를 설정하여, 목성 계열 혜성으로 분류한다. 그리고 해왕성보다 장반경이 큰 불안정 궤도에 있는 천체는 산란 원반의 구성체로 분류한다.

어떤 천문학자들은 켄타우로스를 해왕성 궤도 내부의 근일점과 공명하지 않는 천체로 정의하는 것을 선호하는데, 이는 향후 1천만 년 안에 가스 행성의 힐 구(Hill sphere)를 통과할 가능성이 있기 때문으로, 켄타우로스를 분산된 원반 천체보다 더 강하게 상호 작용하고 더 빨리 분산되는 천체로 여기는 것이다.

JPL 소천체 데이터베이스에는 452개의 켄타우루스가 나와있다. 여기에는 천왕성 궤도보다 근일점이 더 가까운(q≤19.2AU), 해왕성 궤도를 통과하는 천체(해왕성보다 더 먼 반장축을 가진 천체, 즉 30.1 AU ≤ a)가 116개 더 있다.

한편, Gladman & Marsden의 기준에서는 켄타우로스 일부를 목성 가족 혜성으로 여긴다. Echeclus(q=5.8AU, TJ=3.03) 및 Okyrhoe(q=5.8AU; TJ=2.95)는 켄타우로스로 분류하지만, JPL에 의해 켄타우로스로 분류된 이달고(q=1.95AU; TJ=2.07)는 목성 가족 혜성으로 여긴다. 그리고 Schwassmann-Wachmann 1(q=5.72AU; TJ=2.99)은 켄타우로스이며 목성 가족 혜성으로 분류한다.

한편, 켄타우로스의 궤도는 고도의 편심(Pholus, Asbolus, Amycus, Nessus)에서 원형(Chariklo와 토성을 가로지르는 Thereus 및 Okyrhoe)에 이르기까지 광범위한 이심률을 보여준다. 1999 XS35(아폴로 소행성)의 경우, 심한 편심 궤도(E = 0.947)를 따라 지구 궤도 내부(0.94AU)에서 해왕성(>34AU)을 훨씬 넘어선다. 2007 TB434는 준 원형 궤도 (E<0.026)이고, 2001 XZ255는 기울기가 가장 낮다(i<3). 2004 YH32는 극단적인 Prograde 성향(i>60°)으로 매우 기울어진 궤도(79°)를 따라간다.

그리고 12개 이상의 켄타우로스가 역행 궤도를 그리며, 이 중에 17개는 논란의 여지가 있지만, 성간 기원을 가지고 있을 수 있고, 카이퍼 벨트에 교란되어, 해왕성을 가로지르며 중력적으로 상호작용할 수 있다. 이것들은 켄타우로스로 분류되어 있지만, 궤도가 몹시 혼란스러워서, 하나 이상의 외부 행성에 반복적으로 접근하면서 궤도가 조금씩 변하고 있다.

일부 켄타우로스는 목성을 가로지르는 궤도로 변화한 후에, 근일점이 내부 태양계로 바뀔 수 있는데, 이때 혜성 활동을 보이면 활성 혜성으로 재분류될 수 있다.

켄타우로스는 상대적으로 크기가 작아서 표면 모습을 상세히 관찰할 수 없지만, 관측이 가능한 색상 지수와 스펙트럼이 표면 구성에 대한 단서와 천체의 기원에 대한 통찰력을 제공해 주고 있다.

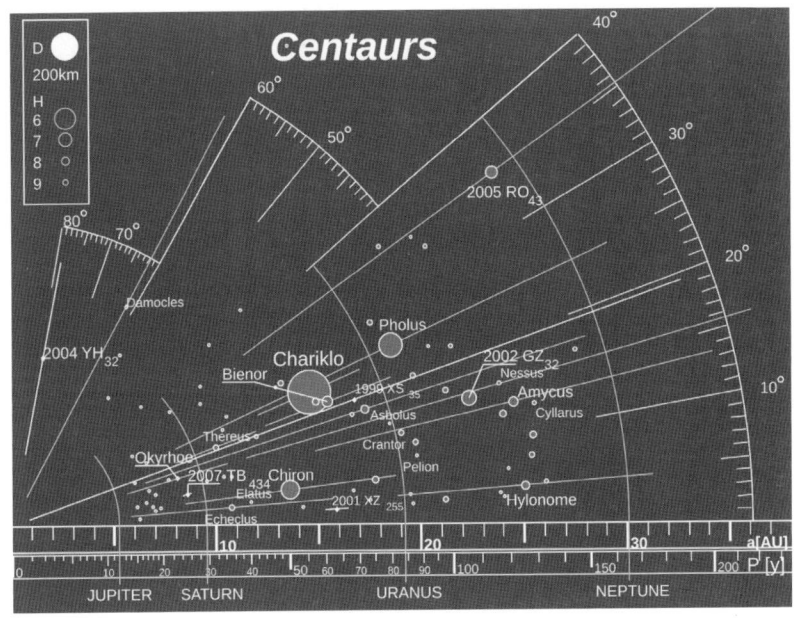

알려진 켄타우로스의 궤도

켄타우로스의 색상은 크게 둘로 분류할 수 있는데, 예를 들면 5145 Pholus는 빨간색이고, 2020 MK4와 2060 Chiron은 파란색인데, 이러한 색깔 차이는 방사선 및 혜성 활동으로 인한 우주 풍화의 영향으로 생겨난 것이다. 5145 Pholus의 붉은색은 적색 유기체 존재의 가능성으로 설명되고, Chiron의 파란색은 주기적인 혜성 활동으로 인해 얼음이 노출되었기 때문이다.

스펙트럼의 해석은 입자 크기 및 기타 요인과 관련짓기 곤란한 때가 있으나, 표면 조성에 대한 전반적인 정보를 제공하는 것은 사실이다. 이를 통해서 많은 켄타우로스에서 물 얼음의 존재가 확인되었고(2060 Chiron, 10199 Chariklo, 5145 Pholus 등), Chariklo의 표면에서는 타이탄과 트리톤에서 검출된 것과 같은 톨린과 비정질 탄소의 혼합물이 확인되었으며, Pholus가 Titan, Carbon black, Olivine 및 메탄올 얼음의 혼합물로 덮여있다는 사실도 알게 되었다. 그리고 52872 Okyrhoe의 표면은 케로겐, 감람석, 소량의 물 얼음이 혼합되어 있고, 8405 Asbolus에는 15%의 트리톤과 유사한 톨린, 8%의 타이탄과 유사한 톨린, 37%의 비정질 탄소, 40%의 얼음 톨린의 혼합물이 존재한다는 사실도 알게 되었다.

주지하다시피 켄타우로스는 혜성과 유사한 면을 자주 드러낸다. 1988년과 1989년에 키론을 근일점 근처에서 관측한 결과, 코마가 나타났다. 그래서 소행성과 혜성에 함께 분류되었지만, 일반적인 혜성보다 너무 커서 논란의 여지가 남아있다. 물론 키론만 이런 성질을 가지고 있는 것은 아니다. 다른 켄타우로스도 혜성의 전형과 같은 활동을 보이는 경우가 확인됐는데, 대표적인 것이 60558 Echeclus와 166P/NEAT이다.

대표적인 켄타우로스

Name	Year	Discoverer	Half-life(forward)	Class
2060 Chiron	1977	Charles T. Kowal	1.03Ma	SU
5145 Pholus	1992	Spacewatch(David L. Rabinowitz)	1.28Ma	SN
7066 Nessus	1993	Spacewatch(David L. Rabinowitz)	4.9Ma	SK
8405 Asbolus	1995	Spacewatch(James V. Scotti)	0.86Ma	SN
10199 Chariklo	1997	Spacewatch	10.3Ma	U
10370 Hylonome	1995	Mauna Kea Observatory	6.3Ma	UN
54598 Bienor	2000	Marc W. Buie et al.	?	U
55576 Amycus	2002	NEAT at Palomar	11.1Ma	UK

등급은 근일점과 원일점 거리로 정했다. S는 토성 근처의 근일점/원일점, U는 천왕성 근처, N은 해왕성 근처, K는 카이퍼 벨트를 나타낸다.

166P/NEAT는 코마 상태에 빠져 있을 때 발견되었기에 혜성으로 분류되었고, 60558 Echeclus는 발견 당시에는 코마 상태를 볼 수 없었으나, 최근에 활성화되어 혜성과 소행성으로 동시에 분류되었다. 이 외에 활동이 감지된 약 30개의 켄타우로스가 더 있는데, 이러한 활성 개체군은 근일점 거리가 작은 물체에 편향되어 있다.

한편, 켄타우로스의 기원과 분류에 관한 연구가 최근에 많이 늘어났지만, 제한된 데이터로 인해, 결론을 내리는 데는 여전히 어려움을 겪고 있다. 일부 과학자들은 태양계 먼 외곽 지역인 오르트 구름에서 기원했다고 주장하지만, 오르트 구름에서 기원한 혜성과 다른 특징을 지니고 있는 것이 확실하기에 동조를 얻어내기 쉽지 않은 상황이다.

일부 시뮬레이션에 의하면, 카이퍼대 일부 천체의 궤도가 교란되어, 그 결과로 천체가 방출되어 켄타우로스가 되었을 수 있고, 목성과의 근접조우 중에 유발된 파편에서 유래되었을 수 있다. 그리고 2013 VZ70 같은 경우는 토성의 위성 집단에서 충돌이나 조석 파괴를 통해 유래되었을 가능성도 있다.

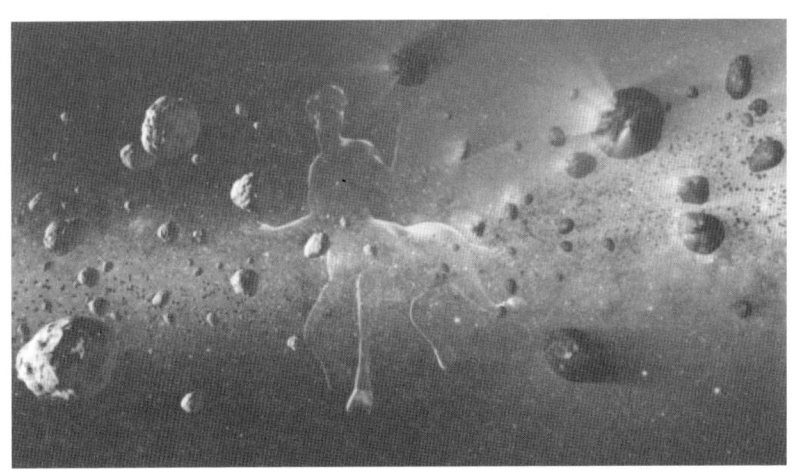

한편, 프랑스 국립 과학 센터와 브라질 상파울루(São Paulo) 주립대학의 국제 과학자팀은 적어도 19개의 켄타우로스가 태양계가 아닌 다른 행성계에서 기원했다는 연구 결과를 영국 왕립천문학회 월보(Monthly Notices of the Royal Astronomical society)에 발표한 바 있다. 연구팀은 켄타우로스 가운데 태양계에서 기원했다고 보기 어려운 19개 천체의 공전 궤도를 확인하고, 시뮬레이션을 통해 이들의 기원을 규명하려고 시도했다. 그 결과, 가장 가능성이 크다고 판단한 시나리오는, 45억 년 전 태양계가 형성되던 시점에 태양계 옆을 지나던 외계 천체가 우연히 태양계의 중력에 포획되어 태양 주변 궤도를 공전하게 된 경우였다.

행성, 소행성, 혜성 등 태양계에서 기원한 천체는, 45억 년 전 원시 태양 주변에 형성된 가스와 먼지구름인, 원시 행성계 원반에서 탄생했다. 따라서 크기와 구성은 다르지만, 공전 궤도면은 거의 비슷하다. 반면 이번 연구에서 지목한 19개의 켄타우로스는 태양계 천체 공전 궤도에 수직 방향으로 태양 주변을 공전하고 있다. 태양계 초기의 원시 행성계 원반에서 태어났다면 지니기 어려운 궤도다. 아마도 이 천체들은 다른 행성계의 소행성 혹은 혜성인 천체들이었지만, 태양계와 가까운 거리를 지나가다가 태양계에 포획되어 태양계 천체가 되었을 가능성이 크다.

만약 이런 연구 결과가 맞다면, 과학자들에게는 외계 행성계를 연구할 절호의 기회다. 오우무아무아, 2I/Borisov, 3I/ATLAS처럼 외계에서 기원한 게 분명한 천체들이 태양계를 방문하긴 했지만, 너무 빠르게 태양계를 벗어나기 때문에 상세한 관측이 불가능했다. 반면, 켄타우로스는 태양계 내부에 있는 천체들이기 때문에, 직접 탐사선을 보내 관측할 수 있다. 언젠가 과학자들은 이 천체에 탐사선을 보내어, 정확한 기원과 함께 외계 행성계와의 연관성을 확인할 것이다.

OUTRO

태양계의 형성과 진화

태양계 형성과 진화 이론(Formation and evolution of the Solar System)은 태양계의 탄생에서 죽음에 이르는 일련의 과정을 연구한 이론이다. 이 이론은 천문학, 물리학, 지질학, 행성 과학 등, 여러 학문 영역을 통합시키며, 수 세기에 걸쳐 발전해 왔지만, 근대적 이론의 기본 틀을 갖춘 것은 18세기에 들어선 후였다.

그러나 1950년대에 우주 시대가 열리고, 1990년대 중반 이후 외계 행성이 본격적으로 발견되자, 태양계의 생성과 소멸에 대한 기존 이론들이 도전받게 되었으나, 그로 인해 단단히 다져지기도 했다. 그 후, 20세기 들어서면서 핵물리학 분야가 큰 발전을 이루자, 비로소 태양계의 탄생에서 최후까지 설명할 수 있는 이론이 정립되었다.

태양계는 지금으로부터 약 46억 년 전에 거대한 분자 구름 일부가 중력 붕괴를 일으키면서 형성되었다. 붕괴한 질량 대부분은 중앙부에 집중되어 태양을 형성하기 시작했고, 나머지 물질은 태양계의 다른 천체들이 만들어질, 얇은 원시 행성계 원반을 형성하였다.

태양계는 형성 초기부터 역동적으로 변화하기 시작했다. 원반의 중심에서 태양이 만들어지고 있을 때, 원반 바깥쪽에서는 우주 먼지들이 뭉치면서 행성들이 만들어질 준비가 이뤄졌다.

그런데 우주 먼지들이 어떻게 뭉치게 되었을까? 빗방울이 굵어지고 눈송이가 커지는 것처럼, 먼지들끼리 서로 충돌하면서 엉겨 붙은 것일까? 아니다. 우주 먼지는 일반적으로 보는 그 먼지가 아니라, 규소나 철과 같은 무거운 원소들이 많이 포함된 것이다. 이런 것들은 접착력이 너무 약해서, 빗방울이나 눈송이와 같은 방식으로 뭉쳐질 수 없다.

일반적으로 원반 위에서 우주 먼지가 뭉치는 과정은, 만유인력이 작용하여 먼지 밀도가 높은 곳을 중심으로 일어난다. 이렇게 만들어진 먼지 뭉치를 원시 행성이라 부르며, 아득한 과거의 태양계 원반 위에는 수백 개의 원시 행성이 공전하게 되었다.

달 크기 정도의 작은 원시 행성들이 만들어지면, 태양을 중심으로 원에 가까운 궤도를 돌면서 안정적으로 공전한다. 이 원시 행성들은 성운의 가스들로 싸여있는데 서서히 이 가스들이 사라지게 된다. 이 시기에 중심부에서 태어난 어린 태양이 태양풍으로 가스들을 날려 보내거나 흡수해 버리기 때문이다. 가스들이 사라지면, 원시 행성들은 중력적으로 불안한 상태에 놓여 원 궤도를 더는 유지하지 못하고, 서로 당겨서 찌그러진 타원 궤도가 된다.

타원 궤도를 도는 원시 행성들의 궤도는 몹시 불안하여, 원시 행성들끼리 서로 부딪혀 부서지고 합쳐지거나, 궤도를 이탈하여 튕겨 나가는, 큰 혼돈의 시기를 보내게 된다. 그 과정에서 작은 원시 행성들이 서로 부딪혀 크기가 커진 것이, 오늘날의 수성, 금성, 지구, 화성과 같은 지구형 행성이다.

다음은 목성형 행성이 만들어지는 과정을 살펴봐야겠는데, 그 전에 잠시 행성들의 모태인 원반으로 잠시 돌아가 보자. 원심력에 의해 원반 모양을 만든다고 해도, 중력은 중심을 향하기 때문에, 공중의 가스와 먼지들은 중심으로 갈수록 많다. 그렇기에 행성 재료가 되는 먼지가 많이 있는 원반 중심으로 갈수록 크기가 큰 행성이 만들어질 것 같다. 그런데 지구형, 목성형 행성의 크기와 위치를 생각해 보면, 이런 유추와 어울리지 않는다. 작은 지구형 행성이 중심 쪽에, 큰 목성형 행성이 바깥쪽에 있기 때문이다.

왜 그럴까? 바로 설선(雪線, Rost line) 때문이다. 대체로 중심에서 바깥쪽으로 갈수록 먼지의 양이 줄어드는 경향을 따르지만, 원반 위에 먼지의 양이 급격하게 증가하는 지점이 있다. 그 지점이 바로 설선이다. 이 지점보다 태양으로부터 멀리 떨어진 곳에서는 온도가 너무 낮아서 물 분자가 물이 아닌 얼음의 상태로 존재할 수 있기에, 그 영향으로 먼지의 밀도가 급격하게 증가하게 된다. 우리 태양계에서 설선은 화성과 목성 사이에 존재한다. 지구형 행성과 목성형 행성이 나눠지는 이유도 바로 이것 때문이다.

그리고 목성형 행성의 형성 과정은 지구형 행성과는 조금 다르게 전개된다. 우선 목성형 행성들은 얼음이 존재할 수 있는 설선 뒤에서 만들어지다 보니, 원시 행성의 재료인 먼지가 더욱 풍부한 환경에서 만들어진다. 따라서 원시 행성 덩어리 자체가 지구형 행성의 원시 행성보다 훨씬 크다. 이렇게 큰 원시 행성은 그 자체가 목성형 행성들의 핵이 되어, 주변 가스들을 중력으로 묶어두는 역할을 한다. 이때 어린 태양의 항성풍에 의해 서서히 가스의 소실이 일어난다. 여기서 목성이 목성형 행성 중 제일 큰 이유가 설명된다. 태양으로부터의 거리가 멀수록 원시 행성이 태양 주위를 도는 시간이 오래 걸려, 핵의 크기가 커지는 시간 역시 오래 걸린다. 하지만 행성이 가스를 잃는 데 걸리는 시간은 거리와 상관없이 모두가 비슷하다. 따라서 목성형 행성 중 그나마 태양과 가까운 목성이, 같은 시간 내에 핵을 가장 크게 키우고, 가스를 많이 잡아두게 되어서 크기가 가장 커진 것이다.

행성이 이와 같은 방법으로 생성되듯이, 그 주변 위성의 생성 원리도 거의 비슷하다. 많은 위성은 자신의 모성 주위에 형성되어 있던 가스 물질과 먼지에서 생겨난다. 물론 일부 위성들은 행성의 중력에 이끌려 포획되거나, 천체끼리의 충돌로 생긴 파편이 뭉쳐서 생겨나기도 하는데, 천체끼리의 충돌은 오늘날까지도 이어지고 있으며, 태양계 진화에서 중요한 부분을 차지한다.

그런데 이와 같은 태양계 형성과 진화는 그 기반이 칸트와 라플라스가 주장한 성운설이다. 이 이론이 학계의 주류 의견이지만 실제로는 다른 방법으로 형성되었을 수도 있을 것이다. 어쨌든 어떤 방법으로 태어나고 진화하였든, 사람의 일생과 같이 태양계의 구성원들도 결국은 죽게 된다.

현재의 태양계는, 태양이 주계열성 단계를 떠나 헤르츠스프룽-러셀 도표(Hertzsprung-Russell diagram, 항성천문학에서 항성의 절대 등급과 표면 온도의 관계를 나타낸 scatter graph)의 적색 거성 단계로 진입하기 전까지는, 크게 변하지 않을 것으로 보이지만, 조금씩은 진화를 계속할 것이다. 그렇게 수십억 년이 흘러가면, 태양계에 누적된 변화가 확연히 드러날 것이다. 태양이 가지고 있던 수소를 거의 다 태워가면, 연료를 태우는 속도가 더욱 빨라지게 된다.

태양은 10억 년마다 11%씩 밝아지기에, 10억 년 후면 태양의 복사량이 증가하여, 생물권은 지금보다 바깥쪽으로 물러날 것이고, 지구 표면은 가열되어 생명체가 살 수 없는 환경으로 변할 것이다. 이런 시기가 오면, 깊은 바닷속에 사는 생명체를 제외한 육상 생명체는 전멸하고, 바닷물이 증발하면서 온실 효과가 발생하며, 지표면의 온도 상승이 가속될 것이다.

그렇게 세월이 더 흘러서 약 64억 년 후가 되면, 태양 중심핵에 있던 모든 수소가 헬륨으로 치환된다. 그러면 중심핵은 더는 내리누르는 압력을 이기지 못해 수축하기 시작하여, 중심핵 바깥쪽의 온도가 수소를 태울 정도로 높아진다. 그리고 이 과정이 지속되면 태양의 외곽 층은 막대하게 부풀어 올라, 적색 거성으로 불리는 단계에 접어들게 된다.

그래서 76억 년 후쯤에는 태양의 외곽 층은 1.2AU까지 팽창할 것이다. 팽창한 만큼 표면 온도는 2,600K까지 내려가서 붉은색으로 빛나게 되며, 밝기는 지금의 2,700배까지 올라간다. 그런 적색 거성 단계에서, 태양은 항성풍 형태로 원래 지녔던 질량의 10분의 1을 날려 보내게 된다.

태양은 적색 거성 단계에서 약 6억 년 머무르게 되는데, 이때가 되면, 명왕성과 카이퍼대의 얼음까지 녹아버리고 생물권은 50AU까지 밀려나게 된다. 그리고 태양이 팽창하면서 수성은 태양으로 빨려 들어가고, 금성도 같은 운명을 겪을 가능성이 커지지만, 지구의 운명은 확실하지 않다.

태양의 크기가 지금의 지구 궤도까지 팽창되더라도, 태양은 이미 질량을 많이 잃은 상태여서, 행성의 궤도가 지금보다 커질 것이다. 만약 이런 변화만을 고려하면, 금성과 지구는 뒤로 물러나서 태양에 빨려 들어가는 것은 면할 것이다. 하지만 2008년에 발표된 연구로는, 지구가 태양 외곽 층의 로슈 한계 내에 있게 되어, 태양에 먹힌다고 한다.

한편, 점진적으로 태양 중심핵 바깥쪽에서 연소한 수소는 중심핵의 질량을 현재 태양 질량의 45%까지 증가시킨다. 이 시점에서 중심핵 부분의 온도와 밀도는 매우 높은 단계에 이르면서, 헬륨 연소로 탄소가 생성되는 단계로 넘어가게 되며, 헬륨 섬광 현상이 발생하게 된다.

태양의 밝기는 지금의 3천 배에서 54배로 감소하며, 표면 온도는 4,770K까지 올라간다. 태양은 주계열성 상태일 때 중심핵에서 수소를 태우듯, 중심부에서 안정적으로 헬륨을 태우는 단계로 진입하여, 이 단계가 1억 년 정도 지속된다.

그러다가 다시 바깥쪽 층으로 연료를 태우는 장소를 옮기게 되는데, 이 때문에 항성의 부피가 다시 확장되어 점근 거성 가지(Asymptotic giant branch, 작거나 중간 정도의 질량을 가진 별들이 위치하고 있는 헤르츠스프룽-러셀 도표 상의 진화 영역 중 하나로, 중소 질량(0.4-12 태양 질량)을 가진 별이 일생 말기에 진입하는 항성 진화 과정의 한 시기) 단계로 돌입한다. 태양의 밝기는 다시 상승하며 현재의 최고 5,000배까지 밝아지고 표면 온도는 3,000K까지 내려간다. 이 단계는 약 3천만 년 동안 지속되고, 이후 10만 년에 걸쳐 태양의 외곽 층은 대량의 물질을 우주 공간으로 뿌리면서, 행성상 성운으로 불리는 헤일로(Halo)를 형성하면서 떨어져 나가게 된다.

태양이 뿌리는 물질은 핵융합으로 만든 헬륨과 탄소로, 이것들은 성간 물질이 되어 향후 태어날 별들의 재료가 되는데, 이 시기에 태양은 30%의 질량을 잃으며 백색 왜성으로 변하게 된다.

결국, 태양이 모든 진화를 마치면 백색 왜성으로 변하게 된다. 백색 왜성은 밀도가 매우 높아서, 질량은 원래 태양의 62% 정도지만, 부피는 지구와 비슷할 것이다. 백색 왜성은 처음에는 지금의 태양보다 150배 더 밝다. 하지만 탄소와 산소 축퇴 물질로 이루어져 있고, 이들을 태울 정도로 뜨겁지는 않기에, 서서히 식으면서 어두워진다.

태양이 죽어가는 과정에서 행성, 혜성, 소행성에 미치는 중력이 점차 약해진다. 살아남은 행성 모두 현재 궤도보다 뒤로 물러날 것이지만, 이 때는 내행성은 존재하지 않고 가장 가까운 행성이 목성일 것이다.

백색 왜성은 스스로 에너지를 생성할 수 없다. 따라서 모든 행성은 얼어붙어, 생명체가 살 수 없는 환경이 될 것이고, 살아남은 행성들은 태양 주위를 계속 돌지만, 공전 궤도가 커졌기에 공전 속도는 느려진다. 그리고 세월이 더 흘러가면, 태양은 빛을 내지 않는 흑색 왜성이 되어 시야에서 사라질 것이고, 주변의 행성들도 어둡고 차가운 공간 속에 잠기게 될 것이다.

REFERENCE

제1장 왜행성

- Metzger, Philip T.; Grundy, W. M.; Sykes, Mark V. 《Moons Are Planets: Scientific Usefulness Versus Cultural Teleology in the Taxonomy of Planetary Science》 Icarus. 374: 114768(March 1, 2022)
- Mauro Murzi 《Changes in a scientific concept: what is a planet?》 University of Pittsburgh. Archived from the original on June 11, 2019.
- Cuk, Matija; Masters, Karen 《Is Pluto a planet?》 Cornell University, Astronomy Department. Archived from the original on October 12, 2007. Retrieved January 26, 2008.
- Buie, Marc W.; Grundy, William M.; Young, Eliot F.; Young, Leslie A.; Stern, S. Alan 《Orbits and Photometry of Pluto's Satellites: Charon, S/2005 P1, and S/2005 P2》 The Astronomical Journal. 132 (1): 290–298.
- Phillips, Tony; Phillips, Amelia 《Much Ado about Pluto》. PlutoPetition.com. Archived from the original on January 25, 2008. Retrieved January 26, 2008.
- Brown, Michael E. 《What is the definition of a planet?》. California Institute of Technology, Department of Geological Sciences. Archived from the original on July 19, 2011.
- Eicher, David J. 《Should Pluto Be Considered a Planet?》. Astronomy. Archived from the original on November 28, 2022. Retrieved November 28, 2022.
- Brown, Mike 《War of the Worlds》. The New York Times. Archived from the

original on February 13, 2017.
- Brown, Michael E. 《What makes a planet?》. California Institute of Technology, Department of Geological Sciences. Archived from the original on May 16, 2012. Retrieved January 26, 2008.
- Britt, Robert Roy 《Details Emerge on Plan to Demote Pluto》. Space.com. Archived from the original on June 28, 2011.
- Rincon, Paul 《Pluto vote 'hijacked' in revolt》. British Broadcasting Corporation. BBC News. Archived from the original on July 23, 2011.
- Brown, Michael E. 《The Eight Planets》. California Institute of Technology, Department of Geological Sciences. Archived from the original on July 19, 2011.
- Stern, Alan 《Unabashedly Onward to the Ninth Planet》. New Horizons Web Site. Archived from the original on December 7, 2013.
- Wall, Mike 《Pluto's Planet Title Defender: Q & A With Planetary Scientist Alan Stern》. Space.com. Archived from the original on August 14, 2012. Retrieved December 3, 2012.
- Service, Tom 《Sounds of the solar system: probing Pluto's predicted score》. The Guardian. Archived from the original on December 26, 2019. Retrieved December 26, 2019.
- Bowell, Edward L.G.; Meech, Karen J.; Williams, Iwan P. 《Division III: Planetary Systems Sciences》. Proceedings of the International Astronomical Union. 4 (T27A). Cambridge University Press:149–153.
- Soter, S. 《What is a Planet?》. The Astronomical Journal. 132 (6)
- Schwamb, Megan E.; Brown, Michael E.; Rabinowitz, David L. 《A search for distant solar system bodies in the region of Sedna》. The Astrophysical Journal. 694 (1)
- Margot, Jean-Luc 《A quantitative criterion for defining planets》. The Astronomical Journal. 150 (6)
- Lakdawalla, Emily 《What is a planet?》. planetary.org. The Planetary Society. Archived from the original on January 22, 2022.
- Jewitt, David. 《Classification of Pluto》. ess.ucla.edu. UCLA. Archived from the original on August 19, 2021.

제2장 명왕성

- Amos, Jonathan 《New Horizons: Pluto may have 'nitrogen glaciers'》 BBC News. Archived from the original on October 27, 2017. Retrieved July 26, 2015.
- Tombaugh, Clyde W. 《The Search for the Ninth Planet, Pluto》. Astronomical Society of the Pacific Leaflets. 5 (209)
- Hoyt, William G. 《W. H. Pickering's Planetary Predictions and the Discovery of Pluto》. Isis. 67 (4)
- Buchwald, Greg; Dimario, Michael; Wild, Walter 《Pluto is Discovered Back in Time》. Amateur–Professional Partnerships in Astronomy. 220. San Francisco: 335
- Rao, Joe 《Finding Pluto: Tough Task, Even 75 Years Later》. Space.com. Archived from the original on August 23, 2010. Retrieved September 8, 2006.
- Rincon, Paul 《The girl who named a planet》. BBC News. Archived from the original on October 4, 2018.
- Jingjing Chen; David Kipping). 《Probabilistic Forecasting of the Masses and Radii of Other Worlds》. The Astrophysical Journal. 834 (17).
- Clark, David L.; Hobart, David E. 《Reflections on the Legacy of a Legend》. Archived (PDF) from the original on June 3, 2016.
- Renshaw, Steve; Ihara, Saori. 《A Tribute to Houei Nojiri》. Archived from the original on December 6, 2012. Retrieved November 29, 2011.
- Bathrobe. 《Uranus, Neptune, and Pluto in Chinese, Japanese, and Vietnamese》. cjvlang.com. Archived from the original on July 20, 2011.
- Crommelin, Andrew Claude de la Cherois 《The Discovery of Pluto》. Monthly Notices of the Royal Astronomical Society. 91(4): 380–385.
- Nicholson, Seth B.; Mayall, Nicholas U. 《Positions, Orbit, and Mass of Pluto》. Astrophysical Journal. 73.
- Kuiper, Gerard P. 《The Diameter of Pluto》. Publications of the Astronomical Society of the Pacific. 62 (366)
- Christy, James W.; Harrington, Robert Sutton. 《The Satellite of Pluto》. Astronomical Journal. 83 (8)
- Tyson, Neil deGrasse. 《Astronomer Responds to Pluto-Not-a-Planet Claim》.

- Space.com. Archived from the original on May 12, 2020.
- Metzger, Philip T.; Sykes, Mark V.; Stern, Alan; Runyon, Kirby. 《The Reclassification of Asteroids from Planets to Non-Planets》. Icarus. 319: 21–32.
- Metzger, Philip T.; Grundy, W. M.; Sykes, Mark V.; Stern, Alan; Bell III, James F.; Detelich, Charlene E.; Runyon, Kirby; Summers, Michael. 《Moons are planets: Scientific usefulness versus cultural teleology in the taxonomy of planetary science》. Icarus. 374
- Soter, Steven. 《What Is a Planet?》. The Astronomical Journal. 132 (6)
- Margot, Jean-Luc. 《A Quantitative Criterion for Defining Planets》. The Astronomical Journal. 150 (6)
- Soter, Steven. 《What is a Planet?》. The Astronomical Journal. 132 (6).
- Britt, Robert Roy. 《Pluto Demoted: No Longer a Planet in Highly Controversial Definition》. Space.com. Archived from the original on December 27, 2010. Retrieved September 8, 2006.
- Britt, Robert Roy. 《Why Planets Will Never Be Defined》. Space.com. Archived from the original on May 24, 2009.
- Shiga, David 《New planet definition sparks furore》. ewScientist.com. Archived from the original on October 3, 2010. Retrieved September 8, 2006.
- Overbye, Dennis. 《Pluto Is Demoted to 'warf Planet'》. The New York Times. Archived from the original on June 22, 2022. Retrieved December 1, 2011.

제3장 소행성

- Nolin, Robert 《Local expert reveals who really coined the word 'asteroid'》. Sun-Sentinel. Archived from the original on 30 November 2014. Retrieved 10 October 2013.
- Wall, Mike. 《Who really invented the word 'Asteroid' for space rocks?》. Space.com. Retrieved 10 October 2013.
- Harris, Alan W. 《Asteroid》. Encyclopedia of Astrobiology. pp. 102–112.
- Weissman, Paul R.; Bottke, William F. Jr.; Levinson, Harold F. 《Evolution of Comets into Asteroids》. Planetary Science Directorate. Southwest Research Institute.

Archived from the original on 9 October 2022.

- Short, Nicholas M. Sr. 《Asteroids and Comets》. Goddard Space Flight Center. NASA. Archived from the original on 25 September 2008.
- Britt, Robert Roy. 《Closest flyby of large asteroid to be naked-eye visible》. Space.com.
- Hogg, Helen Sawyer. 《The Titius-Bode Law and the Discovery of Ceres》. Journal of the Royal Astronomical Society of Canada. 242: 241–246. Archived from the original on 18 July 2021.
- Friedman, Lou 《Vermin of the Sky》 The Planetary Society.
- Hale, George E. 《Some Reflections on the Progress of Astrophysics》. Popular Astronomy. Address at the semi-centennial of the Dearborn Observatory. Vol. 24. pp. 550~558
- Seares, Frederick H. 《Address of the Retiring President of the Society in Awarding the Bruce Medal to Professor Max Wolf》. Publications of the Astronomical Society of the Pacific. 42 (245)
- Chapman, Mary G. 《Carolyn Shoemaker, planetary astronomer and most successful 'comet hunter' to date》. Astrogeology. USGS. Archived from the original on 2 March 2008.
- Hilton, James L. 《When did the asteroids become minor planets?》 U.S. Naval Observatory. Washington, DC: Naval Meteorology and Oceanography Command. Archived from the original on 6 April 2012.
- Bottke, William F. Jr.; Durda, Daniel D.; Nesvorny, David; Jedicke, Robert; Morbidelli, Alessandro; Vokrouhlicky, David; Levison, Hal. 《The fossilized size distribution of the main asteroid belt》 (PDF). Icarus. 175 (1)
- McKinnon, William; McKinnon, B. 《On The Possibility of Large KBOs Being Injected into The Outer Asteroid Belt》. Bulletin of the American Astronomical Society. 40.
- Tedesco, Edward; Metcalfe, Leo. 《New study reveals twice as many asteroids as previously believed》 European Space Agency. Archived from the original on 6 March 2023.
- Williams, Gareth. 《Distribution of the Minor Planets》. Minor Planet Center.

Retrieved 27 October 2010.
- Pitjeva, E. V. 《Masses of the Main Asteroid Belt and the Kuiper Belt from the Motions of Planets and Spacecraft》. Solar System Research. 44(8~9)
- Yoshida, F.; Nakamura, T. 《Size Distribution of Faint Jovian L4 Trojan Asteroids》. The Astronomical Journal. 130 (6).
- Lance Benner; Shantanu Naidu; Marina Brozovic; Paul Chodas. 《Radar Reveals Two Moons Orbiting Asteroid Florence》. NASA/JPL CNEOS. Archived from the original on 3 September 2017.
- Cazenave, Anny; Dobrovolskis, Anthony R.; Lago, Bernard 《Orbital history of the Martian satellites with inferences on their origin》. Icarus. 44 (3).
- Canup, Robin. 《Origin of Phobos and Deimos by the impact of a Vesta-to-Ceres sized body with Mars》. Science Advances. 4 (4).
- Pätzold, Martin & Witasse, Olivier. 《Phobos Flyby Success》. ESA. Retrieved 4 March 2010.
- Craddock, Robert A. 《The Origin of Phobos and Deimos》, Abstracts of the 25th Annual Lunar and Planetary Science Conference, held in Houston, TX, 14–18 March 1994,
- Andert, Thomas P.; Rosenblatt, Pascal; Pätzold, Martin; Häusler, Bernd. 《Precise mass determination and the nature of Phobos》. Geophysical Research Letters. 37 (9).
- Giuranna, Marco; Roush, Ted L.; Duxbury, Thomas; Hogan, Robert C. 《Compositional Interpretation of PFS/MEx and TES/MGS Thermal Infrared Spectra of Phobos》 (PDF). European Planetary Science Congress Abstracts, Vol. 5. Archived from the original on 9 October 2022.
- Schmidt, B.; Russell, C.T.; Bauer, J.M.; Li, J.; McFadden, L.A.; Mutchler, M. 《Hubble Space Telescope Observations of 2 Pallas》. Bulletin of the American Astronomical Society. 39.
- Bottkejr, W; Durda, D; Nesvorny, D; Jedicke, R; Morbidelli, A; Vokrouhlicky, D; Levison, H. 《The fossilized size distribution of the main asteroid belt》. Icarus. 175 (1).

- O'Brien, David P.; Sykes, Mark V. 《The Origin and Evolution of the Asteroid Belt- Implications for Vesta and Ceres》. Space Science Reviews. 163.
- Russel, C.; Raymond, C.; Fraschetti, T.; Rayman, M.; Polanskey, C.; Schimmels, K.; Joy, S. 《Dawn mission and operations》. Proceedings of the International Astronomical Union.
- Burbine, T.H. 《Where are the olivine asteroids in the main belt?》. Meteoritics. 29 (4).
- Torppa, J.; Kaasalainen, M.; Micha owski, T.; Kwiatkowski, T.; Kryszczyńska, A.; Denchev, P.; Kowalski, R. 《Shapes and rotational properties of thirty asteroids from photometric data》. Icarus. 164 (2).
- Larson, H.P.; Feierberg, M.A. & Lebofsky, L.A. 《The composition of asteroid 2 Pallas and its relation to primitive meteorites》. Icarus. 56 (3).
- Barucci, M.A. 《10 Hygiea: ISO Infrared Observations》(PDF). Icarus. 156 (1).
- Vernazza, P.; Jorda, L.; eve ek, P.; Bro , M.; Viikinkoski, M.; Hanu , J. 《A basin-free spherical shape as an outcome of a giant impact on asteroid Hygiea, Supplementary Information》(PDF). Nature Astronomy.
- Strickland, A. 《It's an asteroid! No, it's the new smallest dwarf planet in our solar system》. CNN. Retrieved 28 October 2019.

제4장 혜성

- Ishii, H. A. 《Comparison of Comet 81P/Wild 2 Dust with Interplanetary Dust from Comets》. Science. 319 (5862).
- Stephens, Haynes. 《Chasing Manxes: Long-Period Comets Without Tails》. AAA/ Division for Planetary Sciences Meeting Abstracts. 49.
- Licht, A. 《The Rate of Naked-Eye Comets from 101 BC to 1970 AD》. Icarus. 137 (2).
- Greenberg, J. Mayo. 《Making a comet nucleus》. Astronomy & Astrophysics. 330.
- Clavin, Whitney. 《Why Comets Are Like Deep Fried Ice Cream》. NASA. Retrieved 10 February 2015.
- Meech, M. 《1997 Apparition of Comet Hale–Bopp: What We Can Learn from Bright Comets》. Planetary Science Research Discoveries. Retrieved 30 April 2013.

- Elsila, Jamie E. 《Cometary glycine detected in samples returned by Stardust》. Meteoritics & Planetary Science. 44 (9).
- Callahan, M. P. 《Carbonaceous meteorites contain a wide range of extraterrestrial nucleobases》. Proceedings of the National Academy of Sciences. 108 (34).
- Steigerwald, John. 《NASA Researchers: DNA Building Blocks Can Be Made in Space》. NASA. Archived from the original on 26 April 2020.
- Jewitt, David (April 2003). 《The Cometary Nucleus》. Department of Earth and Space Sciences, UCLA. Retrieved 31 July 2013.
- Britt, D. T. 《Small Body Density and Porosity: New Data, New Insights》(PDF). 37th Annual Lunar and Planetary Science Conference. 37: 2214.
- Veverka, J. 《The Geology of Small Bodies》. NASA. Retrieved 15 August 2013.
- Whitman, K. 《The size-frequency distribution of dormant Jupiter family comets》. Icarus. 183 (1).
- Bauer, Markus. 《Rosetta and Philae Find Comet Not Magnetised》 European Space Agency. Retrieved 14 April 2015.
- Agle, D. C. 《NASA Instrument on Rosetta Makes Comet Atmosphere Discovery》. NASA. Retrieved 2 June 2015.
- Feldman, Paul D. 《Measurements of the near-nucleus coma of comet 67P/Churyumov-Gerasimenko with the Alice far-ultraviolet spectrograph on Rosetta》(PDF). Astronomy & Astrophysics. 583.
- Jordans, Frank. 《Philae probe finds evidence that comets can be cosmic labs》 The Washington Post. Associated Press. Archived from the original on 23 December 2018.
- Bibring, J. 《Philae's First Days on the Comet – Introduction to Special Issue》. Science. 349 (6247).
- Sagdeev, R. Z. 《Is the nucleus of Comet Halley a low density body?》. Nature. 331 (6153).
- Baldwin, Emily. 《Determining the mass of comet 67P/C-G》. European Space Agency. Retrieved 21 August 2014.
- Morris, Charles S. 《Comet Definitions》. Michael Gallagher. Retrieved 31 August

2013.
- Jewitt, David. 《The Splintering of Comet 17P/Holmes During a Mega-Outburst》. University of Hawaii. Retrieved 30 August 2013.
- Brinkworth, Carolyn & Thomas, Claire. 《Comets》. University of Leicester. Retrieved 31 July 2013.
- Jewitt, David. 《Comet Holmes Bigger Than The Sun》. Institute for Astronomy at the University of Hawaii. Retrieved 31 July 2013.
- Lisse, C. M. 《Discovery of X-ray and Extreme Ultraviolet Emission from Comet C/Hyakutake 1996 B2》. Science. 274 (5285).
- Lisse, C. M. 《Charge Exchange-Induced X-Ray Emission from Comet C/1999 S4 (LINEAR)》. Science. 292 (5520).
- Jones, D. E. 《The Bow wave of Comet Giacobini-Zinner–ICE magnetic field observations》. Geophysical Research Letters. 13 (3).
- Gringauz, K. I. 《First in situ plasma and neutral gas measurements at comet Halley》. Nature. 321.
- Neubauer, F. M. 《First results from the Giotto magnetometer experiment during the P/Grigg-Skjellerup encounter》 Astronomy & Astrophysics. 268 (2).
- Cochran, Anita L. 《The Discovery of Halley-sized Kuiper Belt Objects Using the Hubble Space Telescope》. The Astrophysical Journal 455.
- Brown, Michael E. 《An Analysis of the Statistics of the \ITAL Hubble Space Telescope\/ITAL] Kuiper Belt Object Search》 The Astrophysical Journal. 490 (1).
- Gohd, Chelsea. 《Interstellar Visitor 'Oumuamua Is a Comet After All》. Space.com. Retrieved 27 September 2018.
- Grossman, Lisa 《Astronomers have spotted a second interstellar object》. Science News. Retrieved 16 September 2019.
- Hills, Jack G. 《Comet showers and the steady-state infall of comets from the Oort Cloud》. The Astronomical Journal 86.
- Parks, Jake. 《TESS spots its first exocomet around one of the sky's brightest stars》. Astronomy.com. Retrieved 25 November 2019.

제5장 67P

- Yoshida, Seiichi. 《67P/Churyumov-Gerasimenko》. Aerith.net. Retrieved 9 February 2012.
- Pätzold, M.; Andert, T. 《A homogeneous nucleus for comet 67P/Churyumov-Gerasimenko from its gravity field》. Nature. 530 (7588).
- Lakdawalla, Emily. 《DPS 2015: A little science from Rosetta, beyond perihelion》. The Planetary Society. Retrieved 8 December 2015.
- Dambeck, Thorsten 《Expedition to primeval matter》. Max-Planck-Gesellschaft. Retrieved 19 September 2014.
- Mottola, S. 《The rotation state of 67P/Churyumov-Gerasimenko from approach observations with the OSIRIS cameras on Rosetta》. Astronomy & Astrophysics. 569.
- Borenstein, Seth. 《The mystery of where Earth's water came from deepens》. Associated Press. Retrieved 15 August 2020.
- Kinoshita, Kazuo. 《67P/Churyumov-Gerasimenko past, present and future orbital elements》. Comet Orbit. Archived from the original on 24 July 2011.
- Krolikowska, Malgorzata. 《67P/Churyumov–Gerasimenko –potential target for the Rosetta mission》. Acta Astronomica. 53.
- Agle, D. C. 《Rosetta: To Chase a Comet》. NASA. Release 2014-015.
- Chang, Kenneth. 《Rosetta Spacecraft Set for Unprecedented Close Study of a Comet》. The New York Times. Retrieved 5 August 2014.
- Fischer, D. 《Rendezvous with a crazy world》. The Planetary Society. Archived from the original on 6 August 2014.
- Bauer, Markus. 《Rosetta Arrives at Comet Destination》. European Space Agency. Archived from the original on 6 August 2014.
- Scuka, Daniel. 《Down, down we go to 29 km – or lower?》. European Space Agency. Retrieved 20 September 2014.
- Agle, D. C. 《Rosetta's 'Philae' Makes Historic First Landing on a Comet》. NASA. Retrieved 13 November 2014.
- Chang, Kenneth. 《European Space Agency's Spacecraft Lands on Comet's

- Surface》. The New York Times. Retrieved 12 November 2014.
- 《Probe makes historic comet landing》. BBC News. 12 November 2014.
- Aron, Jacob. 《Rosetta lands on 67P in grand finale to two year comet mission》. New Scientist. Retrieved 1 October 2016.
- Gannon, Megan. 《Goodbye, Rosetta! Spacecraft Crash-Lands on Comet in Epic Mission Finale》. Space.com. Retrieved 1 October 2016.
- Kronk, Gary W. & Meyer, Maik. 《67P/1969 R1 (Churyumov-Gerasimenko)》. Cambridge University Press.
- Bertaux, Jean-Loup. 《Estimate of the erosion rate from H2O mass-loss measurements from SWAN/SOHO in previous perihelions of comet 67P/Churyumov-Gerasimenko and connection with observed rotation rate variations》. Astronomy & Astrophysics. 583. A38.
- Lemonick, Michael D. 《Why Comet 67P Looks Like a Rubber Ducky》. National Geographic. Archived from the original on 30 September 2015.
- Massironi, Matteo. 《Two independent and primitive envelopes of the bilobate nucleus of comet 67P》. Nature. 526 (7573).
- El-Maarry, M. R. 《Regional surface morphology of comet 67P/Churyumov-Gerasimenko from Rosetta/OSIRIS images》(PDF). Astronomy & Astrophysics. 583. A26.
- Cofield, Calla. 《Gods Among the Stars: Why Egyptian Names Grace Comet 67P》. Space.com. Retrieved 12 April 2016.
- El-Maarry, M. R. 《Regional surface morphology of comet 67P/Churyumov-Gerasimenko from Rosetta/OSIRIS images: The southern hemisphere》. Astronomy & Astrophysics. 593. A110.
- Baldwin, Emily. 《Getting to know the comet's southern hemisphere》. European Space Agency. Retrieved 3 May 2017.
- Taylor, Matt. 《Rosetta Science Working Team dedication to deceased colleagues》. European Space Agency. Retrieved 2 October 2015.
- El-Maarry, M. Ramy. 《Surface changes on comet 67P/Churyumov-Gerasimenko suggest a more active past》(PDF). Science. 355 (6332).

- Bauer, Markus. 《Before and after: Unique changes spotted on Rosetta's comet》. European Space Agency. Retrieved 2 May 2017.
- Agle, D. C. 《The Many Faces of Rosetta's Comet 67P》. NASA. Retrieved 2 May 2017.
- Groussin, O. 《Temporal morphological changes in the Imhotep region of comet 67P/Churyumov-Gerasimenko》. Astronomy & Astrophysics. 583.
- Mignone, Claudia. 《Comet surface changes before Rosetta's eyes》. European Space Agency. Retrieved 3 May 2017.
- Pajola, Maurizio. 《The pristine interior of comet 67P revealed by the combined Aswan outburst and cliff collapse》 (PDF). Nature Astronomy. 1 (5).
- Kaplan, Sarah. 《Scientists captured incredible photographic proof of a landslide on a comet》. The Washington Post. Retrieved 21 March 2017.
- Howell, Elizabeth. 《Rosetta Spacecraft Spots 'Pyramid' Boulder on Comet (Photos)》. Space.com. Retrieved 19 October 2020.
- Irizarry, Eddie. 《Heads up! Famous comet 67P/C-G nearly closest》. earthsky.org. Retrieved 17 July 2023.
- Olason, Mike. 《COMET 67P/CHURYUMOV-GERASIMENKO ON 2021 NOVEMBER 15》. skyandtelescope.org. Retrieved 17 July 2023.

제6장 Strangers

- Avi Loeb 《Is the Interstellar Object 3I/ATLAS Alien Technology?》 thesis, 17 July 2025.
- Bonnell, Jerry; Nemiroff, Robert. 《A/2017 U1: An Interstellar Visitor》. Astronomy Picture of the Day. Archived from the original on 13 March 2019.
- Antier, K. 《A/2017 U1, first interstellar asteroid ever detected!》. International Meteor Organization. Archived from the original on 7 November 2017.
- Skibba, Ramin. 《Interstellar Visitor Found to Be Unlike a Comet or an Asteroid》. Quanta Magazine. Archived from the original on 27 April 2020.
- Mashchenko, S. 《Modeling the light curve of 'Oumuamua: evidence for torque and disc-like shape》. Monthly Notices of the Royal Astronomical Society. 489 (3).

- Cofield, Calia. 《NASA Learns More About Interstellar Visitor 'Oumuamua》. NASA. Archived from the original on 15 April 2020.
- Watzke, Megan. 《Spitzer Observations of Interstellar Object Oumuamua》. SciTechDaily.com. Archived from the original on 16 October 2019.
- Jewitt, D.; Luu, J.; Rajagopal, J.; Kotulla, R.; Ridgway, S.; Liu, W.; Augusteijn, T. 《Interstellar Interloper 1I/2017 U1: Observations from the NOT and WIYN Telescopes》. The Astrophysical Journal Letters. 850 (2).
- Bolin, B.T. 《APO Time Resolved Color Photometry of Highly-Elongated Interstellar Object 1I/ Oumuamua》. The Astrophysical Journal. 852 (1).
- Bannister, M.T.; Schwamb, M.E. 《Col-OSSOS: Colors of the Interstellar Planetesimal 1I/2017 U1 in Context with the Solar System》. The Astrophysical Journal. 851 (2).
- Feng, F. & Jones, H. R. A. 《Oumuamua as a messenger from the Local Association》. The Astrophysical Journal. 852 (2).
- Meech, Karen. 《Proposal 15405–Which way home? Finding the origin of our Solar System's first interstellar visitor》 (PDF). Space Telescope Science Institute. Retrieved 15 November 2017.
- Osborne, Hannah. 《First meteor of interstellar origin discovered by scientists》. Newsweek. Retrieved 11 April 2022.
- Carlisle, Camille M. 《'Oumuamua sped up as it left the inner solar system. This may be why–Astronomers think a jet-powered rocking motion could solve the puzzle》. Salon. Archived from the original on 19 March 2020.
- Micheli, M. 《Non-gravitational acceleration in the trajectory of 1I/2017 U1 (Oumuamua)》. Nature. 559 (7713).
- McNeill, Andrew; Trilling, David E.; Mommert, Michael. 《Constraints on the Density and Internal Strength of 1I/'Oumuamua》. The Astrophysical Journal Letters. 857 (1).
- Shi, X.; Vincent, J-B.; Tubiana, C.; Toth, I.; Pajola, M.; Oklay, N.; Naletto, G.; Mottola, S.; Marzari, F. 《Tensile strength of 67P/Churyumov–Gerasimenko nucleus material from overhangs》. Astronomy & Astrophysics. 611: A33.
- Williams, Matt. 《Oumuamua Could be the Debris Cloud of a Disintegrated

- Interstellar Comet》. Universe Today. Archived from the original on 3 February 2019.
- Jackson, Alan P. 《1I/'Oumuamua as an N2 ice fragment of an exo-Pluto surface: I. Size and Compositional Constraints》. Journal of Geophysical Research: Planets. 126 (5).
- Desch, S. J. 《1I/'Oumuamua as an N2 ice fragment of an exo-Pluto surface II: Generation of N2 ice fragments and the origin of 'Oumuamua》. Journal of Geophysical Research: Planets. 126 (5).
- Overbye, Dennis. 《Why Oumuamua, the Interstellar Visitor, Looks Eerily Familiar–A piece of an extrasolar Pluto may have passed through our cosmic neighborhood, a new study suggests》. The New York Times. Retrieved 23 March 2021.
- Bergner, Jennifer; Seligman, Darryl Z. 《Acceleration of 1I/'Oumuamua from radiolytically produced H2 in H2O ice》. Nature. 615 (7953).
- Overbye, Dennis. 《Oumuamua Was a Comet After All, a Study Suggests–Astronomers offer 'a surprisingly simple explanation' for the curious behavior of the interstellar visitor in 2017》. The New York Times. Retrieved 23 March 2023.
- Williams, Matt. 《If Launched by 2028, a Spacecraft Could Catch up With Oumuamua in 26 Years》. Universe Today. Retrieved 27 January 2022.
- Hibberd, Adam. 《Project Lyra: A mission to 1I/'Oumuamua without Solar Oberth Manoeuvre》. Acta Astronautica. 199.
- Pukui, M.K.; Elbert, S.H. 《Hawaiian Dictionary》. University of Hawai i Press. Archived from the original on 1 February 2021.
- Kesh, Johnathan. 《Our Solar System's First Interstellar Asteroid is Named Oumuamua'》. Outer Places. Archived from the original on 1 December 2017.
- Wall, Mike. 《Meet Oumuamua, the First-Ever Asteroid from Another Star》. Scientific American. Archived from the original on 22 November 2017.
- Gal, Roy. 《An interstellar visitor unmasked》. University of Hawai i System News. Archived from the original on 24 November 2017.
- Morrison, David. 《Interstellar Visitor: The Strange Asteroid from a Faraway System》. Skeptical Inquirer. 42 (2).

- Meech, K.J. 《A brief visit from a red and extremely elongated interstellar asteroid》. Nature. 552 (7685).
- Rincon, Paul. 《Bizarre shape of interstellar asteroid》. BBC News. Archived from the original on 8 April 2020.
- Koren, Marina. 《Astronomers to Check Mysterious Interstellar Object for Signs of Technology》. The Atlantic. Archived from the original on 11 December 2017.
- Wenz, John. 《The first discovered interstellar asteroid is a quarter-mile long red beast》. Astronomy. Archived from the original on 4 June 2019.
- Overbye, Dennis. 《An Interstellar Visitor Both Familiar and Alien》. The New York Times. Archived from the original on 17 April 2020.
- Shostak, Seth. 《Is this mysterious space rock actually an alien spaceship?》. NBC News. Archived from the original on 19 December 2017.
- Billings, Lee. 《Alien Probe or Galactic Driftwood? SETI Tunes In to ʻOumuamua》. Scientific American. Archived from the original on 14 December 2017.
- Beall, Abigail. 《It isn't an alien spacecraft, but we should still study ʻOumuamua》. Wired UK. Archived from the original on 12 December 2017.
- Enriquez, J. E. 《Breakthrough Listen Observations of 1I/ʻOumuamua with the GBT》. Research Notes of the American Astronomical Society. 2 (1).
- Beatty, Kelly. 《Astronomers Spot First-Known Interstellar Comet》. Sky & Telescope. Archived from the original on 26 October 2017.
- Seidel, Jamie. 《'Alien' object excites astronomers. Is it a 'visitor' from nearby star?》. The New Zealand Herald. Archived from the original on 24 September 2018.
- De la Fuente Marcos, C.; de la Fuente Marcos, R.úl (1 November 2017). 《Pole, Pericenter, and Nodes of the Interstellar Minor Body A/2017 U1》. Research Notes of the AAS. 1 (1).
- Wright, Jason T.; Jones, Hugh R. A. 《On Distinguishing Interstellar Objects Like ʻOumuamua From Products of Solar System Scattering》. Research Notes of the AAS. 1 (1).
- De la Fuente Marcos, Carlos; de la Fuente Marcos, Raúl; Aarseth, Sverre J. 《Where

the Solar system meets the solar neighbourhood: patterns in the distribution of radiants of observed hyperbolic minor bodies》. Monthly Notices of the Royal Astronomical Society Letters. 476 (1).

- Battams, Karl. 《Comet ISON is doing just fine!》. NASA Comet ISON Observing Campaign. Archived from the original on 28 October 2017.
- Williams, Matt. 《Could Oumuamua Be an Extra-Terrestrial Solar Sail?》. Universe Today. Archived from the original on 3 November 2018.
- Bialy, Shmuel; Loeb, Abraham. 《Could Solar Radiation Explain Oumuamua's Peculiar Acceleration?》. The Astrophysical Journal. 868 (1).
- Trilling, David. 《Spitzer Observations of Interstellar Object 1I/'Omumuamua》. The Astronomical Journal. 156 (6).
- Cofield, Calla; Chou, Felicia; Wendel, JoAnna; Weaver, Donna; Villard, Ray. 《Our Solar System's First Known Interstellar Object Gets Unexpected Speed Boost》. NASA. Archived from the original on 27 June 2018.
- Ye, Q.-Z.; Zhang, Q. 《1I/ Oumuamua is Hot: Imaging, Spectroscopy and Search of Meteor Activity》 (PDF). The Astrophysical Journal Letters. 851 (1).
- Moór, A.; Szabó, Gy. M.; Kiss, L. L.; Kiss, Cs.; Ábrahám, P.; Szulágyi, J.; Kóspál, Á.; Szalai, T. 《Unveiling new members in five nearby young moving groups》. Monthly Notices of the Royal Astronomical Society. 435 (2).
- Gaidos, E.; Williams, J.P.; Kraus, A. 《Origin of Interstellar Object A/2017 U1 in a Nearby Young Stellar Association?》. Research Notes of the AAS. 1 (1).
- Hansen, Brad; Zuckerman, Ben. 《Ejection of Material—'Jurads'—from Post-mainsequence Planetary Systems》. Research Notes of the American Astronomical Society. 1 (1).
- Portegies Zwart, S.; Pelupessy, I.; Bedorf, J.; Cai, M.; Torres, S. 《The origin of interstellar asteroidal objects like 1I/2017 U1》. Monthly Notices of the Royal Astronomical Society: Letters. 479 (1)
- National Aeronautics and Space Administration; European Space Agency; Jewitt, David. 《Comet 2I/Borisov Compass image》. Hubblesite. Archived from the original on 17 October 2019. Retrieved 17 October 2019.

- National Aeronautics and Space Administration; European Space Agency; Jewitt, David. 《Hubble observes cirst confirmed interstellar comet》. Hubblesite. Archived from the original on 17 October 2019.
- Jewitt, David; Luu, Jane. 《Initial Characterization of interstellar comet 2I/2019 Q4 (Borisov)》. The Astrophysical Journal. 886 (2).
- Grossman, Lisa. 《Astronomers have spotted a second interstellar object》. Science News. Retrieved 16 September 2019.
- Overbye, Dennis. 《The Interstellar Comet Has Arrived in Time for the Holidays》. The New York Times. Retrieved 7 December 2019.
- St. Fleur, Nicholas. 《Watching an interstellar comet and hoping for a bang》. The New York Times. Retrieved 28 December 2019.
- Corum, Jonathan. 《Tracking comet Borisov》. The New York Times. Retrieved 7 December 2019.
- Guzik, Piotr; Drahus, Micha ; Rusek, Krzysztof; Waniak, Wac aw; Cannizzaro, Giacomo; Pastor-Marazuela, Inés. 《Initial characterization of interstellar comet 2I/Borisov》. Nature Astronomy. 136.
- Shelton, Jim. 《New image offers close-up view of interstellar comet》. Yale University. Retrieved 7 December 2019.
- Christensen, Lars Lindberg. 《Naming of new interstellar visitor: 2I/Borisov》. International Astronomical Union (Press release). Retrieved 24 September 2019.
- Gray, Bill. 《Pseudo-MPEC for gb00234 (AutoNEOCP)》. Project Pluto. Archived from the original on 10 September 2019.
- Greskno, Michael. 《Bizarre comet from another star system just spotted》. National Geographic. Archived from the original on 12 September 2019.
- Gohd, Chelsea. 《Interstellar comet Borisov shines in incredible new Hubble photos》. Space.com. Retrieved 21 January 2020.
- Lee, Chien-Hsiu. 《FLAMINGOS-2 infrared photometry of 2I/Borisov》. Research Notes of the AAS. 3 (12).
- Bamberger, Daniel; Wells, Guy. 《The difficulty of predicting stellar occultations by interstellar comet 2I/Borisov》. Research Notes of the AAS. 3 (10)

- Bolin, Bryce T. 《Constraints on the spin-pole orientation, jet morphology, and rotation of interstellar comet 2I/Borisov with deep HST imaging》. Monthly Notices of the Royal Astronomical Society. 497 (4).
- Gladman, Brett; Boley, Aaron; Balam, Dave. 《The inbound light curve of 2I/Borisov》. Research Notes of the AAS. 3 (12).
- De la Fuente Marcos, C.; De la Fuente Marcos, R. 《Constraining the orientation of the spin axes of extrasolar minor bodies 1I/2017 U1 ('Oumuamua) and 2I/Borisov》. Astronomy and Astrophysics. 643.
- Ye, Quanzi. 《Pre-discovery activity of new interstellar comet 2I/Borisov beyond 5 AU》. The Astronomical Journal. 159 (2).
- Bodewits, D.; Noonan, J.W.; Feldman, P.D.; Bannister, M.T.; Farnocchia, D.; Harris, W.M. 《The carbon monoxide-rich interstellar comet 2I/Borisov》. Nature Astronomy. 4 (9).
- Cordiner, M.A.; Milam, S.N.; Biver, N.; Bockelée-Morvan, D.; Roth, N.X.; Bergin, E.A. 《Unusually high CO abundance of the first active interstellar comet》. Nature Astronomy. 4 (9).
- Siegel, Ethan. 《Why don't comets orbit the same way planets do?》. Ask Ethan. Archived from the original on 1 October 2019.
- King, Bob. 《Is another interstellar visitor headed our way?》. Sky & Telescope. Retrieved 12 September 2019.
- Müller, a. 《Orbital and atmospheric characterization of the planet within the gap of the PDS 70 transition disk》 (PDF). ESO. Archived from the original on 2018-07-02.
- Keppler, M. 《Discovery of a planetary-mass companion within the gap of the transition disk around PDS 70》 (PDF). ESO. Archived from the original on 2018-07-02.
- Gavin White. 《Babylonian Star-lore》 Solaria Pubs, 2008.
- Farnocchia, Davide. 《JPL Small-Body Database Lookup: C/2025 N1(ATLAS)》 Jet Propulsion Laboratory. Archived from the original on 3 July 2025.
- Loeb, Abraham. 《3I/ATLAS is Smaller or Rarer than It Looks》. Research Notes of

the American Astronomical Society. 9. 2025-07-15
- Dickinson, David. 《Inbound: Astronomers Discover Third Interstellar Object.》 Universe Today. Archived from the original on 2025-07-02.
- Seligman, Darryl Z.; Micheli, Marco; Farnocchia, Davide; Denneau, Larry; Noonan, John W.; Santana-Ros, 《Discovery and Preliminary Characterization of a Third Interstellar Object: 3I/ATLAS》. 2025-07-03
- Jewitt, David; Luu, Jane. 《Interstellar Interloper C/2025 N1 is Active》. The Astronomer's Telegram(17263). Retrieved 3 July 2025.
- Chang, Kenneth. 《It Came From Outside Our Solar System, and It Looks Like a Comet》. The New York Times. Archived from the original on 2025-07-03.
- Whitt, Kelly Kizer. 《It's official! An interstellar object is visiting our solar system》. EarthSky. Retrieved 2025-07-02.
- Green, Daniel. 《Comet C/2025 N1 (ATLAS) = 3I/ATLAS》. Central Bureau Electronic Telegram(5578). Central Bureau for Astronomical Telegrams. Retrieved 2025-07-02.

왜·소행성 미스터리
THE MYSTERY OF DWARF PLANETS AND ASTEROIDS

초판 1쇄 발행 2025년 11월 17일

지은이 김종태

펴낸이 류태연
펴낸곳 렛츠북
주소 서울시 영등포구 문래북로 116, 1005호
등록 2015년 05월 15일 제2018-000065호
전화 070-4786-4823　**팩스** 070-7610-2823
이메일 letsbook2@naver.com　**홈페이지** http://www.letsbook21.co.kr
블로그 https://blog.naver.com/letsbook2　**인스타그램** @letsbook2

ISBN 979-11-6054-779-5　13440

이 책은 저작권법에 따라 보호를 받는 저작물이므로 무단전재 및 복제를 금지하며,
이 책 내용의 전부 및 일부를 이용하려면 반드시 저작권자와
도서출판 렛츠북의 서면동의를 받아야 합니다.

* 잘못된 책은 구입하신 서점에서 바꾸어 드립니다.